面向“十二五”计算机辅助设计规划教材

Pro/ENGINEER Wildfire 5.0 辅助设计与制作技能基础教程

◎ 钟日铭　编著

文化发展出版社
Cultural Development Press

内容提要

本书循序渐进地介绍了Pro/ENGINEER Wildfire 5.0（Creo Elements/Pro 5.0）入门概述、二维草绘、基准特征、基础特征、工程特征、编辑特征、高级特征建模、曲面设计、修饰特征、装配设计和工程图设计这些内容。全书共分11章，内容安排由浅入深，条理清晰，内容实用，范例经典。全书考虑初学者的学习特点，重点内容结合典型操作实例来辅助讲解，从而帮助初学者快速掌握软件的基本用法并学习相关的设计技巧。

本书应用性和针对性较强，可以作为大中专学校、相关领域培训班Pro/ENGINEER计算机辅助设计教程教材，也可作为从事工业设计和机械设计等相关行业的设计人员的自学教材和参考资料。

图书在版编目（CIP）数据

Pro/ENGINEER Wildfire 5.0辅助设计与制作技能基础教程/钟日铭编著.
—北京：文化发展出版社，2011.11（2020.8重印）
（职业技能竞争力课程解决方案）
ISBN 978-7-5142-0289-2

I.P… II.钟… III.机械设计：计算机辅助设计－应用软件Pro/ENGINEER Wildfire 5.0 IV.TP391.72

中国版本图书馆CIP数据核字(2011)第182940号

Pro/ENGINEER Wildfire 5.0辅助设计与制作技能基础教程

编　　著：钟日铭

责任编辑：李　毅
执行编辑：王　丹　　责任校对：岳智勇
责任印制：邓辉明　　责任设计：侯　铮
出版发行：文化发展出版社（北京市翠微路2号　邮编：100036）
网　　址：www.wenhuafazhan.com
经　　销：各地新华书店
印　　刷：北京建宏印刷有限公司

开　　本：787mm×1092mm　1/16
字　　数：384千字
印　　张：15.5
印　　次：2011年11月第1版　2020年8月第8次印刷
定　　价：49.00元
I S B N：978-7-5142-0289-2

如发现印装质量问题请与我社发行部联系　发行部电话：010-88275710

前言
Preface

Pro/ENGINEER 是由美国 PTC 公司推出的一款功能强大的 CAD/CAM/CAE 集成软件，它为用户提供了一套从产品设计到制造的完整 CAD 解决方案，属于一款高端的设计软件。其广泛应用于机械设计、汽车、航天航空、电子家电、玩具、模具、化工等行业。

本书采用 Pro/ENGINEER Wildfire 5.0 中文版作为软件操作蓝本，在考虑初学者学习特点的基础上，有针对性地结合理论知识和典型操作实例进行讲解，从而帮助初学者快速掌握软件的基本用法并学习相关的设计技巧。

本书共分 11 章，包括 Pro/ENGINEER Wildfire 5.0（Creo Elements/Pro 5.0）的入门概述、二维草绘、基准特征、基础特征、工程特征、编辑特征、高级特征建模、曲面设计、修饰特征、装配设计和工程图设计。各章节内容从易到难，由浅入深，将应用技巧和实用知识融合到典型实例中。这种循序渐进、重点突出的结构安排，能够让读者逐步熟悉软件功能并掌握使用 Pro/ENGINEER Wildfire 5.0 进行相关设计的操作方法和技巧，并最终能够成为 Pro/ENGINEER 的使用和设计专家。

■ **本书知识结构与特色**

本书的知识结构框架典型，结合基础与实战演练。每章的结构基本上为“本章导读 + 基础知识 + 实战综合范例 + 思考与上机练习”，具体内容如下。

- 本章导读：概括介绍本章的主要知识点。
- 基础知识：结合理论并辅以实例的方式帮助读者理解各个知识点。
- 实战综合范例：通过一个或两个典型实例，练习和巩固本章介绍的知识点，提高应用能力，融会贯通。
- 思考与上机练习：根据本章内容，专门设计一些知识点问题和上机练习题，加强读者的思考能力和动手能力，帮助读者巩固所学的知识，开拓思路，温故而知新。
- 本书内容图文并茂、结构鲜明，有条不紊地介绍重要的知识点，并且尽量以操作步骤的形式体现出来，这样有利于读者上机操作，提高动手能力。另外本书中的实例演练部分，可以使读者掌握和巩固基础知识和基本操作，这对于快速而有效提高设计能力帮助很大。
- 本书还提供与内容配套的原始文件、相关完成操作的模型参考文件，读者可在印刷工业出版社网站（www.pprint.cn）下载。

■ **本书阅读注意事项**

- 阅读本书时需要注意：本书中实例使用的单位制以采用的绘图模板为基准。

◆ 在阅读本书时，配合书中实例进行上机操作，学习效果更佳。在阅读完每一章内容后，建议认真对待“思考与上机练习”，以检验学习效果和巩固所学知识。

本书由钟日铭编著，还有钟观龙、肖秋连、赵玉华、肖宝玉、庞祖英、钟日梅、黄后标、刘晓云、钟春雄、肖瑞文、劳国红、陈忠钰、黄忠清、肖秋引等人也参与部分内容的编写和校验，在此一并向他们表示感谢。

由于编写时间仓促，书中难免有疏漏之处，请广大读者不吝赐教，谢谢。

天道酬勤，熟能生巧，以此与读者共勉。

编者

2011 年 8 月

目录
CONTENTS

第1章
Pro/ENGINEER概述

1.1 Pro/ENGINEER简介及其设计概念…… 1
1.2 Pro/ENGINEER的启动及工作界面…… 2
1.2.1 启动Pro/ENGINEER …………………… 2
1.2.2 Pro/ENGINEER工作界面 …………… 3
1.3 基本的文件管理操作 …………………… 4
1.3.1 新建文件……………………………… 4
1.3.2 保存文件……………………………… 4
1.3.3 打开文件……………………………… 6
1.3.4 拭除文件与删除文件………………… 6
1.3.5 选取工作目录………………………… 7
1.3.6 关闭文件与退出系统………………… 8
1.4 模型视图基础…………………………… 8
1.4.1 视图控制命令………………………… 8
1.4.2 模型显示和基准显示………………… 8
1.4.3 使用已命名的视图列表……………… 10
1.4.4 使用鼠标调整模型视图……………… 10
1.5 模型树与层树的应用 ………………… 10
1.5.1 模型树的应用………………………… 10
1.5.2 层树的应用…………………………… 12
1.6 定制屏幕 ……………………………… 14
1.7 实战综合案例——模型基本操作……… 14
1.8 思考与上机练习………………………… 17

第2章
二维草绘

2.1 二维草绘概述……………………………… 19
2.2 绘制二维基本图形 ……………………… 20
2.2.1 绘制直线与中心线…………………… 21
2.2.2 绘制矩形……………………………… 22
2.2.3 绘制圆类图形………………………… 22
2.2.4 绘制圆弧与圆锥曲线………………… 24
2.2.5 绘制样条曲线………………………… 25
2.2.6 绘制点与参照坐标系………………… 26
2.2.7 绘制圆角……………………………… 26
2.2.8 绘制倒角……………………………… 26
2.2.9 使用边、偏距边与加厚边…………… 27
2.2.10 绘制文本 …………………………… 29
2.2.11 调用二维草图 ……………………… 30
2.3 尺寸标注 ……………………………… 31
2.3.1 标注线性尺寸………………………… 32
2.3.2 标注半径尺寸………………………… 33
2.3.3 标注直径尺寸………………………… 33
2.3.4 标注角度尺寸………………………… 33
2.3.5 标注椭圆或椭圆弧的半轴尺寸……… 34
2.3.6 标注样条曲线………………………… 34
2.3.7 标注圆锥……………………………… 35
2.3.8 标注周长尺寸………………………… 35
2.3.9 创建参照尺寸………………………… 36

2.3.10 创建基线尺寸 ………………………… 36
2.3.11 修改标注 ………………………… 37
2.4 几何约束 ………………………… 38
2.4.1 创建几何约束 ………………………… 38
2.4.2 删除几何约束 ………………………… 39
2.5 草图编辑 ………………………… 39
2.5.1 移动和调整图形大小 ………………………… 39
2.5.2 删除 ………………………… 40
2.5.3 镜像 ………………………… 40
2.5.4 修剪 ………………………… 40
2.5.5 复制、剪切和粘贴图元 ………………………… 41
2.5.6 构造切换 ………………………… 42
2.5.7 切换锁定 ………………………… 42
2.6 解决草绘冲突问题 ………………………… 43
2.7 实战综合案例——绘制复杂二维草图 …… 43
2.8 思考与上机练习 ………………………… 46

第3章
基准特征

3.1 基准特征概述 ………………………… 47
3.2 基准平面 ………………………… 48
3.3 基准轴 ………………………… 50
3.4 基准点 ………………………… 53
3.4.1 一般基准点 ………………………… 53
3.4.2 偏移坐标系基准点 ………………………… 54
3.4.3 域基准点 ………………………… 55
3.5 基准曲线 ………………………… 55
3.5.1 插入基准曲线 ………………………… 56
3.5.2 使用草绘工具 ………………………… 58
3.6 基准坐标系 ………………………… 59
3.7 实战综合案例——在机械零件中创建基准特征 ………………………… 60
3.8 思考与上机练习 ………………………… 64

第4章
基础特征

4.1 拉伸特征 ………………………… 65
4.2 旋转特征 ………………………… 68
4.3 扫描特征 ………………………… 70
4.4 混合特征 ………………………… 71
4.4.1 平行混合 ………………………… 72
4.4.2 旋转混合 ………………………… 73
4.4.3 一般混合 ………………………… 75
4.5 可变截面扫描特征 ………………………… 77
4.6 实战综合案例——水杯设计 ………………………… 78
4.7 思考与上机练习 ………………………… 83

第5章
工程特征

5.1 孔特征 ………………………… 85
5.1.1 创建简单孔 ………………………… 86
5.1.2 创建标准孔 ………………………… 89
5.2 壳特征 ………………………… 90
5.3 倒圆角特征 ………………………… 92
5.4 自动倒圆角特征 ………………………… 94
5.5 倒角特征 ………………………… 96
5.6 筋特征 ………………………… 97
5.6.1 轮廓筋 ………………………… 97
5.6.2 轨迹筋 ………………………… 98
5.7 拔模特征 ………………………… 99

5.8 实战综合案例——产品外壳建模 …… 101
5.9 思考与上机练习 …… 106

第6章
编辑特征

6.1 镜像 …… 107
6.2 移动复制 …… 108
6.3 缩放 …… 110
6.4 阵列 …… 110
6.4.1 尺寸阵列 …… 111
6.4.2 方向阵列 …… 113
6.4.3 轴阵列 …… 114
6.4.4 填充阵列 …… 115
6.4.5 曲线阵列 …… 118
6.4.6 参照阵列 …… 118
6.4.7 点阵列 …… 120
6.5 实战综合案例——创建零件中的编辑特征 …… 120
6.6 思考与上机练习 …… 124

第7章
高级特征建模

7.1 扫描混合 …… 125
7.2 螺旋扫描 …… 129
7.2.1 恒定螺距的螺旋扫描特征 …… 129
7.2.2 可变螺距的螺旋扫描特征 …… 130
7.3 骨架折弯 …… 132
7.4 环形折弯 …… 134
7.5 半径圆顶 …… 136
7.6 创建耳特征 …… 137
7.7 创建唇特征 …… 138
7.8 创建环形槽 …… 140
7.9 实战综合案例——铁钩建模 …… 141
7.10 思考与上机练习 …… 145

第8章
曲面设计

8.1 创建基本曲面 …… 147
8.1.1 创建拉伸曲面特征范例 …… 147
8.1.2 创建旋转曲面特征范例 …… 149
8.1.3 创建扫描曲面特征范例 …… 149
8.1.4 创建混合曲面特征范例 …… 150
8.1.5 创建扫描混合曲面特征范例 …… 152
8.1.6 创建可变剖面扫描曲面特征范例 …… 154
8.2 创建填充曲面 …… 155
8.3 创建边界混合曲面 …… 155
8.3.1 在一个方向上创建边界混合曲面的范例 …… 157
8.3.2 在两个方向上创建边界混合曲面的范例 …… 157
8.4 曲面编辑 …… 158
8.4.1 曲面修剪 …… 158
8.4.2 曲面复制/粘贴 …… 161
8.4.3 曲面偏移 …… 163
8.4.4 曲面合并 …… 167
8.4.5 曲面加厚 …… 169
8.4.6 曲面实体化 …… 170
8.4.7 在曲面上创建投影曲线 …… 172
8.4.8 利用相交曲面创建交截曲线 …… 174
8.5 造型概述 …… 174
8.6 实战综合案例——容器瓶曲面设计 …… 175
8.7 思考与上机练习 …… 179

第9章 修饰特征

9.1 草绘修饰特征 …… 181
9.1.1 在规则截面上创建草绘修饰特征 … 182
9.1.2 创建投影截面修饰特征 …… 183
9.2 螺纹修饰特征 …… 184
9.3 实战综合案例1——在产品外壳上创建草绘修饰特征 …… 186
9.4 实战综合案例2——创建象棋实体模型 … 189
9.5 思考与上机练习 …… 193

第10章 装配设计

10.1 新建组件文件 …… 195
10.2 约束装配 …… 197
10.2.1 配对与对齐 …… 197
10.2.2 插入 …… 197
10.2.3 相切 …… 198
10.2.4 坐标系 …… 198
10.2.5 缺省 …… 198
10.2.6 其他约束类型 …… 198
10.3 连接装配 …… 199
10.4 装配相同零件 …… 199
10.4.1 重复元件 …… 199
10.4.2 创建镜像零件 …… 202
10.5 建立爆炸视图 …… 203
10.6 移动元件 …… 204
10.6.1 使用键盘快捷方式移动元件 …… 205
10.6.2 使用“移动”面板来移动元件 … 205
10.7 实战综合案例——机械滚轮装置装配 … 205
10.8 思考与上机练习 …… 211

第11章 创建工程图

11.1 建立工程图文件 …… 213
11.2 设置绘图选项的一般方法 …… 215
11.3 建立一般视图 …… 216
11.4 建立投影视图 …… 218
11.5 建立剖视图 …… 219
11.6 显示模型注释 …… 221
11.7 手动标注尺寸(使用新参照创建尺寸) … 224
11.8 尺寸公差 …… 224
11.9 插入几何公差 …… 227
11.10 工程图的其他常用操作 …… 229
11.10.1 移动视图与对齐视图 …… 229
11.10.2 插入辅助视图、详细视图 …… 229
11.10.3 设置半视图 …… 232
11.10.4 设置局部剖视图 …… 232
11.11 实战综合案例——为某轴套建立工程图 …… 232
11.12 思考与上机练习 …… 239

第1章 Pro/ENGINEER概述

本章导读

本章主要介绍的知识点包括：Pro/ENGINEER 简介及其设计概念、Pro/ENGINEER 的启动及工作界面、基本的文件管理操作、模型视图基础、模型树与图层、定制屏幕。

学习目标

- 了解 Pro/ENGINEER 设计概念
- 了解 Pro/ENGINEER 启动及其工作界面
- 理解模型树与层树的应用
- 掌握基本的文件管理操作
- 掌握模型视图基础

1.1 Pro/ENGINEER简介及其设计概念

Pro/ENGINEER 是由美国参数科技公司（Parametric Technology Corporation，PTC）开发的一款主流计算机三维辅助设计软件，具有模块众多、功能强大的特点。自该软件 20 世纪 80 年代成功推出以来，业已发展成为一个全方位的三维产品开发和设计软件，功能涉及二维草绘、零件设计、组件设计、工程图（绘图）设计、模具设计、图表设计、布局设计、格式设计等，它广泛应用于机械设计、模具设计、工业设计、航天航空设计、玩具设计生产等相关领域。2010 年，PTC 公司通过整合相关软件和推行新的产品策略，Pro/ENGINEER 被更名为 Creo Elements/Pro。

Pro/ENGINEER Wildfire 5.0（也称 Creo Elements/Pro 5.0）是目前该软件较新的应用版本，它为用户提供了一套从设计到制造的完整的 CAD 解决方案，可谓是当今主流 CAD/CAE/CAM 代表软件之一。

Pro/ENGINEER Wildfire 5.0 还可以很轻松地实现若干个用户同时进行同一个产品的设计、制造等工作，使产品设计、制造生产、产品测试、信息反馈等环节紧密相连，降低开发成本，缩短开发周期。

在 Pro/ENGINEER 中，用户可以设计多种类型的模型，如零件、组件等。在开始设计项目之前，用户需要了解以下几个基本设计概念。

1. **设计意图**

设计意图在设计工作中是很重要的，它是 Pro/ENGINEER 基于特征建模过程的核心概念。所谓的设计意图就是根据产品规范或需求来定义成品的用途和功能，有效捕捉设计意图能够为产品带来价值和持久性。

2. **基于特征建模**

在 Pro/ENGINEER 中，零件建模是从逐个创建单独的几何特征开始的，通过一系列的特征便可以构成零件。在设计过程中参照其他特征时，这些特征将和所参照的特征相互关联。

3. **参数化设计**

参数化设计是 Pro/ENGINEER 最值得称赞的特点之一。特征之间的相关性使得模型成为参数化模型。如果修改了某个特征，而此修改又直接影响其他相关（从属）特征，Pro/ENGINEER 会动态修改那些相关特征。参数化功能可保持零件的完整性，并可保持设计意图。

4. **相关性**

Pro/ENGINEER 中的相关性是指各模块之间具有某种关联。通过相关性，Pro/ENGINEER 可在“零件”模式外（如“组件”模式、“绘图”模式等）也保持设计意图。如果在任意一级修改设计，项目将在所有级中动态反映该修改，这样便始终保持了设计意图。

1.2 Pro/ENGINEER的启动及工作界面

本节介绍启动 Pro/ENGINEER 软件的方法，以及简要介绍 Pro/ENGINEER 工作界面。

1.2.1 启动 Pro/ENGINEER

用户通常可采用下列方法之一来启动 Pro/ENGINEER。

1. **双击 Windows 桌面的快捷方式**

如果设置在 Windows 操作系统桌面上显示 Pro/ENGINEER 程序的快捷方式图标，如图 1-1 所示，则可以通过双击该快捷方式图标来启动 Pro/ENGINEER 程序。

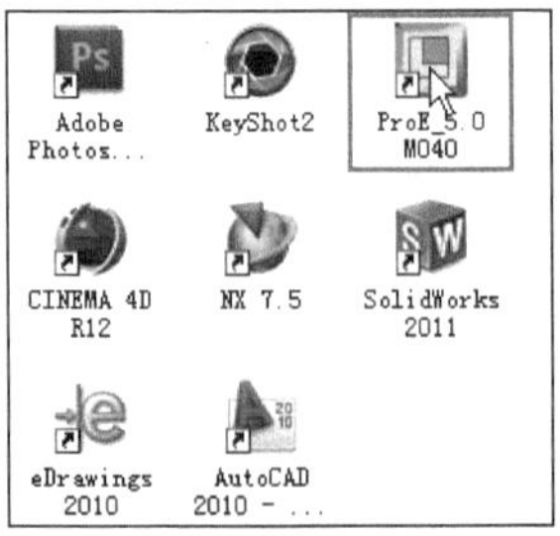

图1-1 双击快捷方式图标启动

2. **使用 Windows 操作系统的“开始”程序启动方式**

以 Windows XP 操作系统为例，单击 Windows 桌面左下角“开始”按钮，打开“开始”菜单，接着展开“程序”级联菜单中的“PTC”程序组，从中选择该程序组中的相应启动命令，如图 1-2 所示。

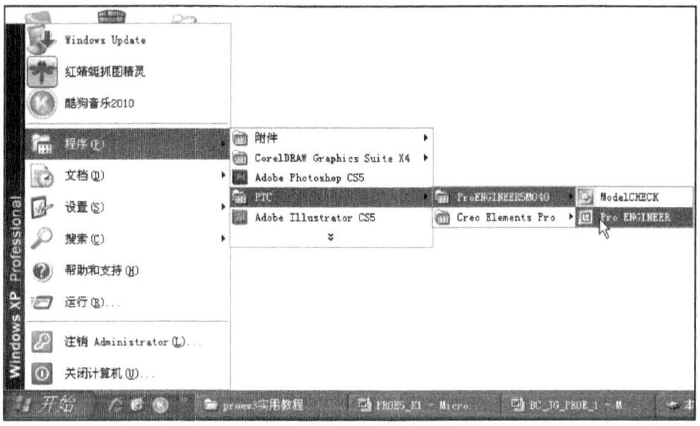

图1-2 使用Windows操作系统的“开始”菜单启动

1.2.2 Pro/ENGINEER 工作界面

启动 Pro/ENGINEER 软件后，系统先是出现图 1-3 所示的启动画面，片刻之后，此启动画面消失，进入 Pro/ENGINEER 初始工作界面。

图1-3 Pro/ENGINEER Wildfire 5.0的启动画面

Pro/ENGINEER Wildfire 5.0 初始工作界面主要由标题栏、菜单栏、工具栏、导航区、Pro/ENGINEER 浏览器、信息区和图形区域等组成，如图 1-4 所示。如果新建或者打开零件模型，则 Pro/ENGINEER 浏览器窗口将完全被图形窗口（即模型显示区域）替代。用户可以根据需要调整浏览器窗口和图形窗口同时出现在当前工作界面中。

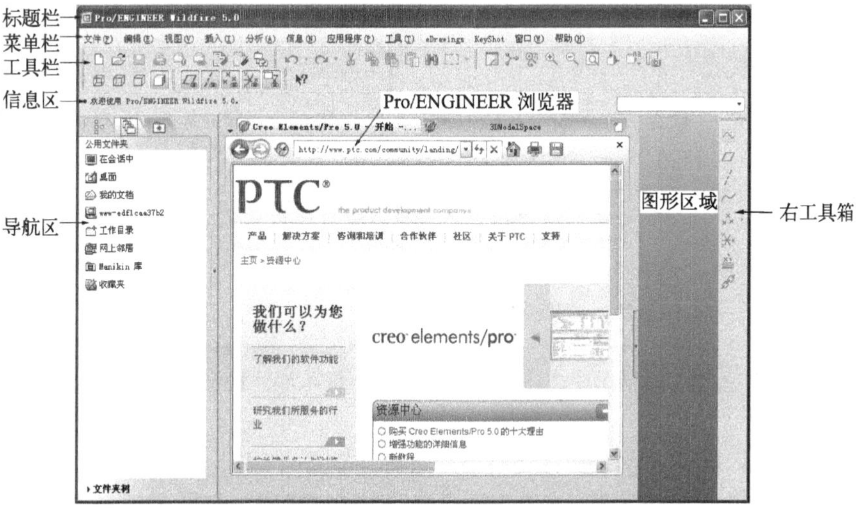

图1-4 Pro/ENGINEER Wildfire 5.0初始工作界面

1.3 基本的文件管理操作

初学者需要掌握 Pro/ENGINEER 基本的文件管理操作，包括新建文件、保存文件、打开文件、拭除文件、删除文件、选取工作目录、关闭文件与退出系统等。

1.3.1 新建文件

在菜单栏的“文件”菜单中选择“新建”命令，或者在工具栏中单击“创建新对象”按钮，打开“新建”对话框，通过该对话框来创建一个新的文件。用户可以根据设计需要创建“草绘”、“零件”、“组件”、“绘图”、“制造”、“格式”、“报告”、“图表”、“布局”和“标记”格式的新文件。

下面以创建一个新实体零件文件为例，介绍新建文件的典型步骤。

（1）在菜单栏的“文件”菜单中选择“新建”命令，或者在工具栏中单击“创建新对象”按钮，弹出“新建”对话框。

（2）在“新建”对话框的“类型”选项组中，单击“零件”单选按钮；在“子类型”选项组中单击“实体”单选按钮；在“名称”文本框中输入新文件名为“BC_A1”，取消选中“使用缺省模板”复选框，如图 1-5 所示。

（3）单击“新建”对话框的“确定”按钮，弹出“新文件选项”对话框。

（4）在“新文件选项”对话框的“模板”选项组中选择“mmns_part_solid”，如图 1-6 所示。

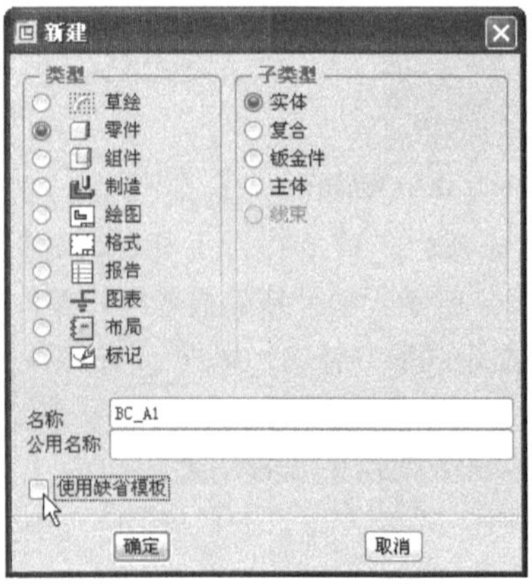

图1-5 “新建”对话框

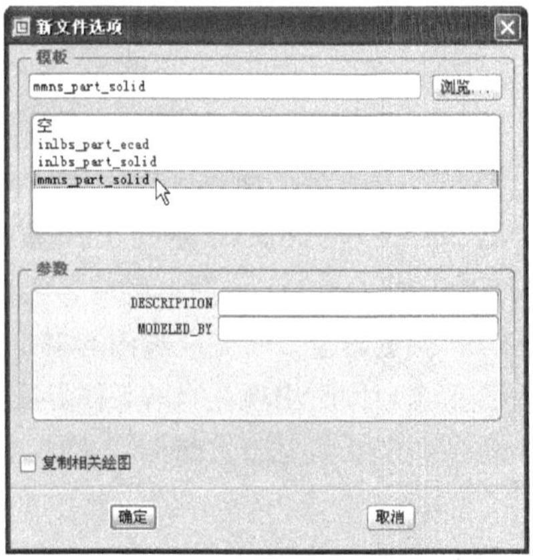

图1-6 “新文件选项”对话框

经验

可以根据设计需要，选择使用公制单位模板或英制单位模板。此例中不使用缺省模板，而选择“mmns_part_solid”模板来创建新零件文件，“mmns_part_solid”模板采用的单位制符合公制要求。

（5）在“新文件选项”对话框中单击“确定”按钮，进入零件设计模式。

1.3.2 保存文件

用于保存文件的命令主要有“保存”、“保存副本”和“备份”。用户应根据需要选择所需的保存命令。下面介绍这 3 个命令的用途。

1.“保存”命令

此命令以进程中的文件名进行保存。第一次从菜单栏中选择“文件”>“保存”命令，或者在工具栏中单击“保存”按钮，弹出图 1-7 所示的“保存对象”对话框。当第一次保存时可以指定文件存放的位置，然后单击“确定”按钮；若以后对该文件再次执行“保存”命令时，“保存对象”对话框中的存放地址则不可更改，如图 1-8 所示。

图1-7 “保存对象”对话框

图1-8 再次保存时的对话框

注 意

执行“保存”命令时要注意，每执行该命令则文件保存一次，先前的文件并没有被覆盖，而保存生成的此同名文件会在其扩展名的后面自动添加版本号，如第一次保存文件名为“BC_1.PRT.1”，而第二次保存文件名则为“BC_1.PRT.2”，以此类推。

2.“保存副本”命令

此命令用于保存活动对象的副本。从菜单栏的“文件”菜单中选择“保存副本”命令，弹出图 1-9 所示的“保存副本”对话框，从中指定保存目录（保存位置），在“新名称”文本框中输入副本名称，并可以从“类型”下拉列表框中选择所需的文件类型，然后单击“确定”按钮。

3.“备份”命令

此命令用于将对象备份到指定目录。从菜单栏的“文件”菜单中选择“备份”命令，系统弹出图 1-10 所示的“备份”对话框，选择要备份到的目录，然后单击“确定”按钮。

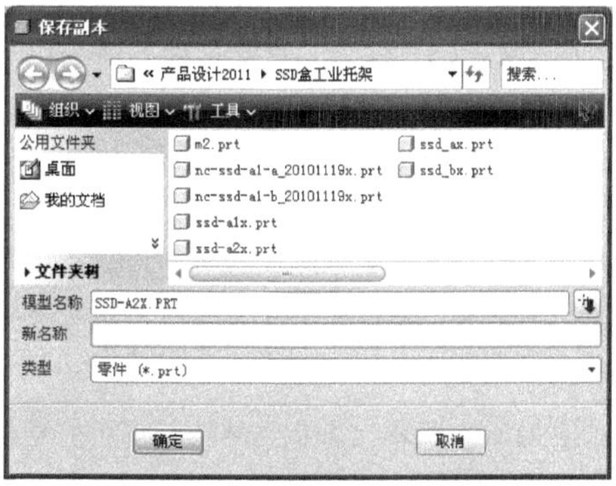

图1-9 “保存副本”对话框

图1-10 “备份”对话框

1.3.3 打开文件

在工具栏中单击“打开”按钮，或者从菜单栏的“文件”菜单中选择“打开”命令，系统弹出“文件打开”对话框，从中选择将要打开的文件，需要时可以单击对话框中的预览按钮来浏览将要打开的模型，如图 1-11 所示，最后单击“打开”按钮即可。

图1-11 “文件打开”对话框

> **注 意**
>
> 用户创建或者打开的文件，都会存于系统进程内存（会话）中，除非执行相关命令将其从内存中拭除。可以将进程（会话）理解为从启动Pro/ENGINEER软件系统到关闭Pro/ENGINEER的整个阶段。

用户可以按照如下步骤来打开系统进程内存中的文件。

（1）在工具栏中单击“打开”按钮，弹出“文件打开”对话框。

（2）在“文件打开”对话框中单击“在会话中”选项，此时在对话框的文件列表区域中显示出当前进程内存中的所有文件。

（3）从对话框的文件列表区域中选择将要打开的文件，单击“打开”按钮。

1.3.4 拭除文件与删除文件

拭除文件是指将文件从系统进程内存中清除，而磁盘上的文件仍然保留。拭除文件的命令位于菜单栏“文件”>“拭除”级联菜单中，如图 1-12 所示。其中，选择“文件”>“拭除”>“当前”命令用于从进程内存（会话）中拭除当前活动窗口中的对象；选择“文件”>“拭除”>“不显示”命令用于从进程内存（会话）中拭除所有不在窗口中显示的对象，但不拭除当前窗口中显示对象所参照的全部对象。

删除文件是指将相应文件从磁盘中永久地删除，这和拭除文件是有明显区别的，用户要慎重执行删除文件的操作。

如果要删除最新版本（具有最高版本号的版本）外对象的所有版本（即旧版本），则可在菜单栏中选择“文件”>“删除”>“旧版本”命令，出现图 1-13 所示的提示信息，输入其旧版本要被删除的对象或接受默认对象，单击“接受”按钮，即可删除该文件所有旧版本。

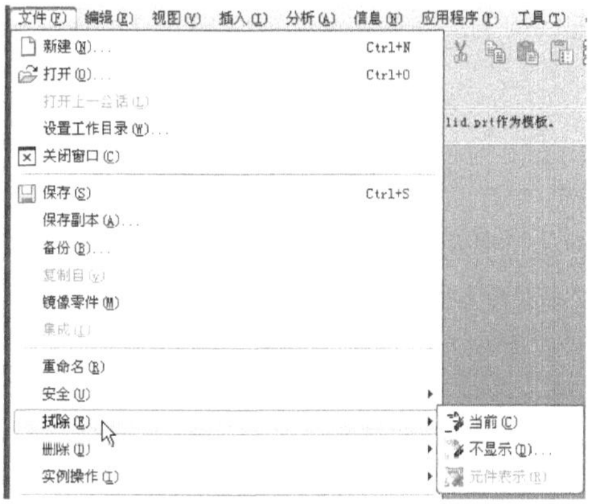

图1-12　选择“文件”>“拭除”级联菜单

图1-13　指定旧版本要被删除的对象

如果要删除当前对象的所有版本，那么可在菜单栏中选择“文件”>“删除”>“所有版本”命令，弹出图 1-14 所示的“删除所有确认”对话框，单击“是”按钮，系统会在信息区出现删除结果的信息。

图1-14　“删除所有确认”对话框

1.3.5　选取工作目录

工作目录是指分配存储 Pro/ENGINEER 文件的区域。通常，默认的工作目录是启动 Pro/ENGINEER 文件的目录，用户可以根据设计需要为当前的 Pro/ENGINEER 进程选取新的工作目录。选取工作目录有助于管理大量的设计文件，可以大大简化文件的保存、查找等工作。通常，属于同一设计项目的模型文件，可以放置在同一个工作目录下。

用户可以采用如下步骤来选取工作目录。

（1）从菜单栏的“文件”菜单中选择“设置工作目录”命令，弹出图 1-15 所示的“选取工作目录”对话框。

图1-15　“选取工作目录”对话框

（2）通过查找在列表框中指定所需的文件夹作为工作目录，或者在指定位置下新建文件夹作为目录（单击“选取工作目录”对话框中的“组织”按钮并从弹出的下拉菜单中选择“新建文件夹”命令），然后在“选取工作目录”对话框中单击“确定”按钮。

注意

退出 Pro/ENGINEER时，系统不会保存新工作目录的设置。另外要注意的是，如果从用户工作目录以外的目录中检索文件，然后保存文件，则文件会保存在检索到该文件的原目录中；如果保存副本并重命名文件，则副本会保存到当前的工作目录中。

1.3.6 关闭文件与退出系统

选择菜单栏“文件”>“关闭窗口”命令或者“窗口”>“关闭”命令，可以关闭当前窗口文件而不退出Pro/ENGINEER系统。以这类方式关闭文件后，该文件对象仍然保留在系统会话进程内存中。

选择菜单栏执行“文件”>“退出”命令，可以退出Pro/ENGINEER系统。另外，在标题栏右侧单击“关闭”按钮☒，亦可关闭Pro/ENGINEER软件。

1.4 模型视图基础

模型视图基础主要包括常用的视图控制工具及命令、模型显示及基准显示、使用保存的视图列表、使用鼠标调整模型视图等。

1.4.1 视图控制命令

进入零件设计模式，在“视图”工具栏中提供了常用的模型视图工具按钮，如图1-16所示。此外，在菜单栏的“视图”菜单中也可以找到相关的视图控制命令，如图1-17所示。

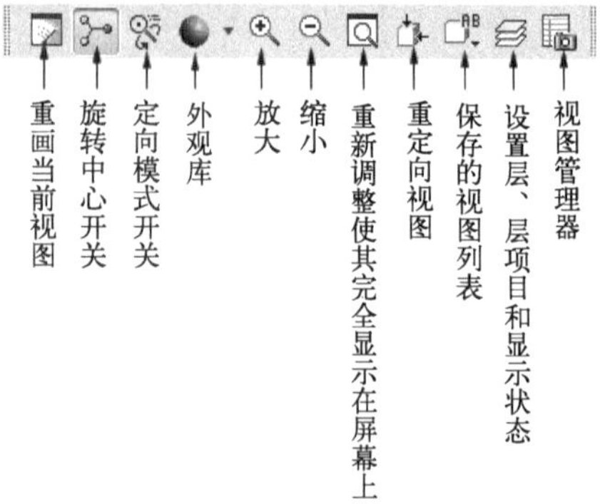

图1-16　“视图”工具栏

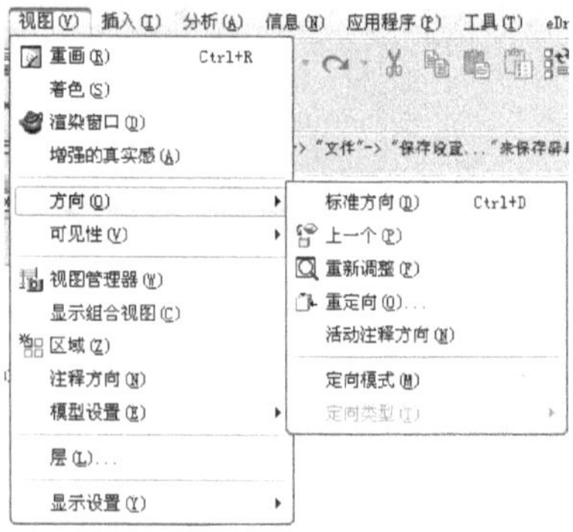

图1-17　“视图”菜单

1.4.2 模型显示和基准显示

在系统工具栏中提供“模型显示”工具栏和“基准显示”工具栏，如图1-18所示。其中各工具按钮的用途如表 1-1 所示。

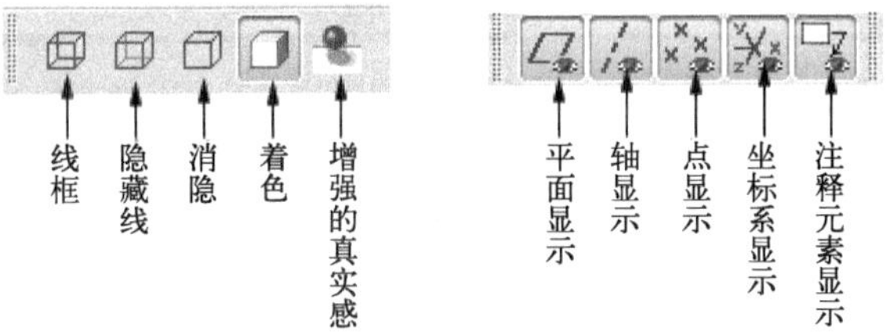

“模型显示”工具栏　　“基准显示”工具栏

图1-18　模型显示和基准显示的工具按钮

表 1-1　模型显示和基准显示工具按钮的用途

序号	类别	按钮	用途
1	模型显示		单击此按钮，以线框形式显示模型
2			单击此按钮，启用隐藏线显示模式，即对于模型中不可见的线条以隐藏线的形式显示
3			单击此按钮，启用消隐显示模式，即不显示模型中被遮挡的线条
4			单击此按钮，启用着色显示模式，即以着色方式来显示模型
5			单击此按钮，以增强的真实感显示模型
6	基准显示		用于设置是否在图形窗口中显示基准平面
7			用于设置是否在图形窗口中显示基准轴
8			用于设置是否在图形窗口中显示基准点
9			用于设置是否在图形窗口中显示基准坐标系
10			用于打开或关闭 3D 注释或注释元素

在菜单栏中选择“视图”>“显示设置”>“模型显示”命令，弹出“模型显示”对话框，如图 1-19 所示，从中可以进行相关的模型显示设置。而在菜单栏中选择“视图”>“显示设置”>“基准显示”命令，打开图 1-20 所示的“基准显示”对话框，从中可以设置相关基准的显示状态，用户还可以从“点符号”下拉列表框中定制所需的点符号。

图1-19　“模型显示”对话框

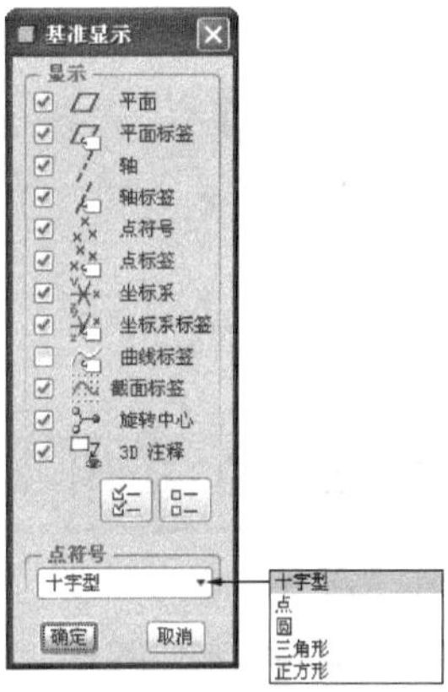

图1-20　“基准显示”对话框

1.4.3 使用已命名的视图列表

在设计过程中，使用已命名的视图列表（保存的视图列表）可以很方便地获得一些所需的视角视图。例如，在一个使用“mmns_part_solid”设计模板的零件文件中，在工具栏中单击（保存的视图列表）按钮时，将打开图 1-21 所示的视图列表，该视图列表包括了常用视角视图：“标准方向”、“缺省方向”、“BACK”、“BOTTOM”、“FRONT”、“LEFT”、“RIGHT”和“TOP”。从已命名的视图列表中选择需要的视图名称（或称视图指令），便可以以该命名视角来观察模型，图 1-22 给出了两种视角的显示效果。

图1-21　保存的视图列表

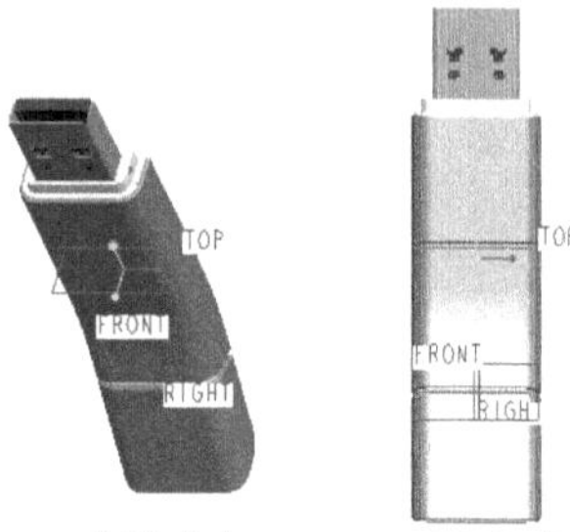

图1-22　使用保存的视图列表示例

1.4.4 使用鼠标调整模型视图

在 Pro/ENGINEER 中，用户可以使用三键鼠标根据设计需要来调整模型视角，如对模型视角视图进行平移、缩放、旋转等实时操作，如表 1-2 所示。

表 1–2　使用三键鼠标调整模型视角视图

序号	调整操作	操作方法
1	平移模型视图	将鼠标指针置于图形窗口中，同时按住【Shift】键和鼠标中键，然后移动鼠标，可以实现快捷平移模型视图
2	缩放模型视图	将鼠标指针置于图形窗口中，然后滚动鼠标中键，可以对模型视图进行缩放操作
		同时按下【Ctrl】键和鼠标中键，并前后移动鼠标可缩放模型视图
3	旋转模型视图	将鼠标指针置于图形窗口中，按住鼠标中键并拖曳鼠标，可以随意旋转模型

1.5 模型树与层树的应用

本节主要介绍模型树与层树的应用。

1.5.1 模型树的应用

模型树是零件文件中所有特征的列表，其中包括基准和坐标系。在零件文件中，模型树显示零件文件名称，并在名称下显示零件的每个特征；在组件文件中，模型树显示组件名称，并在名称下显示所包含的零件文件和子组件文件，如图 1-23 所示。模型结构以分层（树）形式显示，根对象（当前零件或组件）位于树的顶部，附属对象（特征或零件）位于下部。如果打开了多个 Pro/ENGINEER 窗口，则模型树内容只反映当前窗口中的文件。值得注意的是，模型树只列出当前文件中的相关特征和零件级的对象，而不列出构成特征的图元（如边、曲面、曲线等）。

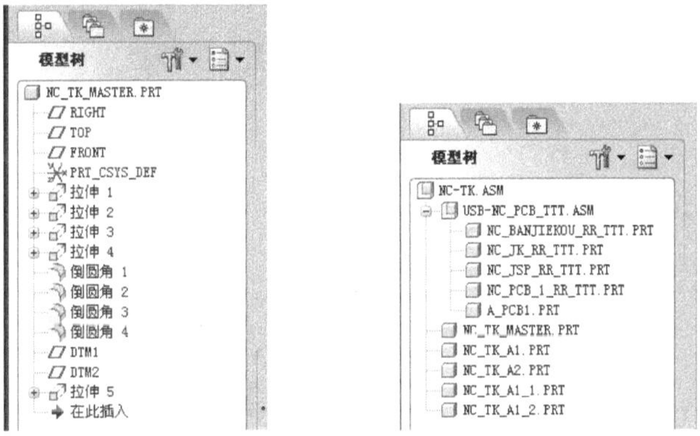

零件模型树　　　　组件模型树

图1-23　模型树示例

使用模型树主要可以进行如下操作。

（1）重命名模型树中的特征名称。

（2）选择特征、零件或组件并使用右键快捷菜单对其执行特定对象操作。

（3）按项目类型或状态过滤显示，如显示 / 隐藏基准特征，或者显示 / 隐藏隐含特征。设置模型树项目显示的方法如图 1-24 所示。

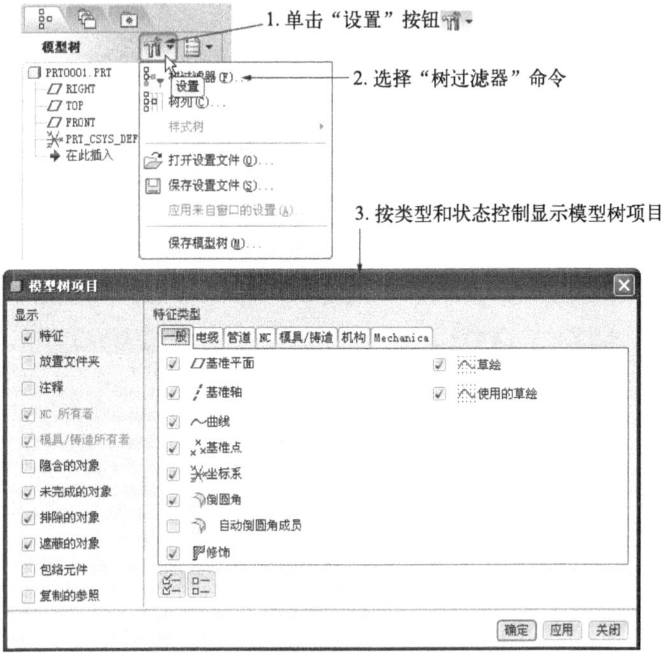

图1-24　设置模型树项目的步骤

（4）在组件模型树中，可以通过鼠标右键单击组件文件中的零件，从快捷菜单中选择“打开”命令，将其打开。

（5）可以设置模型树列的显示选项。例如，在零件模型树中用一列来显示特征号，则按照图 1-25 所示的步骤进行设置。

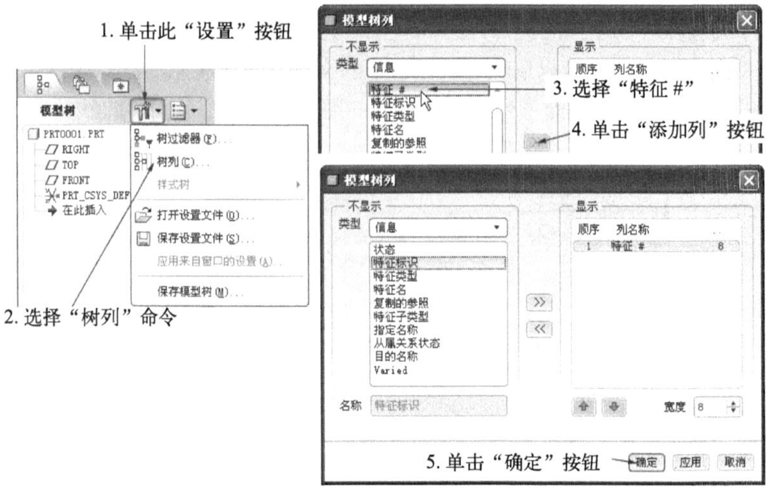

图1-25　设置模型树列显示选项的步骤

1.5.2 层树的应用

使用“层树”，可以控制层、层项目及其显示状态。

在工具栏中单击“层”按钮，或者在菜单栏中选择“视图”>“层”命令，可在导航区窗口或单独的“层”对话框中显示层树。如果要在单独的“层”对话框中显示层树，需要事先将配置选项“floating_layer_tree”的值更改为“yes”，其默认值为“no”。

提　示

用户可以了解配置 Pro/ENGINEER 基础，对于初学者而言，采用默认的基本配置选项即可。若设置 Pro/ENGINEER 基本配置选项，则在菜单栏中选择“工具”>“选项”命令，打开“选项”对话框，接着设定是否仅显示从文件载入的选项等，并从列表中选择配置选项，或者在“选项”框中输入配置选项名称，如图 1-26 所示，然后在“值”框中输入或选取一个值，单击“添加 / 更改”按钮，配置完后单击“应用”按钮或“确定”按钮。

图1-26　设置配置选项的示例

当配置文件选项“floating_layer_tree”的值默认为“no”时，可在模型树导航窗口中单击“显示”按钮，如图 1-27 所示，接着选择“层树”命令，便可在导航窗口中显示层树。层树导航窗口中具有如下 3 个按钮。

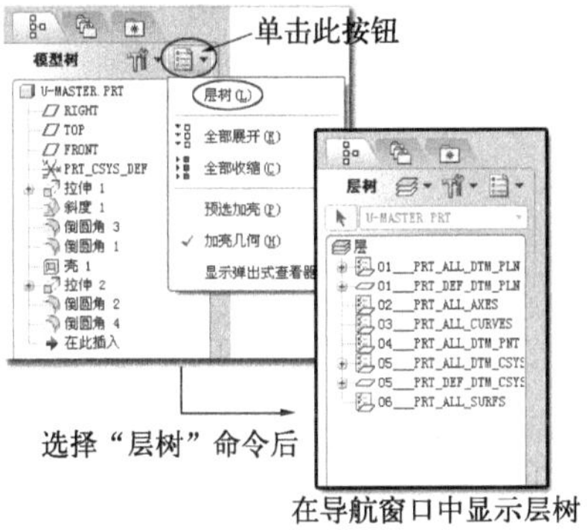

图1-27 在模型树导航窗口中操作

① ：在层树导航窗口中单击此按钮，可以隐藏、孤立、删除、移除、剪切、复制和粘贴项目或层，可以新建层、设置层属性、更改层名称和指定延伸规则等。

② ：在层树导航窗口中单击此按钮，可以设置在当前层树中包含的层，即可向当前定义的层或子模型层中添加非本地项目。

③ ：在层树导航窗口中单击此按钮，则可以在打开的菜单中选择相关的显示命令进行操作，如图 1-28 所示。

下面介绍在零件模式下创建一个新图层并为该新图层添加指定的项目，然后隐藏该新图层。

（1）在导航区中显示层树后，单击层树的“层”按钮。

（2）在弹出的下拉菜单中选择“新建层”命令，系统弹出图 1-29 所示的“层属性”对话框。

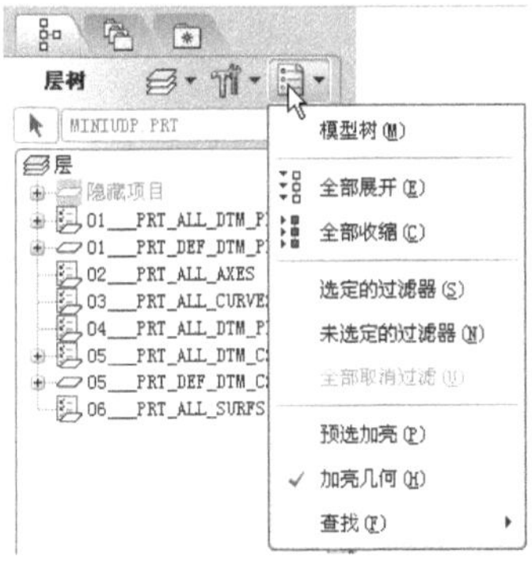

图1-28 在层树导航窗口中进行显示设置

图1-29 “层属性”对话框

（3）在“层属性”对话框的“名称”文本框中输入新层的名称，也可使用默认的新层名称，而层 Id 可以不设置。

注 意

层是用名称来识别的，这些名称可以用数字或字母数字形式表示，最多不能超过31个字符。在层树中显示层时，首先是数字名称层排序，接着是字母数字名称层排序。字母数字名称的层按字母排序。

（4）“内容”选项卡中的“包括”按钮应处于被选中的状态，在图形窗口中或临时切换到模型树中选择所需的项目，该项目将作为要包括在当前层中的项目。

（5）在“层属性”对话框中单击“确定”按钮。

（6）新层按照排序方式显示在层树中，鼠标右击层树中的该新层，从弹出的快捷菜单中选择“隐藏”命令，从而隐藏该层。

（7）鼠标右击该新层，从弹出的快捷菜单中选择“保存状态”命令，为所有修改层保存新状态。

1.6 定制屏幕

软件系统可以根据用户需要和喜好来定制屏幕上可用的菜单、工具栏和映射键（快捷键），其方法是在菜单栏中选择“工具”>“定制屏幕”命令，系统弹出图 1-30 所示的“定制”对话框，然后利用该对话框的相应选项卡进行定制屏幕的设置即可。例如，要将“设置工作目录”按钮添加到工具栏的“文件”工具栏中，如图 1-31 所示，则要在“定制”对话框的“命令”选项卡中，从“目录”列表中选择“文件”目录类别，接着在“命令”列表中选择“设置工作目录”命令，单击并按住鼠标左键将其拖曳到“文件”工具栏中的适当位置处释放即可。

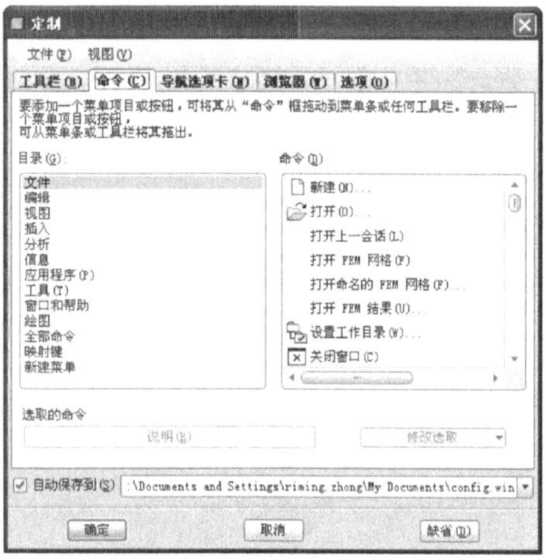

图1-30 “定制”对话框

图1-31 为“文件”工具栏添加按钮

技巧

如果要移除某工具栏中的特定按钮，则可在打开“定制”对话框的情况下，单击并按住鼠标左键将其从工具栏中拖出，然后释放鼠标左键即可。

1.7 实战综合案例——模型基本操作

学习目的

打开一个蜗轮零件的模型文件，综合应用本章所学知识。

重点难点

- 进行调整视角的相关操作
- 拭除文件

操作步骤

1. 启动 Pro/ENGINEER 软件并打开模型文件

Step 01 在 Windows 桌面上双击 Pro/ENGINEER Wildfire 5.0 的桌面快捷方式图标，启动 Pro/ENGINEER Wildfire 5.0 软件。

Step 02 在“文件”工具栏中单击“打开”按钮，或者在菜单栏中选择“文件”>“打开”命令，弹出“文件打开”对话框，查找到本书配套的素材“\CH1\bc_a1_1.prt”文件，单击“预览”选项按钮，如图 1-32 所示，然后单击“文件打开”对话框中的“打开”按钮。

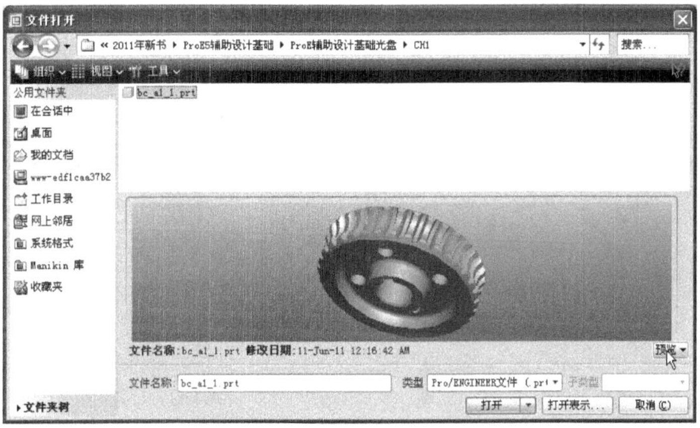

图1-32 “文件打开”对话框

2. 进行调整视角的相关操作

Step 01 在“基准显示”工具栏中设置关闭基准平面、轴、基准点和坐标系显示，如图 1-33 所示。

图1-33 设置基准显示选项

Step 02 在默认状态下，“旋转中心”按钮处于被按下的状态，表示打开旋转中心。将鼠标指针置于图形窗口中，单击并按住鼠标中键，然后移动鼠标，将模型旋转至图 1-34 所示的视图状态。

Step 03 释放鼠标中键后，按【Ctrl+D】组合键，则模型恢复为默认的标准方向视角显示，如图 1-35 所示。

图1-34 使用鼠标指针旋转模型视图

图1-35 以默认的标准方向视角显示

技巧

按【Ctrl+D】组合键等效于单击“已命名的视图列表”按钮，并从打开的视图列表中选择“标准方向”。

Step 04 在“视图”工具栏中单击“重定向”按钮，打开“方向”对话框，从“类型”下拉列表框中选择“动态定向”选项，接着在“选项”工具盒中分别通过拖动相关的滑块来调整模型的视角，即分别调整平移、缩放和旋转参数来获得所需的模型视图，如图 1-36 所示。

Step 05 在“方向”对话框中展开“保存的视图”工具盒，在“名称”文本框中输入“BC- 自定义方向”，如图 1-37 所示，单击“保存”按钮。

图1-36　动态定向模型视图

图1-37　输入保存的视图名称

Step 06 在“方向”对话框中单击“确定”按钮，按【Ctrl+D】组合键，将模型以默认的标准方向视角来显示模型。

Step 07 在“视图”工具栏中单击“已命名的视图列表”按钮，打开图 1-38 所示的视图列表，然后从视图列表中选择“BC- 自定义方向”，则模型以之前自定义的视角视图显示。

图1-38　打开视图列表

Step 08 在工具栏中单击“增强的真实感”开关按钮以增强对象的真实感，此时模型的显示效果如图 1-39 所示。

3. **保存副本**

Step 01 在菜单栏中选择“文件”>“保存副本”命令，打开“保存副本”对话框。

Step 02 指定要保存到的文件目录中，输入新文件名。

Step 03 单击“确定”按钮。

4. **拭除文件及关闭 Pro/ENGINEER 软件**

Step 01 在菜单栏中选择“文件”>“拭除”>“当前”命令，打开“拭除确认”对话框，如图 1-40

所示，然后单击“是”按钮。

图1-39 打开增强的真实感获得的效果

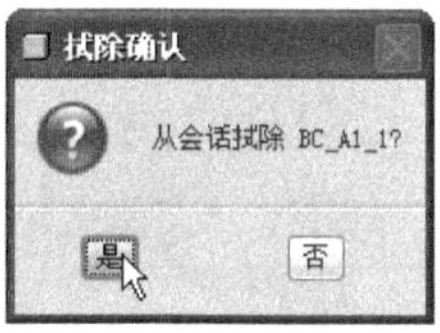

图1-40 “拭除确认”对话框

Step 02 在 Pro/ENGINEER Wildfire 5.0 软件工作界面右上角处单击“关闭”按钮，关闭 Pro/ENGINEER Wildfire 5.0 会话进程。

案例总结

通过本案例学习，初学者可以掌握模型的基本操作，包括启动软件，打开文件，使用多种方法调整模型视角，保存副本，拭除文件。调整模型视角视图后，如果不满意则可以按【Ctrl+D】组合键，使模型快速地恢复为默认的标准方向视角。

1.8 思考与上机练习

1. **简答题**

(1) 简述 Pro/ENGINEER 的几个典型设计概念。

(2) 如何启动和关闭 Pro/ENGINEER Wildfire 5.0 软件？

(3) Pro/ENGINEER Wildfire 5.0 的主工作界面包括哪些部分？

(4) “保存”、“保存副本”和“备份”命令各有什么不同？

(5) 请说明拭除文件和删除文件的差别？

(6) 如何设置工作目录？

(7) 在 Pro/ENGINEER Wildfire 5.0 中，如何使用三键鼠标来对模型视图进行缩放、旋转、平移等实时操作？

(8) 请初步总结模型树与层树的应用特点。

2. **上机练习题**

(1) 新建一个零件文件，并定制图 1-41 所示的“文件”工具栏，即在“文件”工具栏中添加相应的工具按钮。

图1-41 定制“文件”工具栏

知识要点提示

使用菜单栏“工具”>“定制屏幕”命令。

（2）打开本书配套的素材“\CH1\bc_1_ex10.prt”，该文件中已建模一个产品的铝制外壳零件，如图 1-42 所示，在该零件文件中进行模型的显示练习，以及使用鼠标调整模型视图，最后将该零件文件从系统进程会话中拭除。

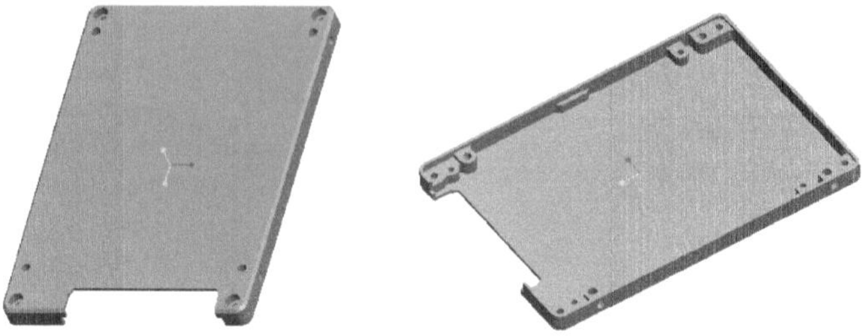

图1-42　固态电子硬盘铝制外壳零件

知识要点提示

应用模型视图基础知识。

第2章 二维草绘

本章导读

二维草绘是三维建模的重要基础。本章重点介绍的知识包括绘制二维基本图形、尺寸标注、几何约束、草图编辑和解决草绘冲突问题。

学习目标

- 了解二维草图基本流程
- 掌握绘制二维基本图形
- 掌握尺寸标注和几何约束
- 掌握草图编辑的基础知识
- 理解解决草绘冲突问题

2.1 二维草绘概述

掌握三维建模，首先需要掌握二维草绘的方法及技巧等，因为很多三维特征都可由二维草图经过某种建模方式来生成。

Pro/ENGINEER 系统提供了一个“草绘”模块（也称“草绘器”），用于绘制所需的二维草图。在实际工作中，用户可以根据设计情况新建一个草绘文件来绘制二维图形，也可以在零件某特征的创建过程中指定草绘平面和方向来进入草绘模式中绘制所需的特征截面。

下面介绍如何新建一个草绘文件，并简单地说明创建二维草图的典型流程。

（1）在“文件”工具栏中单击“新建”按钮，或者在菜单栏中选择“文件”>“新建”命令，打开“新建”对话框。

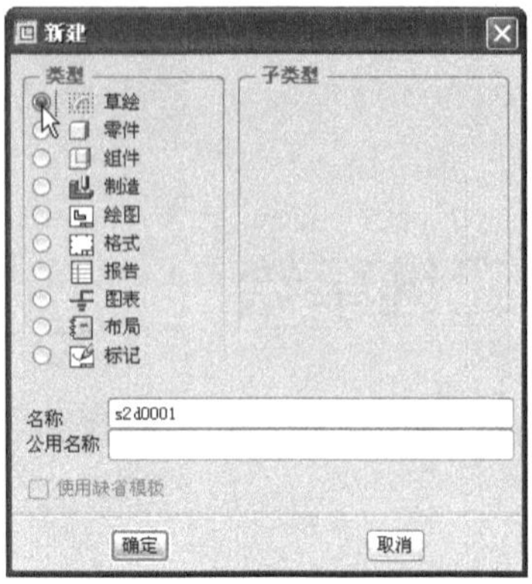

图2-1 “新建”对话框

（2）在“类型”选项组中单击“草绘”单选按钮，并在“名称”文本框中输入新的草绘文件名称或使用默认的草绘文件名称，如图 2-1 所示。

（3）在“新建”对话框中单击“确定”按钮，进入草绘模式的界面。

（4）在草绘模式下绘制二维草图，在绘制二维草图时，系统会自动添加尺寸和约束。由草绘器自动创建的尺寸和约束通常是弱尺寸和弱约束。在 Pro/ENGINEER 系统中，在没有用户确认的情况下，草绘器可以自动移除的尺寸或约束被称为弱尺寸或弱约束；反之，草绘器不能自动移除的尺寸或约束被称为强尺寸或强约束。

（5）根据设计需要，重新定义标注形式和约束关系，即添加所需的尺寸和约束，这些尺寸和约束成为强尺寸和强约束。如果需要，可以为界面添加关系式以控制截面状态。

（6）保存草绘文件，草绘文件的扩展名为“.sec”。

在草绘模式下，系统提供了一个实用的“草绘器”工具栏，如图 2-2 所示。当其中的按钮处于选中状态时，即打开相应的显示状态；反之，当按钮没有被选中时，表示关闭相应的显示状态。

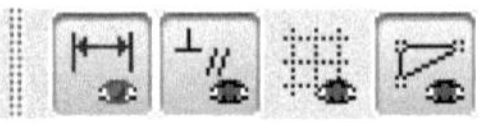

图2-2 “草绘器”工具栏

①（显示尺寸）：用于控制尺寸是否显示。

②（显示约束）：用于控制约束是否显示。

③（显示栅格）：用于控制栅格是否显示。

④（显示顶点）：用于切换剖面顶点显示的开关状态。

2.2 绘制二维基本图形

一般可以将点、直线、中心线、矩形、圆、椭圆、圆弧、样条、圆角、椭圆角、圆锥、倒角、坐标系、偏移线和文本等这些图元归纳在二维基本图形的范畴内。在 Pro/ENGINEER Wildfire 5.0 中，绘制二维基本图形的功能得到了进一步增强，如可以绘制斜矩形、平行四边形、修剪的倒角、不修剪的倒角，而绘制椭圆等功能也得到增强。

用于创建和编辑二维基本图形的常用工具集中在“草绘器工具”工具栏中，如图 2-3 所示。用户可以从该工具栏中执行所需的草绘工具，也可以从菜单栏的“草绘”菜单和“编辑”菜单中选择相应的命令。

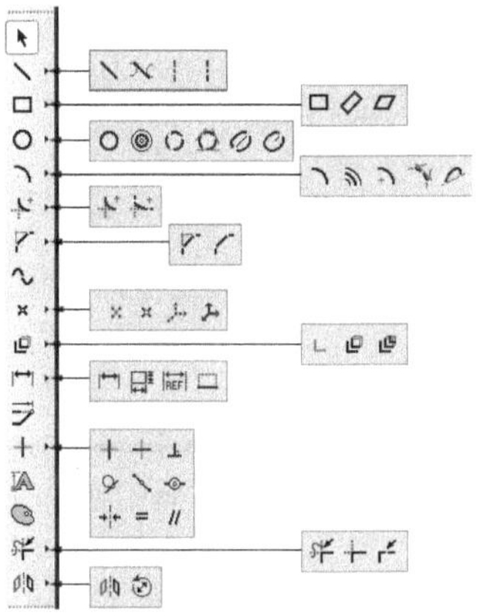

图2-3　“草绘器工具”工具栏

2.2.1 绘制直线与中心线

绘制直线的按钮包括“线”按钮、“直线相切”按钮、“中心线”按钮和“几何中心线”按钮。

1. 通过指定两点绘制一条直线段

在“草绘器工具”工具栏中单击“线”按钮，或者从“草绘”菜单中选择“线”>“线”命令，接着在绘图区域分别指定直线的第 1 端点和第 2 端点，如图 2-4 所示；可以继续指定点来绘制其他连续直线段，后续直线的第 1 点均是上一条直线段的第 2 点；单击鼠标中键结束该命令操作。

2. 绘制与两个图元相切的直线

在“草绘器工具”工具栏中单击“直线相切”按钮，或者从“草绘”菜单中选择“线”>“直线相切”命令，接着在绘图区域拾取圆或圆弧，并将鼠标指针移动到另一个图元（如圆或圆弧）的预定区域，通常系统会捕捉到合适的相切点，然后单击鼠标左键，即可绘制出一条与所选两个图元均相切的直线段，如图 2-5 所示。

图2-4　绘制2点线

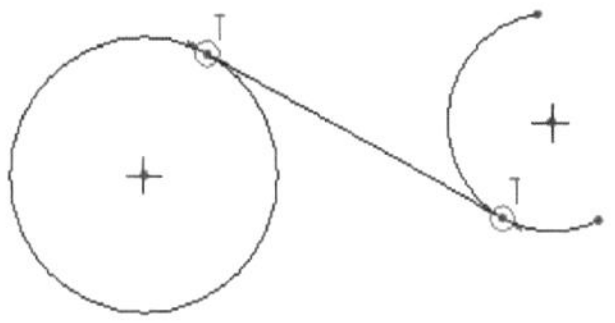

图2-5　绘制与两个图元相切的直线

3. 通过指定两点绘制一条中心线或几何中心线

在“草绘器工具”工具栏中单击“中心线”按钮，或者从“草绘”菜单中选择“线”>“中心线”命令，接着在绘图区域分别指定两点，即可绘制一条中心线，单击鼠标中键可结束该命令操作。绘制的中心线是无限长的，通常用来定义一个旋转特征，或作为某剖面内的辅助线等。

如果在“草绘器工具”工具栏中单击“几何中心线”按钮，则可以通过指定两点绘制几何中心线。几何中心线会将特征级信息传达到草绘器之外。

4. 创建与两个图元相切的中心线

在菜单栏的“草绘”菜单中选择“线”>“中心线相切”命令，接着在弧或圆上拾取一个起始位置，然后在一个弧或圆上拾取一个相切位置，从而创建出与两个图元相切的中心线，如图 2-6 所示。也可以继续创建其他相切中心线，单击鼠标中键则结束该命令。

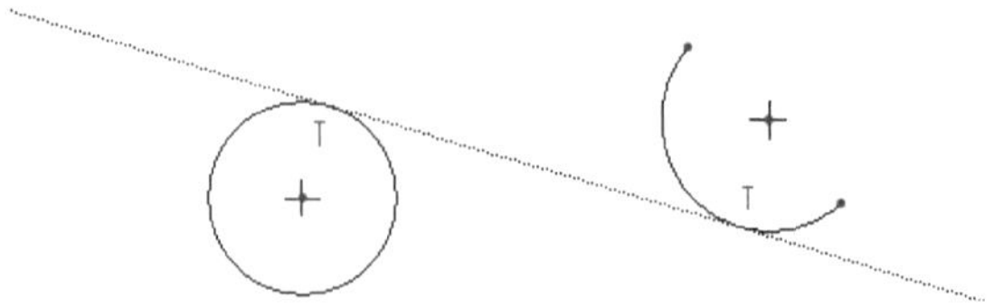

图2-6　绘制与两个图元相切的中心线

2.2.2 绘制矩形

系统可以绘制 3 种形式的矩形：一般矩形、斜矩形和平行四边形。

1. 绘制一般矩形

在“草绘器工具”工具栏中单击“矩形”按钮，或者从“草绘”菜单中选择“矩形”>“矩形”命令，接着在绘图区域分别指定两个点来指定矩形的对角线，从而完成绘制一个矩形，如图 2-7 所示，单击鼠标中键结束矩形绘制命令操作。

2. 绘制斜矩形

在“草绘器工具”工具栏中单击“斜矩形”按钮，或者从“草绘”菜单中选择“矩形”>“斜矩形”命令，接着在绘图区域分别指定第 1 点和第 2 点，然后移动鼠标指针动态地获得斜矩形另一条边长度，如图 2-8 所示，在所需位置处单击鼠标左键确定绘制一个斜矩形。也可以继续绘制其他斜矩形，单击鼠标中键结束命令操作。

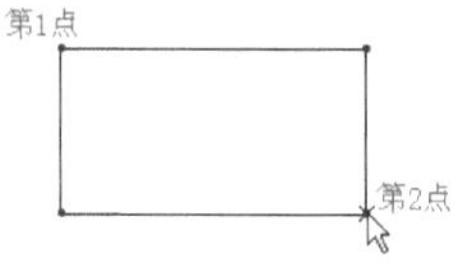

图2-7　绘制矩形

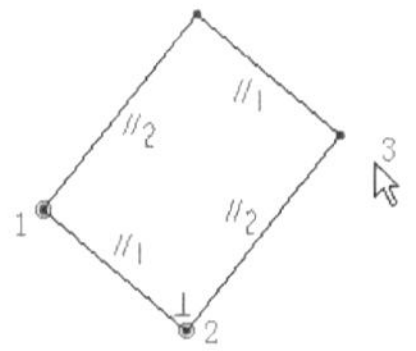

图2-8　绘制斜矩形

3. 绘制平行四边形

在“草绘器工具”工具栏中单击“平行四边形”按钮，或者从“草绘”菜单中选择“矩形”>“平行四边形”命令，接着在绘制区域分别指定 3 个有效点，从而绘制一个平行四边形，如图 2-9 所示。也可以继续绘制其他平行四边形，单击鼠标中键结束命令操作。

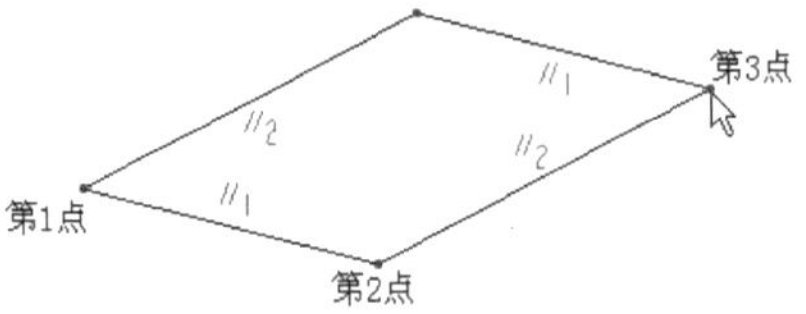

图2-9　绘制平行四边形

2.2.3 绘制圆类图形

圆类图形包括圆和椭圆。绘制圆和椭圆的方式主要有以下几种。

1. “圆心和点”方式

该方式是通过拾取圆心和圆上一点来绘制圆，具体方法是在“草绘器工具”工具栏中单击“圆：圆心和点”按钮，或者从菜单栏的“草绘”菜单中选择“圆”>“圆心和点”命令，接着使用鼠标指针在绘图区域单击一点作为圆心，然后移动鼠标指针单击另外一点作为圆周上的一点，如图 2-10 所示。可以继续绘制其他圆，单击鼠标中键结束命令操作。

2. “同心”方式

该方式通过拾取一个参照圆或圆弧定义中心点，移动鼠标指针间接确定同心圆的半径，具体步骤是在“草绘器工具”工具栏中单击“圆:同心”按钮，或者从“草绘”菜单中选择“圆”>“同心”命令，接着选取一个已有圆弧或圆来定义中心点（也可以直接单击圆心点），然后移动鼠标指针在适当位置处单击便可完成一个同心圆，如图 2-11 所示。可以移动鼠标指针指定其他点来连续绘制所需的同心圆。如果要退出该命令操作，则单击鼠标中键。

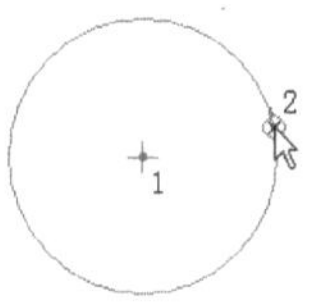

图2-10 使用“圆心和点”方式绘制圆

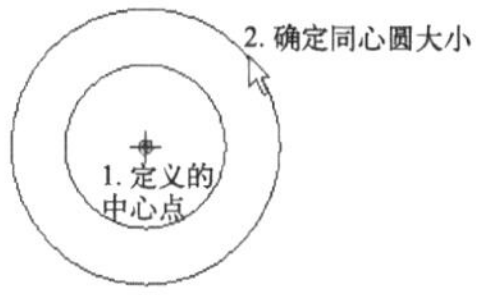

图2-11 绘制同心圆

3. “3 点”方式

该方式是指通过分别拾取 3 个点来绘制一个圆。在“草绘器工具”工具栏中单击“圆：3 点”按钮，或者从“草绘”菜单中选择“圆”>“3 点”命令，接着分别指定圆周上的 3 个点来绘制一个圆，如图 2-12 所示。

4. “3 相切”方式

使用该方式可以创建与 3 个图元均相切的圆，如图 2-13 所示。

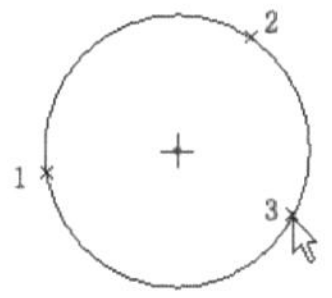

图2-12 通过拾取3个点来创建圆

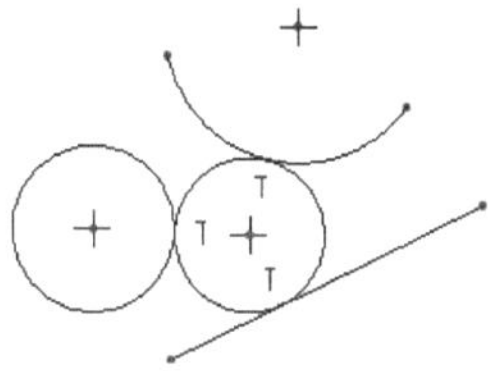

图2-13 创建与3个图元均相切的圆

创建与 3 个图元均相切的圆，其方法是在“草绘器工具”工具栏中单击“圆：3 相切”按钮，或者从“草绘”菜单中选择“圆”>“3 相切”命令，接着先在一个图元（直线、圆或圆弧）上拾取一个位置，再在第 2 个图元（直线、圆或圆弧）上拾取一个位置，然后移动鼠标指针至第 3 个图元的预定区域处单击，从而完成绘制与这 3 个图元均相切的圆，最后单击鼠标中键，结束该命令。

经验

在创建与3个图元均相切的圆的时候，需要注意相关图元的拾取位置，这可能会影响到相切圆的生成位置和大小。

5. “轴端点椭圆”方式

该方式是根据指定的椭圆长轴端点创建一个椭圆。在“草绘器工具”工具栏中单击“轴端点椭圆”按钮，或者在“草绘”菜单中选择“圆”>“轴端点椭圆”命令，接着拾取一点作为椭圆长轴的起点，再拾取一点作为椭圆长轴的端点，然后移动鼠标指针指定短轴上的一点定义椭圆，如图 2-14 所示。最后单击鼠标中键结束命令操作。

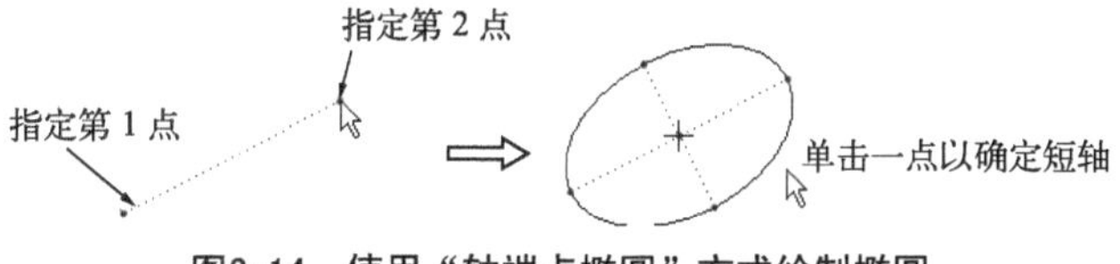

图2-14 使用“轴端点椭圆”方式绘制椭圆

6. “**中心和轴椭圆**” **方式**

该方式是根据指定的椭圆中心和长轴端点创建一个椭圆。在“草绘器工具”工具栏中单击“中心和轴椭圆”按钮，或者在“草绘”菜单中选择“圆”>“中心和轴椭圆”命令，接着拾取第1点作为椭圆中心，然后拾取第2点定义椭圆长轴，最后在短轴上选择一个点来定义椭圆。图2-15所示为绘制示例。用户可以继续以该方式绘制椭圆，若单击鼠标中键，则结束命令操作。

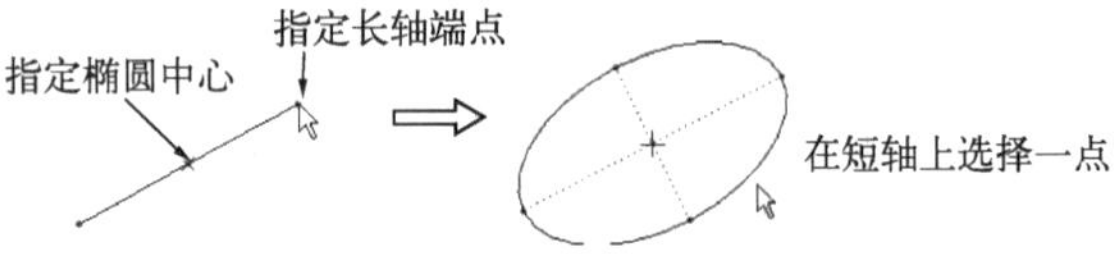

图2-15　使用“中心和轴椭圆”方式绘制椭圆

2.2.4　绘制圆弧与圆锥曲线

下面介绍绘制圆弧与圆锥曲线的典型方法。

1. **用3点创建一个圆弧，或创建一个在其端点相切于图元的圆弧**

在“草绘器工具”工具栏中单击“圆弧:3点/相切端”按钮，或者在“草绘”菜单中选择“弧”>“3点/相切端”命令，接着分别拾取3个点来绘制一个圆弧，其中拾取的第1点作为圆弧的起点，第2点作为圆弧的终点，而第3点则作为圆弧上的其他点，如图2-16所示，单击鼠标中键则结束该命令操作。

使用“圆弧：3点/相切端”按钮，还可以通过选定的曲线端点，在该端点处创建与曲线图元相切的圆弧，如图2-17所示。其绘制过程为单击“圆弧：3点/相切端”按钮，接着选择现有图元上的一个端点作为相切圆弧的起点，然后移动鼠标指针在合适的位置处单击，便可确定该相切圆弧。

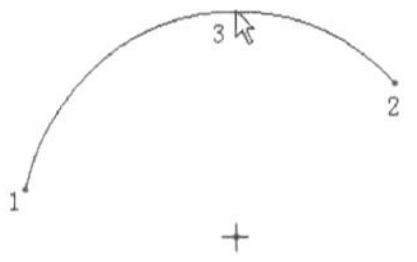

图2-16　通过3点创建圆弧

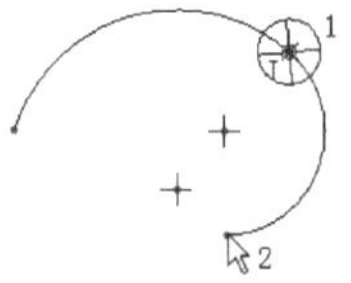

图2-17　通过在其端点与图元相切来绘制圆弧

2. **创建同心弧**

在“草绘器工具”工具栏中单击“圆弧:同心”按钮，或者在“草绘”菜单中选择“弧”>“同心”命令，接着使用鼠标指针选择已有圆弧或圆定义中心点（也可以直接单击现有圆心），移动鼠标指针则可以看到系统产生一个以虚线显示的动态同心圆，如图2-18所示，然后分别拾取圆弧的起点和终点，从而完成一个同心圆弧，如图2-19所示。可以继续创建同心圆弧，单击鼠标中键则退出该命令。

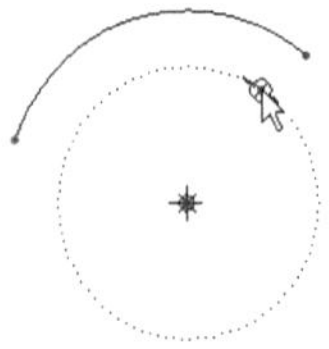

图2-18　获得一个跟随鼠标指针的动态同心圆

图2-19　创建同心圆弧

3. **通过选取弧圆心和端点来创建圆弧**

在“草绘器工具”工具栏中单击“圆弧：圆心和端点”按钮，或者在“草绘”菜单中选择

“弧”>“圆心和端点”命令，接着在绘图区域拾取一点作为圆弧中心，拖动鼠标指针则可以看到一个以虚线显示的动态圆，然后拾取第 2 点定义圆弧的起点，拾取第 3 点定义圆弧的终点，从而完成一个圆弧，如图 2-20 所示。至于生成顺时针方向的圆弧还是逆时针方向的圆弧，则由在定义圆弧起终点时使用鼠标绕圆心移动的方向来决定，这需要用户在实际练习中不断总结。

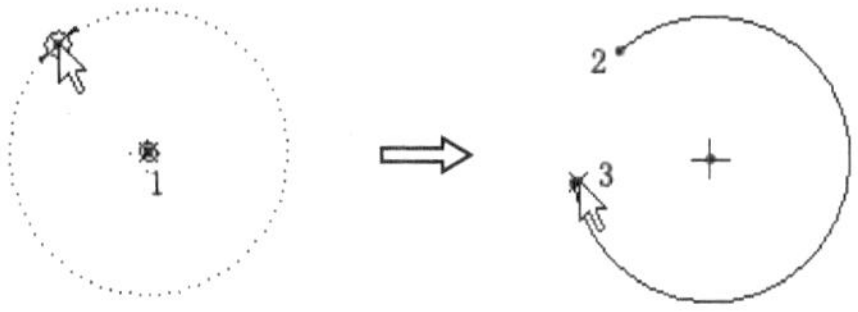

图2-20　通过选择弧圆心和端点创建圆弧

可以继续使用该方式绘制圆弧。若单击鼠标中键则结束该命令操作。

4．创建与 3 个图元相切的圆弧

在“草绘器工具”工具栏中单击“圆弧:3 相切”按钮，或者在“草绘”菜单中选择“弧”>“3 相切”命令，接着在绘图区域分别拾取 3 个图元（图元可以为直线、圆或圆弧）来绘制与之相切的圆弧，如图 2-21 所示。为了生成所需要的相切圆弧，在执行绘制命令过程中拾取相关图元时，应该注意相关图元的拾取位置。

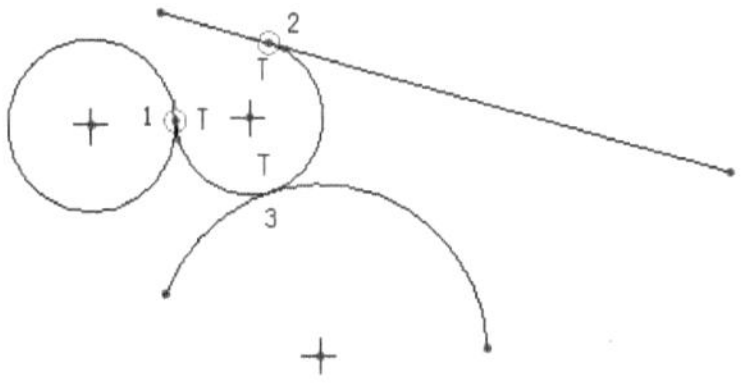

图2-21　创建与选定3图元相切的圆弧

5．创建锥形弧（圆锥曲线）

在“草绘器工具”工具栏中单击“圆锥”按钮，或者在“草绘”菜单中选择“弧”>“圆锥”命令，接着在绘图区域指定一点作为圆锥曲线图元的第一端点，指定第 2 点作为圆锥曲线图元的第二端点，然后移动鼠标指针拖动动态圆锥曲线，在合适位置处单击以确定其轴肩位置，从而完成一个圆锥曲线的绘制，如图 2-22 所示。可以继续创建其他的圆锥曲线，单击鼠标中键则结束该命令。

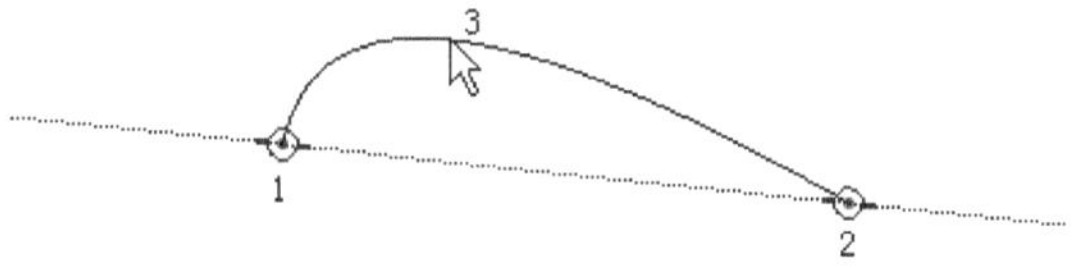

图2-22　创建圆锥曲线的示例

2.2.5　绘制样条曲线

绘制样条曲线的典型方法及步骤是在“草绘器工具”工具栏中单击“样条”按钮，或者在“草绘”菜单中选择“样条”命令，接着在绘图区域中单击一点，此后移动鼠标指针则可以看到一条“橡皮筋”样条附着在指针上，依次为该样条添加其他样条点，如图 2-23 所示，最后单击鼠标中键结束样条曲线的绘制。

图2-23　绘制样条曲线

2.2.6 绘制点与参照坐标系

在草绘模式下绘制点，则可在“草绘器工具”工具栏中单击“点”按钮，或者在“草绘”菜单中选择“点”命令，接着在绘图区域的预定位置处单击，便可在该位置处绘制一个草绘点，可以继续使用鼠标单击的方式绘制其他草绘点，最后单击鼠标中键则结束点的绘制命令。

单击“草绘器工具”工具栏中的“几何点”按钮，可以在绘图区域中绘制一系列的几何点。几何点会将特征级信息传达到草绘器之外。

在草图中绘制坐标系的操作方法和绘制点的操作方法是类似的。在“草绘器工具”工具栏中单击“坐标系”按钮，或者在“草绘”菜单中选择“坐标系”命令，接着在绘图区域单击一个位置即可绘制该坐标系（构造坐标系），也可以继续绘制坐标系，最后单击鼠标中键则结束坐标系绘制命令。

单击“草绘器工具”工具栏中的“几何坐标系”按钮，可以在绘图区域中指定位置来创建几何坐标系。

2.2.7 绘制圆角

圆角的形状分为圆形和椭圆形两种。

1. 创建“圆形”圆角

在两图元间创建一个“圆形”圆角（简称圆角），则在“草绘器工具”工具栏中单击“圆角”按钮，或者在“草绘”菜单中选择“圆角”>“圆形”命令，接着在绘图区域中拾取两个有效图元来创建圆角，如图 2-24 所示，单击鼠标中键结束该命令。

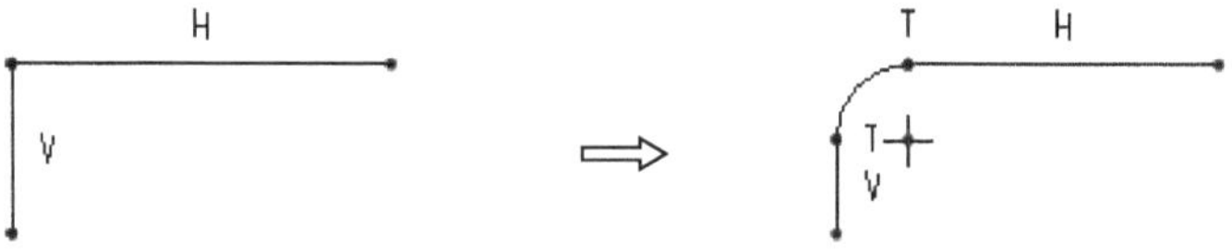

图2-24 创建圆角的示例

圆角大小和位置取决于拾取图元的位置。

2. 创建“椭圆形”圆角

创建椭圆角的示例如图 2-25 所示。在两图元间创建一个“椭圆形”圆角（简称椭圆角），则在“草绘器工具”工具栏中单击“椭圆形圆角”按钮，或者在“草绘”菜单中选择“圆角”>“椭圆形”命令，接着在绘图区域分别单击要在其间创建椭圆圆角的图元，即可在选定的这两个图元间创建一个椭圆形的圆角。最后单击鼠标中键结束该命令。

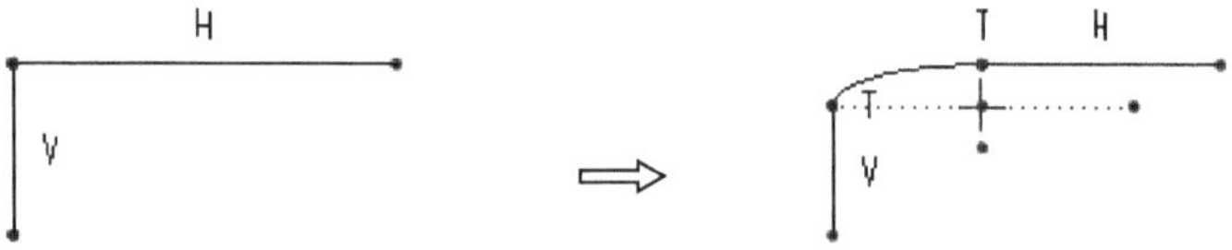

图2-25 创建椭圆角的示例

2.2.8 绘制倒角

在 Pro/ENGINEER Wildfire 5.0 中，可以绘制以下两种样式的倒角。

① 在两个图元之间创建倒角并创建构造线延伸，如图 2-26（a）所示。

② 在两个图元之间创建一个倒角并进行裁剪处理，如图 2-26（b）所示。

（a）具有构造线延伸的倒角　　（b）经裁剪处理的倒角效果

图2-26　绘制倒角的两种样式

若创建第一种样式的倒角，可在“草绘器工具”工具栏中单击“倒角”按钮，接着在绘图区域分别单击要在其间创建倒角的两个图元即可；也可以继续为其他图元创建倒角，单击鼠标中键则终止该命令。

类似地，若创建第二种样式的倒角，则在“草绘器工具”工具栏中单击“倒角裁剪”按钮，接着在绘图区域分别选取两个有效图元，单击鼠标中键则终止该命令。

注意　不能在平行或几乎平行的图元之间创建草绘圆角和倒角。

2.2.9　使用边、偏距边与加厚边

通过现有边（包括实体边）创建图元的功能参见表 2-1。

表 2-1　通过现有边（包括实体边）创建图元的实用功能

序号	按钮	相应的菜单命令	功能用途
1	（使用边）	“草绘”>“边”>“使用”	通过将所选模型的边投影到草绘平面创建“草绘器”几何
2	（偏移边）	“草绘”>“边”>“偏移”	通过偏移一条边来创建图元
3	（加厚边）	“草绘”>“边”>“加厚”	通过在两侧偏移边来创建图元

1. 使用边

若使用该功能来创建二维图元，首先要求文件中存在着可以参照的模型边（如实体边）。例如，在某零件文件中，单击“草绘”按钮，指定实体模型的一个平整端面作为草绘平面，进入草绘模式后，在“草绘器工具”工具栏中单击“使用边”按钮，弹出图 2-27 所示的“类型”对话框。在“类型”对话框中提供了选择使用边的 3 个单选按钮。

①“单一”单选按钮：用于从单一边创建草绘图元。

②“链”单选按钮：用于从边或图元的一个链创建草绘图元。如果选取边，则所选两条边必须属于相同的曲面和面；可以拾取一个零件几何上的两条边或一个面组的两个单侧边。

③“环”单选按钮：从边或图元的一个环来创建草绘图元。

以单击“单一”单选按钮为例，单击一段模型边即可使用该边创建图元，创建的图元具有“～”约束符号，如图 2-28 所示。

图2-27　“类型”对话框

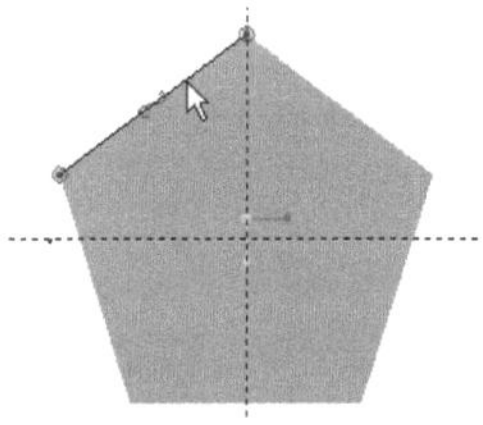

图2-28　使用边创建图元

2．偏移边

偏移边是指通过偏移一条边来创建图元。

在“草绘器工具”工具栏中单击“偏移边”按钮，打开图 2-29 所示的“类型”对话框，其中可单击选择“单一”、“链”或“环”单选按钮。在这里以单击“环”单选按钮为例，接着在绘图区域单击所需环中的一条边，弹出一个信息输入板，在其文本框中输入于箭头方向偏移的距离为“10”，如图 2-30 所示，然后单击“接受”按钮，创建的图元如图 2-31 所示。

图2-29 “类型”对话框

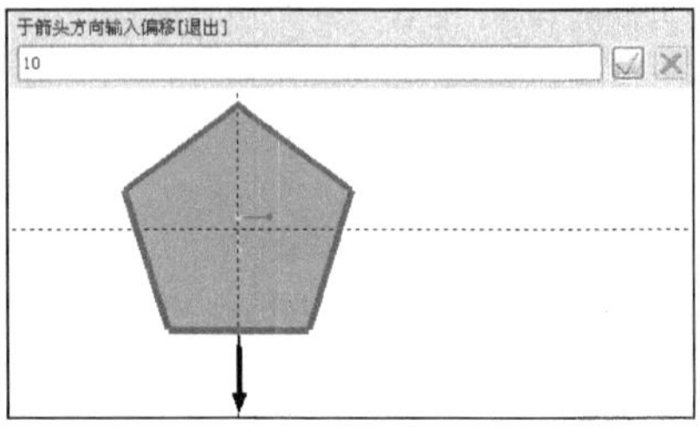

图2-30 于箭头方向输入偏移

如果输入于箭头方向的偏移距离为负数，则表示以反方向偏移设定的距离来创建图元。例如，输入于箭头方向的偏移距离为“－10”，则最后得到的图元效果如图 2-32 所示。

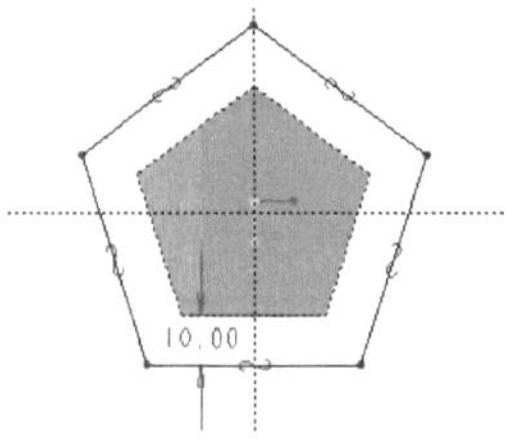

图2-31 偏移边示例（向外偏移）

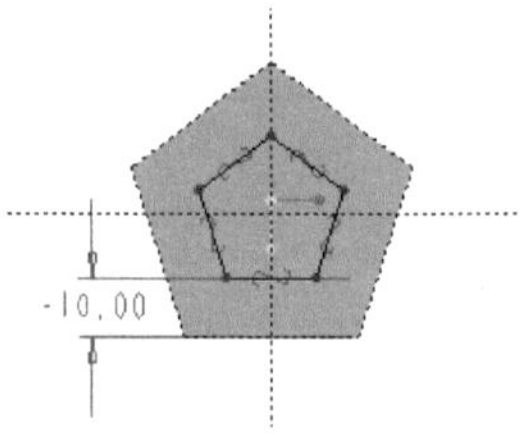

图2-32 偏移边示例（反方向偏移）

3．加厚边

可以通过在选定边的两侧偏移边来创建图元，如图 2-33 所示。

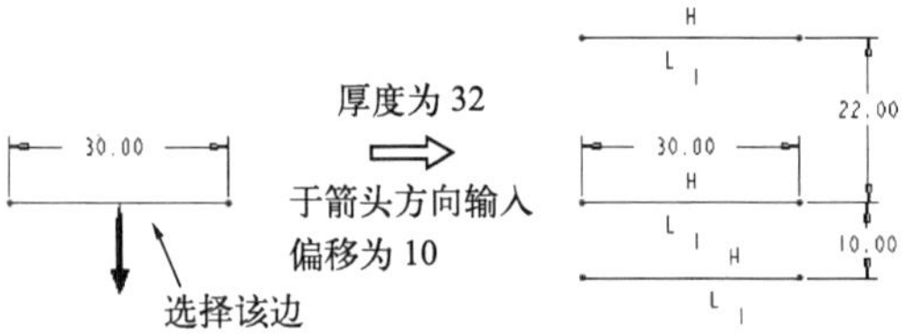

图2-33 “加厚边”示例

下面介绍该示例的操作方法及步骤。

（1）在“草绘器工具”工具栏中单击“加厚边”按钮，打开图 2-34 所示的“类型”对话框。

（2）在“选取加厚边”选项组中单击“单一”单选按钮，在“选取端封闭”选项组中单击“开放”单选按钮，然后在图形区域中单击所需的边线。

（3）在弹出的如图 2-35 所示的文本框中输入厚度为“32”，单击“接受”按钮。

图2-34 “类型”对话框

图2-35 输入厚度为32

（4）在图形中显示一个箭头方向，在出现的文本框中输入于箭头方向的偏移值为“10”，如图 2-36 所示，然后单击“接受”按钮☑。完成示例中的“加厚边”操作。

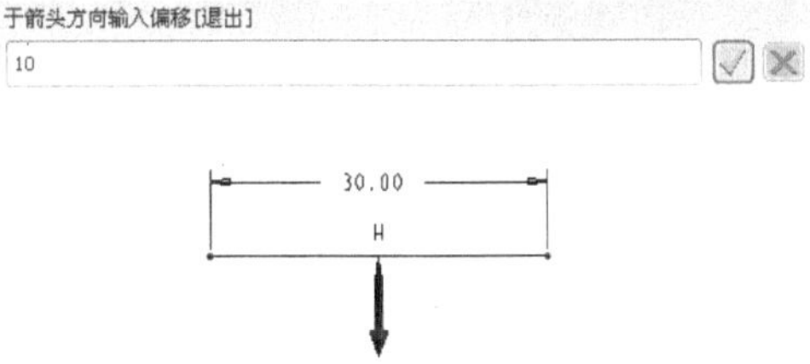

图2-36　于箭头方向输入偏移值

在执行“加厚边”操作的过程中，除了可以将“选取端封闭”的单选项设置为“开放”，还可以将其设置为“平整”或“圆形”。以下列举了“开放”、“平整”端封闭和“圆形”端封闭的加厚边效果，如图 2-37 所示。

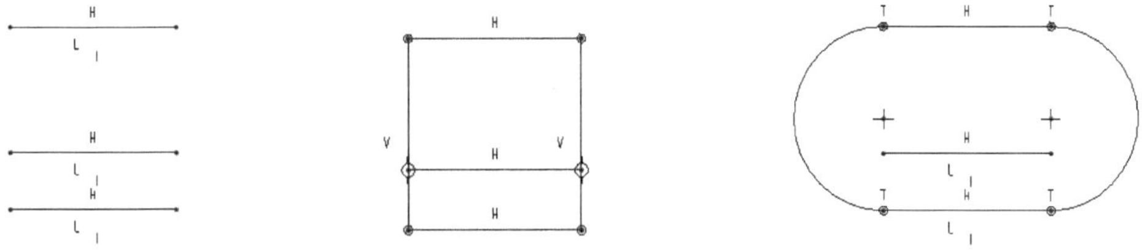

（a）具有“开放”端　　（b）具有“平整”端封闭　　（c）具有“圆形”端封闭

图2-37　加厚边的3种端封闭样式

2.2.10　绘制文本

文本也是草绘器的一个基本图元，可以作为剖面的一个部分。单击“文本”按钮 则可以在草绘模式下绘制各种剖面文本，如图 2-38 所示。

图2-38　绘制文本

绘制剖面文本的典型方法及步骤如下。

（1）在“草绘器工具”工具栏中单击“文本”按钮 ，或者在“草绘”菜单中选择“文本”命令。

（2）在提示下指定行的起点和第 2 点，以确定文本高度和方向，此时弹出图 2-39 所示的“文本”对话框。

（3）在“文本行”文本框中输入要创建的一定数量的文本，如果要输入一些特殊的文本符号，则可以在“文本”对话框中单击“文本符号”按钮，打开图 2-40 所示的“文本符号”对话框，从该对话框的文本符号列表中选择所需要的符号，然后单击“关闭”按钮。

（4）在“字体”选项组中，从“字体”下拉列表框中选择所需的一种字体，接着可以设置字体的水平位置、垂直位置、长宽比和斜角等。

（5）如果需要，可以勾选“沿曲线放置”复选框，接着选择将要放置文本的曲线。此时，可以重新在“字体”选项组中选取水平和垂直位置的组合以沿着所选曲线放置文本字符串的起始点，水平位置定义曲线的起始点。若单击“反向”按钮 ，则将文本反向到曲线的另一侧。另外，为了控制某些字符之间的空格，改善文本字符串的外观，可以勾选“字符间距处理”复选框，从而启用文本字符串的字体字符间距处理。

（6）在“文本”对话框中单击“关闭”按钮，完成创建所需的文本。

图2-39　“文本”对话框

图2-40　“文本符号”对话框

2.2.11　调用二维草图

用户可以从预定义形状的定制库中快速调用二维草图，也就是在绘图时可以快速地从定制库中将所需的预定义图形调用到活动草绘中，并可对输入的图形进行大小调整、平移和旋转等操作。

在“草绘器工具”工具栏中单击“调色板”按钮，或者在“草绘”菜单中选择“数据来自文件”>“调色板”命令，打开如图2-41所示的“草绘器调色板”对话框（简称草绘器调色板）。草绘器调色板包含表示截面类型的选项卡，初始的预定义图形选项卡有“多边形”选项卡、“轮廓”选项卡、“形状”选项卡和“星形”选项卡。“多边形”选项卡包含常规的多边形，“轮廓”选项卡包含常见的轮廓，“星形”选项卡包含常规的星形形状，“形状”选项卡则包含其他常见形状。

另外，用户可以根据设计需要，将特定选项卡添加到草绘器调色板中，并可以将任意数量的形状放入每个经过用户自定义的选项卡中。将截面添加到草绘器调色板选项卡中的方法是比较简单的，在创建一个新截面或检索现有截面后，将该截面保存到与草绘器形状目录中的草绘器调色板选项卡相对应的子目录中，截面的文件名作为形状的名称显示在草绘器调色板选项卡中，同时还会显示形状的缩略图。

下面结合一个简单实例介绍如何从草绘器调色板中将图形调入到绘图区域中。

（1）在草绘模式下，在“草绘器工具”工具栏中单击“调色板”按钮，或者在“草绘”菜单中选择“数据来自文件”>“调色板”命令，弹出草绘器调色板。

（2）在草绘器调色板中选择“轮廓”选项卡，接着单击“L形轮廓”图形，则该轮廓图形出现在草绘器调色板的预览窗格中，如图2-42所示。

图2-41　“草绘器调色板”对话框

图2-42　选择所需的图形

（3）单击并按住鼠标左键将所选轮廓图形拖曳至绘图区域，在预定位置处释放鼠标左键，即可放置所选定的轮廓图形（图形上显示有 3 个控制句柄），此时系统弹出“移动和调整大小”对话框，如图 2-43 所示。

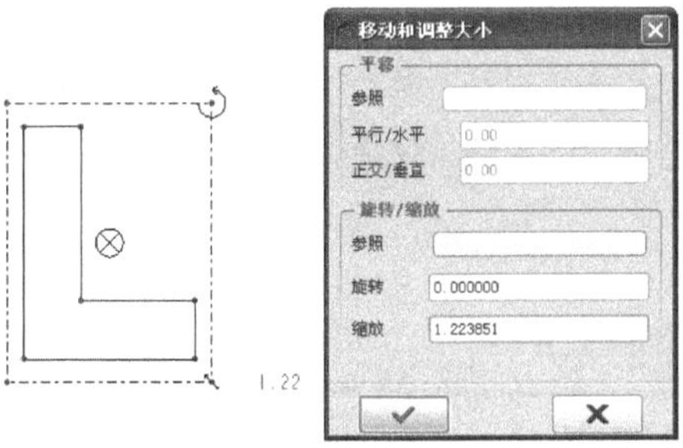

图2-43　拖放图形

调入的图形上显示的 3 个控制句柄分别是（缩放）、（旋转）和（平移），可以单击并按住鼠标左键并拖动相应的控制句柄快速地移动和调整图形。

技巧

用户也可以采用另一种方法执行步骤（3）的操作，即在草绘器调色板的指定选项卡中再次双击该图形缩略图或标签，接着将鼠标指针移至绘图区域，可以看到鼠标指针带有一个加号“+”，此时在绘图区域中任意一个位置单击，便拾取了放置形状的位置，而系统弹出“移动和调整大小”对话框，并在调入的形状上显示“缩放”、“旋转”和“平移（移动）”控制句柄。

（4）在“移动和调整大小”对话框中设置相关的平移、旋转和缩放等参数，如图 2-44 所示，然后单击“接受”按钮。最终调入的图形如图 2-45 所示。

图2-44　“移动和调整大小”对话框

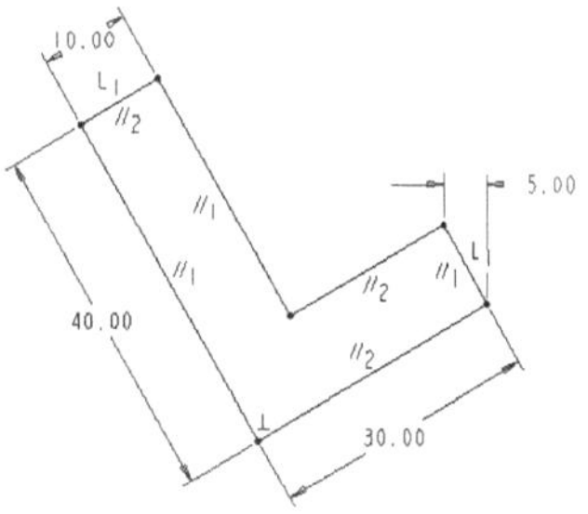

图2-45　调入的图形

（5）在草绘器调色板中单击“关闭”按钮。

2.3　尺寸标注

在草绘器中绘制截面图形时，系统会自动标注几何体，由系统自动创建的这些尺寸为弱尺寸，弱尺寸以灰色显示。为了获得所需要的截面图形，用户可以根据设计要求为图形标注所需要的尺寸和约束，由用户添加的尺寸属于强尺寸。在添加强尺寸时，系统会自动删除某一个弱尺寸或弱约束。

在草绘模式下的“草绘”>“尺寸”级联菜单中提供了关于尺寸的若干个实用命令，这些实用命令包括“法向”、“周长”、“参照”、“基线”和“解释”。

①“法向”：指定图元创建定义尺寸，如线性尺寸、直径尺寸、半径尺寸和角度尺寸等，该命令对应着的工具按钮为（法向）。

②“周长”：创建周长尺寸，该命令对应着的工具按钮为（周长）。

③“参照”：创建参照尺寸，该命令对应着的工具按钮为（参照）。

④“基线”：创建一条纵坐标尺寸基线，该命令对应着的工具按钮为（基线）。

⑤“解释”：解释尺寸。

2.3.1 标注线性尺寸

标注线性尺寸主要有以下几种情况。

1. 标注直线段的长度尺寸

在“草绘器工具”工具栏中单击“法向”按钮，接着单击要标注尺寸的直线段，然后在合适位置处单击鼠标中键来放置尺寸文本，可以在出现的尺寸文本框中输入新尺寸，按【Enter】键则新尺寸值驱动该直线段。标注直线长度尺寸的示例图解如图 2-46 所示。

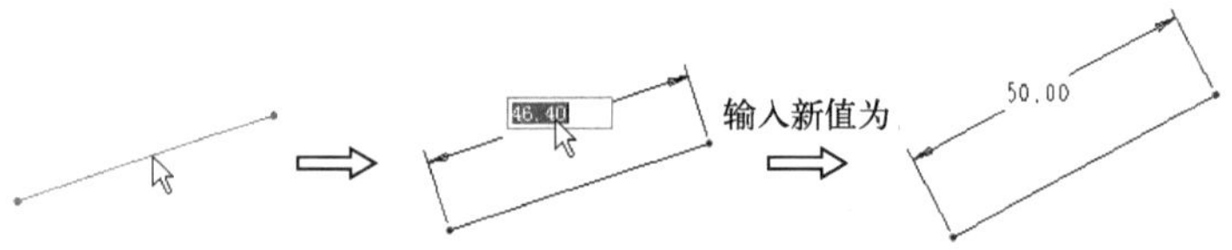

（a）单击要标注尺寸的直线段　（b）单击鼠标中键　（c）以新值驱动的图形结果

图2-46　标注直线的长度尺寸

2. 标注两点之间的距离

在“草绘器工具”工具栏中单击“法向”按钮，接着分别单击要标注的两个点，并移动鼠标指针到定义尺寸放置的大概位置处单击鼠标中键。单击鼠标中键时鼠标指针所处的位置不同，则标注的距离尺寸结果也会有所不同，如图 2-47 所示。

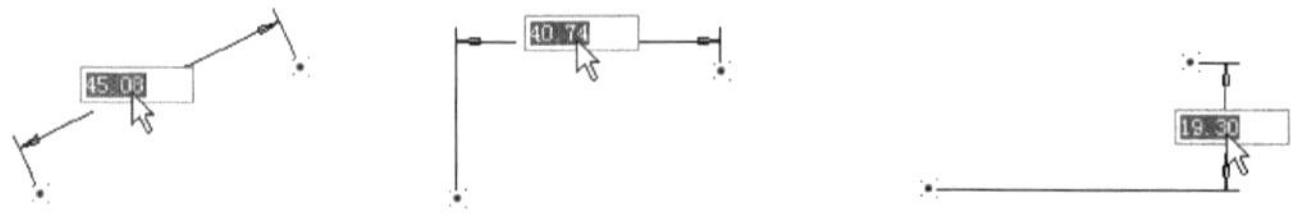

（a）倾斜的距离尺寸　（b）水平距离尺寸　（c）垂直距离尺寸

图2-47　标注两点之间的距离

3. 标注一点和一条直线之间的距离

在“草绘器工具”工具栏中单击“法向”按钮，接着分别单击直线和点，然后在合适位置处单击鼠标中键，可输入新尺寸值。标注示例如图 2-48 所示。

4. 标注两条平行线之间的距离

在“草绘器工具”工具栏中单击“法向”按钮，接着分别单击平行的两条直线，然后在欲放置尺寸的位置处单击鼠标中键，可确定新尺寸值。标注示例如图 2-49 所示。

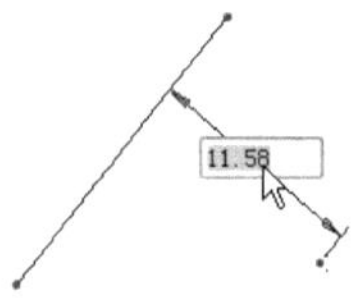

图2-48　标注点和直线间的距离尺寸

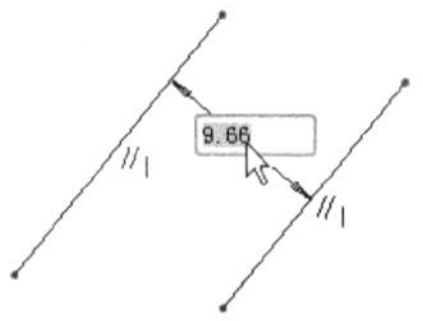

图2-49　标注两条平行线间的距离尺寸

5. 标注直线与圆弧之间的距离

在“草绘器工具”工具栏中单击“法向”按钮，接着使用鼠标左键分别单击直线和圆弧，然后将鼠标指针移至合适位置处单击鼠标中键，可确定新尺寸值，如图 2-50 所示。

6. 标注两圆（或两圆弧）之间的距离

在“草绘器工具”工具栏中单击“法向”按钮，接着使用鼠标左键分别单击两个圆（或圆弧），然后在合适的位置处单击鼠标中键创建一个切点距离尺寸，如图 2-51 所示。

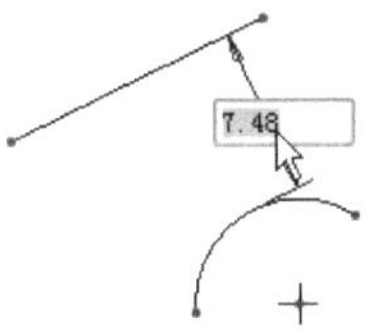

图2-50　标注直线和圆弧之间的距离

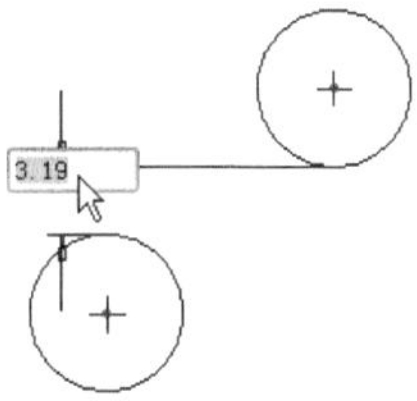

图2-51　标注两圆之间的距离

2.3.2 标注半径尺寸

可以为圆弧或圆标注半径尺寸，其方法是单击“法向”按钮，接着单击要标注半径尺寸的圆弧或圆，然后单击鼠标中键以放置此尺寸。创建半径尺寸的示例如图 2-52 所示。

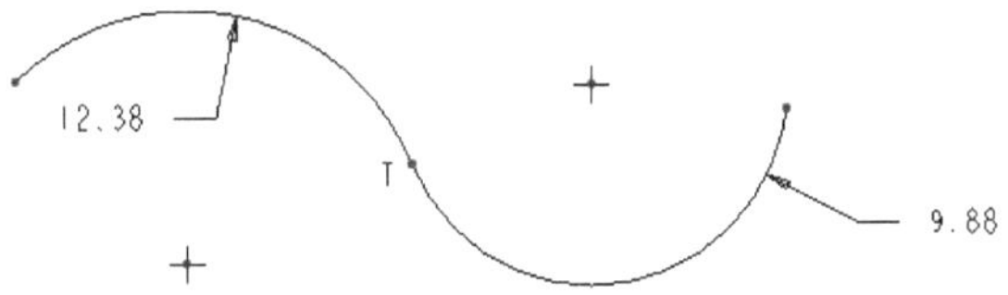

图2-52　标注半径尺寸

2.3.3 标注直径尺寸

为圆或圆弧创建直径尺寸的方法是单击“法向”按钮，接着在要标注直径尺寸的圆或圆弧上双击，然后单击鼠标中键来放置该直径尺寸，可为该直径尺寸设置新值。标注直径尺寸的典型示例如图 2-53 所示。

在旋转特征的旋转截面中，可以创建相对于旋转轴线的对称尺寸来表示直径尺寸，如图 2-54 所示，图中的两个尺寸均是表示直径的对称尺寸。创建此类直径尺寸的典型方法是单击“法向”按钮，接着单击要标注的图元，并单击要作为旋转轴的中心线，然后再次单击该图元，最后单击鼠标中键来放置该尺寸，并可快速修改该尺寸值。

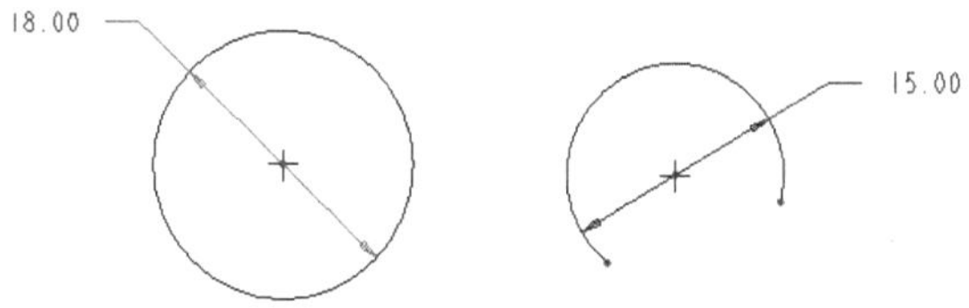

图2-53　标注直径尺寸

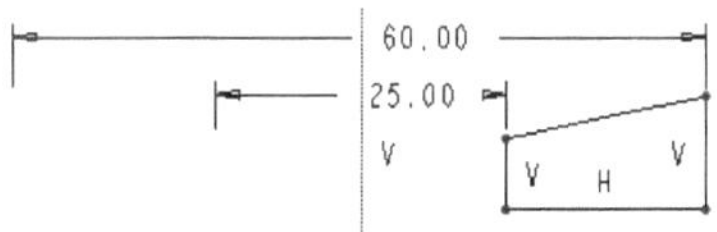

图2-54　标注直径尺寸

2.3.4 标注角度尺寸

用户可以为相交（或延长后相交）的两条直线标注其夹角角度尺寸，也可以为圆弧两个端点之间的部分创建角度尺寸。

1. **标注两线之间夹角的角度尺寸**

单击“法向”按钮，接着分别单击第 1 条直线和第 2 条直线，然后单击鼠标中键来放置该角度尺寸，可以即时更改默认的角度尺寸值。要注意的是，单击鼠标中键的位置处将确定角度的测量方式（锐角或钝角），如图 2-55 所示。

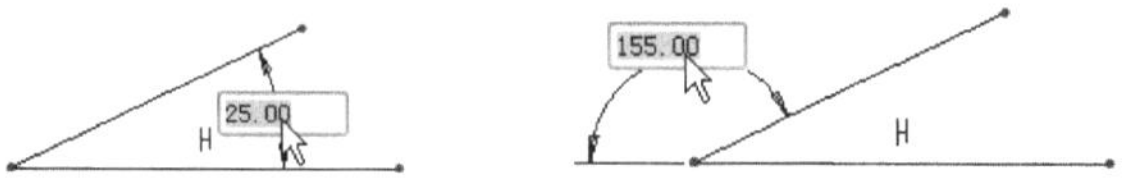

图2-55 标注两条直线之间的夹角角度尺寸

2. **标注圆弧的角度尺寸**

要标注圆弧的角度尺寸，通常可单击“法向”按钮，接着使用鼠标左键依次单击圆弧的起点、圆心和端点，然后单击鼠标中键来放置该角度尺寸。

经验

如果要标注圆弧的弧长尺寸，则单击“法向”按钮，接着分别单击圆弧的两个端点，以及在圆弧上的其他位置处单击，然后单击鼠标中键来放置尺寸，此时可修改当前的尺寸值，如图2-56所示。标注的弧长尺寸数字上方或左方会有一个 “⌒” 符号。

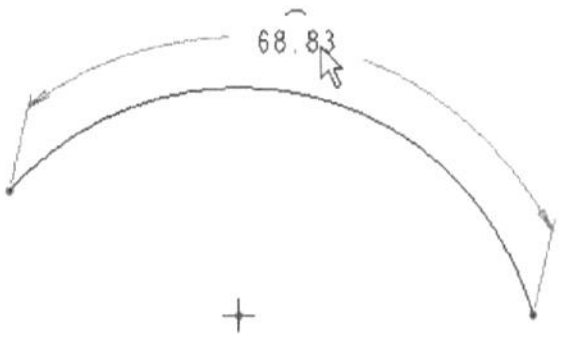

图2-56 标注圆弧的弧长尺寸

2.3.5 标注椭圆或椭圆弧的半轴尺寸

用户可以为椭圆或椭圆弧标注其长轴尺寸或短轴尺寸，其方法是单击“法向”按钮，接着单击椭圆或椭圆弧（不拾取端点），再单击鼠标中键，此时弹出图 2-57 所示的“椭圆半径”对话框，从中单击“长轴”或“短轴”单选按钮，然后单击“接受”按钮。

在图 2-58 所示的标注示例中，标注的是椭圆的长轴半径。

图2-57 “椭圆半径”对话框

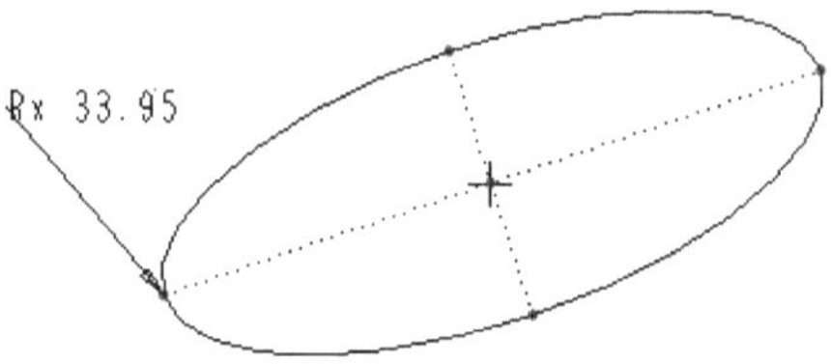

图2-58 标注椭圆的长轴半径

2.3.6 标注样条曲线

通常使用样条曲线的端点或插值点作为关键点标注样条曲线的尺寸，其中样条曲线端点的尺寸是最基本的尺寸。可以使用线性距离尺寸、相切(角度）尺寸等来确定样条曲线端点的尺寸，如图 2-59 所示。如果需要，也可以为其他插值点标注相应的线性距离尺寸、相切（角度）尺寸等。

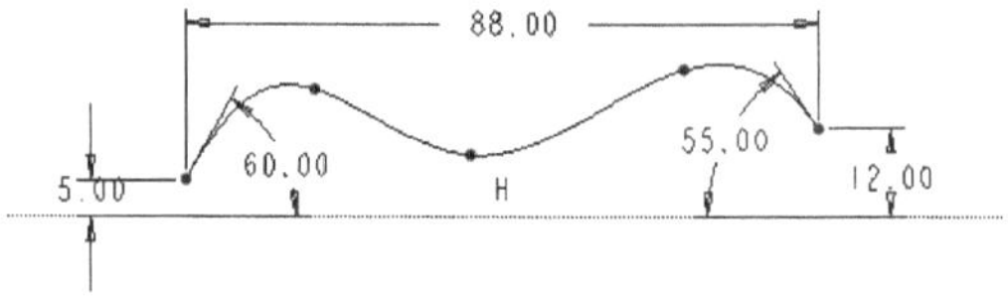

图2-59 标注样条曲线示例

标注样条端点处的相切角度尺寸的方法是单击“法向”按钮，接着分别单击样条曲线、参照线和端点（单击样条曲线、参照线和端点不分顺序），然后单击鼠标中键来指定尺寸的放置位置。

2.3.7 标注圆锥

用于定义圆锥形状的一个重要参数是 rho 值，默认的 rho 值为 0.5，表示圆锥曲线为抛物线。如果要使圆锥曲线为椭圆，则将 rho 值设置在 0.05 ～ 0.5（即 0.05<rho 值 <0.5）；如果要使圆锥曲线为双曲线，则将 rho 值设置在 0.5 ～ 0.95（即 0.5<rho 值 <0.95）。

为圆锥曲线标注 rho 尺寸值的方法是单击“法向”按钮，接着使用鼠标左键单击圆锥，然后单击鼠标中键，并可在出现的尺寸文本框中更改 rho 尺寸默认值，如图 2-60 所示。

为了进一步控制圆锥曲线的形状，可以在圆锥曲线的端点处创建相切角度尺寸和线性尺寸，如图 2-61 所示。

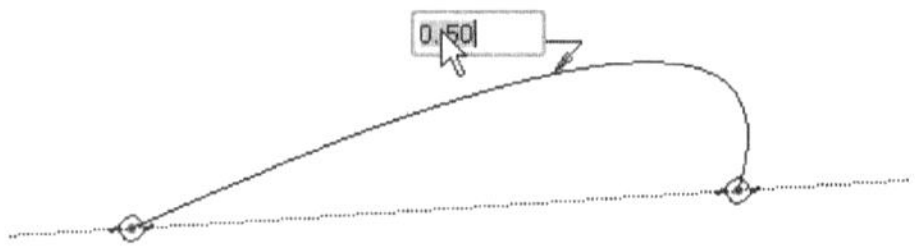

图2-60　为圆锥标注rho尺寸值

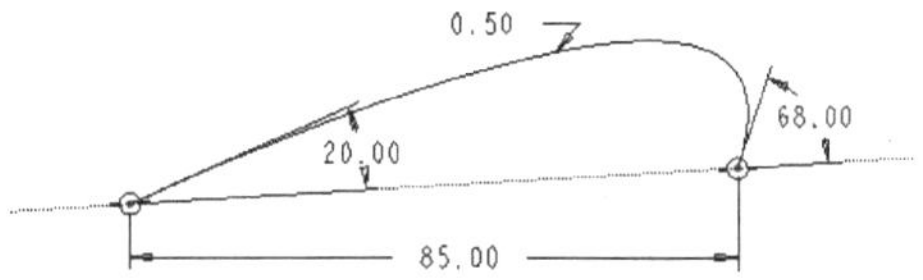

图2-61　在圆锥曲线的端点处创建相切角度尺寸和线性尺寸

在圆锥曲线端点处创建相切角度尺寸的方法是单击“法向”按钮，接着单击圆锥，单击定义相切的端点（也就是要作为切点的端点），以及单击参照线（中心线或直线），然后单击鼠标中键来放置该尺寸。

2.3.8 标注周长尺寸

周长尺寸用于测量图元链或图元环的总长度。在周长尺寸创建过程中，需要选择一个已有尺寸作为可变化的尺寸（简称变化尺寸），系统可以调整变化尺寸来获得所需的周长。也就是说，当修改周长尺寸时，系统会相应地自动修改此变化尺寸。而由于此变化尺寸是被驱动的尺寸（由周长尺寸控制），用户无法直接修改变化尺寸值。如果删除变化尺寸，则系统会删除周长尺寸。

创建周长尺寸的方法如下。

（1）单击“周长”按钮，或者从“草绘”菜单中选择“尺寸”>“周长”命令，弹出图 2-62 所示的“选取”对话框。

（2）选择要标注的图元链，然后在“选取”对话框中单击“确定”按钮。

（3）选择一个可变尺寸并单击“确定”按钮，则周长尺寸创建完毕，可变尺寸值后面带有“var”或“变量”。

周长尺寸的示例图解如图 2-63 所示。

图2-62　指定变化尺寸

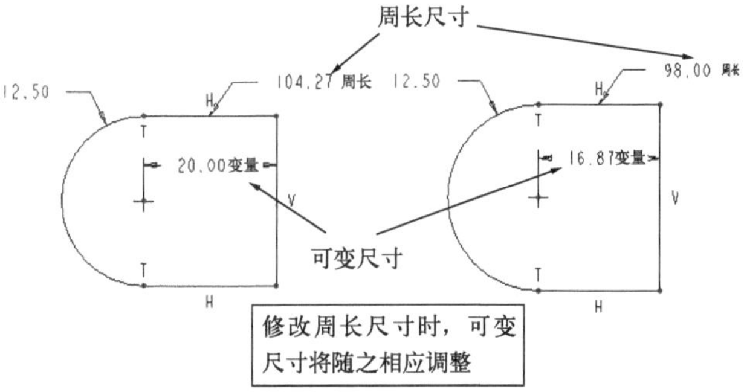

图2-63　周长尺寸示例

2.3.9 创建参照尺寸

创建参照尺寸的方法是单击“参照尺寸”按钮，或者在“草绘”菜单中选择“尺寸”>“参照”命令，拾取要标注参照尺寸的对象，然后单击鼠标中键即可完成创建一个参照尺寸。图 2-64 所示的示例为创建一个参照尺寸。

另外，用户也可以将所选的驱动尺寸转换为参照尺寸。其方法是先在图形中选择要编辑的尺寸，然后从图 2-65 所示的“编辑”菜单中选择“转换到”>“参照”命令，则所选尺寸将注上“参照”字样，表示该尺寸已经被转换为参照尺寸。

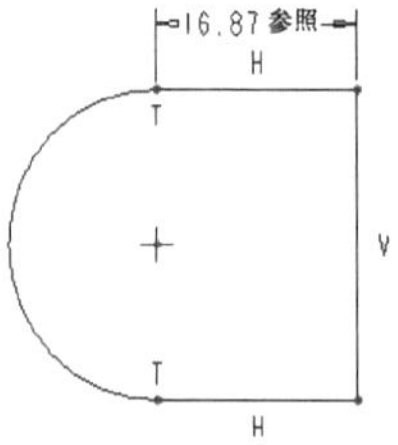

图2-64 参照尺寸标注示例

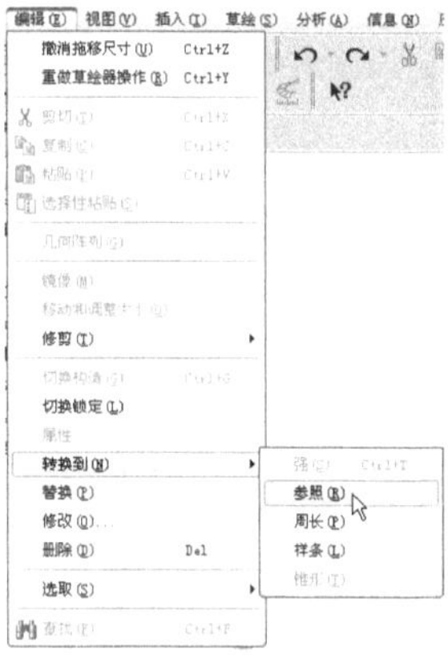

图2-65 “编辑”菜单

2.3.10 创建基线尺寸

在某些设计场合下使用基线尺寸，有助于读取各测量点（各测量对象）相对于基线的尺寸数值。创建基线尺寸包括两个基本步骤，基本步骤一是指定基线，基本步骤二是相对于基线标注几何尺寸。

下面介绍创建基线尺寸的简单操作步骤，以便于在实际应用中举一反三。

（1）从“ ”中单击“基线”按钮，或者在“草绘”菜单中选择“尺寸”>“基线”命令。

（2）在需要定义基线的参照线上单击，然后在欲定义基线文本放置位置的地方单击鼠标中键，如图 2-66 所示。

（3）单击“法向”按钮，拾取基线尺寸为“0.00”，并接着拾取要标注的图元或测量点，然后单击鼠标中键放置该相对于基线的尺寸，如图 2-67 所示，可以在出现的尺寸文本框中输入新值。

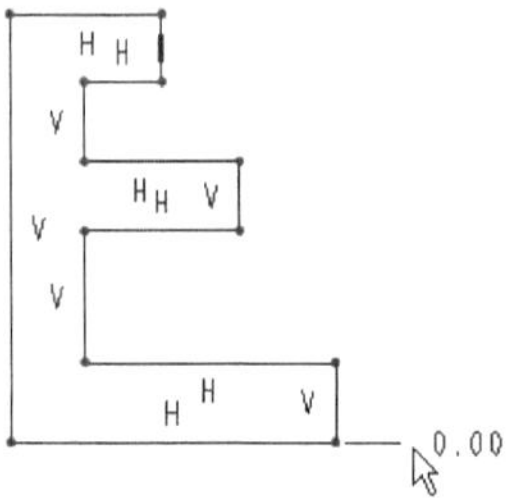

图2-66 指定基线

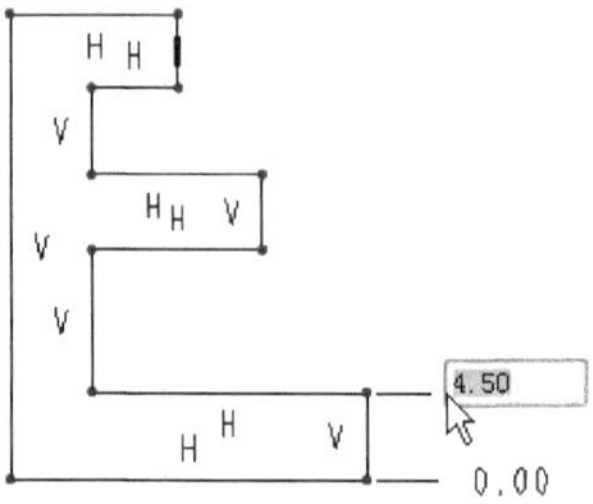

图2-67 标注基线尺寸

（4）使用和步骤 3 相同的方法，继续添加其他的基线尺寸，标注结果如图 2-68 所示。

（5）使用同样的方法，在另一个方向上指定新基线并创建相应的坐标基线尺寸，最后完成的效果如图 2-69 所示。

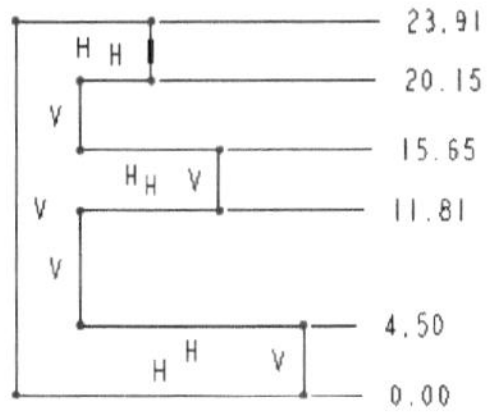

图2-68　继续标注基线尺寸

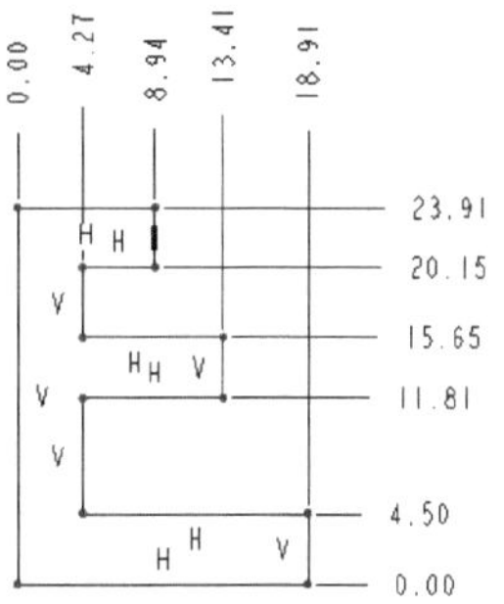

图2-69　基线标注完成的效果

2.3.11　修改标注

除了创建标注时在出现的尺寸文本框中更改尺寸值外，还可以使用以下两种方法之一来修改尺寸。

1．快捷修改单个尺寸

在单击选中“依次”按钮 的状态下，即处于选择状态下，在绘图区域双击要修改的尺寸值，出现相应的尺寸输入文本框，然后在该文本框中输入新的尺寸值，如图 2-70 所示，输入新值后按【Enter】键确认，则图形被新尺寸值驱动而更新。

2．使用“修改尺寸”对话框来修改选定的尺寸

在“草绘器工具”工具栏中单击“修改工具”按钮，接着选择要修改的尺寸（可以选择多个要修改的尺寸），系统弹出“修改尺寸”对话框，如图 2-71 所示。在该对话框中为相关的选定尺寸设置新值，然后单击“完成”按钮，按照新值再生剖面并关闭对话框。

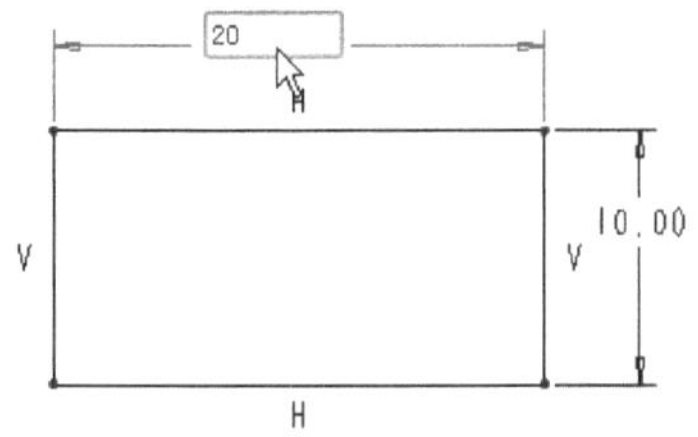

图2-70　快捷修改单个尺寸

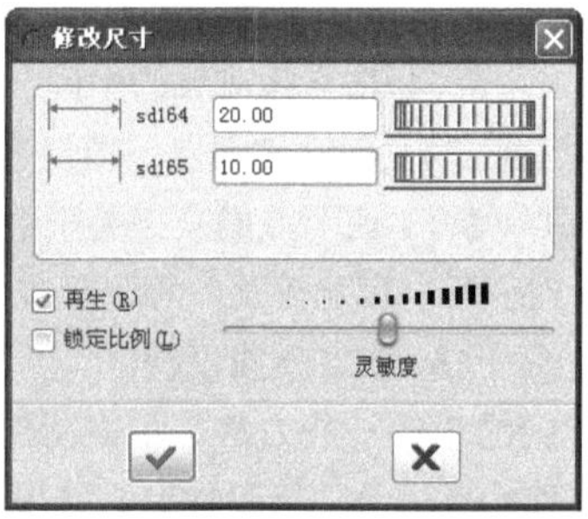

图2-71　“修改尺寸”对话框

为了更好地使用“修改尺寸”对话框进行尺寸修改工作，用户需要了解以下工具和选项的功能用途。

① （旋转轮盘，或称尺寸指轮、尺寸滚轮）：使用鼠标拖动此工具可以更改相应的尺寸值。向右拖动该旋转轮盘，会增加尺寸值；向左拖动该旋转轮盘，则会减少尺寸值。

②“灵敏度”滑块：拖动该滑块，更改当前尺寸的旋转轮盘的灵敏度。

③“再生”复选框：勾选该复选框时，在确认修改尺寸时即时动态再生剖面；而取消选中该复选框时，在尺寸文本框中输入新尺寸值或通过旋转轮盘调整尺寸值时，剖面不会即时发生相应变化，只有单击“完成”按钮后，剖面才会随着尺寸新值更新。在实际应用中，注意根据设计情况巧妙地使用此复选框。

④“锁定比例”复选框：用于缩放选定的尺寸使其与某一尺寸修改成正比。

2.4 几何约束

在 Pro/ENGINEER Wildfire 5.0 中提供了用于创建各种几何约束的工具按钮，如图 2-72 所示，其对应着的约束命令位于“草绘”菜单的“约束”级联菜单中，如图 2-73 所示。

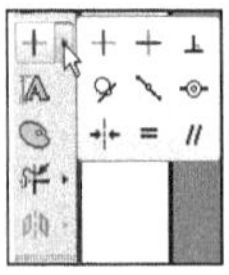

图2-72 几何约束的工具按钮

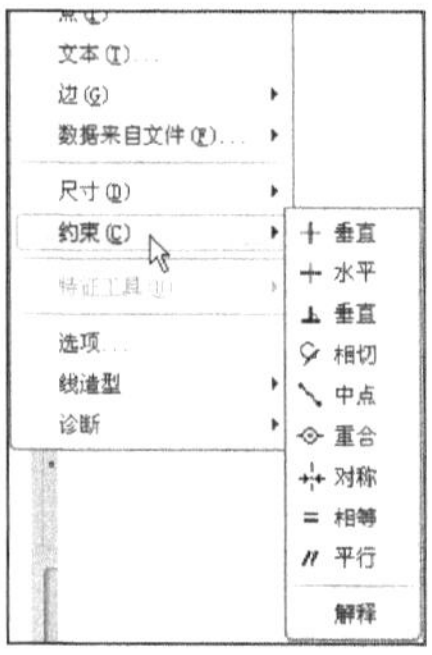

图2-73 “约束”级联菜单命令

2.4.1 创建几何约束

下面介绍各几何约束工具按钮的功能用途。

① ┼（竖直）：使线或两个顶点垂直。

② ┼（水平）：使线或两个顶点水平。

③ ⊥（垂直）：使两个图元正交。

④（相切）：使两个图元相切。

⑤（中点）：在直线或弧的中间放置一点。

⑥（重合）：创建相同点、图元上的点或共线约束。

⑦（镜像）：使两点或顶点关于中心线对称。

⑧ =（相等）：创建等长、等半径或相同曲率的约束。

⑨ //（平行）：使各条线平行。

创建几何约束的一般方法是单击所需几何约束按钮，或者在“草绘”>“约束”级联菜单中选择所需的几何约束命令，接着按照系统提示，选取图元来完成几何约束。

以下为一个简单实例。

（1）单击“垂直”按钮⊥，或者在“草绘”>“约束”级联菜单中选择“垂直”命令。

（2）在系统提示下分别单击图 2-74 所示的线段 1 和线段 2，完成后的约束效果如图 2-75 所示，在图形中显示了正交符号“⊥”。

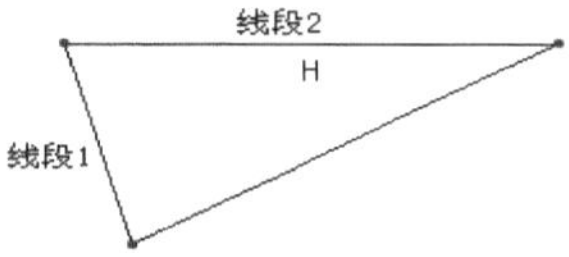

图2-74 原始图形

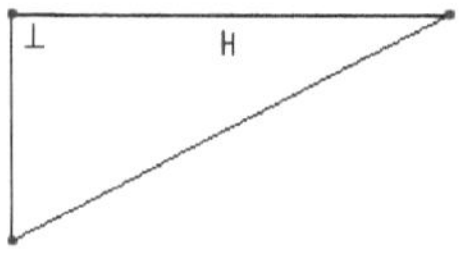

图2-75 使选择的两个图元垂直

（3）单击“相等”按钮=，或者在“草绘”>“约束”级联菜单中选择“相等”命令。

（4）此时，系统出现“选取两条或多条直线（相等段）、两个或多个弧 / 圆 / 椭圆（等半径）、一个样条与一条线或弧（等曲率）、两个或多个线性 / 角度尺寸（等尺寸）”的提示信息。在该提示下分别选择线段 1 和线段 2，定义了该相等约束后的图形效果如图 2-76 所示。

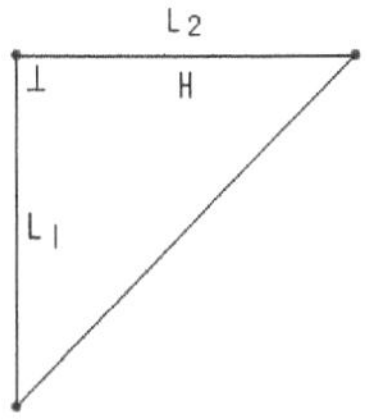

图2-76 创建等长约束

2.4.2 删除几何约束

如果要删除某一个几何约束，则可以先选择要删除的该约束，然后从菜单栏的“编辑”菜单中选择“删除”命令，也可以直接按【Delete】键将所选取的约束删除掉。

2.5 草图编辑

初步绘制好基本的二维草图后，可以对这些草图进行编辑处理，从而构成较为复杂的图形。本节主要介绍的草图编辑包括移动和调整图形大小、删除图形、镜像图形、修剪图形、复制图形和对图形执行构造切换操作等。

2.5.1 移动和调整图形大小

平移、旋转和缩放选定图元的方法如下。

（1）在绘图区域选择要编辑的图形。

（2）在“草绘器工具”工具栏中单击“移动和调整大小”按钮，或者在菜单栏的“编辑”菜单中选择“移动和调整大小”命令，此时弹出“移动和调整大小”对话框，同时在所选图形中出现（平移）、（旋转）和（缩放）这 3 个操作手柄符号，如图 2-77 所示。

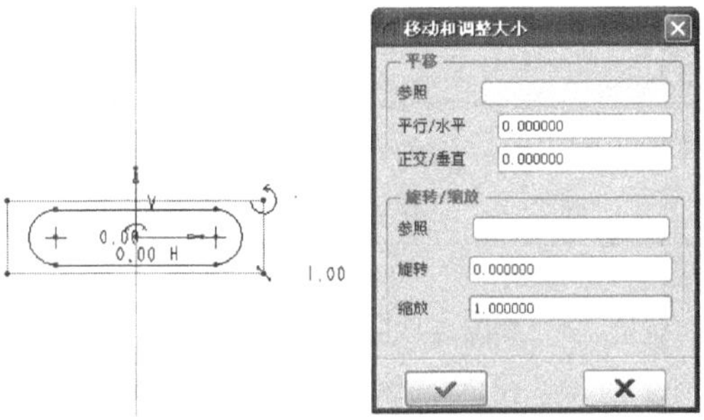

图2-77 移动和调整大小操作

（3）使用鼠标单击拾取并拖动（平移）符号可以平移选定图形；拾取并拖动（旋转）符号可以旋转选定图形；而拾取并拖动（缩放）符号可以缩放图形。用户也可以在“移动和调整大小”对话框中分别输入平移、旋转和缩放的参数值，以精确地编辑图形。

（4）在“移动和调整大小”对话框中单击“接受”按钮。

执行移动和调整图形大小操作的示例如图 2-78 所示。

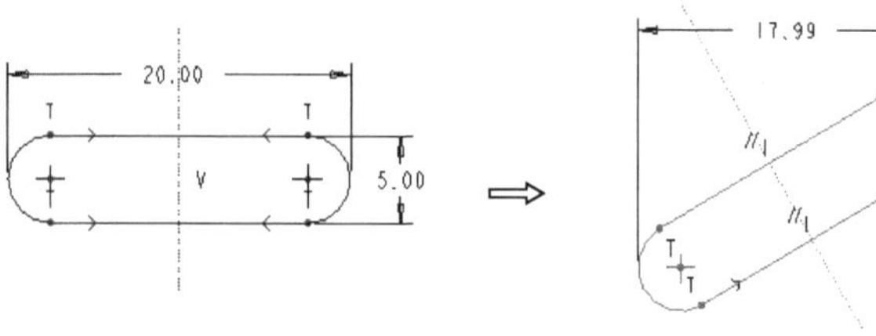

图2-78 移动和调整图形大小的操作示例

2.5.2 删除

对于一些不需要的或者有误的图形，可以将其删除。删除图形的常用方法是先选择要删除的图元，然后从菜单栏的“编辑”菜单中选择“删除”命令，或者直接在键盘上按【Delete】键。

2.5.3 镜像

用户可以相对于一条草绘中心线来镜像草绘器几何体。对于一些较为复杂的具有对称关系的图形，可以先绘制其中的一半图形，然后采用镜像的方法完成整个图形。

镜像图元需要准备一条用作镜像线的中心线。如果没有中心线，则要创建一条所需的中心线。镜像图元的方法是，在图形区域中选取要镜像的一个或多个图元，单击“镜像”按钮，接着在绘图区域中单击一条中心线，则系统对于所选取的中心线镜像所选的几何形状。镜像图元的操作示例如图 2-79 所示，其中，竖直的中心线作为镜像线。

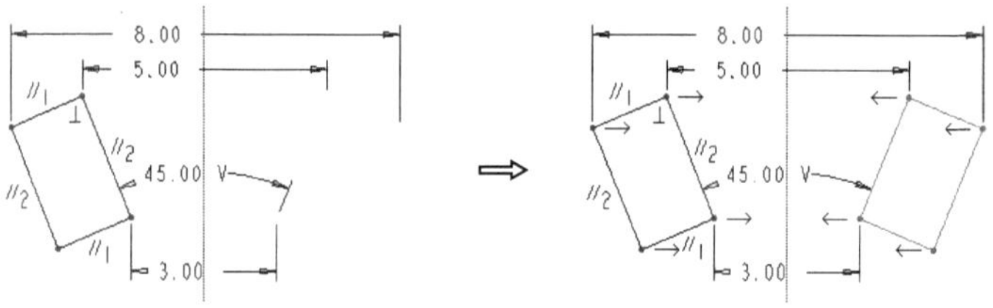

图2-79 镜像图元的操作示例

2.5.4 修剪

修剪图形的方式包括 3 种：删除段、拐角和分割，如表 2-2 所示。

表 2–2 草绘器中的图形修剪方式

序号	按钮	相应的菜单命令	功能用途
1		“编辑” > “修剪” > “删除段”	动态修剪剖面图元，即删除拾取的曲线段
2		“编辑” > “修剪” > “拐角”	将图元修剪（剪切或延伸）到其他图元或几何体
3		“编辑” > “修剪” > “分割”	将一个截面图元分割成两个或多个新图元

1. **删除段**

删除段的方法是单击“删除段”按钮，然后依次单击要删除的段，所单击的段便被删除掉。也可以在单击“删除段”按钮后，单击并按住鼠标左键将指针拖过要删除的多个曲线段，则这些曲线段被快速删除。

删除段的示例如图 2-80 所示。

图2-80　删除段的示例

2. **拐角**

进行拐角修剪操作的方法是单击“拐角”按钮，然后选取要修剪的两个图元。在选取图元时要注意选取单击的位置，该位置指示了要保留的图元部分。

进行拐角修剪操作的两种典型示例如图 2-81 所示。

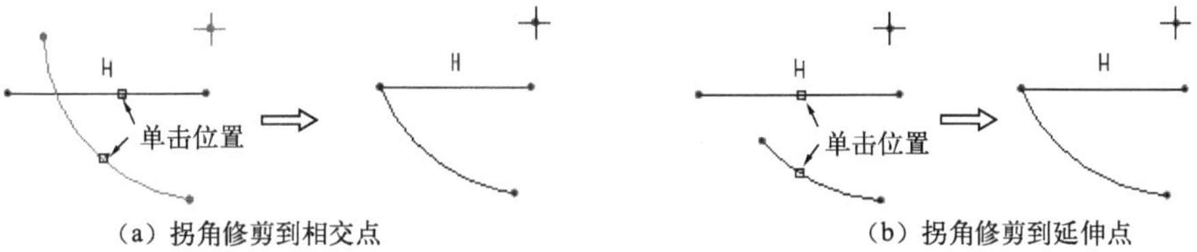

图2-81　拐角修剪操作的两种典型示例

3. **分割**

“分割”用于将一个截面图元分割开来。分割图元的方法是单击“分割”按钮，然后在要分割的位置单击图元，则在该指定的位置处分割该图元。

分割图元的示例如图 2-82 所示。

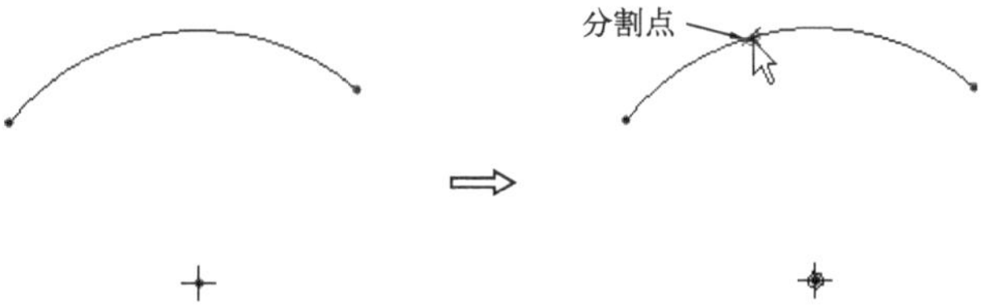

图2-82　分割图元的示例

2.5.5 复制、剪切和粘贴图元

在草绘器中，可以对图元进行复制、剪切和粘贴操作。被剪切或复制的草绘图元将被放置在剪贴板中，然后使用“粘贴”命令将剪切或复制的图元拷贝到活动剖面中的所需位置，并可以平移、旋转或缩放所粘贴的草绘几何图元。

复制和剪切的区别主要在于前者（复制）保留了原始图形。下面以“剪切 / 粘贴”操作为例进行步骤介绍。

（1）选择要粘贴的一个或多个草绘器几何图元。

（2）在菜单栏的“编辑”菜单中选择“剪切”命令，或者在上工具箱中单击“剪切”按钮，或者按【Ctrl+X】组合键。

（3）在菜单栏的“编辑”菜单中选择“粘贴”命令，或者在上工具箱中单击“粘贴”按钮，或者按【Ctrl+V】组合键。

（4）在绘图区域中的预定位置处单击，此时弹出“移动和调整大小”对话框，并且粘贴图元以默认尺寸出现在所选位置，如图 2-83 所示。

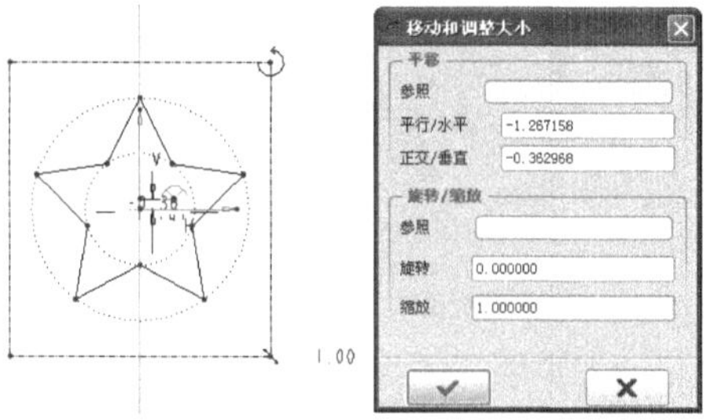

图2-83　弹出“移动和调整大小”对话框

（5）使用粘贴图元中出现的控制句柄或通过“移动和调整大小”对话框设置图形平移、旋转和缩放参数。

（6）在“移动和调整大小”对话框中单击“接受”按钮，完成“剪切 / 粘贴”操作。

2.5.6 构造切换

在设计过程中，可以将实线切换为构造线，也可以将构造线切换为实线。草绘中的构造线以非实线形式显示，主要用作制图的辅助线等。构造线的图例如图 2-84 所示。

如果要将实线图形转换为构造线，则先在图形区域中选择要转换为构造线的实线，然后在“编辑”菜单中选择“切换构造”命令即可，如图 2-85 所示。如果要想将构造线重新转换为实线，则先选择要处理的构造线，然后在“编辑”菜单中选择“切换构造”命令即可。

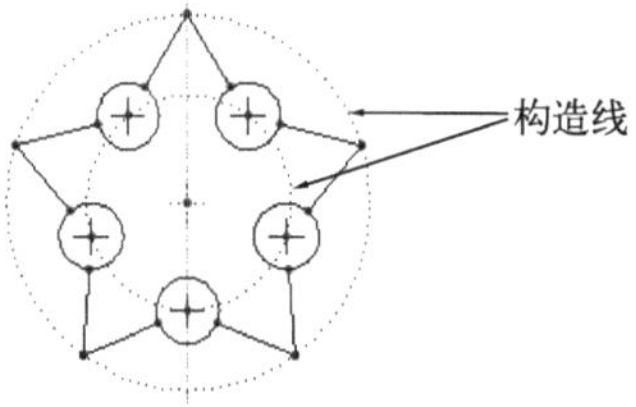

图2-84　构造线的图例

图2-85　“切换构造”命令

2.5.7 切换锁定

在草绘模式下，使用“编辑”菜单中的“切换锁定”命令可以“锁定 / 解锁”选定的尺寸值及剖面几何的一部分。在执行该命令之前，需要先选择要编辑的对象。切换锁定的操作示例如图 2-86 所示。

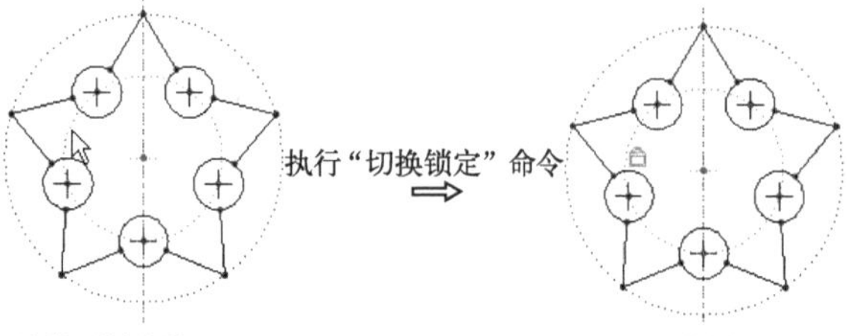

（a）选择要锁定的图形　　（b）锁定结果

图2-86　切换锁定的操作图解

2.6　解决草绘冲突问题

在 Pro/ENGINEER 草绘器绘制和编辑图形时，如果新添加的强尺寸或强约束跟已有强尺寸与强约束发生冲突，即出现了过约束（含尺寸约束和几何约束）情况，此时系统会弹出图 2-87 所示的“解决草绘”对话框来供用户了解冲突情况，并为用户提供了一些用于解决草绘冲突的工具。

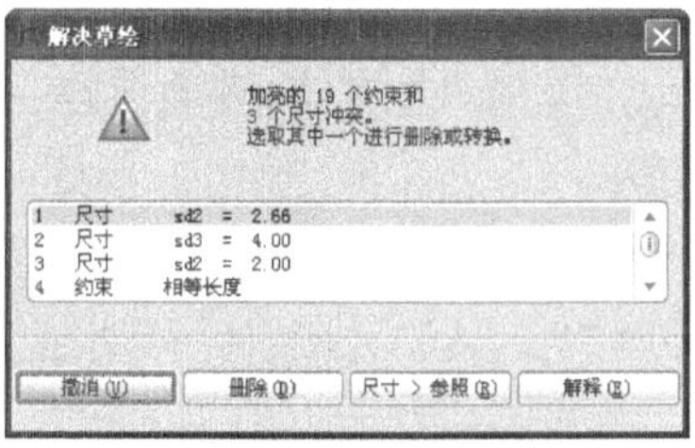

图2-87　“解决草绘”对话框

①“撤消”按钮：取消上次操作，返回到导致冲突操作之前的状态。

②“删除”按钮：用于删除从对话框列表中选择的约束或尺寸。

③“尺寸 > 参照”按钮：该按钮仅仅存在着冲突尺寸时才有效。在对话框列表中选取一个尺寸，单击此按钮，可以将其转换为一个参照。

④“解释”按钮：该按钮用于为选取的参照项目（如约束）获取简要的说明信息，同时草绘器会加亮与该参照项目有关的图元。

2.7　实战综合案例——绘制复杂二维草图

学习目的

本节介绍二维草图综合绘制实例，以便深刻理解复杂二维草绘的绘制思路和方法。

重点难点

- 绘制相切圆弧
- 尺寸标注
- 将实线转换为构造线

通常，可以将较为复杂的二维图形看成是由其中的几个部分组成，分别绘制并进行相应的编辑，可以添加所需的尺寸约束和几何约束，直到获得满足设计要求的二维图形为止。本综合绘制实例要完成的二维草图如图 2-88 所示。

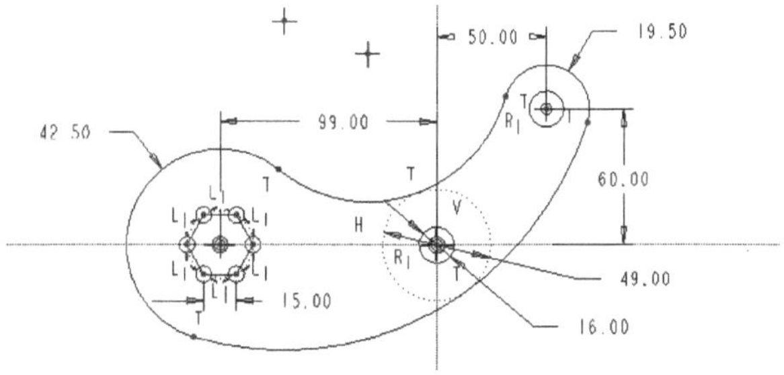

图2-88　完成的二维草图

操作步骤

Step 01 新建一个草绘文件。在“文件”工具栏中单击“新建”按钮，或者在菜单栏中选择“文件”>“新建”命令，打开“新建”对话框。在“类型”选项组中单击“草绘”单选按钮，在“名称”文本框中输入文件名为“BC_2_ZSL”，然后单击“确定”按钮，进入草绘模式。

Step 02 绘制中心线。在“草绘器工具”工具栏中单击“中心线”按钮，分别绘制图 2-89 所示的相互正交的两条中心线。

Step 03 绘制 3 个圆。在“草绘器工具”工具栏中单击“圆：圆心和点”按钮，分别在指定的位置处绘制 3 个圆，如图 2-90 所示。

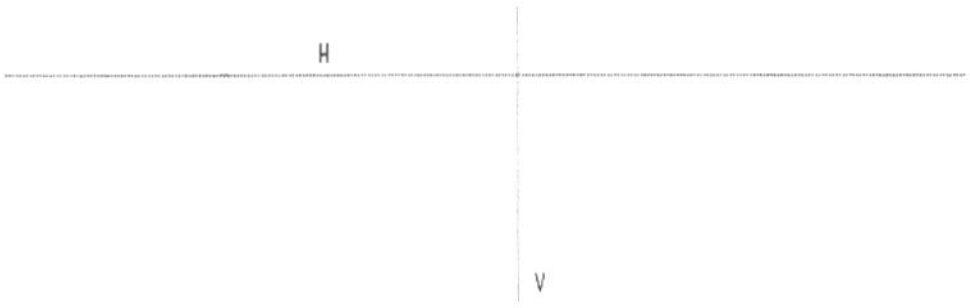

图2-89　绘制相互正交的中心线

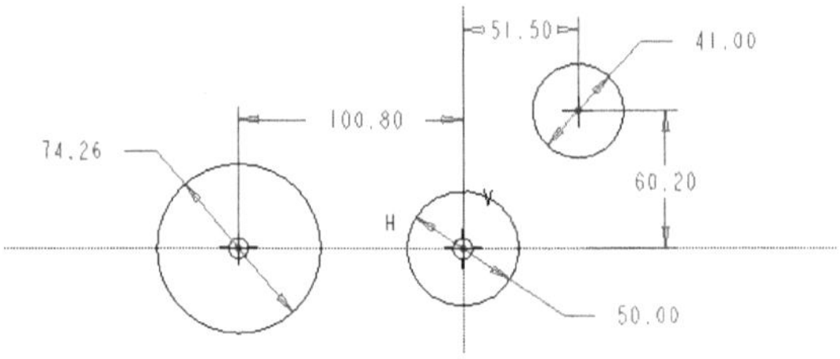

图2-90　绘制3个圆

Step 04 修改尺寸。框选所有的尺寸，接着在“草绘器工具”工具栏中单击“修改工具”按钮，弹出“修改尺寸”对话框，利用该对话框修改相关的尺寸，如图2-91所示，然后单击“完成”按钮。

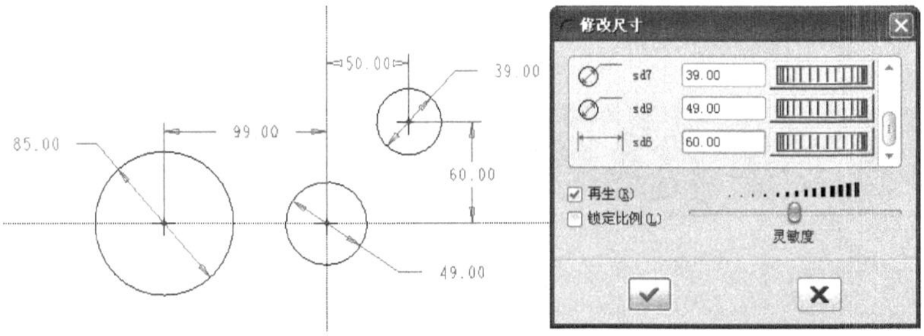

图2-91　修改尺寸

Step 05 绘制“3 相切”圆弧。在“草绘器工具”工具栏中单击“圆弧：3 相切”按钮，接着按照顺序依次在大圆和最小圆的合适位置处单击，最后将鼠标指针移至中圆的上部分附近以捕捉到切点时单击，从而绘制出图 2-92 所示的“3 相切”圆弧。

Step 06 继续绘制一个“3 相切”圆弧。使用和上步骤相同的方法，绘制图 2-93 所示的另一段相切圆弧。

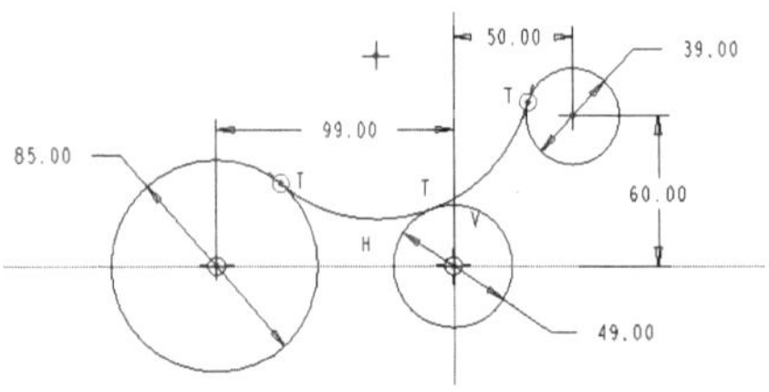

图2-92　绘制与3个圆均相切的圆弧

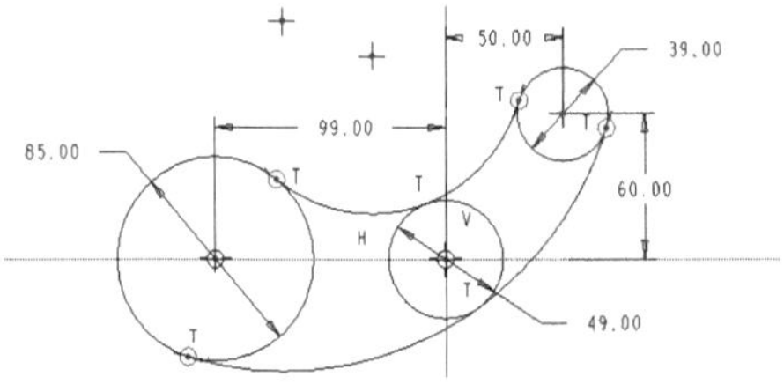

图2-93　继续绘制一个“3相切”圆弧

Step 07 将中间的一个圆转换为圆形构造线。在“草绘器工具”工具栏中单击“依次选取”按钮，使用鼠标指针选中位于中间的一个圆，接着在菜单栏中选择“编辑”>“切换构造”命令，从而将该圆转换为构造线，如图 2-94 所示。

Step 08 绘制一个正六边形。在“草绘器工具”工具栏中单击“调色板”按钮，打开“草绘器调色板”对话框，在“多边形”选项卡中选择“六边形”图形标签，接着双击该“六边形”图形标签，并移动鼠标指针在绘图区域的空白区域处单击，然后使用鼠标左键单击并按住⊗（平移）操作手柄，将其拖到大圆的圆心处，在“移动和调整大小”对话框中将缩放值设置为“15”，旋转角度为“0”，如图 2-95 所示，最后单击“接受”按钮。

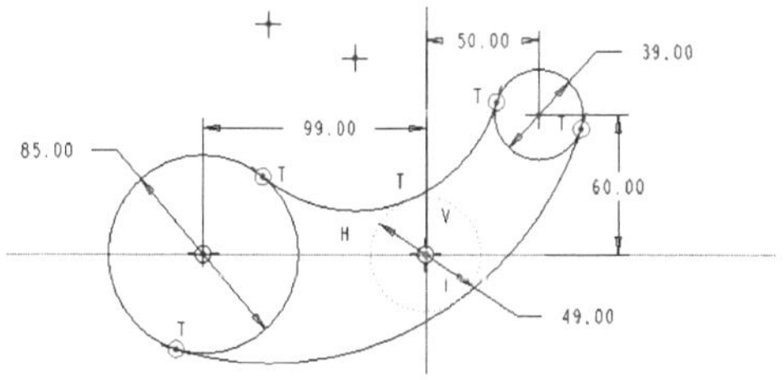

图2-94　将选定的圆转换为构造线

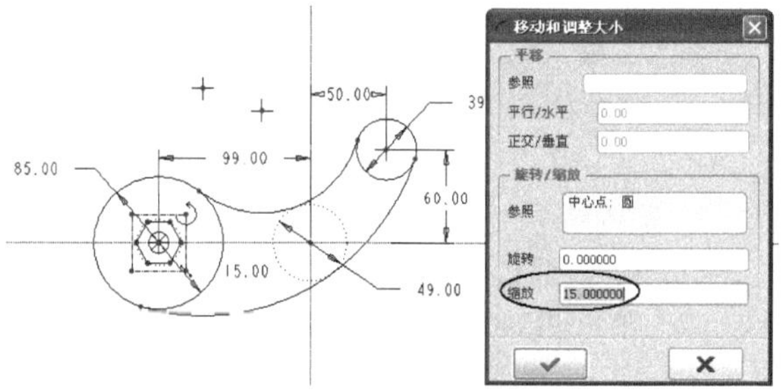

图2-95　移动和调整插入图形的大小

在“草绘器调色板”对话框中单击“关闭”按钮。

Step 09 绘制两个相等的圆。在“草绘器工具”工具栏中单击“圆：圆心和点”按钮○，绘制图 2-96 所示的直径相等的两个圆，图中已经修改其直径尺寸。

技巧

可以先在指定位置处随便绘制两个圆，即要求先不考虑圆直径尺寸是否相等。绘制好这两个圆后，再单击“相等”按钮＝，选取这两个圆，从而为这两个圆设定半径相等约束。

Step 10 修剪图形。单击“删除段”按钮，分别单击要删除掉的圆弧段，最后得到的修剪结果如图 2-97 所示。

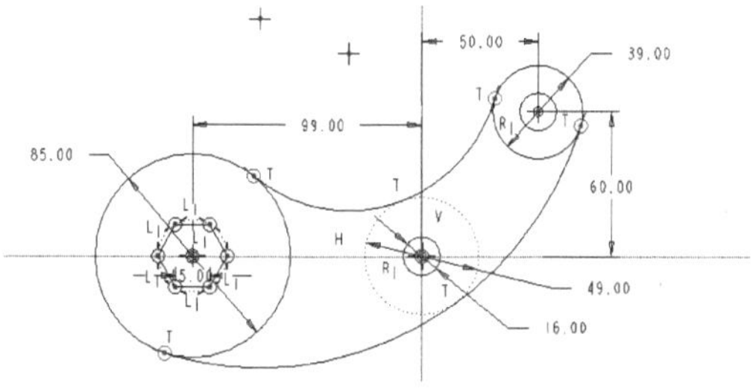

图2-96　绘制两个直径相等的圆

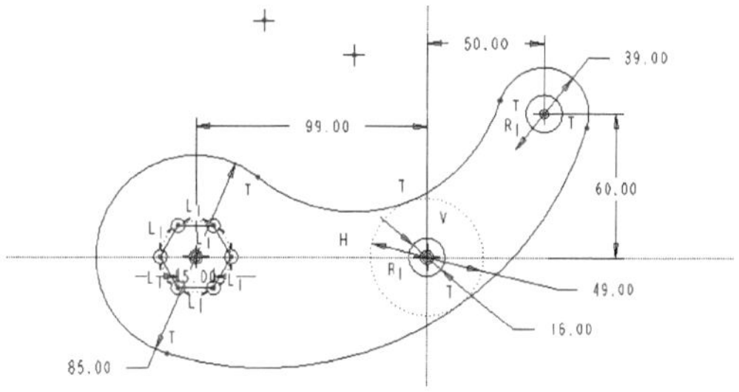

图2-97　修剪图形

Step 11 将不需要的尺寸删除，并补充标注出相应的强尺寸（或者将系统自动添加的相应弱尺寸转换为强尺寸）。完成该步骤编辑操作的效果如图 2-98 所示（可调整相关尺寸的放置位置）。

Step 12 保存图形。单击“保存”按钮，打开“保存对象”对话框，指定要保存到的目录后，在该对话框中单击“确定”按钮，完成“BC_2_ZSL.SEC”文件的保存。

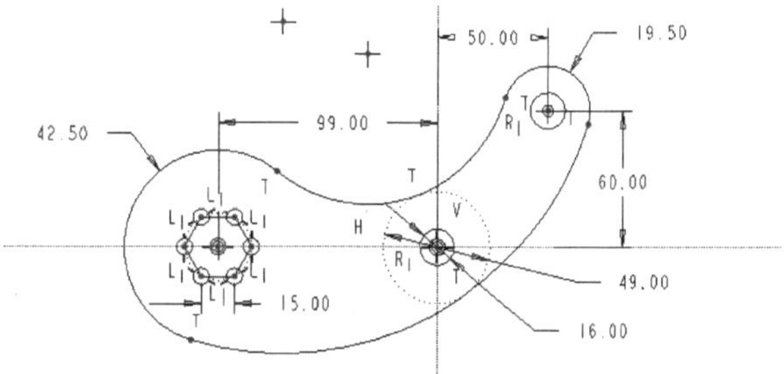

图2-98　编辑结果

案例总结

本综合案例可以帮助深刻理解复杂二维草绘的绘制思路和方法。也就是将较为复杂的二维图形看成是由其中的几个部分组成，分别绘制并进行相应的编辑，之后添加所需的尺寸约束和几何约束，直到获得满足设计要求的二维图形为止。掌握二维草图综合绘制能力，有助于后面学习三维建模知识。

2.8 思考与上机练习

1. 简答题

（1）简述创建二维草图的典型流程。

（2）在 Pro/ENGINEER Wildfire 5.0 中，可以绘制哪几种矩形？

（3）用于绘制圆或圆弧的工具按钮有哪些？

（4）请举例辅助说明如何绘制一个椭圆？

（5）如何在二维图形中创建圆角或倒角？

（6）如何操作才能加强所选的弱尺寸和弱约束以防被自动移除？

知识要点提示

使用“编辑”菜单中的“转换为”>“强”命令。

（7）如何创建周长尺寸？周长尺寸有什么特点？

（8）在什么情况下，Pro/ENGINEER 会提示用户需要解决草绘冲突？

2. 上机练习题

（1）绘制图 2-99 所示的图形，并标注相关的尺寸。

知识要点提示

在绘制草图的过程中注意应用“镜像”工具。

（2）绘制图 2-100 所示的图形和文本，并进行相关标注。

知识要点提示

需要绘制一条样条曲线，然后将其转换为构造线，再使用“文本”工具创建所需文本，并将文本沿曲线放置。

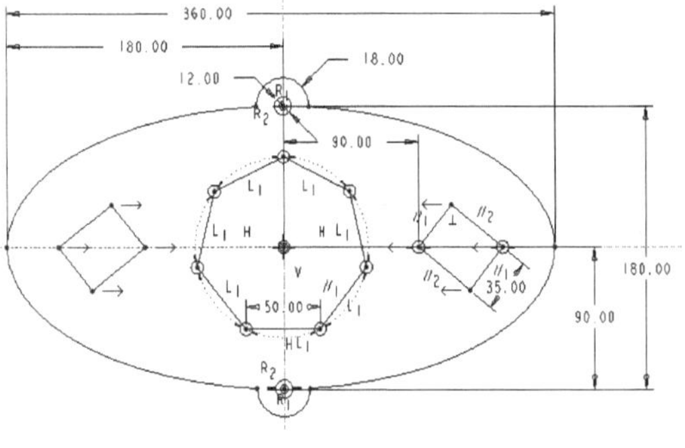

图2-99 上机练习

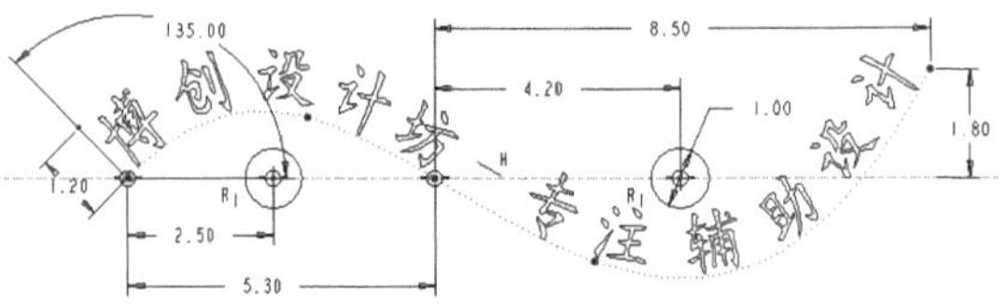

图2-100 图形绘制练习

第3章 基准特征

本章导读

基准特征可以用作三维建模的定位参照、零部件的装配约束参照等。本章介绍主要的基准特征，包括基准平面、基准轴、基准点、基准曲线和基准坐标系。

学习目标

- 了解基准特征的用途和基准显示设置
- 掌握基准平面、基准轴、基准点、基准曲线和基准坐标系的创建方法

3.1 基准特征概述

基准特征主要包括基准平面、基准轴、基准点、基准曲线和基准坐标系等，其可以用作其他特征的定位参照、零件的装配约束参照等。

在零件或组件设计模式下，系统提供了几个基准特征的显示开关按钮，如图 3-1 所示。用户可以单击相关的显示开关按钮来决定相关的基准特征是否在图形窗口中显示。例如，单击选中按钮 （基准平面开 / 关），则在图形窗口中显示基准平面。

用户也可以从菜单栏中选择“视图”>“显示设置”>“基准显示”命令，打开“基准显示”对话框，如图 3-2 所示，从中设置基准显示选项以及点符号的类型等。

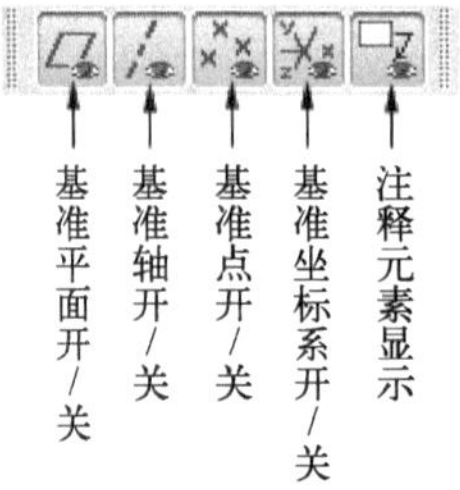

图3-1　基准特征的显示开关按钮

图3-2　“基准显示”对话框

3.2　基准平面

基准平面主要用来作为草绘平面、特征放置面、零件装配约束参照面、剖视图的剖切生成面、尺寸标注的位置参照等。

选择基准平面可以有如下几种方法。

① 在图形窗口中单击基准平面的一条显示边界。

② 在图形窗口中单击基准平面的名称。

③ 在模型树中单击基准平面树节点。

新建一个使用“mmns_part_solid”模板的 Pro/ENGINEER 零件文件时，系统提供已经预定义的 3 个基准平面（TOP 基准平面、FRONT 基准平面和 RIGHT 基准平面）和一个基准坐标系，如图 3-3 所示。

注 意

在零件模式下，用户可以根据设计情况创建所需的新基准平面，系统为用户创建的基准平面以DTM1、DTM2、DTM3……形式来命名。

创建基准平面的一般步骤如下。

（1）单击“基准平面工具”按钮，或者从菜单栏中选择“插入”>“模型基准”>“平面”命令，系统弹出图 3-4 所示的“基准平面”对话框。

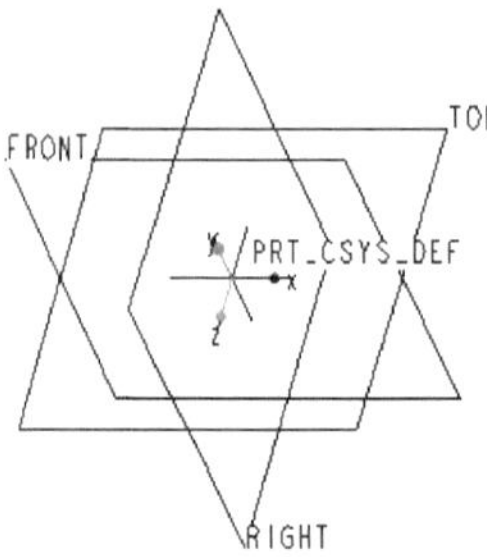

图3-3　预定义的基准平面

图3-4　“基准平面”对话框

（2）选择放置参照，所选的有效参照出现在“基准平面”对话框的“放置”选项卡的“参照”列表框中，系统会自动提供一个默认的放置约束类型。例如，在图 3-5 所示的示例中，选择 RIGHT 基准平面作为放置参照，系统默认的约束类型选项为“偏移”。

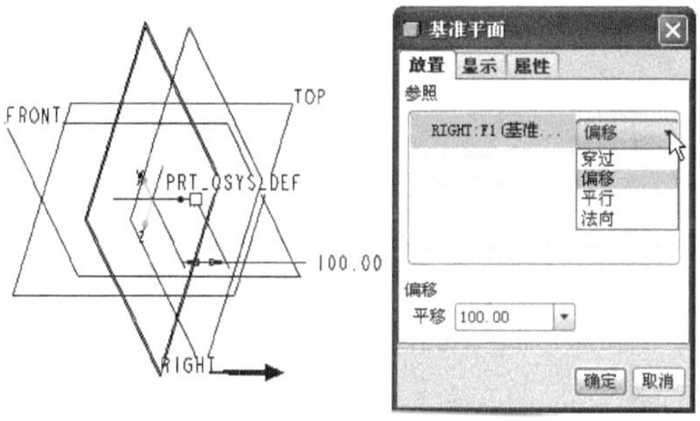

图3-5　选择放置参照

用户可以根据设计要求从约束类型下拉列表中选择所需的放置约束类型选项。

（3）如果需要，按住【Ctrl】键选择其他对象来添加放置参照，并设置其放置约束类型，以使新基准平面完全被约束。

（4）切换到“显示”选项卡，可以调整基准平面的显示大小和方向，如图 3-6 所示。

① 若单击“反向”按钮，则可以反向基准平面的法向。

② 若勾选“调整轮廓”复选框，则可以从图 3-7 所示的列表框中选择“大小”或“参照”来定义基准平面的显示大小。当选择“大小”选项时，可定制宽度和高度；当选择“参照”时，需要指定轮廓参照。

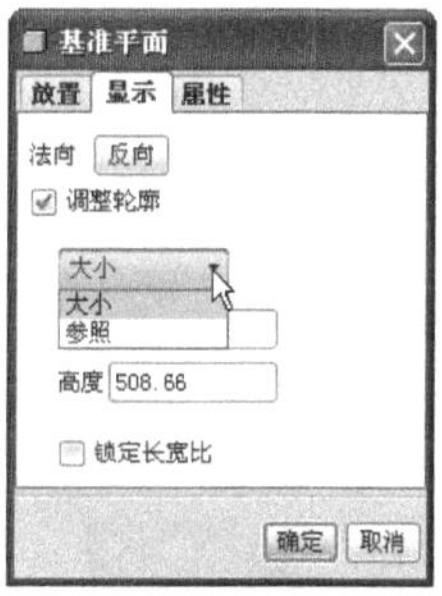

图3-6　“显示”选项卡　　　图3-7　调整基准平面的显示轮廓

（5）切换到“属性”选项卡，如图 3-8 所示。在“名称”文本框中可以修改该基准平面的名称；若单击“显示此特征的信息”按钮，则可以打开 Pro/ENGINEER 浏览器来查看该基准平面的详细信息，如图 3-9 所示。

（6）在“基准平面”对话框上单击“确定”按钮，完成新基准平面的创建。

下面介绍创建基准平面的一个操作实例。

（1）单击“打开现有对象”按钮，弹出“文件打开”对话框。从中选择本书配套的素材“/CH3/NC-3-1.PRT”文件，单击对话框中的“打开”按钮。文件中存在的模型如图 3-10 所示。

（2）单击“基准平面工具”按钮，或者从菜单栏中选择“插入”>“模型基准”>“平面”命令，系统弹出“基准平面”对话框。

（3）选择 TOP 基准平面，按住【Ctrl】键选择一条边线，如图 3-11 所示，接着指定相应的放置约束类型，并在“偏移”下的“旋转”框中输入旋转角度为“30”。

图3-8 “基准平面”对话框

图3-9 打开Pro/ENGINEER浏览器来查看基准平面信息

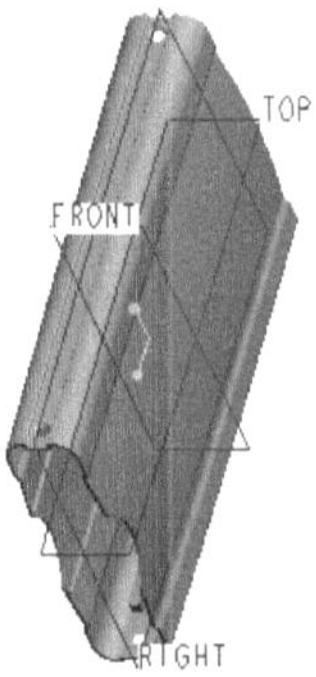

图3-10 素材模型

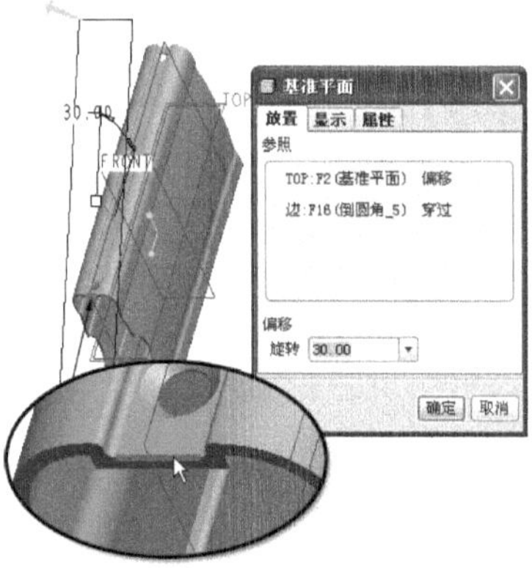

图3-11 定义新基准平面的放置参照

（4）切换到“属性”选项卡，在“名称”文本框中输入“T_DTM1”，如图 3-12 所示。

（5）在“基准平面”对话框中单击“确定”按钮，完成创建图 3-13 所示的基准平面 T_DTM1。

图3-12 设置基准平面名称

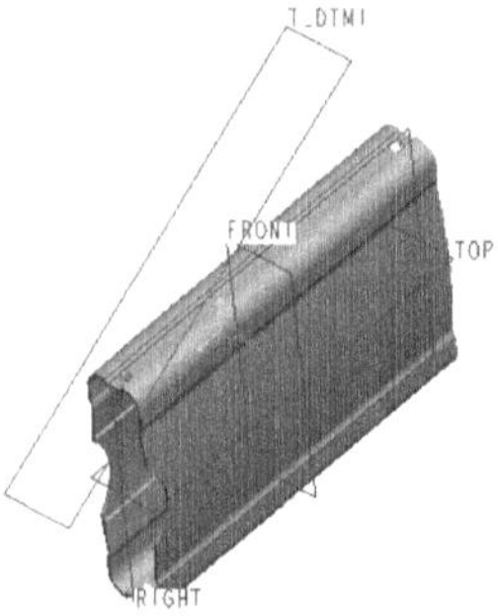

图3-13 创建完成基准平面T_DTM1

3.3 基准轴

基准轴主要用来作为同轴放置项目、创建环形阵列（轴阵列）、创建基准平面等的参照。基准轴作为单独的特征，可显示在模型树上。初学者需要注意的是，在创建一些旋转特征、孔特征、拉伸圆柱特征时，其特征本身会自动生成一个轴，这个轴被形象地称为“特征轴”。特征轴依附于父特征，当删除父特征时，该特征轴也就随之被删除。在图 3-14 所示的图例中，A_1 为特征轴，A_2 为基准轴，A_2 显示在模型树上，可以通过鼠标右键单击并利用快捷菜单对其进行删除、隐含、重命名、编辑、编辑定义、编辑参照、阵列、隐藏等操作。

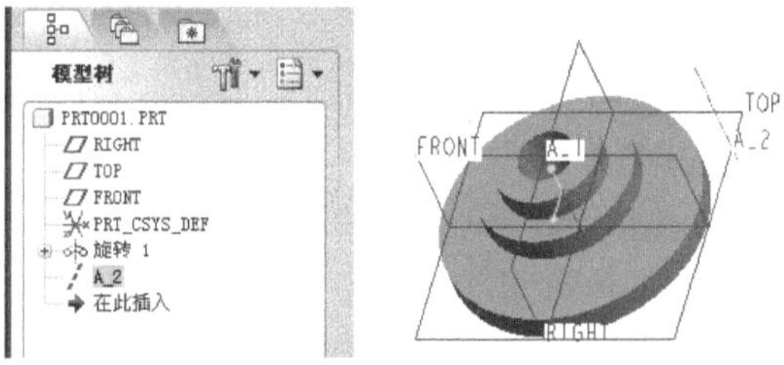

图3-14 基准轴与特征轴

在零件模式下，用户创建新基准轴，系统会默认将其以“A_#”的形式来命名。

选择基准轴主要有如下两种方法。

① 在图形窗口中单击基准轴。

② 在模型树上单击基准轴树节点。

单击“基准轴”按钮，或者从菜单栏中选择“插入”>“模型基准”>“轴”命令，打开图 3-15 所示的“基准轴”对话框。下面简单介绍该对话框中的“放置”选项卡、“显示”选项卡和“属性”选项卡。

1．“放置”选项卡

该选项卡具有“参照”收集器和“偏移参照”收集器，通过指定相关的参照及其约束条件来放置和定位基准轴，如图 3-16 所示。

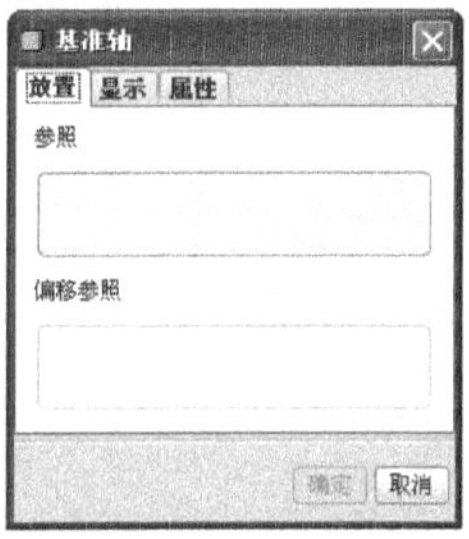

图3-15 “基准轴”对话框

图3-16 定义放置参照和偏移参照

2．“显示”选项卡

该选项卡主要用来设置基准轴的显示长度。勾选“调整轮廓”复选框，可以从列表框中选择“大小”选项，然后在“长度”框中输入尺寸值，如图 3-17 所示。用户也可以从列表框中选择“参照”选项，然后在模型中选择所需的参照。

3．“属性”选项卡

使用该选项卡，可以修改该基准轴的名称，以及查询该基准轴特征的详细信息。如图 3-18 所示，单击 (显示此特征的信息）按钮，可以打开 Pro/ENGINEER 浏览器查看该基准轴的详细信息。

下面介绍一个创建基准轴的简单实例。

（1）单击工具栏“打开”按钮，弹出“文件打开”对话框，从中选择本书配套的素材“/CH3/NC-3-2.PRT”文件，单击对话框中的“打开”按钮。

（2）单击“基准轴工具”按钮，或者从菜单栏中选择“插入”>“模型基准”>“轴”命令，打开“基准轴”对话框。

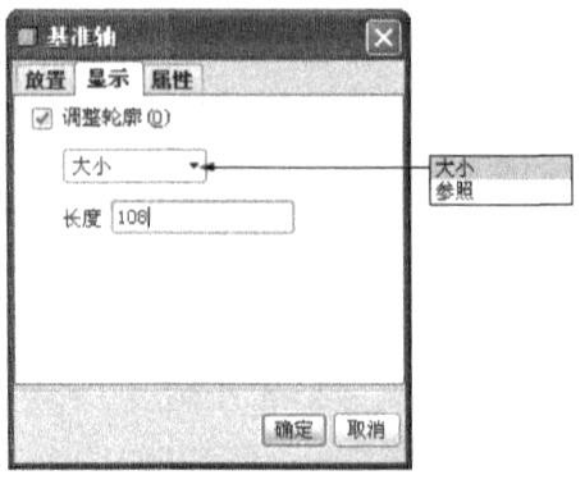

图3-17　调整轮廓

图3-18　“属性”选项卡

（3）在图 3-19 所示的位置处单击 TOP 基准平面的边界，以选择 TOP 基准平面作为主参照，此时出现一个主参照控制图柄和两个偏移参照控制图柄，TOP 基准平面出现在“参照”收集器中。

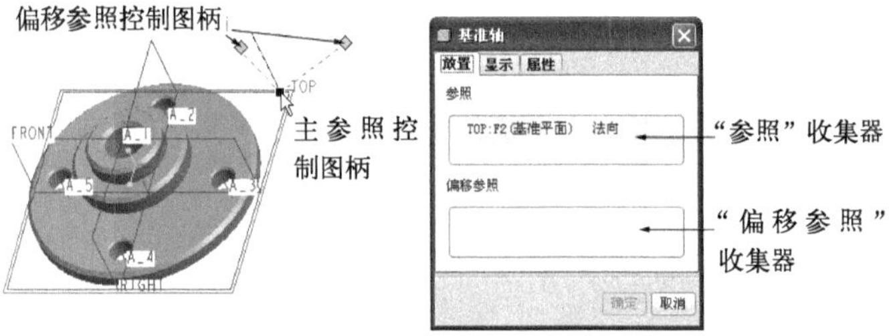

图3-19　指定主放置参照

（4）在图形窗口中使用鼠标左键单击并拖动其中一个偏移参照控制图柄捕捉到 RIGHT 基准平面，接着拖动另一个偏移参照控制图柄捕捉到 FRONT 基准平面，然后在“偏移参照”收集器中设置相应的偏移距离，如图 3-20 所示。

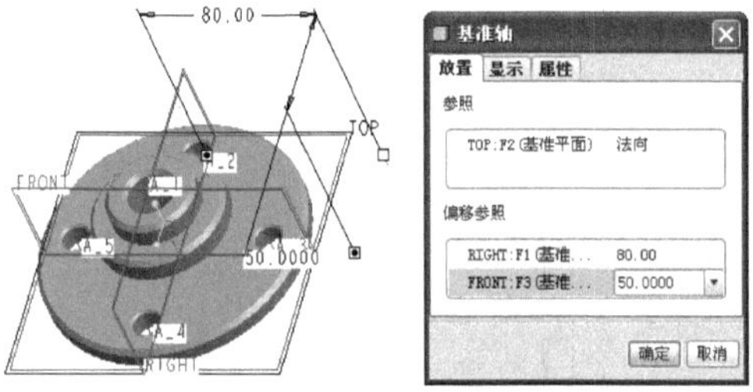

图3-20　定义偏移参照

技巧

用户也可以采用别的方式来定义偏移参照，如在“基准轴”对话框的“放置”选项卡中，单击“偏移参照”收集器的框以将其激活，接着在图形窗口中选择对象来作为偏移参照（多选时结合使用【Ctrl】键），然后在“偏移参照”收集器中修改偏移参照的偏移距离。

（5）切换到“属性”选项卡，在“名称”文本框中输入“A_T1”。

（6）在“基准轴”对话框中单击“确定”按钮，创建的基准轴 A_T1 如图 3-21 所示。

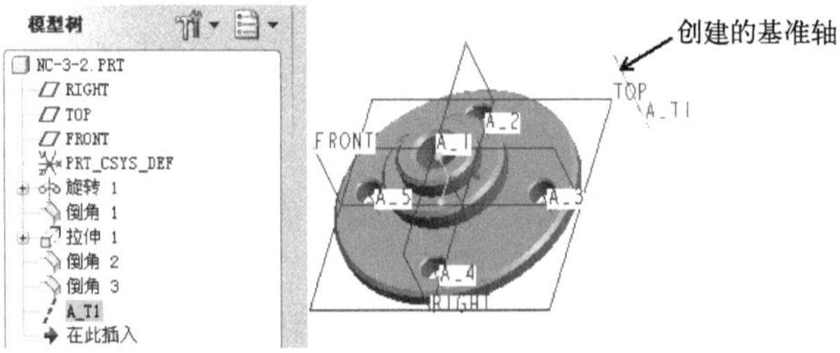

图3-21　完成创建基准轴

3.4　基准点

基准点的主要用途是定位，可以作为特征创建的参照，可以用来定义有限元分析网格上的测量点等。

基准点的类型包括：一般基准点、偏移坐标系基准点和域基准点等。用于创建基准点的几种工具按钮如图 3-22 所示，其相应的菜单命令如图 3-23 所示。

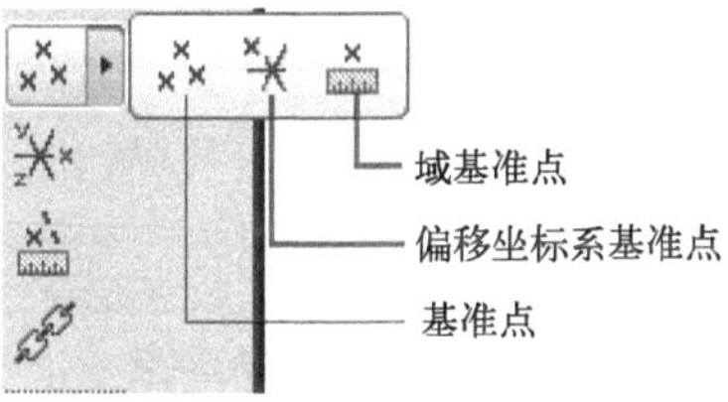

图3-22　创建基准点的工具按钮

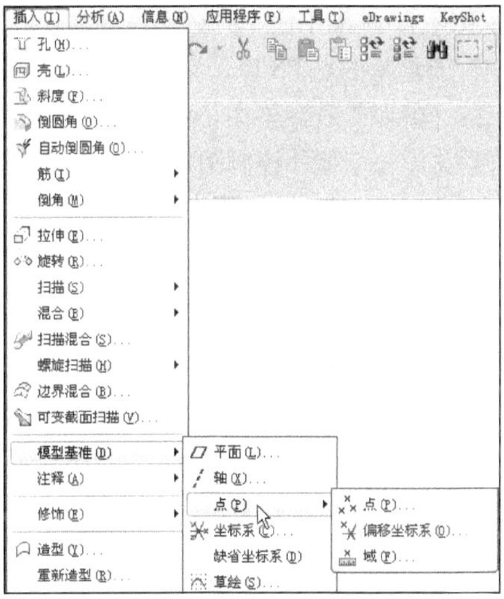

图3-23　创建基准点的菜单命令

3.4.1　一般基准点

单击工具栏“基准点”按钮，或者从菜单栏中选择“插入”>“模型基准”>“点”>“点”命令，打开图 3-24 所示的“基准点”对话框。利用该对话框，通过指定位置参照和适当的约束来创建基准点，可以连续创建多个基准点。

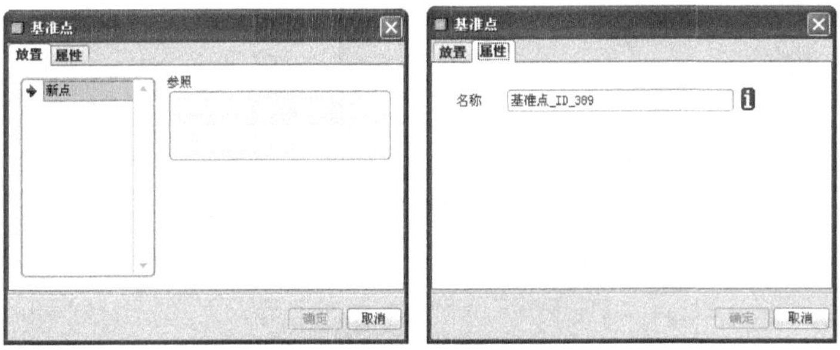

图3-24　“基准点”对话框

下面以一个简单实例介绍如何创建一般基准点。

（1）单击工具栏“打开”按钮，弹出“文件打开”对话框。从中选择本书配套的素材“/CH3/NC-3-3.PRT”文件，在“文件打开”对话框中单击“打开”按钮。该文件中已经存在的实体模型如图 3-25 所示。

（2）单击“基准点”按钮，或者从菜单栏中选择“插入”>“模型基准”>“点”>“点”命令，打开“基准点”对话框。

（3）创建基准点 PNT0。在图 3-26 所示的顶曲面上单击。

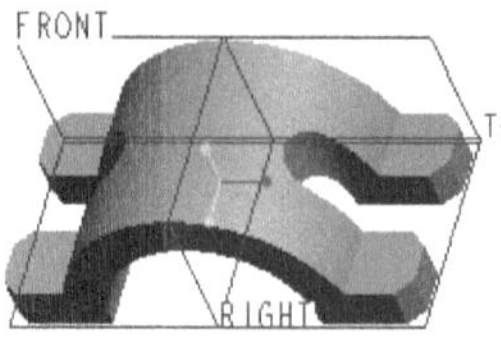

图3-25　打开素材模型

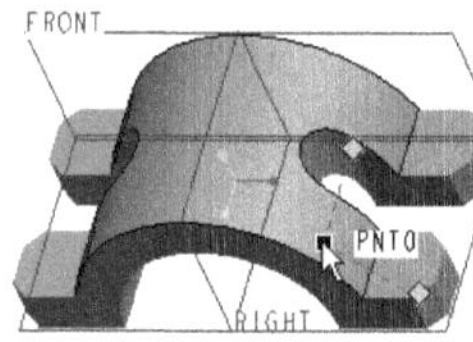

图3-26　指定主放置参照

接着单击拖动其中一个偏移参照控制图柄选择 FRONT 基准平面，拖动另一个偏移参照控制图柄选择 RIGHT 基准平面，并分别设置其相应的偏移距离，如图 3-27 所示。

（4）创建基准点 PNT1。切换到“新点”创建状态，在顶曲面上适当位置处单击，在“放置”选项卡的“参照”收集器中，将约束类型选项设置为“偏移”，在“偏移”尺寸框中输入“12”，单击并拖动其中一个偏移控制图柄捕捉到 FRONT 基准平面，设置其偏移距离为“50”，拖动另一个偏移控制图柄捕捉到 RIGHT 基准平面，并设置其偏移距离为“0”，如图 3-28 所示。

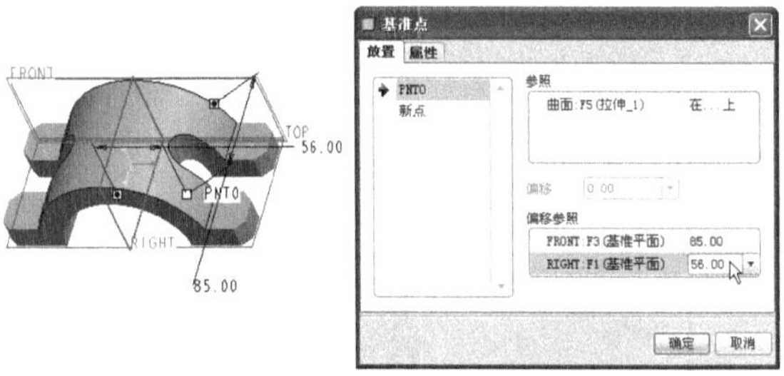

图3-27　在曲面上创建基准点

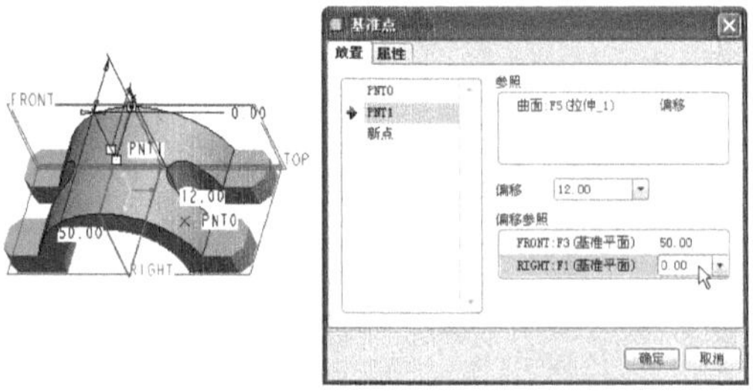

图3-28　创建自曲面偏移的基准点

（5）创建基准点 PNT2。切换到“新点”创建状态，在图 3-29 所示的边线上单击，接着在“基准点”对话框中，选择“比率”选项，输入偏移比率为“0.618”，如图 3-30 所示。

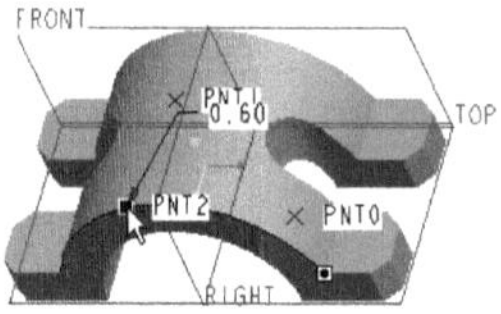

图3-29　单击边线

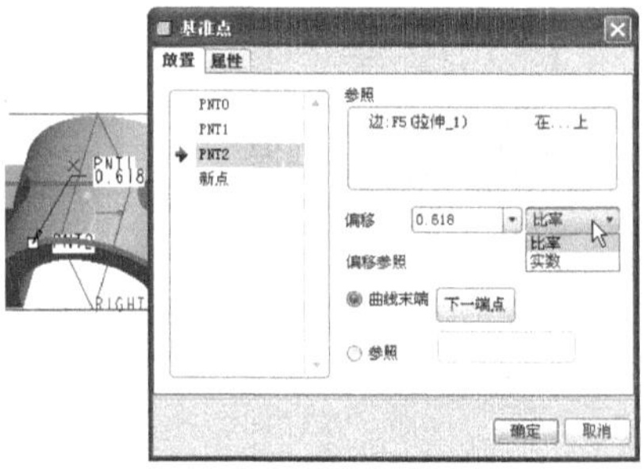

图3-30　在边线上创建基准点

（6）在“基准点”对话框中单击“确定”按钮。创建的基准点如图 3-31 所示。

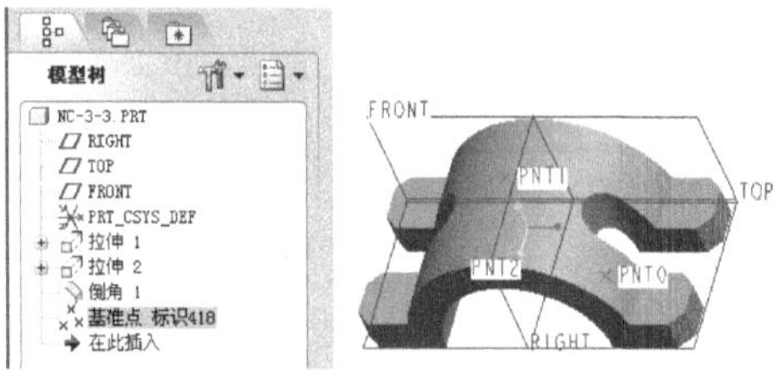

图3-31　创建完成基准点

3.4.2　偏移坐标系基准点

单击工具栏“偏移坐标系基准点”按钮，或者从菜单栏中选择“插入”>“模型基准”>“点”>“偏移坐标系”，打开图 3-32 所示的“偏移坐标系基准点”对话框。

在“放置”选项卡的“类型”列表框中可以选择“笛卡尔”、“圆柱”或“球坐标”选项。如选择“笛卡尔”类型选项，则使用笛卡尔坐标偏移方法，系统要求选取要放置点的坐标系，选取所需坐标系后，在对话框的表中单击当前行，如图 3-33 所示，接着分别在相应的参数框中输入相应的坐标偏移值即可，如图 3-34 所示。

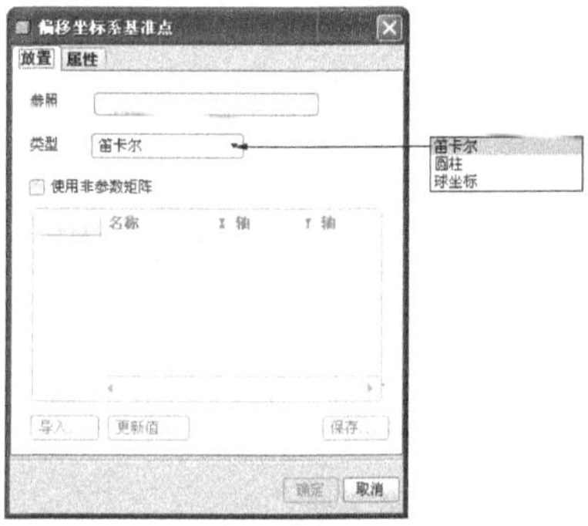

图3-32　“偏移坐标系基准点”对话框

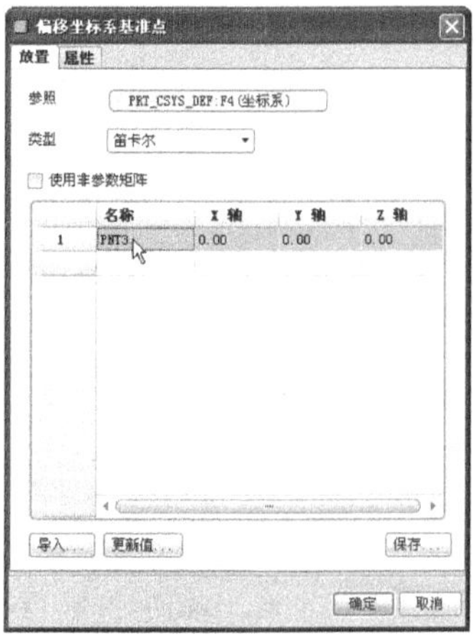

图3-33　在列表当前行单击

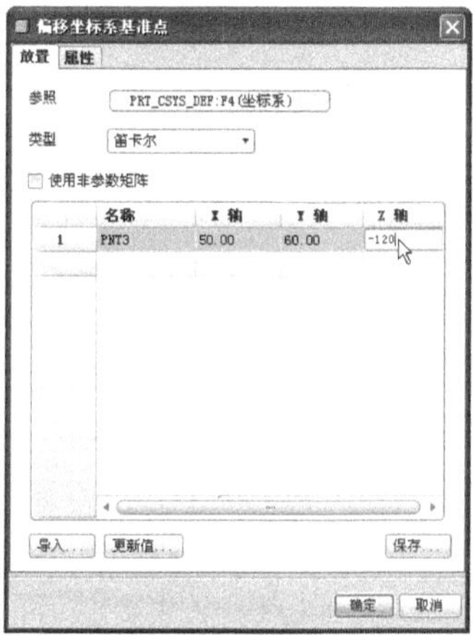

图3-34　设置偏移点参数

提　示

指定偏移点的方法是单击“偏移坐标系基准点”对话框列表中的某个单元格，然后更改其值。要添加其他点，则单击列表中底部的下一个空行，然后输入相应的偏移值。

在“属性”选项卡中，可以更改该基准点名称，并可以查询其详细信息。

3.4.3　域基准点

域基准点主要用于行为建模中的分析点，确定一个几何区域。

创建域基准点的一般方法及步骤如下。

(1)单击工具栏“域基准点按钮，或者从菜单栏中选择“插入”>“模型基准”>“点”>“域”命令，打开图 3-35 所示的“域基准点”对话框。

(2) 选取一个参照（例如曲线、边、曲面或面组）以放置点。

(3) 单击“域基准点”对话框的“确定”按钮。

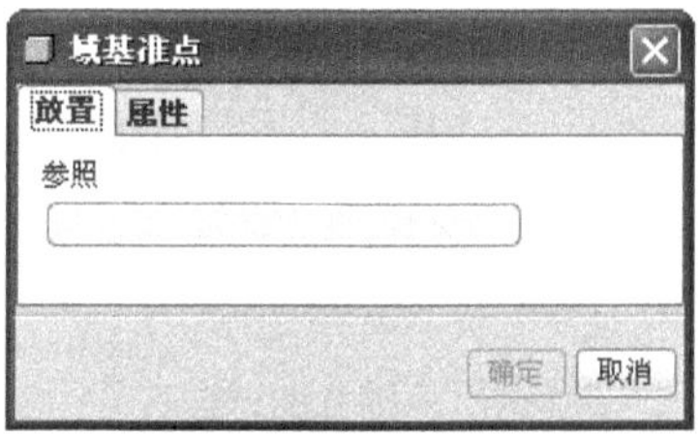

图3-35　“域基准点”对话框

3.5　基准曲线

基准曲线通常被用来作为扫描特征的轨迹，或者用于创建曲面或其他特征等。本节将介绍插入基准曲线和使用草绘工具的实用知识。

3.5.1 插入基准曲线

系统提供了一个用于创建基准曲线的工具按钮，即“基准曲线”按钮，其对应的菜单命令为“插入”>“模型基准”>“曲线”。

单击工具栏“基准曲线”按钮，或者从菜单栏中选择“插入”>“模型基准”>“曲线”命令，系统弹出图 3-36 所示的菜单管理器。

1. 经过点

在菜单管理器的“曲线选项”菜单中选择“通过点”>“完成”命令，系统弹出图 3-37 所示的“曲线：通过点”对话框和“连结类型”菜单。

① 样条：使用通过选定基准点和顶点的三维样条构建曲线。

② 单一半径：使用贯穿所有折弯的同一半径来构建曲线。

③ 多重半径：通过指定每个折弯的半径来构建曲线。

④ 单个点：选取单独的基准点和顶点。

⑤ 整个阵列：以连续顺序，选取“基准点 / 偏移坐标系”特征中的所有点。

⑥ 添加点：向曲线定义添加一个该曲线将通过的现存点、顶点或曲线端点。

⑦ 删除点：从曲线定义中删除一个该曲线当前通过的已存点、点或曲线端点。

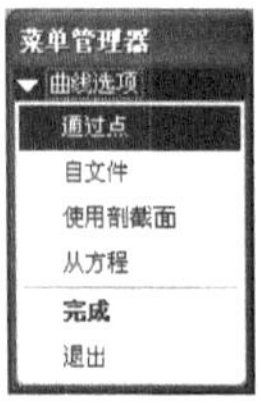

图3-36 菜单管理器

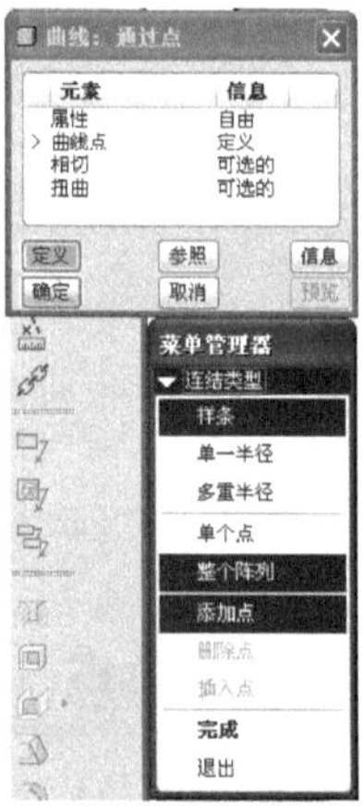

图3-37 “曲线：通过点”对话框和“连结类型”菜单

⑧ 插入点：在已选定的点、顶点和曲线端点之间插入一个点。该选项可修改曲线定义要通过的插入点。系统提示选择一个要在其前面插入点的点或顶点。

⑨ 完成：结束处理。

⑩ 退出：中止处理。

“连结类型”菜单的默认选项是“样条”>“整个阵列”>“添加点”选项，此时用户可以在图形窗口依次选择若干点来生成曲线，选择“完成”命令，然后单击“曲线:通过点”对话框的“确定”按钮即可。

用户可以使用“曲线：通过点”对话框的如下元素选项来进一步定义基准曲线。

①“属性”元素选项：指定曲线属性，如指出曲线是否应该位于选定的曲面上。

②“相切”元素选项：重新定义端点的相切状态（可选）。

③“扭曲”元素选项：直接或用它的控制多边形来扭曲曲线（可选）。

下面介绍一个使用“通过点”方式创建基准曲线的简单实例。

（1）单击工具栏“打开”按钮，弹出“文件打开”对话框。从中选择本书配套的素材“/CH3/

NC-3-4.PRT”文件，在“文件打开”对话框中单击“打开”按钮。该文件中已经存在的基准点如图 3-38 所示。

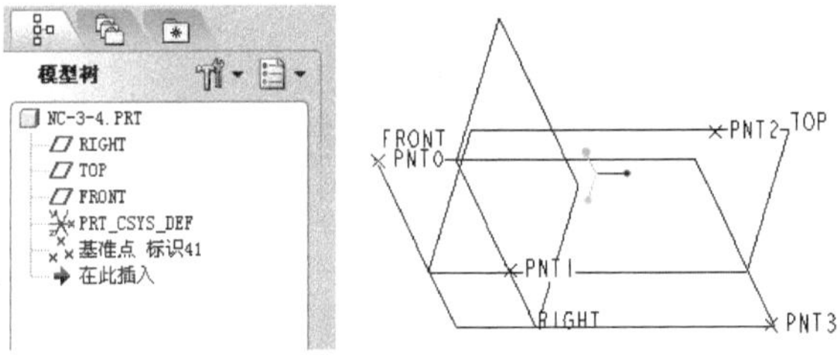

图3-38　素材文件的基准点

（2）单击“基准曲线”按钮，或者从菜单栏中选择“插入”>“模型基准”>“曲线”命令，系统弹出菜单管理器。

（3）在菜单管理器的“曲线选项”菜单中选择“通过点”>“完成”命令。

（4）在出现的“连结类型”菜单中选择“样条”>“整个阵列”>“添加点”选项，接着在图形窗口中依次单击 PNT0、PNT1、PNT2 和 PNT3 基准点，如图 3-39 所示。

（5）在“连结类型”菜单中选择“完成”命令。

（6）在图 3-40 所示的“曲线：通过点”对话框中单击“确定”按钮，完成基准曲线的创建。

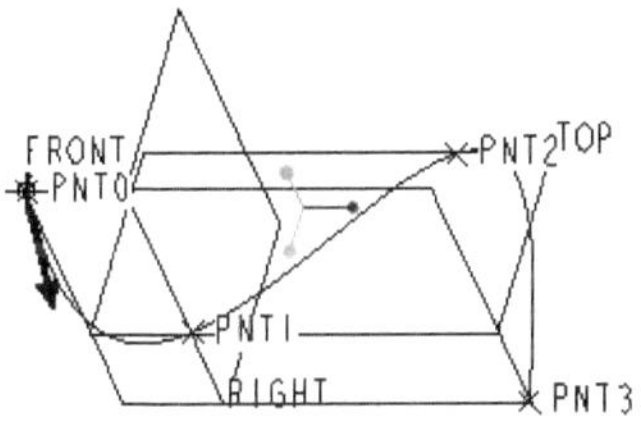

图3-39　通过选取将被连接的基准点来创建曲线

图3-40　“曲线：通过点”对话框

2．自文件

根据数据文件创建基准曲线。

在菜单管理器的“曲线选项”菜单中选择“自文件”>“完成”选项，接着选择一个坐标系作为参照，系统出现“打开”对话框，然后选择包含曲线数据的文件来打开，即可由文件中的数据创建所需的基准曲线。可以输入来自 Pro/ENGINEER 的“.ibl”、“SET”、“IGES”或“VDA”等文件的基准曲线。Pro/ENGINEER 读取所有来自“IGES”或“SET”文件的曲线，并将这些曲线转化为样条曲线。

3．使用剖截面

使用剖截面创建基准曲线，即通过该方法，使用剖截面的边界生成基准曲线。

4．从方程

通过方程来创建基准曲线，具体操作实例如下。

（1）新建一个使用“mmns_part_solid”模板的零件文件。

（2）单击工具栏“基准曲线”按钮，或者从菜单栏中选择“插入”>“模型基准”>“曲线”命令，系统弹出一个菜单管理器。

（3）在菜单管理器的“曲线选项”菜单中选择“从方程”>“完成”选项，系统出现图 3-41 所示的“曲线：从方程”对话框和菜单。

（4）在模型树中选择 PRT_CSYS_DEF 坐标系。

（5）系统弹出图 3-42 所示的“设置坐标类型”菜单，从中选择“笛卡尔”选项。

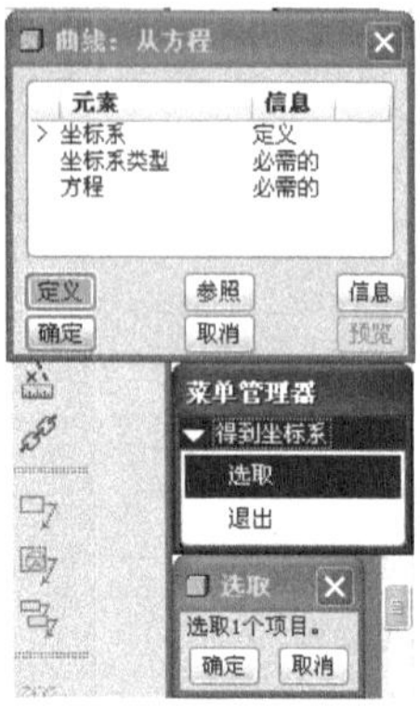

图3-41　对话框和菜单

图3-42　“设置坐标类型”菜单

（6）系统打开记事本，在记事本窗口中输入图 3-43 所示的函数方程。

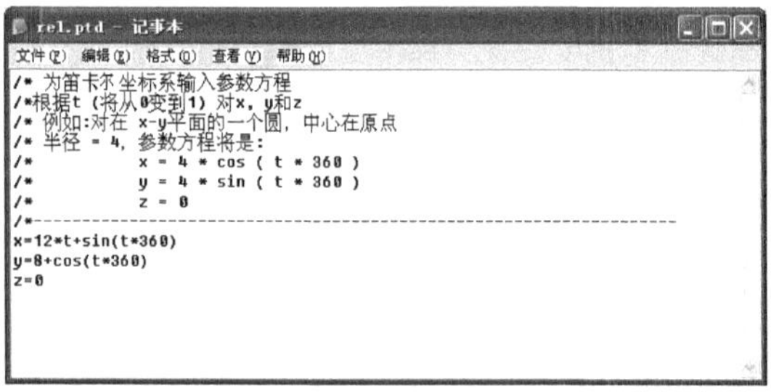

图3-43　输入函数方程

（7）从记事本（文本编辑器）的“文件”菜单中选择“退出”命令，系统弹出图 3-44 所示的“记事本”保存对话框，从中单击“是”按钮，保存文件。

（8）在“曲线：从方程”对话框中单击“确定”按钮，创建图 3-45 所示的基准曲线。

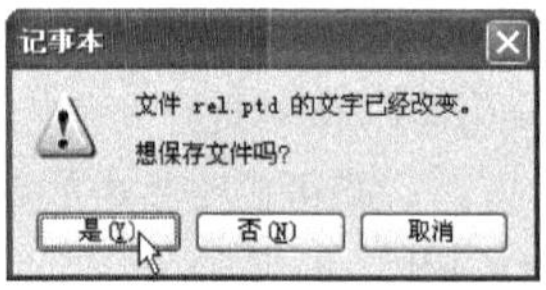

图3-44　“记事本”保存对话框

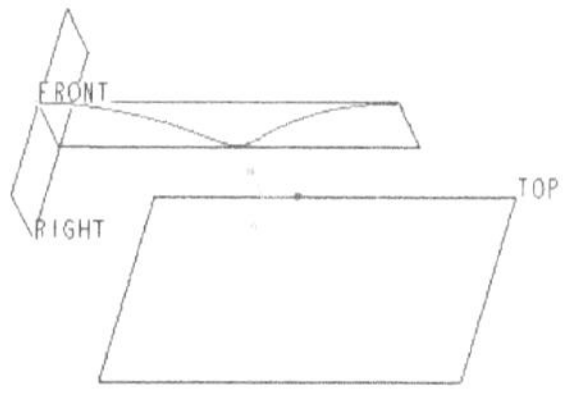

图3-45　从方程创建基准曲线

3.5.2　使用草绘工具

使用草绘工具，可以在指定的草绘平面上绘制基准曲线，绘制的曲线可以由一个或多个草绘段组成，也可以由一个或多个开放或封闭的环组成。

下面以一个典型特例来介绍如何使用草绘工具绘制基准曲线。

（1）新建一个使用“mmns_part_solid”模板的零件文件。

（2）在右工具箱中单击“草绘工具”按钮，或者从菜单栏中选择“插入”>“模型基准”>“草绘”命令。

（3）系统弹出“草绘”对话框。选择 TOP 基准平面作为草绘平面，以 RIGHT 基准平面为“右”方向参照，如图 3-46 所示，单击“草绘”按钮，从而进入草绘模式。

（4）单击“样条曲线”按钮，绘制图 3-47 所示的样条曲线。

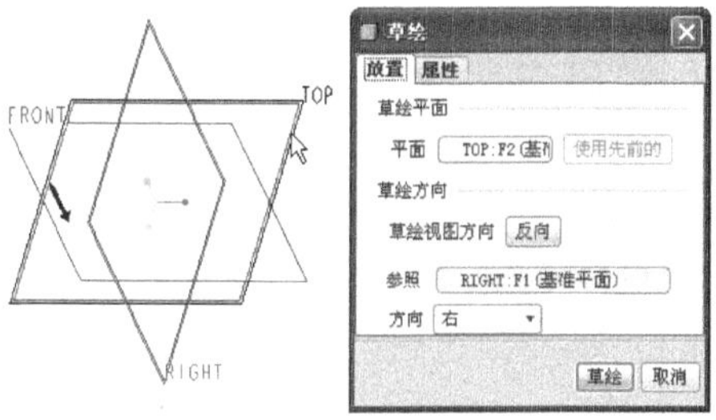

图3-46 指定草绘平面

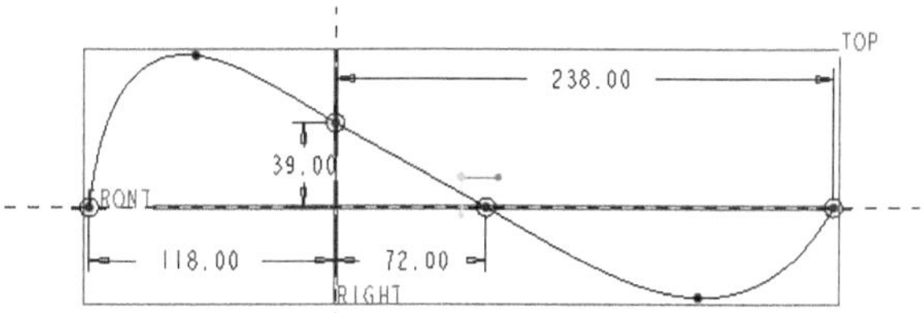

图3-47 绘制样条曲线

（5）单击“完成”按钮✔。完成的基准曲线如图 3-48 所示。

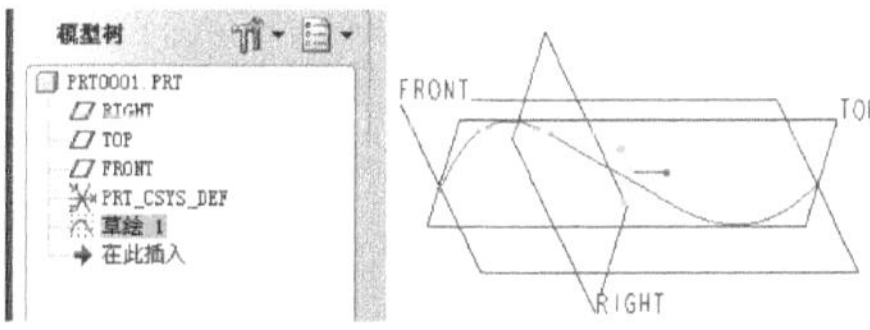

图3-48 完成基准曲线

3.6 基准坐标系

基准坐标系的用途很多，它可以用作定位特征的参照，可以用于装配元件、计算模型质量属性、为有限元分析（FEA）放置约束等。

常用的基准坐标系类型有笛卡尔坐标系、柱坐标系和球坐标系。其中笛卡尔坐标系应用最广，用户一般使用系统默认的笛卡尔坐标系就可以满足设计要求了。

注 意

熟悉笛卡尔坐标系、柱坐标系和球坐标系的参数。

①笛卡尔坐标系：使用X、Y和Z表示坐标值。

②柱坐标系：使用r、θ和Z表示坐标值。

③球坐标系：使用r、θ和φ表示坐标值。

用户可以根据需要创建所需的坐标系。用户在零件模式下创建的坐标系，系统默认以“CS#（#为从 0 开始的逐一序数）”的形式命名。

创建基准坐标系的一般步骤如下。

（1）在右工具箱中单击“基准坐标系”按钮，或者从菜单栏中选择“插入”>“模型基准”>“坐标系”命令，打开“坐标系”对话框。

（2）选取参照（如平面、边、坐标系或点）以放置坐标系。例如，选择 PRT_CSYS_DEF 坐标系，此时在“坐标系”对话框的“原点”选项卡上可以看到所选参照，用户可以从“偏移类型”列表框中选择“笛卡尔”、“圆柱”、“球坐标”和“自文件”4 个选项之一，如图 3-49 所示，然后分别设置相应的偏移参数。

（3）若坐标系的当前方向不是所需的，那么可以切换到“方向”选项卡，从中设置基准坐标轴的方向等，如图 3-50 所示。如果单击“设置 Z 垂直于屏幕”按钮，则将坐标系定向到与屏幕正交的方向上。

图3-49 “坐标系”对话框

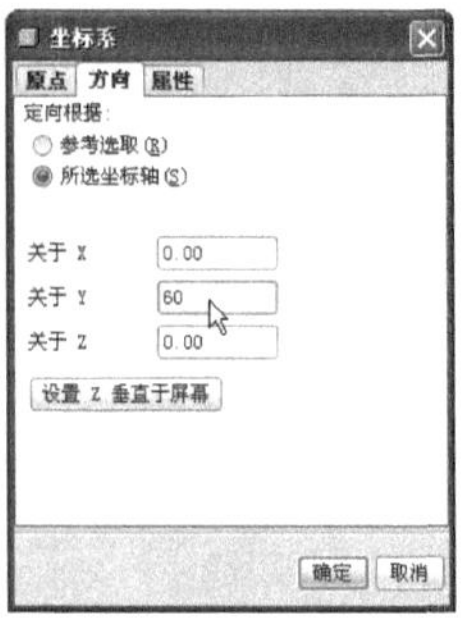

图3-50 定向基准坐标系

（4）在“坐标系”对话框中单击“确定”按钮，完成新坐标系的创建。

3.7 实战综合案例——在机械零件中创建基准特征

学习目的

在该基准特征应用综合范例中，将练习创建基准平面、基准点、基准曲线和基准轴等，创建的基准特征如图 3-51 所示。

重点难点

- 创建基准平面
- 创建基准点与草绘基准点
- 创建基准曲线
- 创建基准轴

操作步骤

Step 01 打开练习文件。

单击工具栏“打开”按钮，弹出“文件打开”对话框，从中选择本书配套的素材“/CH3/NC-3-ZHFL.PRT”文件，单击“文件打开”对话框中的“打开”按钮。该文件中已经存在的模型如图 3-52 所示。

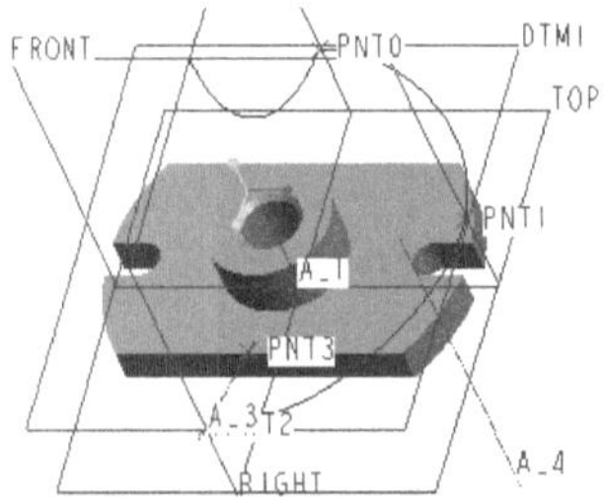

图3-51 实战示例

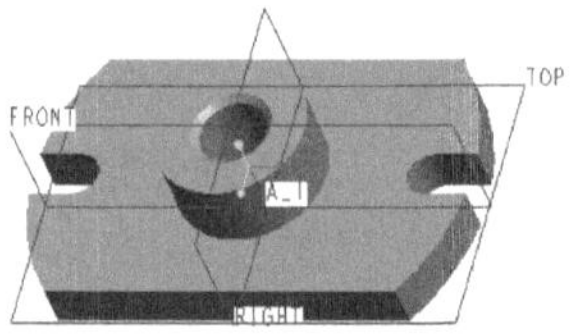

图3-52 原始素材模型

Step 02 创建基准平面。

单击“基准平面工具”按钮，打开“基准平面”对话框，选择 TOP 基准平面，输入平移距离为“50”，如图 3-53 所示，单击“确定”按钮，创建基准平面 DTM1。

Step 03 草绘基准点（几何点）。

在右工具箱中单击“草绘工具”按钮，打开“草绘”对话框，以 DTM1 基准平面作为草绘平面，以 RIGHT 基准平面作为“右”方向参照，单击“草绘”按钮，进入草绘模式。

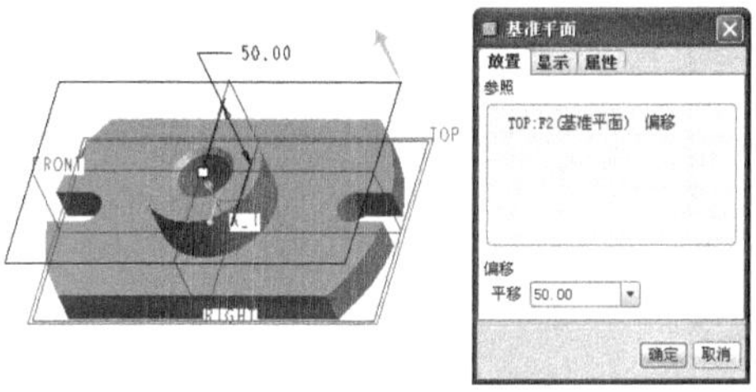

图3-53 创建基准平面DTM1

单击“几何点”按钮，绘制图 3-54（a）所示的 3 个基准点，绘制顺序为依次绘制点 1、点 2 和点 3，然后单击“完成”按钮。按【Ctrl+D】组合键以默认的标准方向视角显示模型，此时可看到完成创建的 3 个几何点如图 3-54（b）所示。

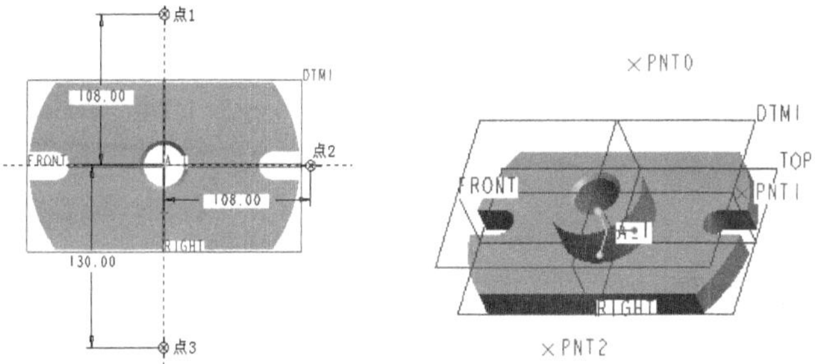

（a）草绘几何点　　（b）完成草绘后的显示效果

图3-54 草绘3个几何点

Step 04 创建基准点。

单击“基准点”按钮，打开“基准点”对话框。在 RIGHT 基准平面的显示轮廓边上单击，如图 3-55 所示；接着分别单击并拖动其中的偏移控制图柄捕捉到 DTM1 基准平面和 FRONT 基准平面，并设置其相应的偏移距离分别为“20”和“67”，如图 3-56 所示；单击“确定”按钮，从而完成该基准点的创建。

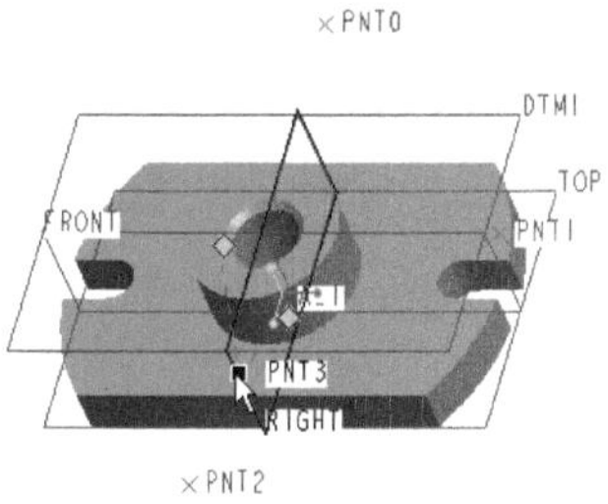

图3-55 指定放置参照

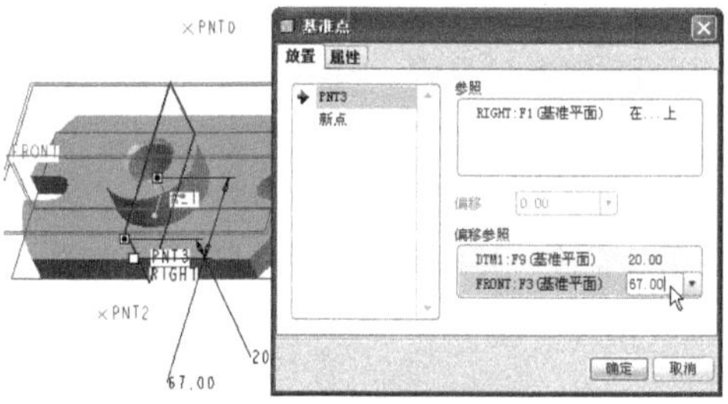

图3-56 创建基准点

Step 05 创建基准曲线。

单击“基准曲线”按钮，系统弹出菜单管理器，接着从菜单管理器的“曲线选项”菜单中选择“通过点”>“完成”选项，系统打开图 3-57 所示的“曲线：通过点”对话框和“连结类型”菜单。

保持默认的连结类型选项，在模型窗口中依次单击 PNT0、PNT1 和 PNT2 基准点，如图 3-58 所示。然后在“连结类型”菜单中选择“完成”选项。

在“曲线:通过点”对话框中选择“相切”元素选项，单击“定义”按钮。弹出“定义相切”菜单，从中选择“起始”>“曲面”选项，勾选“法向”复选框，如图 3-59 所示；接着选择 RIGHT 基准平面，在菜单管理器出现的“方向”菜单中选择“确定”选项。

选择“终止”>“曲面”选项，并勾选“法向”复选框，在模型中选择 RIGHT 基准平面，然后在菜单管理器出现的图 3-60 所示的“方向”菜单中选择“反向”选项，然后选择“确定”选项。

图3-57　“曲线：通过点”对话框和“连结类型”菜单

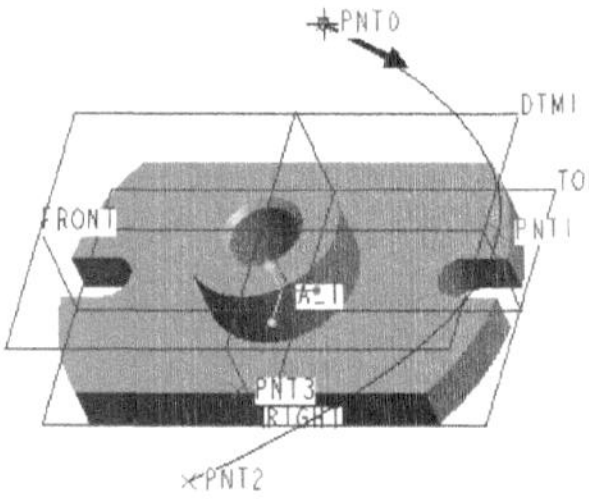

图3-58　指定通过点

图3-59　选择定义相切选项

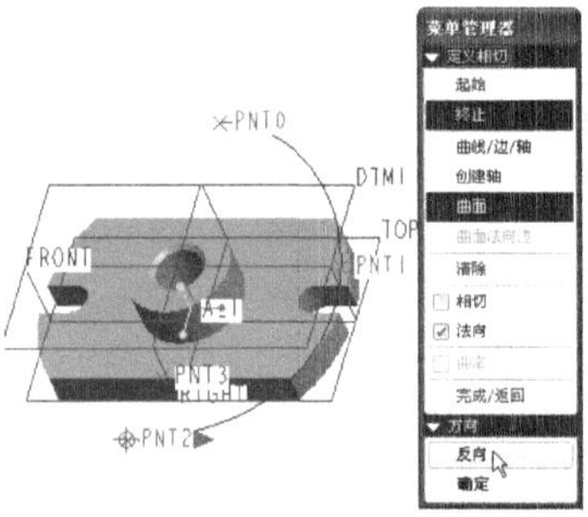

图3-60　定义终止点处的相切条件

在菜单管理器中选择“完成/返回”选项，在“曲线：通过点”对话框中单击“确定”按钮，创建的基准曲线如图 3-61 所示。

Step 06 草绘基准曲线。

单击“草绘工具”按钮，系统打开“草绘”对话框；选择 RIGHT 基准平面作为草绘平面，以 TOP 基准平面为“左”方向参照，单击“草绘”按钮，进入草绘模式。

在草绘窗口中绘制图 3-62 所示的圆弧，注意单击“重合”按钮，将圆弧的右上端点设置与 PNT0 基准点重合约束。

单击“完成”按钮，完成创建的曲线如图 3-63 所示。

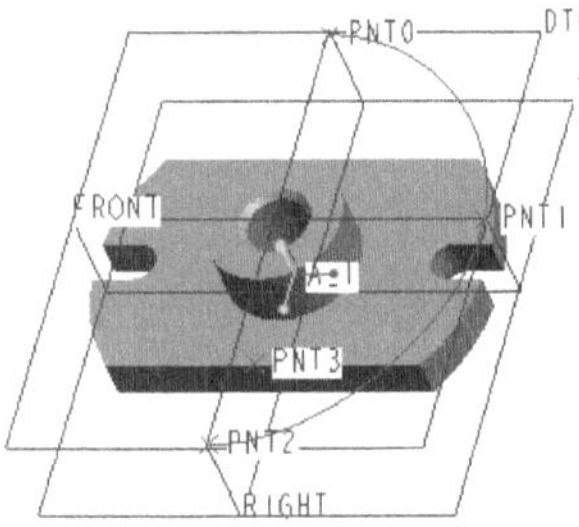

图3-61　创建的基准曲线

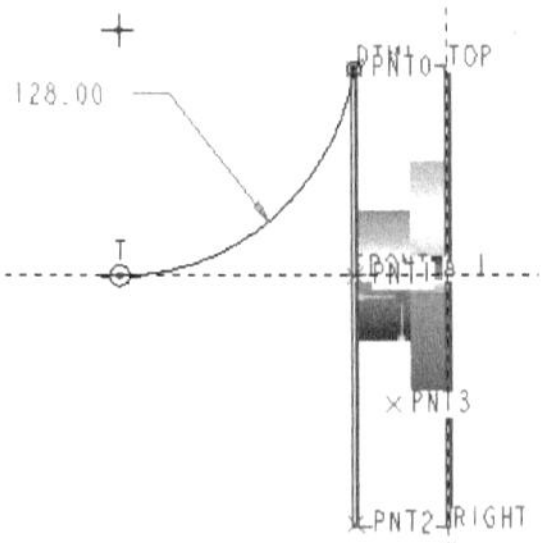

图3-62　草绘圆弧图

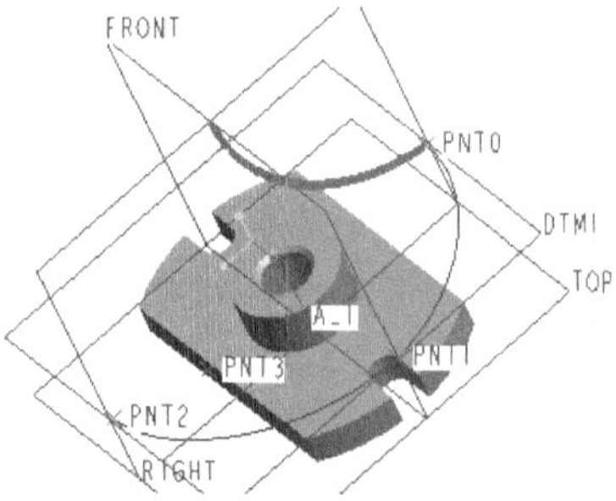

3-63　创建曲线

Step 07 创建基准轴。

单击“基准轴”按钮，打开“基准轴”对话框。选择 PNT2 基准点，按住【Ctrl】键选择

PNT3 基准点，如图 3-64 所示。在“基准轴”对话框中单击“确定”按钮。

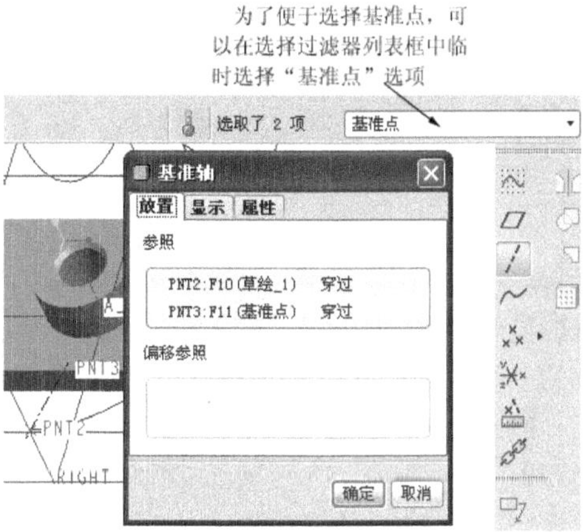

图3-64 由两点创建基准轴

Step 08 继续创建基准轴。

使刚创建的基准轴没有处于被选中的状态，单击“基准轴”按钮，打开“基准轴”对话框。在图 3-65 所示的 TOP 基准平面的显示轮廓边上单击以指定放置参照。

在“基准轴”对话框的“放置”选项卡上，单击“偏移参照”收集器框将其激活，然后结合【Ctrl】键分别选择 FRONT 基准平面和 RIGHT 基准平面作为偏移参照，并分别设置其相应的偏移距离，如图 3-66 所示。最后在“基准轴”对话框中单击“确定”按钮。

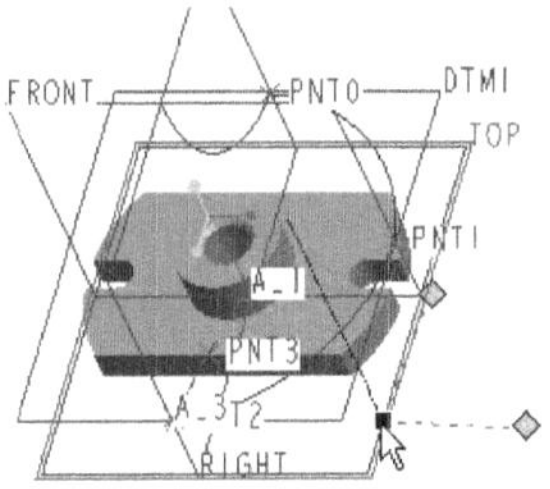

图3-65 指定放置参照

图3-66 定义偏移参照

创建的新基准轴如图 3-67 所示。

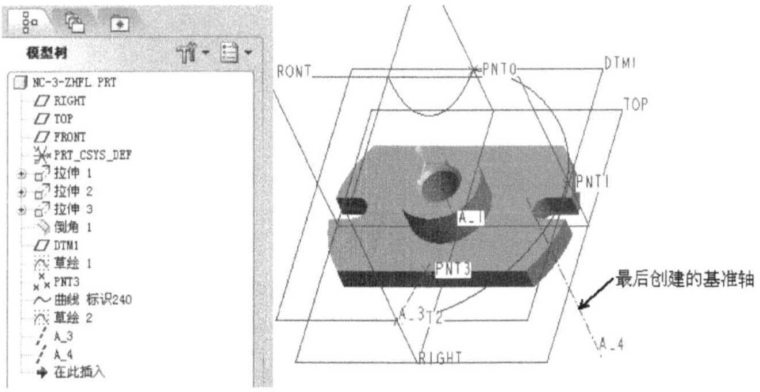

图3-67 最后完成的基准轴

案例总结

本综合案例介绍了几种常见基准特征（基准平面、基准点、基准曲线和基准轴等）的创建步骤，这有助于读者深刻掌握基准特征的一般创建方法和步骤。在实际工作中，三维建模离不开基准特征的应用，即基准特征可以用作三维建模的定位参照、零部件的装配约束参照等。

3.8 思考与上机练习

1. 简答题

(1) 基准特征主要包括哪些特征？通常基准特征主要用于哪些方面？

(2) 如何进行基准特征的显示设置？

(3) 简述创建基准平面的一般方法，并总结可以使用哪些参照组合来快速创建基准平面。

(4) 简述创建基准轴的一般方法，并总结可以使用哪些参照组合来快速创建基准轴。

(5) 基准点分哪几种类型？

(6) 可以采用哪些工具或命令创建基准曲线？

(7) 常见基准坐标系有哪几种？分别采用什么参数？

2. 上机练习题

在 TOP 基准平面上绘制图 3-68 所示的曲线，然后在曲线链的两端各创建一个基准点。

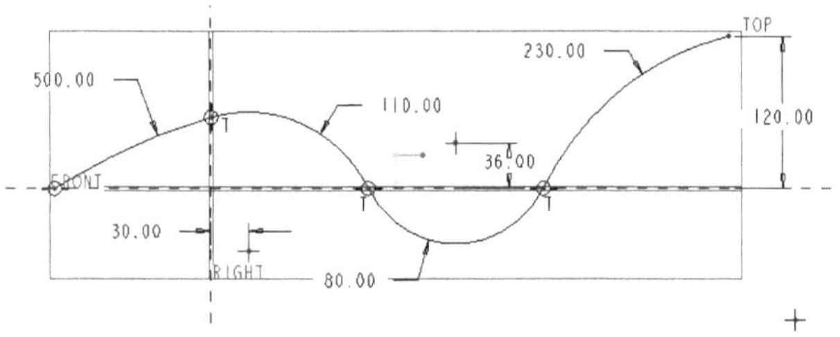

图3-68　绘制曲线

最后，通过基准点 PNT0 和 PNT1 建立一根基准轴，完成的效果如图 3-69 所示。

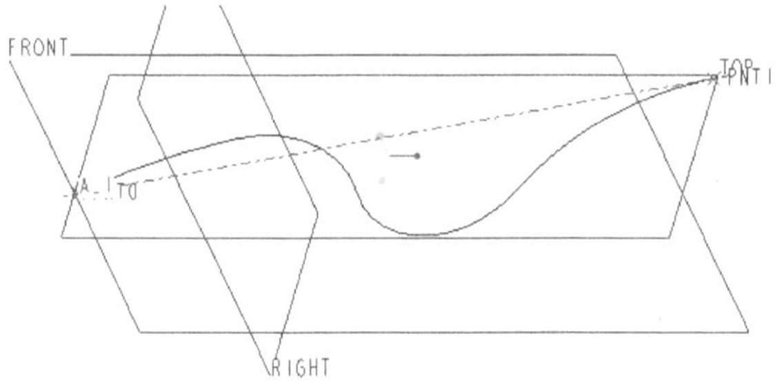

图3-69　建立基准轴

知识要点提示

先使用草绘工具绘制平面曲线，再使用“一般基准点”工具在曲线的两个端点处创建基准点，最后使用“基准轴”工具创建基准轴。

第4章 基础特征

本章导读

在 Pro/ENGINEER 中，基础特征包括拉伸特征、旋转特征、扫描特征、混合特征、可变截面扫描特征等，它们可由剖面通过指定的基础方式来生成。本章主要介绍常见基础特征（拉伸特征、旋转特征、扫描特征、混合特征和可变截面扫描特征）的创建方法及其步骤，并通过实战演练来巩固知识点。

学习目标

- 掌握拉伸特征、旋转特征、扫描特征和可变截面扫描特征的创建方法
- 了解什么是平行混合、旋转混合和一般混合
- 掌握混合特征的创建方法

4.1 拉伸特征

典型的拉伸特征是由二维剖面沿着剖面的法向方向拉伸而产生的特征，如图 4-1 所示。

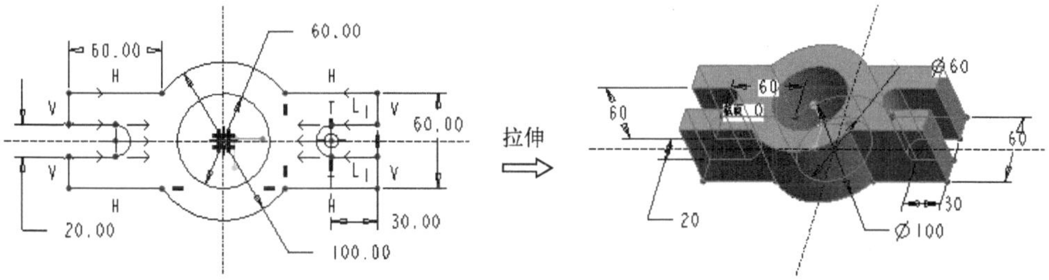

图4-1 创建拉伸特征

在右工具箱中单击“拉伸工具”按钮，或者从菜单栏中选择“插入”>“拉伸”命令，打开图 4-2 所示的拉伸工具操控板（也称拉伸仪表板）。

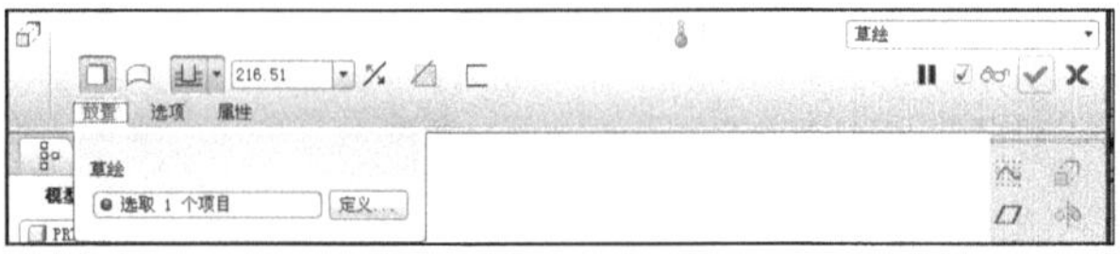

图4-2　拉伸工具操控板

拉伸工具操控板中的功能按钮和选项介绍如下。

①：拉伸为实体。

②：拉伸为曲面。

③：去除材料。

④：加厚草绘。

⑤：从草绘平面以指定的深度值拉伸。

⑥：在草绘平面的两侧各将剖面拉伸设定距离的一半。

⑦：将截面拉伸至下一曲面。

⑧：拉伸至与所有曲面相交，即穿透所有。

⑨：拉伸至与选定的曲面相交。

⑩：拉伸至选定的点、曲线、平面或曲面。

⑪“放置”滑出面板：此面板用来定义或编辑草绘截面。

⑫“选项”滑出面板：此面板主要用来确定第一方向和第二方向的深度选项和相应的拉伸深度，如图 4-3 所示。

⑬“属性”滑出面板：主要用来定义拉伸特征的名称以及查询其详细信息，如图 4-4 所示。在该滑出面板中单击“显示此特征的信息”按钮，可以打开 Pro/ENGINEER 浏览器查看该拉伸特征的详细信息。

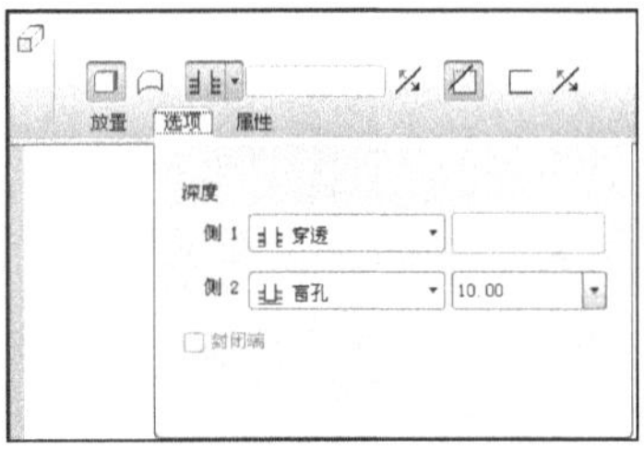

图4-3　“选项”滑出面板

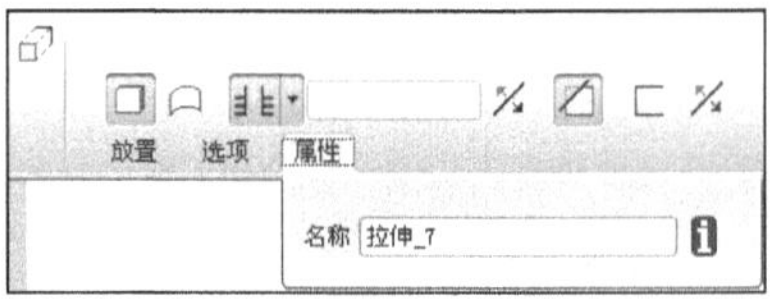

图4-4　“属性”滑出面板

下面以一个简单例子来介绍如何创建拉伸特征。

1．新建零件文件

（1）单击工具栏“创建新对象”按钮，打开“新建”对话框。

（2）在“新建”对话框中，在“类型”选项组中单击“零件”单选按钮；在“子类型”选项组中单击“实体”单选按钮；在“名称”文本框中输入文件名为“bcproe_4_1”，勾选“使用缺省模板”复选框以取消使用缺省模板，单击“确定”按钮。

（3）系统弹出“新文件选项”对话框，在“模板”选项组中选择“mmns_part_solid”，单击“确定”按钮，进入零件设计模式。新零件文件中存在着预定义的 3 个基准平面 RIGHT、TOP、FRONT 和一个基准坐标系 PRT_CSYS_DEF。

2．创建拉伸加厚特征

（1）在右工具箱中单击“拉伸工具”按钮，打开拉伸工具操控板。

（2）默认的拉伸工具操控板中的“实体”按钮处于被单击选中状态，单击“加厚草绘”按钮。

（3）选择“放置”选项，打开“放置”滑出面板，单击“定义”按钮，打开图 4-5 所示的“草绘”对话框。

（4）选择 TOP 基准平面作为草绘平面，默认以 RIGHT 基准平面为“右”方向参照，如图 4-6 所示，在“草绘”对话框中单击“草绘”按钮，进入草绘模式。

图4-5 “草绘”对话框

图4-6 定义草绘平面

（5）绘制图 4-7 所示的开放式的图形，单击“完成”按钮✓。

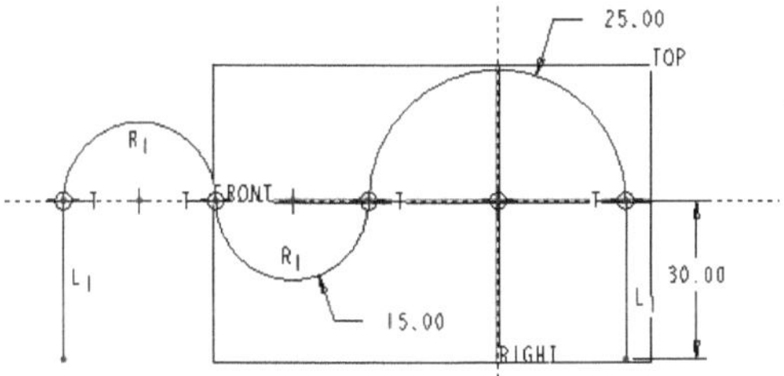

图4-7 草绘

（6）在拉伸工具操控板中输入加厚的厚度值为“5”，如图 4-8 所示，并单击最右侧的“在草绘的一侧、另一侧或两侧间更改拉伸方向，简称材料侧”按钮，使加厚材料侧方向朝外侧。

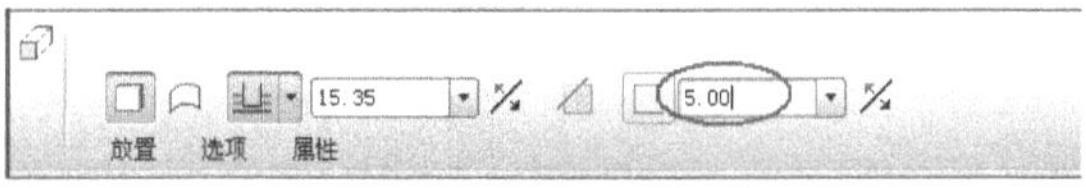

图4-8 输入厚度值

（7）输入拉伸的深度值为“80”。

（8）单击“完成”按钮。按【Ctrl+D】组合键以默认的标准方向显示模型，此时可以得到创建的拉伸加厚特征如图 4-9 所示。

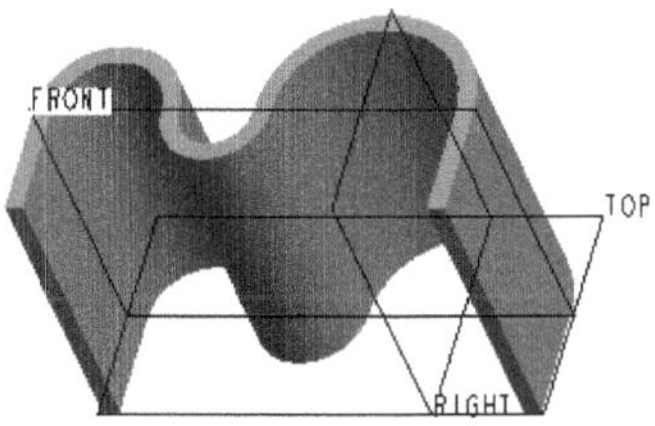

图4-9 创建的拉伸加厚特征

3．创建拉伸实体特征

（1）在右工具箱中单击“拉伸工具”按钮，打开拉伸工具操控板。

（2）默认的拉伸工具操控板中的“实体”按钮处于被单击选中状态。

（3）选择“放置”选项，打开“放置”滑出面板，在该滑出面板中单击“定义”按钮，打开“草绘”对话框。

（4）在“草绘”对话框中单击“使用先前的”按钮，进入草绘模式。

（5）绘制图 4-10 所示的封闭图形，单击“完成”按钮✔。

（6）在拉伸操控板中输入拉伸的深度为“5”。

（7）单击“完成”按钮，按【Ctrl+D】组合键以默认的标准方向显示模型，效果如图 4-11 所示。

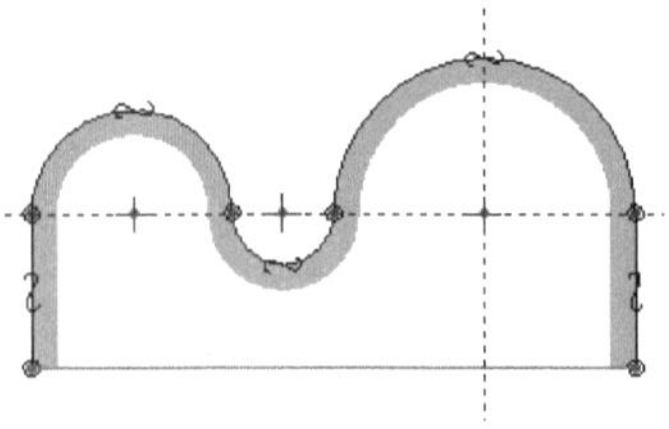

图4-10　草绘

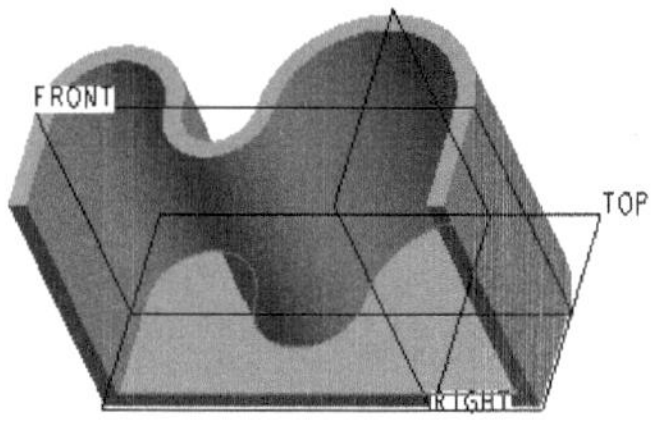

图4-11　创建拉伸特征

4．**以拉伸的方式切除材料**

（1）在右工具箱中单击“拉伸工具”按钮，打开拉伸工具操控板。

（2）默认的拉伸工具操控板中的“实体”按钮处于被单击选中状态，单击“去除材料”按钮。

（3）选择“放置”选项，打开“放置”滑出面板，在“放置”滑出面板中单击“定义”按钮，打开“草绘”对话框。

（4）在“草绘”对话框中单击“使用先前的”按钮，进入草绘模式。

（5）单击“同心圆”按钮◎绘制图 4-12 所示的圆，单击“完成”按钮✔。

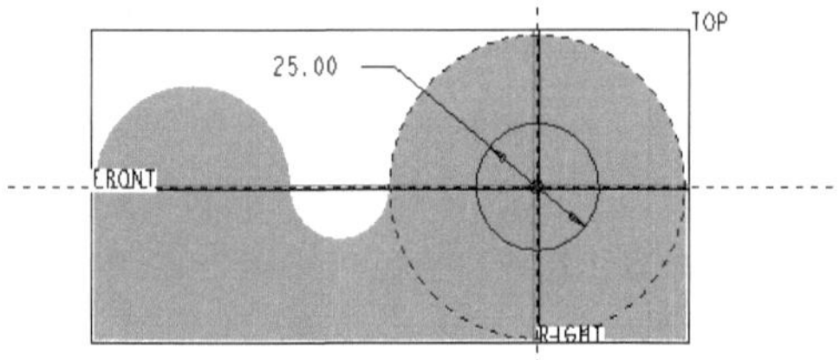

图4-12　草绘

（6）在拉伸工具操控板中单击左侧第一个的“将拉伸的深度方向更改为草绘的另一侧，简称深度方向”按钮，并从深度选项列表框中选择（穿透），此时按【Ctrl+D】组合键以默认的标准方向显示模型，可以得到模型显示如图 4-13 所示。

（7）单击“完成”按钮，完成效果如图 4-14 所示。

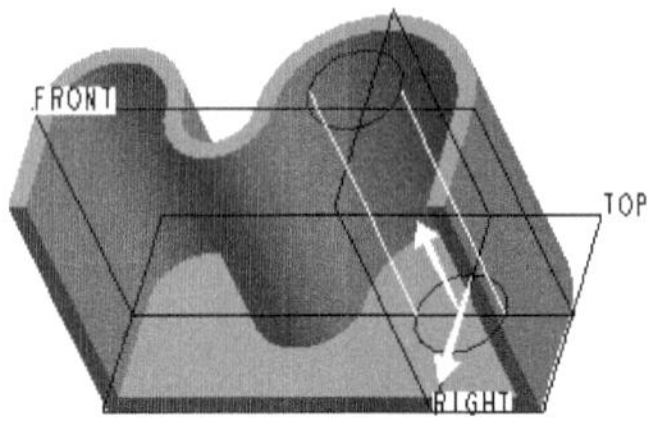

图4-13　设置箭头方向

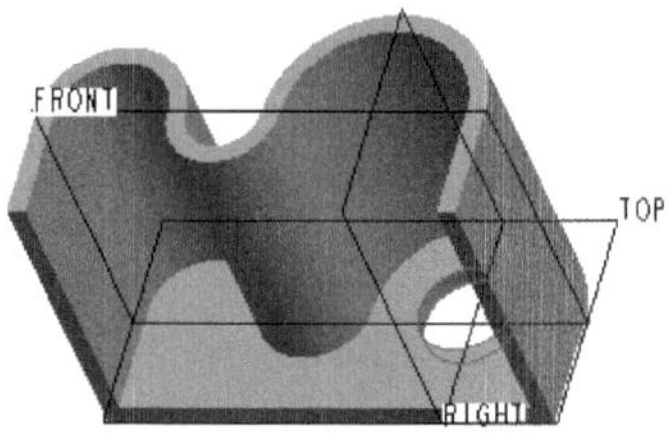

图4-14　完成的实体模型

4.2　旋转特征

创建旋转特征，需要绘制旋转图形和一根作为旋转轴的几何中心线。当绘制旋转剖面时，绘制了两条几何中心线，那么绘制的第 1 条几何中心线将默认为旋转轴。旋转剖面位于旋转中心线的同一侧。将图形绕旋转中心线旋转一定的角度，便可以建造一个旋转特征，如图 4-15 所示。

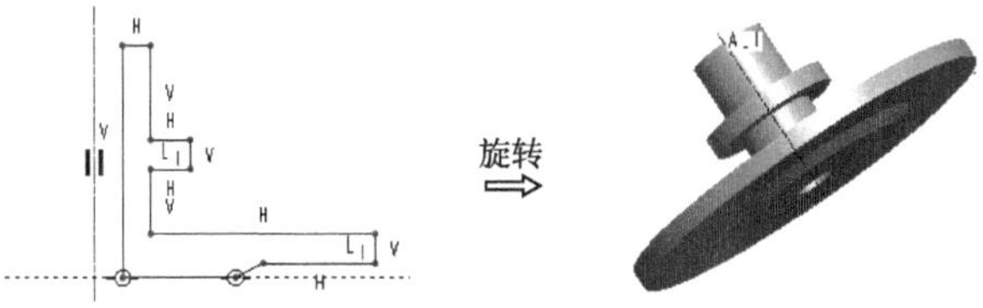

图4-15　创建旋转特征

技巧

用户也可以在草图中指定其他参照中心线作为旋转轴，其方法是在草图中选择要作为旋转轴的中心线，接着在菜单栏中选择“草绘”>“特征工具”>“旋转轴”命令即可。

在右工具箱中单击“旋转工具”按钮，或者从菜单栏中选择“插入”>“旋转”命令，打开图 4-16 所示的旋转工具操控板（也称旋转仪表板）。

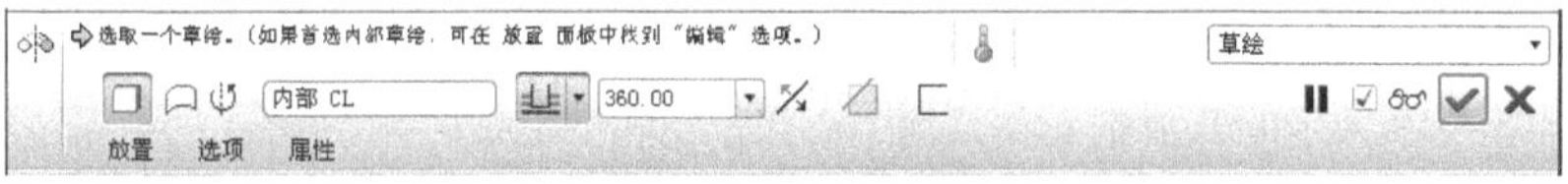

图4-16　旋转工具操控板

创建旋转特征的方法及其步骤与创建拉伸特征基本相同，下面以一个简单例子来说明如何创建旋转特征。

1．**新建零件文件**

（1）单击菜单栏“创建新对象”按钮，打开“新建”对话框。

（2）在“新建”对话框的“类型”选项组中单击“零件”单选按钮；在“子类型”选项组中单击“实体”单选按钮；在“名称”文本框中输入文件名为“bcproe_4_2”，勾选“使用缺省模板”复选框以取消使用缺省模板，然后单击“确定”按钮。

（3）弹出“新文件选项”对话框，在“模板”选项组中选择“mmns_part_solid”，单击“确定”按钮，进入零件设计模式。新零件文件中存在着预定义的 3 个基准平面 RIGHT、TOP、FRONT 和一个基准坐标系 PRT_CSYS_DEF。

2．**创建旋转实体**

（1）在右工具箱中单击“旋转工具”按钮，打开旋转工具操控板。

（2）单击“放置”选项，进入“放置”滑出面板，单击“定义”按钮，打开“草绘”对话框。

（3）选择 TOP 基准平面为草绘平面，默认以 RIGHT 基准平面为“右”方向参照，单击“草绘”按钮。

（4）绘制图 4-17 所示的封闭图形，注意务必单击“几何中心线”按钮绘制一条水平的中心

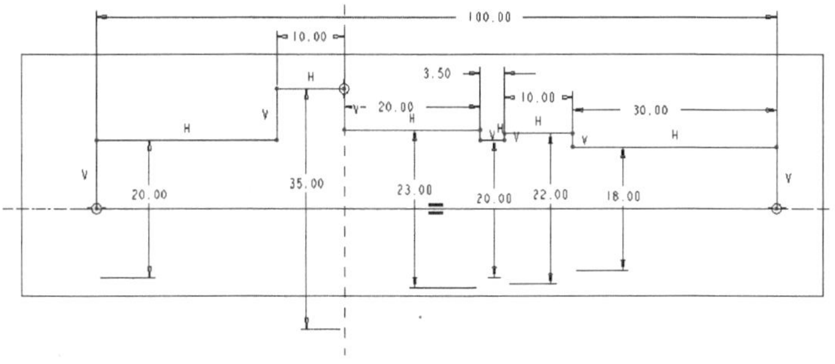

图4-17　草绘

线来作为旋转轴，单击“完成”按钮。

（5）保持默认的旋转角度为“360°”。

（6）在旋转工具操控板中，单击“完成”按钮，完成的旋转特征如图 4-18 所示。

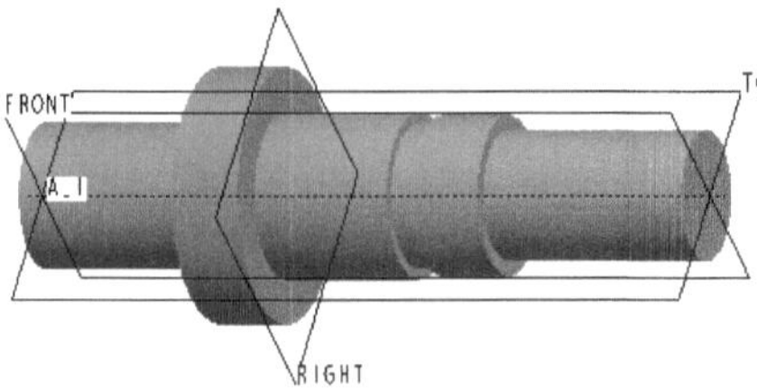

图4-18　创建的旋转实体

3．**以旋转的方式切除材料**

（1）在右工具箱中单击“旋转工具”按钮，打开旋转工具操控板。

（2）默认的旋转操控板中的“实体”按钮处于被单击选中状态，单击“去除材料”按钮。

（3）单击“放置”选项，进入“放置”滑出面板，单击“定义”按钮，打开“草绘”对话框。

（4）单击“草绘”对话框中的“使用先前的”按钮，进入草绘模式。

（5）绘制图 4-19 所示的开放剖面和几何中心线，单击“完成”按钮。

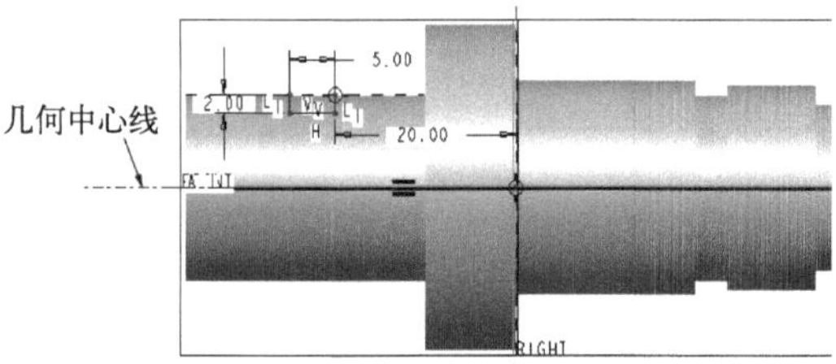

图4-19　草绘

（6）保持默认的旋转角度为“360°”。

（7）在旋转工具操控板中单击“完成”按钮，完成旋转切除操作得到的模型效果如图 4-20 所示。

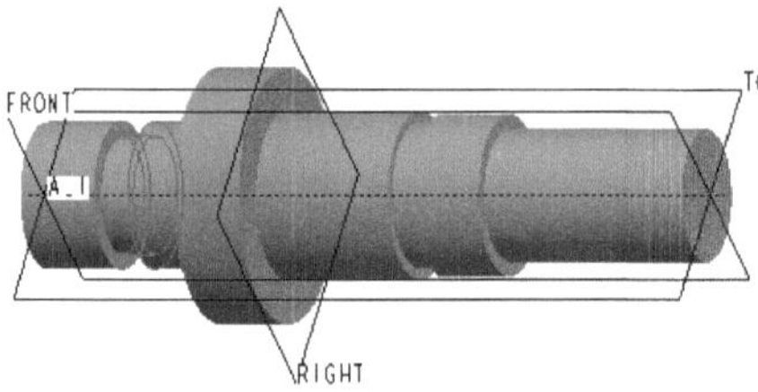

图4-20　旋转切除材料

4.3　扫描特征

创建扫描特征通常需要定义一个扫描剖面和一条扫描轨迹线。下面通过一个简单例子介绍扫描特征的创建方法和过程。

1．**新建零件文件**

（1）单击工具栏“创建新对象”按钮，打开“新建”对话框。

（2）在“新建”对话框的“类型”选项组中单击“零件”单选按钮；在“子类型”选项组中单

击“实体”单选按钮；在“名称”文本框中输入文件名为“bcproe_4_3”，勾选“使用缺省模板”复选框以取消使用缺省模板，单击“确定”按钮。

（3）弹出“新文件选项”对话框，在“模板”选项组中选择“mmns_part_solid”，单击“确定”按钮，进入零件设计模式。

2. **创建扫描特征**

（1）在菜单栏中选择“插入”>“扫描”>“伸出项”命令，打开图 4-21 所示的“伸出项：扫描”对话框和“扫描轨迹”菜单。

（2）在“扫描轨迹”菜单中选择“草绘轨迹”选项。

（3）选择 TOP 基准平面作为草绘平面，并在菜单管理器出现的菜单中选择“确定”>“缺省”选项，进入草绘模式。

（4）绘制图 4-22 所示的轨迹线，单击“完成”按钮✔。

图4-21　弹出的对话框和菜单管理器

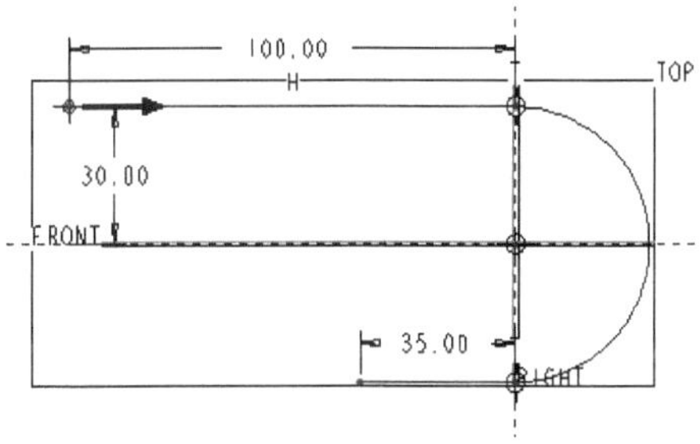

图4-22　绘制扫描轨迹线

（5）绘制图 4-23 所示的扫描剖面，单击“完成”按钮✔。

（6）单击“伸出项：扫描”对话框中的“确定”按钮，创建的扫描特征如图 4-24 所示。

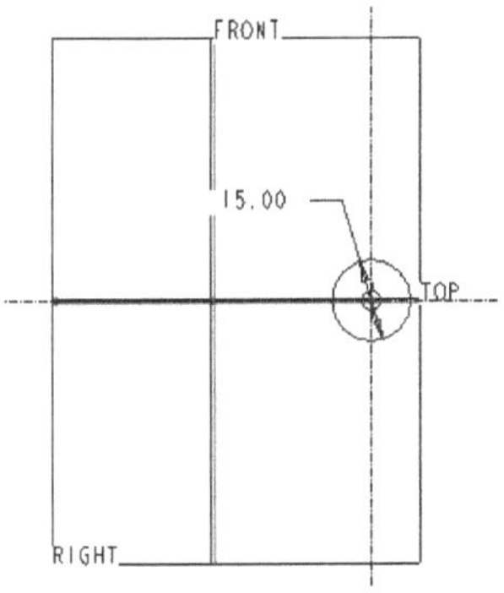

图4-23　扫描剖面

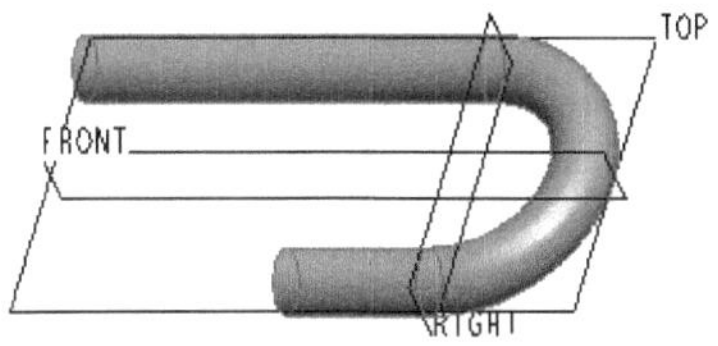

图4-24　创建扫描特征

4.4　混合特征

一个混合特征至少由一系列的、至少两个平行截面组成，Pro/ENGINEER 将这些平面在其边处用过渡曲面连接形成一个连续特征。混合类型主要包括如下 3 种。

①“平行”混合：所有混合截面都位于截面草绘中的多个平行平面上。

②“旋转”混合：混合截面绕 Y 轴旋转，最大角度可达 120°。每个截面都单独草绘并用截面坐标系对齐。

③“一般”混合：一般混合截面可绕 X 轴、Y 轴和 Z 轴旋转，也可以沿这 3 个轴平移。每个截面都单独草绘，并用截面坐标系对齐。

4.4.1 平行混合

在创建平行混合特征的过程中，当绘制好一个剖面后，需要执行“草绘”>“特征工具”>“切换剖面”命令，才可以绘制另一个剖面。一般情况下，各剖面的图元数应该保持相等。对于没有足够几何图元的截面，可以添加混合顶点，每个混合顶点给截面添加一个图元。允许在帽状平行混合特征中，其第一个截面或最后一个截面只由一个点构成。

下面通过简单范例来辅助说明平行混合特征的创建过程。

（1）新建一个名为“bcproe_4_4”的零件文件，采用“mmns_part_solid”模板。

（2）在菜单栏中选择“插入”>“混合”>“伸出项”命令，打开图 4-25 所示的“混合选项”菜单。

（3）在菜单管理器的“混合选项”菜单中选择“平行”>“规则截面”>“草绘截面”>“完成”选项，打开图 4-26 所示的对话框和菜单。

图4-25 “混合选项”菜单

图4-26 弹出的对话框和菜单

（4）在菜单管理器的“属性”菜单中选择“直”>“完成”选项。

（5）选择 TOP 基准平面作为草绘平面，在菜单管理器出现的菜单中选择“确定（正向）”>“缺省”选项，进入草绘模式。

（6）绘制图 4-27 所示的第一个剖面。

（7）在菜单栏中选择“草绘”>“特征工具”>“切换剖面”命令。

（8）绘制第二个剖面，如图 4-28 所示，注意起点位置。

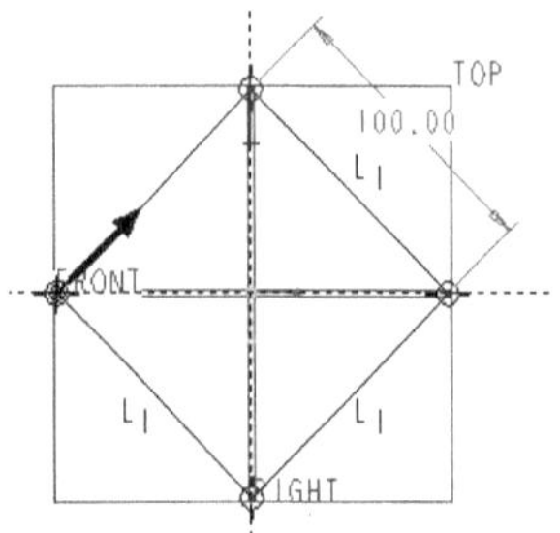

图4-27 绘制第一个剖面

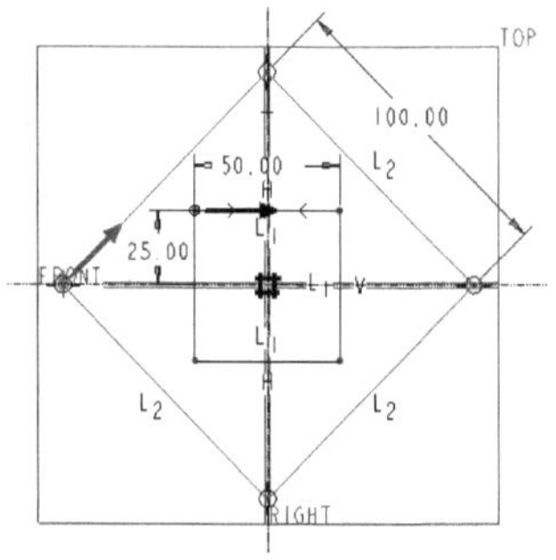

图4-28 绘制第二个剖面

（9）单击“完成”按钮，完成剖面的绘制，退出草绘器。

（10）在菜单管理器出现的“深度”菜单中选择“盲孔”>“完成”选项，接着在出现的尺寸框中输入深度为 50，如图 4-29 所示，然后单击“接受”按钮。

图4-29　输入两截面之间的距离

（11）在对话框中单击“确定”按钮，完成该平行混合特征的创建。按【Ctrl+D】组合键以默认的标准方向显示模型，实体模型效果如图 4-30 所示。

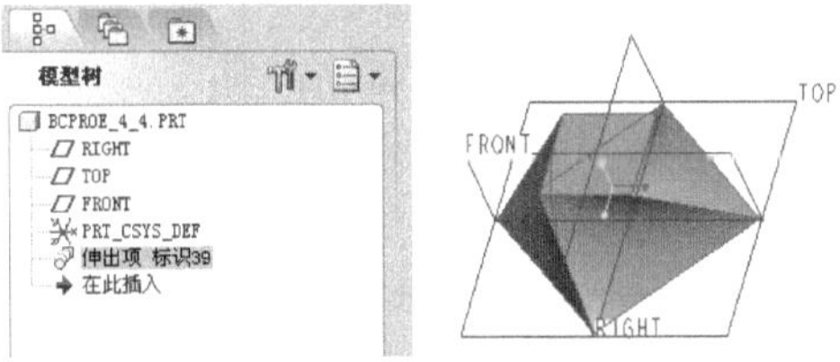

图4-30　平行混合特征

经验

在绘制各个平行混合剖面（截面）时，需要注意各个混合剖面的起始点。不同的起始点所产生的混合特征的形状也会不同。可以选择“草绘”>“特征工具”>“起始点”命令来改变混合剖面的起始点。

4.4.2　旋转混合

创建旋转混合特征，需要给截面设定绕 Y 轴的旋转角度，并且需要为各个截面定义一个单独的参照坐标系。

下面的例子具体介绍如何创建旋转混合。

（1）新建一个名为“bcproe_4_5”的实体零件文件，采用“mmns_part_solid”模板。

（2）在菜单栏中选择“插入”>“混合”>“伸出项”命令，打开一个菜单管理器。

（3）在菜单管理器的“混合选项”菜单中选择“旋转的”>“规则截面”>“草绘截面”>“完成”选项，如图 4-31 所示。

（4）在图 4-32 所示的“属性”菜单中选择“光滑”>“开放”>“完成”选项。

图4-31　选择“混合选项”

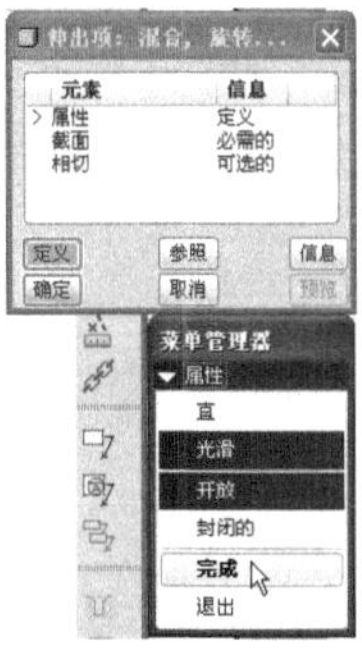

图4-32　弹出的对话框和“属性”菜单

（5）选择 TOP 基准平面作为草绘平面，并在菜单管理器出现的菜单中选择“确定（正向）”>“缺省”选项，进入草绘模式。

（6）单击“坐标系”按钮，在绘图区域绘制一个参照坐标系，然后单击“矩形”按钮，绘制一个矩形，如图 4-33 所示。

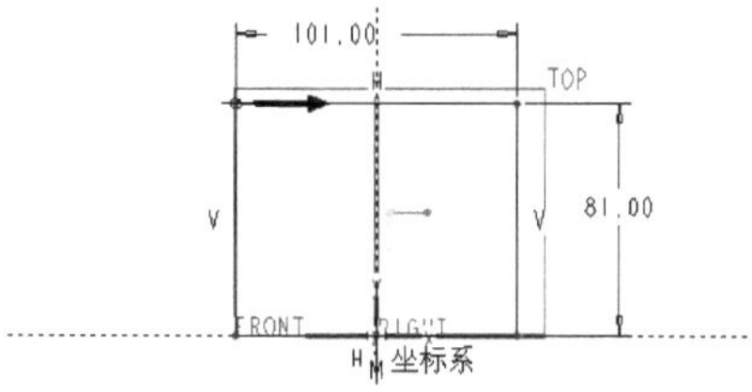

图4-33　草绘剖面1

（7）单击“完成”按钮，完成第一个剖面的创建。

（8）在图 4-34 所示的框中输入“45”，单击“接受”按钮。

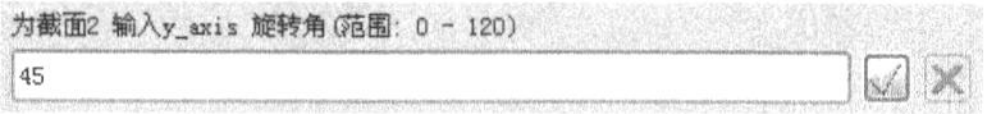

图4-34　输入旋转角度

（9）单击“坐标系”按钮，在绘图区域绘制一个参照坐标系，然后单击“矩形”按钮绘制一个矩形，如图 4-35 所示，注意剖面起始点位置。

（10）单击“完成”按钮，完成第二个剖面的创建。

（11）系统弹出图 4-36 所示的信息提示对话框，单击“是”按钮。

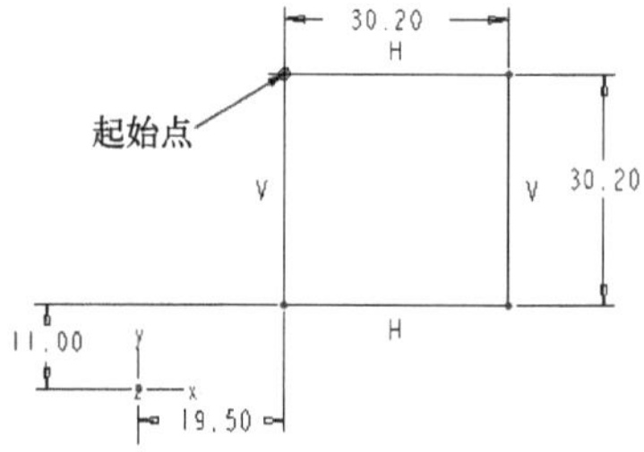

图4-35　草绘剖面2

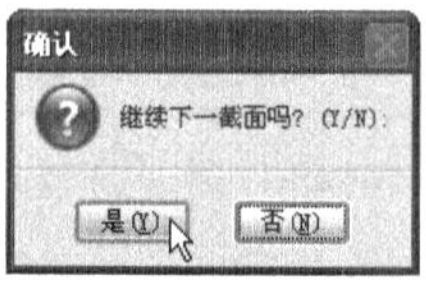

图4-36　信息提示对话框

（12）在图 4-37 所示的框中输入截面 3 绕 Y 轴的旋转角度，单击“接受”按钮。

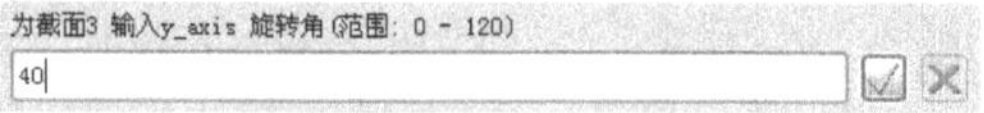

图4-37　指定剖面3绕Y轴的旋转角度为“40”

（13）单击“坐标系”按钮在绘图区域绘制一个参照坐标系，然后单击“矩形”按钮绘制一个矩形，如图 4-38 所示。

（14）单击“完成”按钮，完成第三个剖面的创建。

（15）在弹出的图 4-39 所示的信息提示对话框中单击“否”按钮。

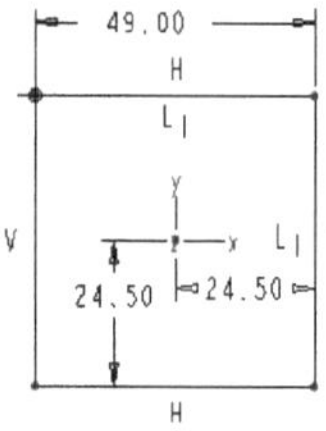

图4-38　草绘剖面3

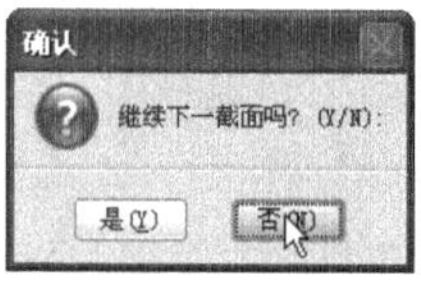

图4-39　信息提示对话框

（16）在图 4-40 所示的对话框中，单击“确定”按钮，创建的旋转混合特征如图 4-41 所示。

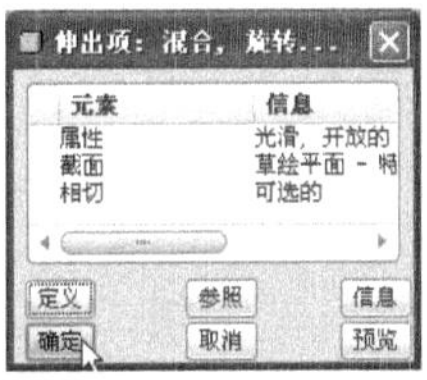

图4-40 “伸出项”对话框

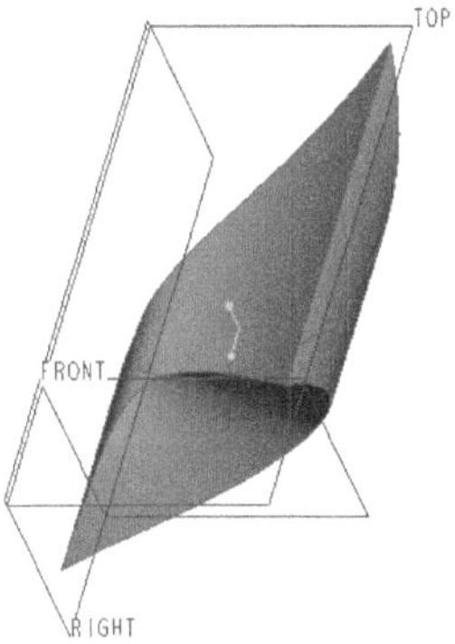

图4-41 创建的旋转混合特征

4.4.3 一般混合

灵活使用“一般混合”方式，可以创建一些平行混合和旋转混合无法完成的复杂混合特征。这里所指的一般混合，需要定义截面绕参照坐标系的 X、Y、Z 轴的旋转角度等，下面的例子具体介绍创建一般混合的方法。

（1）新建一个名为“bcproe_4_6”的实体零件文件，采用“mmns_part_solid”模板。

（2）在菜单栏中选择“插入”>“混合”>“伸出项”命令，打开菜单管理器。

（3）在菜单管理器的“混合选项”菜单中选择“一般”>“规则截面”>“草绘截面”>“完成”选项。

（4）在菜单管理器出现的“属性”菜单中选择“光滑”>“完成”选项。

（5）选择 TOP 基准平面作为草绘平面，在菜单管理器中选择“确定（正向）”>“缺省”选项。

（6）绘制一个正三角形，并单击“坐标系”按钮，在正三角形的左端点处添加一个参考坐标系，如图 4-42 所示。

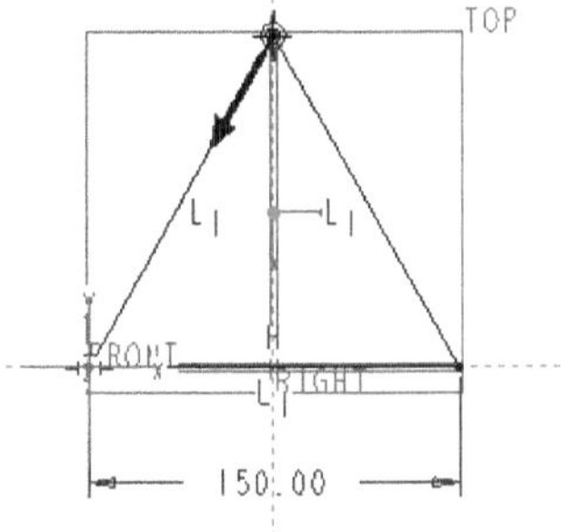

图4-42 混合截面1

（7）单击“完成”按钮，完成混合截面 1 的绘制。

（8）给截面 2 输入 x_axis 旋转角度为“30° ”，如图 4-43 所示，单击“接受”按钮。

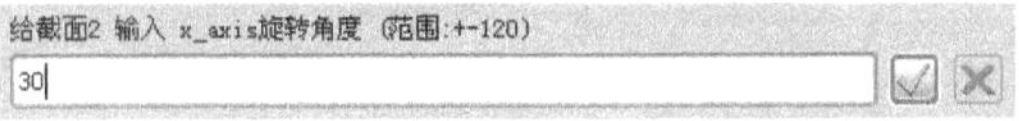

图4-43 给截面2输入x_axis旋转角度

（9）给截面 2 输入 y_axis 旋转角度为“45° ”，如图 4-44 所示，单击“接受”按钮。

（10）给截面 2 输入 z_axis 旋转角度为“0° ”，如图 4-45 所示，单击“接受”按钮。

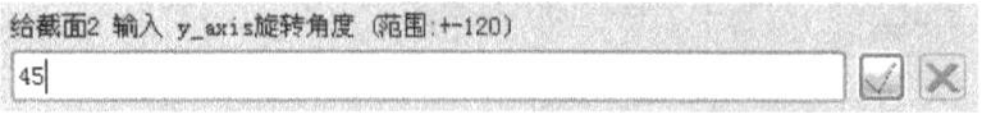

图4-44　给截面2输入y_axis旋转角度

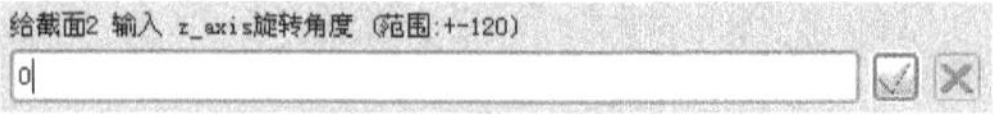

图4-45　给截面2输入z_axis旋转角度

（11）绘制一个正三角形，并单击“坐标系”按钮，在正三角形的左侧添加一个参考坐标系，如图 4-46 所示。

（12）单击“完成”按钮，完成截面 2。

（13）弹出图 4-47 所示的信息提示对话框，单击“是”按钮。

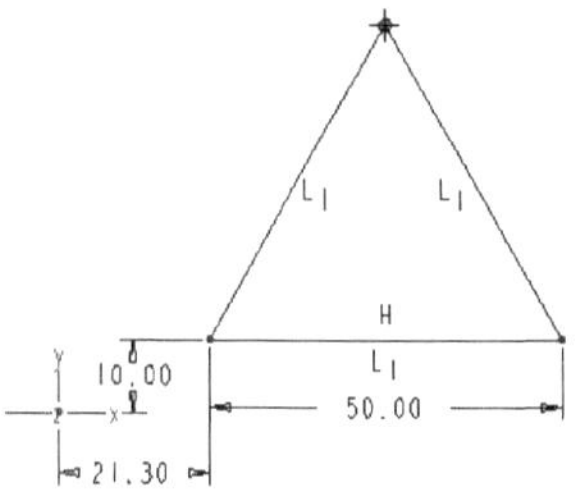

图4-46　绘制截面2

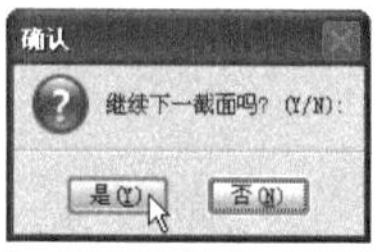

图4-47　信息提示对话框

（14）分别输入截面 3 关于 X 轴的旋转角度为“0”、关于 Y 轴的旋转角度为“45”、关于 Z 轴的旋转角度为“0”。

（15）绘制图 4-48 所示的剖面，并单击“坐标系”按钮，在剖面中添加一个坐标系。单击“完成”按钮。

（16）系统弹出图 4-49 所示的信息提示对话框，从中单击“否”按钮。

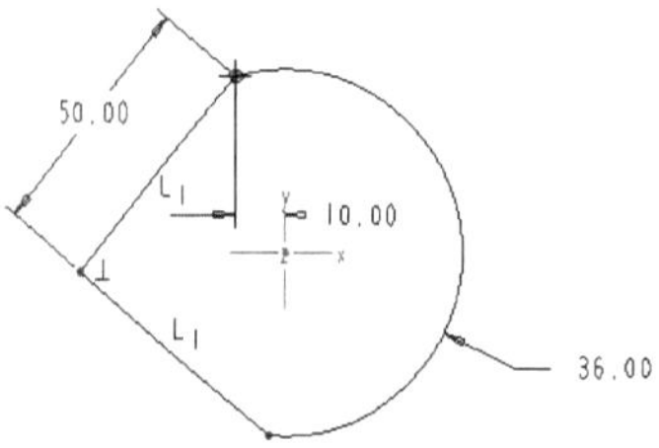

图4-48　绘制截面3

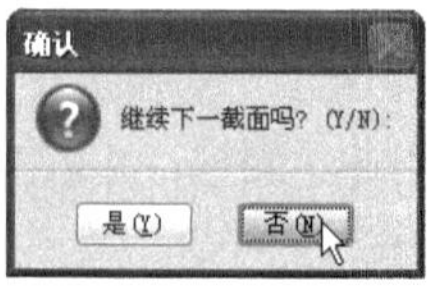

图4-49　信息提示对话框

（17）在图 4-50 所示的框中输入“180”，单击“接受”按钮。

（18）在图 4-51 所示的框中输入“208”，单击“接受”按钮。

图4-50　定义深度

图4-51　定义深度

（19）在“伸出项:混合，一般，草绘截面”对话框中单击“确定”按钮，完成创建的一般混合特征，如图 4-52 所示。

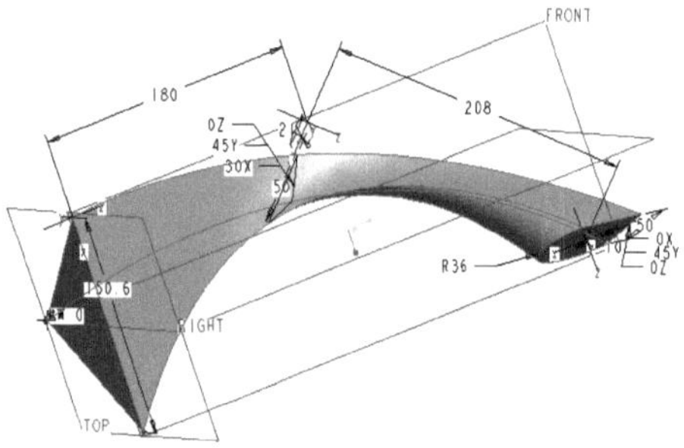

图4-52　创建的混合特征

4.5 可变截面扫描特征

利用系统提供的可变截面扫描工具可以创建一些复杂的特征，可以在沿一个或多个选定轨迹扫描剖面时通过控制剖面的方向、旋转和几何来添加或移除材料。

下面结合一个建造可变截面扫描特征的简单范例来进行介绍。

（1）新建一个名为“bcproe_4_7”的实体零件文件，采用“mmns_part_solid”模板。

（2）在右工具箱中单击“可变截面扫描工具”按钮，打开图 4-53 所示的可变截面扫描工具操控板。

图4-53 可变截面扫描工具操控板

（3）在操控板中单击“实体”按钮。

（4）在右工具箱中单击“草绘工具”按钮，打开图 4-54 所示的“草绘”对话框，选择 TOP 基准平面作为草绘平面，以 RIGHT 基准平面为“右”方向参照，单击“草绘”按钮。

（5）绘制图 4-55 所示的两条样条曲线，单击“完成”按钮。

图4-54 “草绘”对话框

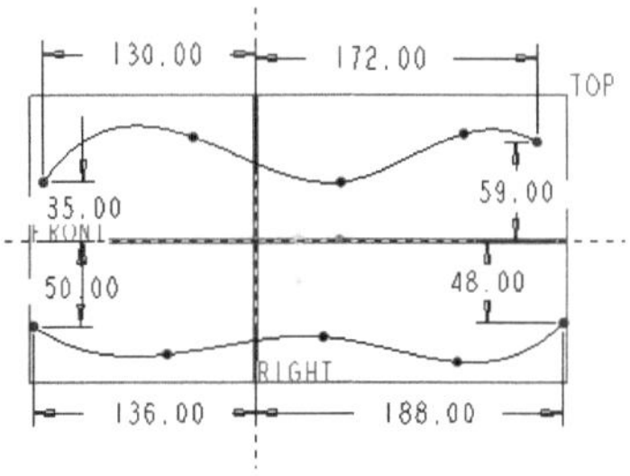

图4-55 草绘1

（6）按【Ctrl+D】组合键以默认的标准方向视角来显示，效果如图 4-56 所示。

（7）在右工具箱中单击“草绘工具”按钮，打开“草绘”对话框，选择 FRONT 基准平面作为草绘平面，以 RIGHT 基准平面为“右”方向参照，单击“草绘”对话框。

（8）绘制图 4-57 所示的圆弧，单击“完成”按钮。

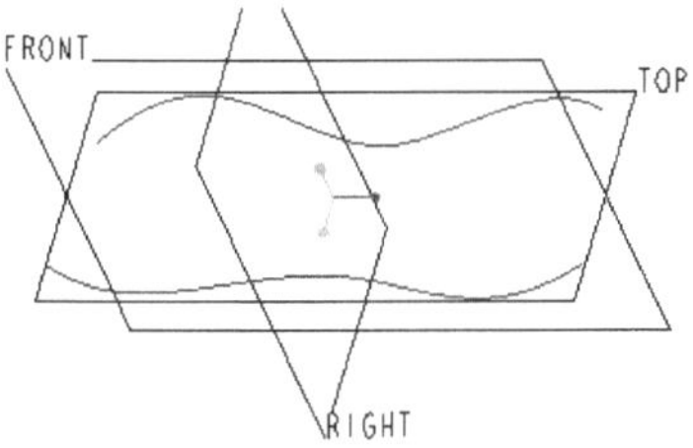

图4-56 创建的两条曲线

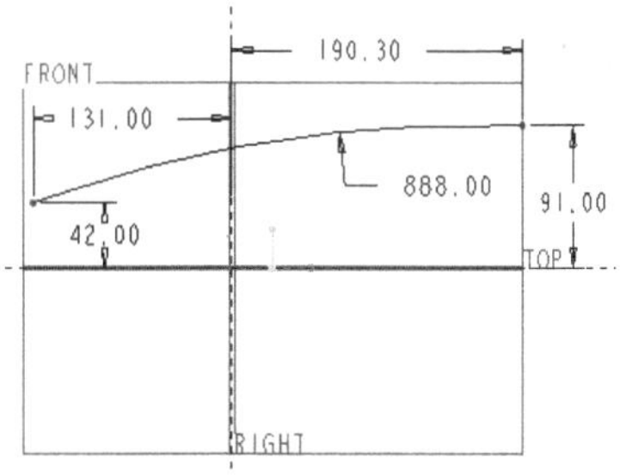

图4-57 草绘2

（9）在操控板中单击“退出暂停模式，继续使用此工具”按钮。

（10）刚创建的一条曲线自动处于被选中状态，按住【Ctrl】键单击选择另外两条曲线，如图 4-58 所示。

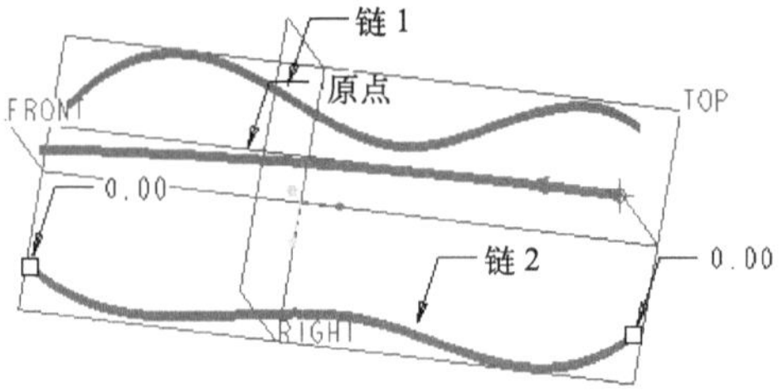

图4-58 选择曲线

提 示

选择的第一条曲线作为原点轨迹线，而其他曲线作为用来约束截面形状的辅助轨迹线，表述为链轨迹。

（11）在操控板中单击“创建或编辑剖面”按钮，进入草绘模式。

（12）单击“圆：三点”工具按钮绘制图 4-59 所示的圆，单击“完成”按钮。

（13）在操控板中单击“完成”按钮，创建的可变截面扫描特征如图 4-60 所示。

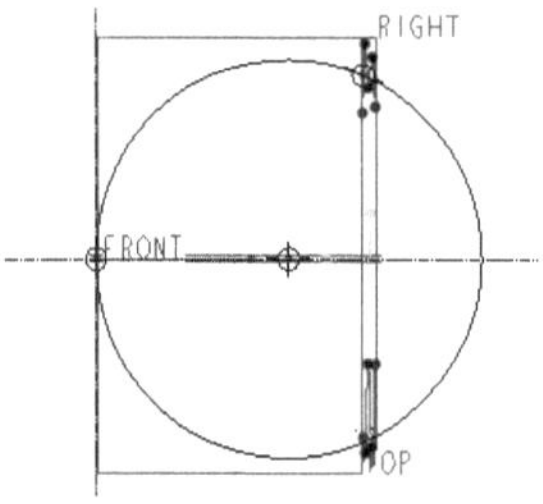

图4-59 草绘截面

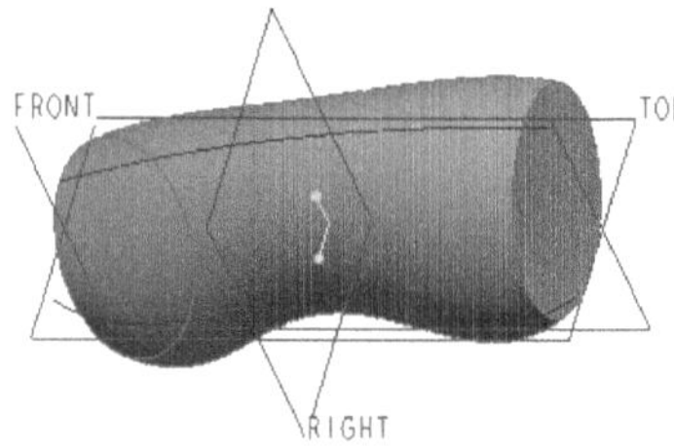

图4-60 创建可变截面扫描特征

4.6 实战综合案例——水杯设计

学习目的

练习应用特征创建工具包括旋转工具、拉伸工具、扫描工具和混合工具等。

重点难点

- 创建旋转特征、拉伸特征、扫描特征
- 创建混合切口特征

本章综合范例创建的三维实体模型是一款普通的水杯，其模型效果如图 4-61 所示。

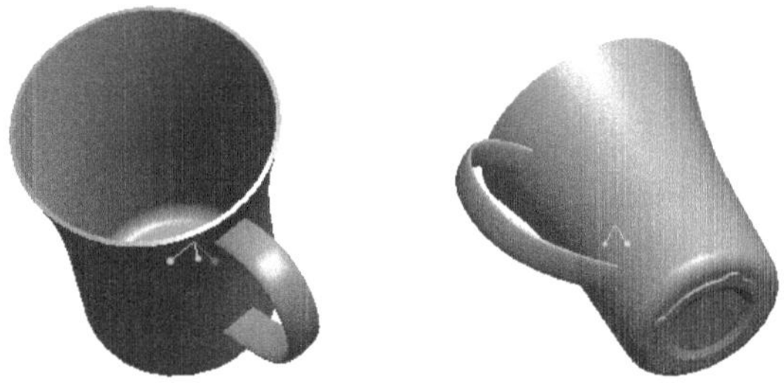

图4-61 普通水杯的三维实体模型

操作步骤

1. **新建零件文件**

Step 01 单击工具栏“创建新对象”按钮，打开“新建”对话框。

Step 02 在“新建”对话框的“类型”选项组中单击“零件”单选按钮；在“子类型”选项组中单击“实体”单选按钮；在“名称”文本框中输入文件名为“bcproe_4_8”，勾选“使用缺省模板”复选框以取消使用缺省模板，然后单击“确定”按钮。

Step 03 系统弹出“新文件选项”对话框，在“模板”选项组中选择“mmns_part_solid”，单击“确定”按钮，进入零件设计模式。

2. **创建旋转特征**

Step 01 在右工具箱中单击“旋转工具”按钮，打开旋转工具操控板。

Step 02 默认的旋转工具操控板中的“实体”按钮处于被单击选中状态，单击“加厚草绘”按钮。

Step 03 单击“放置”选项，进入“放置”滑出面板，单击“定义”按钮，打开“草绘”对话框。

Step 04 选择 RIGHT 基准平面为草绘平面，以 TOP 基准平面为“左”方向参照，单击“草绘”按钮。

Step 05 绘制图 4-62 所示的图形，注意要单击“几何中心线”按钮，在剖面中绘制一条垂直的中心线来作为旋转轴，单击“完成”按钮。

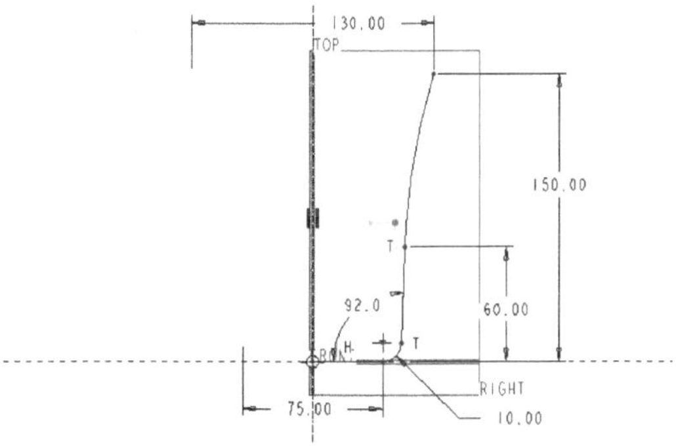

图4-62　草绘

Step 06 保持默认的旋转角度为“360°”。

Step 07 在旋转工具操控板中，输入加厚的厚度值为“2.5”。

Step 08 在旋转工具操控板中，单击“完成”按钮，完成的旋转特征如图 4-63 所示。

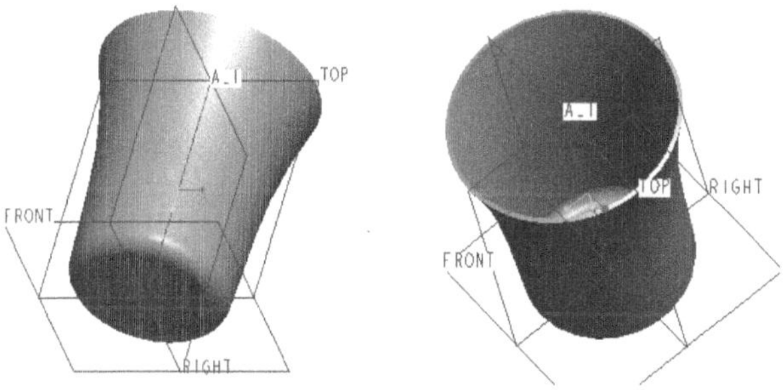

图4-63　创建的旋转特征

3. **创建拉伸特征**

Step 01 在右工具箱中单击“拉伸工具”按钮，打开拉伸工具操控板。

Step 02 默认的拉伸工具操控板中的“实体”按钮处于被单击选中状态。

Step 03 选择“放置”选项，进入“放置”滑出面板，单击“定义”按钮，打开“草绘”对话框。

Step 04 选择 FRONT 基准平面作为草绘平面，默认以 RIGHT 基准平面为“右”方向参照，单击“草绘”按钮，进入草绘模式。

Step 05 绘制图 4-64 所示的图形，单击“完成”按钮✔。

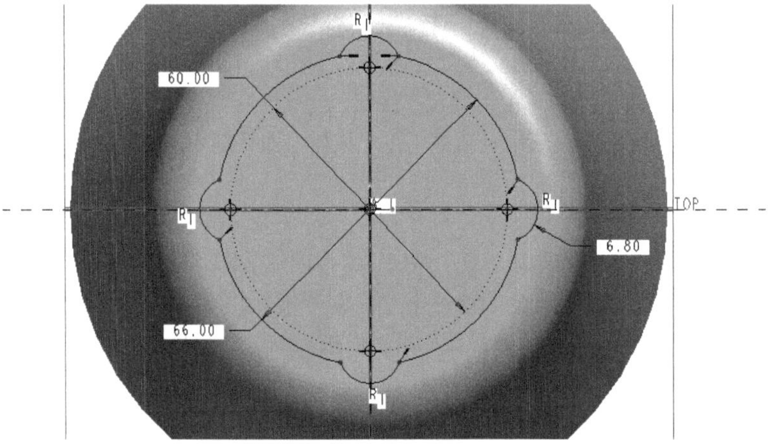

图4-64 草绘

Step 06 在拉伸操控板中输入拉伸的深度为“2”。

Step 07 单击“完成”按钮☑。按【Ctrl+D】组合键以默认的标准方向视角来显示模型，效果如图 4-65 所示。

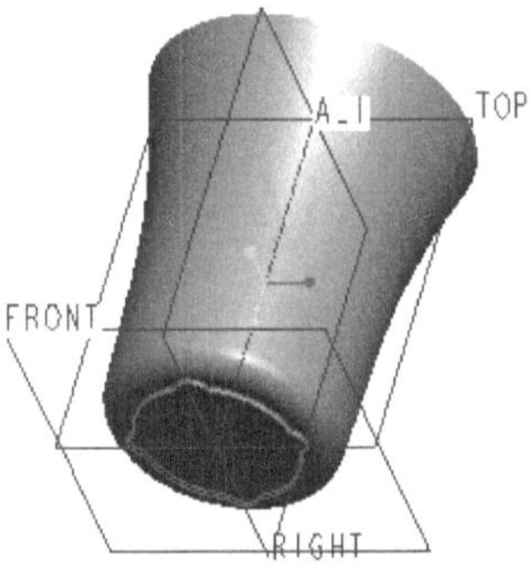

图4-65 在底部创建拉伸特征

4. **创建扫描特征**

Step 01 在菜单栏中选择“插入” > “扫描” > “伸出项”命令，打开“伸出项：扫描”对话框和菜单管理器。

Step 02 在菜单管理器的“扫描轨迹”菜单中选择“草绘轨迹”选项。

Step 03 选择 TOP 基准平面作为草绘平面，并在菜单管理器出现的菜单中选择“确定（正向）” > “缺省”选项，进入草绘模式。

Step 04 绘制图 4-66 所示的轨迹线条，单击“完成”按钮✔。

注意

需要使用“重合几何约束”按钮⊙将轨迹线的端点分别约束在杯子的外轮廓边上。

Step 05 在菜单管理器出现的图 4-67 所示的“属性”菜单中，选择“合并端”>“完成”选项。

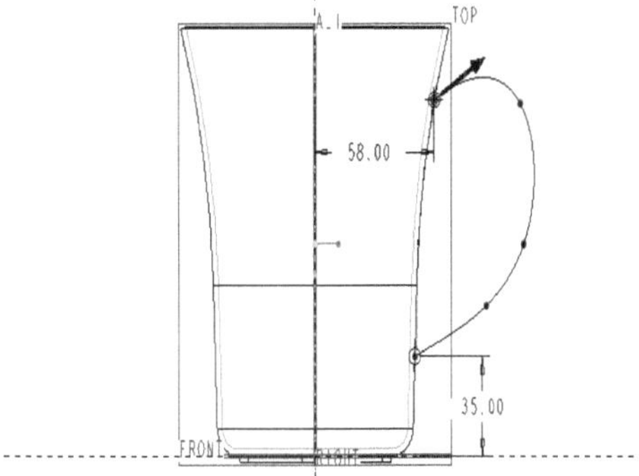

图4-66　绘制扫描轨迹线

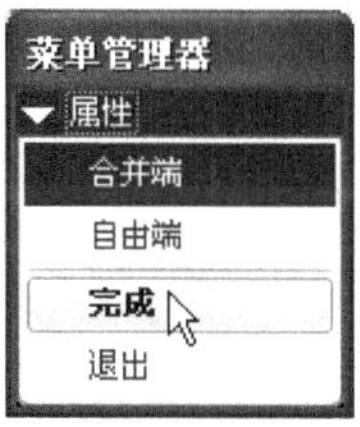

图4-67　定义属性

Step 06 绘制图 4-68 所示的扫描剖面，单击“完成”按钮✔。

Step 07 在“伸出项:扫描”对话框中单击“确定”按钮,完成创建的扫描特征将作为杯子的手柄，效果如图 4-69 所示。

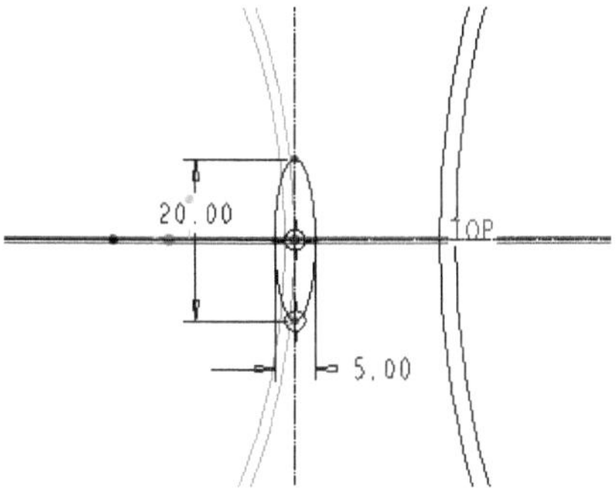

图4-68　扫描剖面

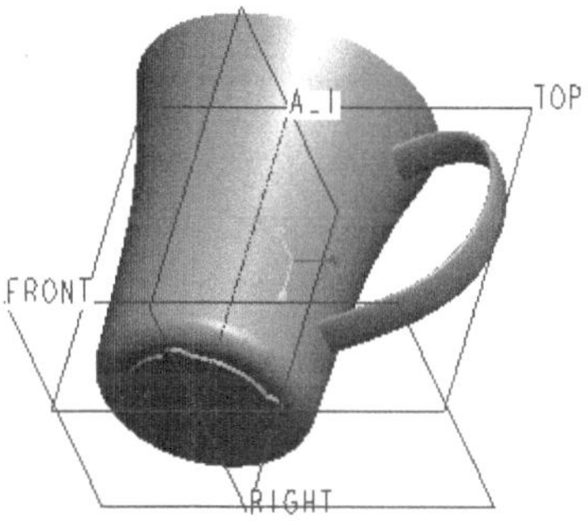

图4-69　创建扫描特征

5. 创建混合切口特征

Step 01 在菜单栏中选择“插入”>“混合”>“切口”命令，打开一个菜单管理器。

Step 02 从菜单管理器的“混合选项”菜单中选择“平行”>“规则截面”>“草绘截面”>“完成”选项，打开图 4-70 所示的对话框和菜单管理器。

Step 03 在菜单管理器的“属性”菜单中选择“直”>“完成”选项。

Step 04 选择图 4-71 所示的底面（鼠标指针所指的实体面）作为草绘平面。

图4-70　弹出的对话框和菜单管理器

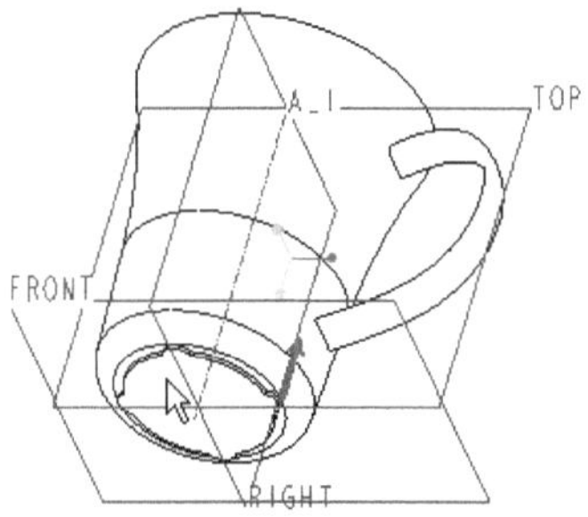

图4-71　选择底面作为草绘平面

Step 05 在菜单管理器出现的相关菜单中选择“确定（正向）” > “缺省” 选项，进入草绘模式。

Step 06 绘制剖面 1，如图 4-72 所示。

Step 07 在菜单栏中选择“草绘” > “特征工具” > “切换剖面” 命令。

Step 08 绘制剖面 2，如图 4-73 所示。

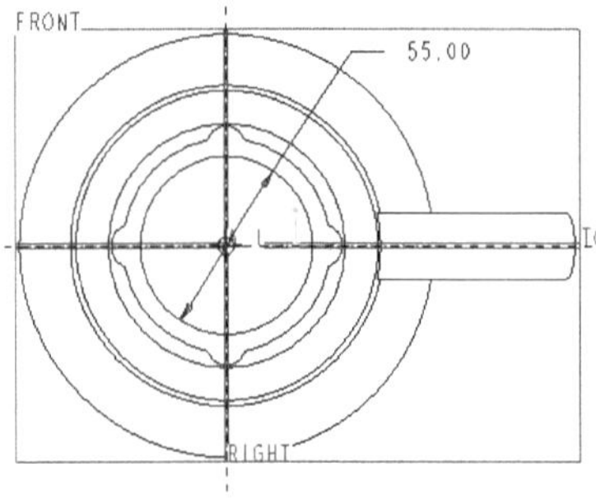

图4-72　草绘剖面1

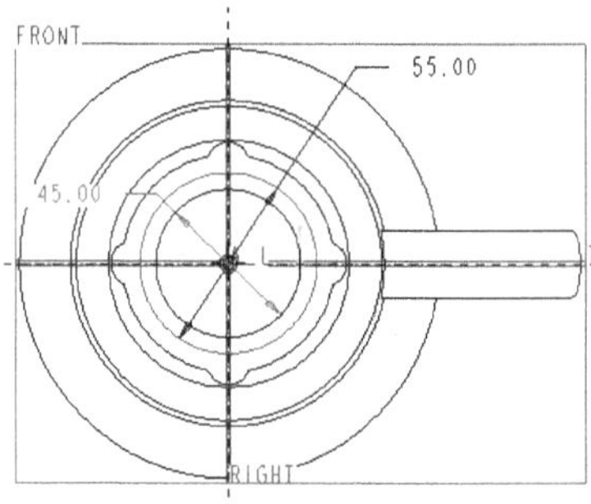

图4-73　草绘剖面2

Step 09 单击“完成”按钮✔。

Step 10 在菜单管理器出现的图 4-74 所示的“方向”菜单中选择“确定”选项。

Step 11 在菜单管理器出现的图 4-75 所示的“深度”菜单中选择“盲孔” > “完成”选项。

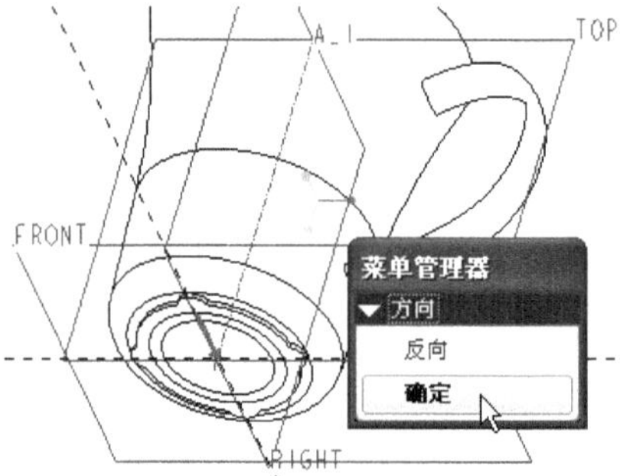

图4-74　定义方向

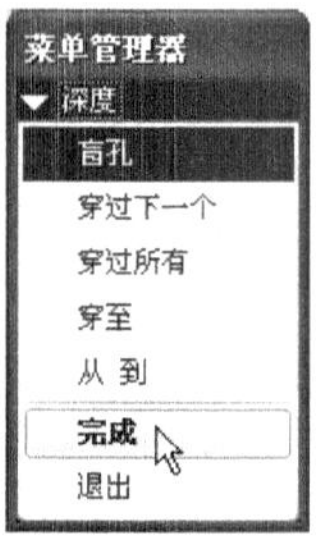

图4-75　“深度”菜单选项

Step 12 在图 4-76 所示的框中输入“2”，单击“接受”按钮☑。

图4-76　输入两截面间的深度

Step 13 在图 4-77 所示的“切剪：混合，平行，规则截面”对话框中单击“确定”按钮，完成该普通水杯的创建。按【Ctrl+D】组合键以默认的标准方向视角显示模型，效果如图 4-78 所示。

图4-77　“切剪：混合，平行，规则截面”对话框

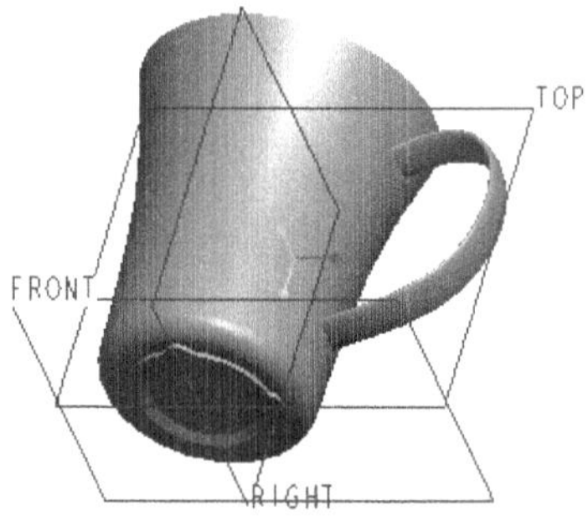

图4-78　完成的普通水杯

案例总结

本综合范例介绍了一款普通水杯的设计方法，其中应用到的特征创建工具包括旋转工具、拉伸工具、扫描工具和混合工具等。通过本案例练习，可以初步掌握多特征模型的设计思路，为后面章节的内容学习打下扎实基础。

4.7　思考与上机练习

1. 简答题

（1）在 Pro/ENGINEER 中，基础特征是指什么？基础特征主要包括哪些具体的特征？它们各具有什么样的特点？

（2）什么是可变截面扫描特征？如何才能创建可变截面扫描特征？

2. 上机练习题

（1）按照图 4-79 所示的工程图的尺寸创建该垫圈零件相应的三维实体模型。

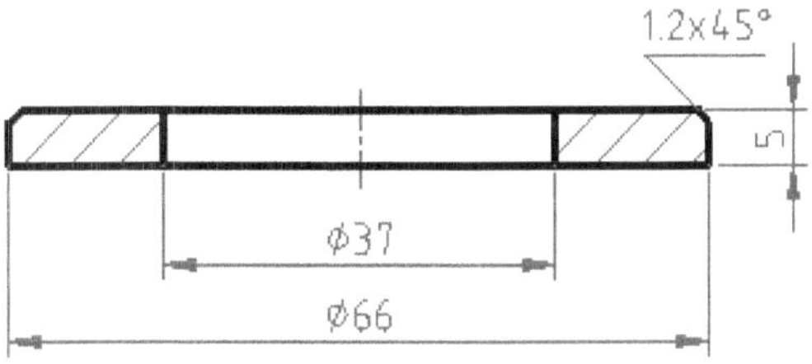

图4-79　垫圈的尺寸图

知识要点提示

可以采用多种方法（如拉伸、旋转）来创建，并注意总结操作心得。

（2）自行设计一个杯子的三维实体模型，要求使用旋转特征来作为杯子的主体，而使用扫描特征来形成杯子的把柄。

知识要点提示

可以参照本章综合范例介绍的方法及步骤来完成该上机练习题。

（3）使用混合的方式来自行设计一个瓶子的外形。

知识要点提示

在创建平行混合特征的过程中，注意属性选项的设置。

（4）请按照如下关键步骤创建一个钻石形状（多棱边）的零件。

① 选择“插入”>“混合”>“伸出项”命令，在出现的“混合选项”菜单中选择“平行”>“规则截面”>“草绘截面”>“完成”选项，并定义属性。

② 绘制第一个截面，该截面只有一个草绘点。

③ 分别绘制第二个截面和第三个截面，这两个截面的形状是一样的，如图 4-80 所示。

④ 绘制第四个截面，该截面只有一个草绘点。

⑤ 设置各截面间的距离分别为 26、45、39。

⑥ 完成的零件如图 4-81 所示。

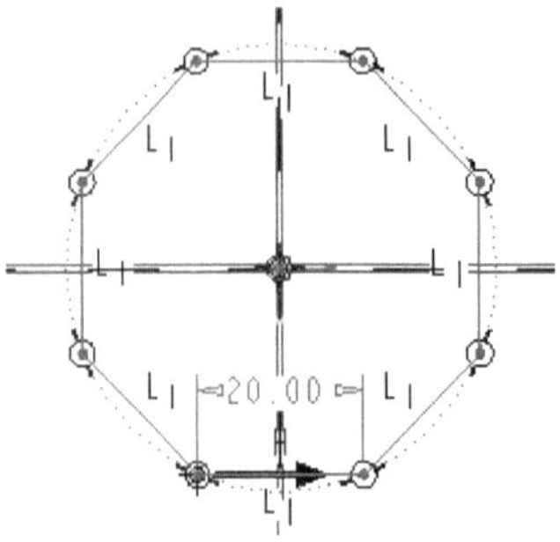

图4-80　正八边形

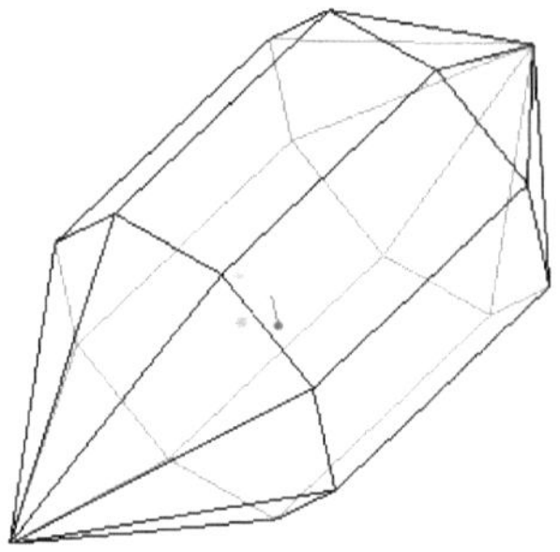

图4-81　创建的多棱边零件

第5章 工程特征

本章导读

在现有实体特征的基础上可以添加适当的工程特征，所述工程特征包括孔特征、壳特征、倒圆角特征、倒角特征、筋特征和拔模特征等。本章将介绍的重点内容包括：孔特征、壳特征、倒圆角特征、自动倒圆角特征、倒角特征、筋特征（轨迹筋特征和轮廓筋特征）和拔模特征。

学习目标

- 了解工程特征的范畴、概念
- 掌握孔特征、壳特征、倒圆角特征、自动倒圆角特征、倒角特征和筋特征的创建方法
- 理解什么是拔模特征

5.1 孔特征

在 Pro/ENGINEER 系统中，可以将创建孔特征的方式分为两种：简单孔和标准孔。在深入了解创建孔特征之前，先介绍孔工具操控板上的一些工具按钮和选项。

在右工具箱中单击“孔工具”按钮，打开孔工具操控板。默认的孔工具操控板的“创建简单孔”按钮处于被单击选中的状态，此时，孔工具操控板中提供的按钮及选项如图 5-1 所示。

如果在孔工具操控板中单击“创建标准孔”按钮，则孔工具操控板出现用于创建标准孔的相关按钮及列表框等，如图 5-2 所示。

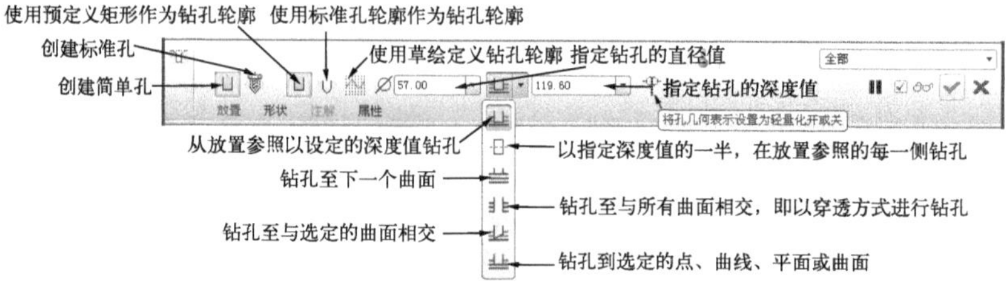

图5-1　孔工具操控板之一

图5-2　孔工具操控板之二

在孔工具操控板中选择“放置”选项，打开“放置”滑出面板，如图 5-3 所示。在选择主放置参照后，可以根据要求选择放置类型选项，常用的放置类型选项有“线性”、“径向”和“直径”等。

“形状”滑出面板用来定义孔的具体形状。例如，在孔工具操控板中单击“创建标准孔”按钮，并选中“添加攻丝”按钮，然后选择“形状”选项打开“形状”滑出面板，如图 5-4 所示，从中可以设置所定孔的具体形状尺寸及相关选项。

图5-3　孔“放置”滑出面板

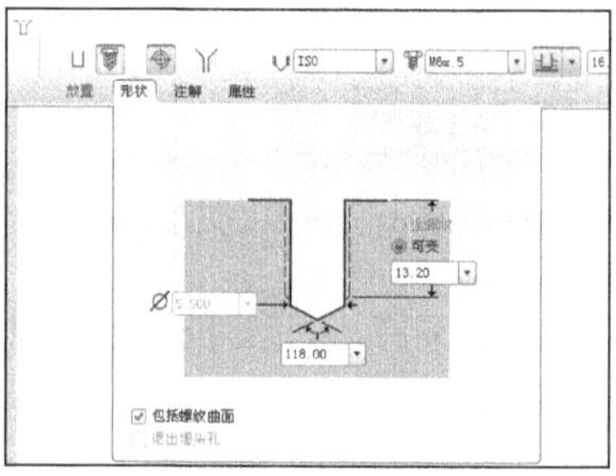

图5-4　孔　“形状”滑出面板

5.1.1　创建简单孔

创建简单孔时，可以使用预定义矩形作为钻孔轮廓，可以使用标准孔轮廓作为钻孔轮廓，也可以使用草绘定义钻孔轮廓。

下面以一个简单例子介绍常见简单孔的创建方法及步骤。

1. 使用预定义矩形作为钻孔轮廓

（1）打开本书配套的素材“/ch5/bcproe_5_1”的实体零件文件，该实体零件文件中的三维实体模型如图 5-5 所示。

（2）在右工具箱中单击“孔工具”按钮，打开孔工具操控板。

（3）默认的“创建简单孔”按钮处于被单击选中状态，并单击“使用预定义矩形作为钻孔轮廓”

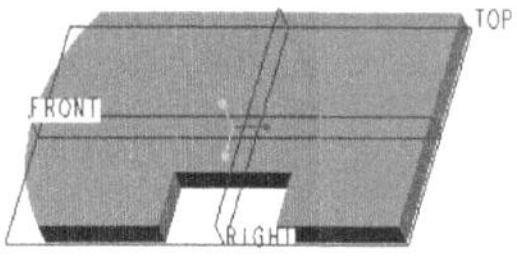

图5-5　素材文件中的模型

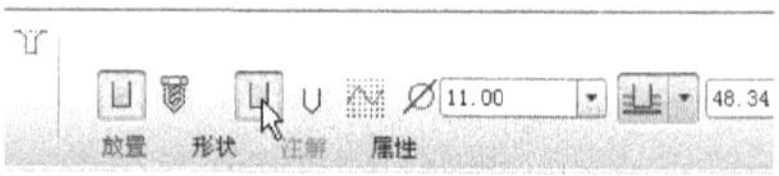

图5-6　创建简单直孔

按钮 ⊔，如图 5-6 所示。

（4）选择模型上表面作为主参照，如图 5-7 所示。

（5）在操控板的直径尺寸框中，输入孔的直径为“20.00”。

（6）分别拖动偏移参照控制图柄选择偏移放置参照（次参照），并进入“放置”滑出面板，在“偏移参照”收集器中修改偏移值，如图 5-8 所示。

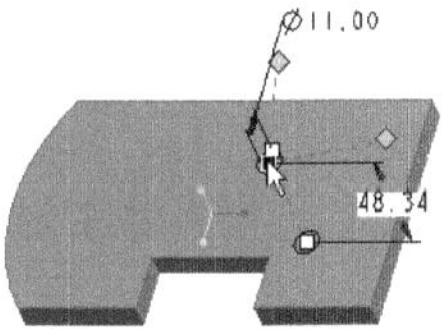

图5-7　选择主参照

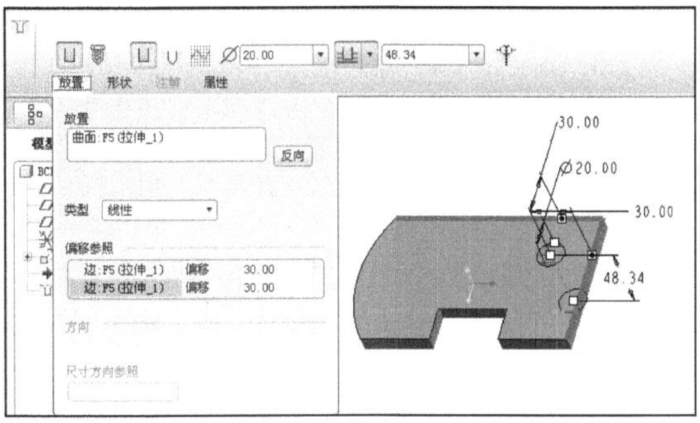

图5-8　定义次参照

（7）设置深度选项为（穿透）。

（8）单击“完成”按钮，创建的简单直孔如图 5-9 所示。

2．使用标准孔轮廓作为钻孔轮廓

（1）在右工具箱中单击“孔工具”按钮，打开孔工具操控板。

（2）默认的“创建简单孔”按钮 ⊔ 处于被单击选中状态。单击“使用标准孔轮廓作为钻孔轮廓”按钮，接着单击选中“添加埋头孔”按钮，此时孔工具操控板如图 5-10 所示。

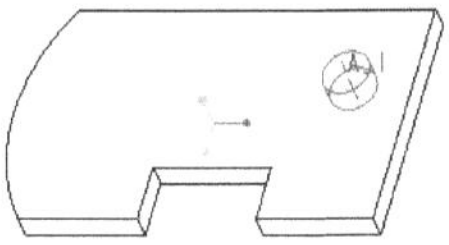

图5-9　创建简单直孔

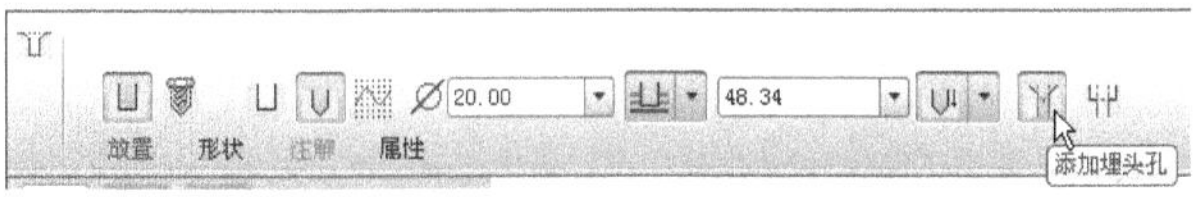

图5-10　在操控板上单击相关按钮

（3）选择模型上表面作为主参照，如图 5-11 所示。

（4）进入“放置”滑出面板，在“偏移参照”收集器中单击从而将其激活，接着在模型中选择 FRONT 基准平面，按住【Ctrl】键选择 RIGHT 基准平面。然后在“偏移参照”收集器中修改相应的偏移距离，如图 5-12 所示。

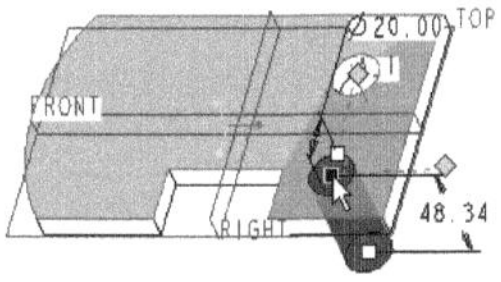

图5-11　指定主参照

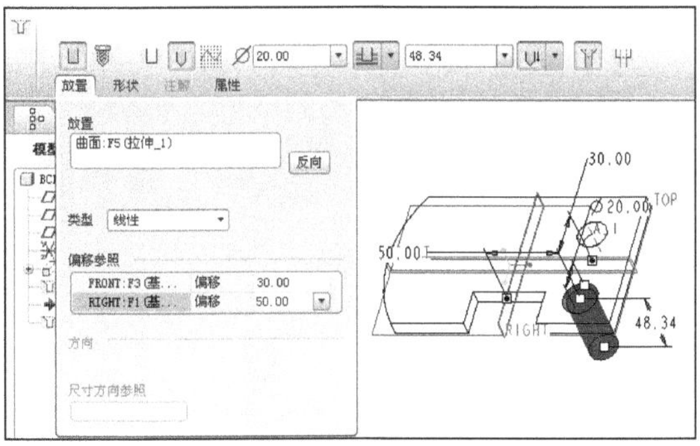

图5-12　定义偏移参照

（5）进入“形状”滑出面板，设置图 5-13 所示的尺寸参数及选项。

（6）单击“完成”按钮，创建的简单孔如图 5-14 所示。

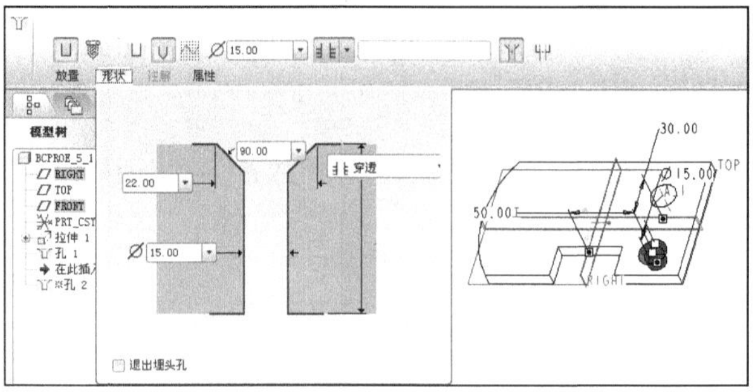

图5-13 “形状”滑出面板

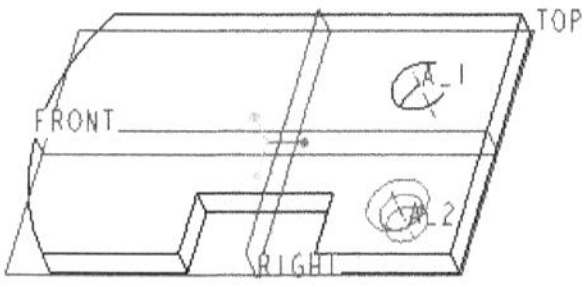

图5-14 创建具有埋头孔的简单孔

3. **使用草绘定义钻孔轮廓**

（1）在右工具箱中单击“孔工具”按钮，打开孔工具操控板。

（2）默认的“创建简单孔”按钮处于被单击选中状态。单击“使用草绘定义钻孔轮廓”按钮，此时孔工具操控板如图5-15所示。

（3）单击操控板中的“激活草绘器以创建剖面”按钮，进入草绘模式。

（4）在草绘模式下绘制孔的封闭截面和竖直的几何中心线，如图5-16所示。创建几何中心线的工具为“几何中心线”按钮，所创建的竖直几何中心线将被默认定义为旋转轴。

图5-15 使用草绘定义钻孔轮廓

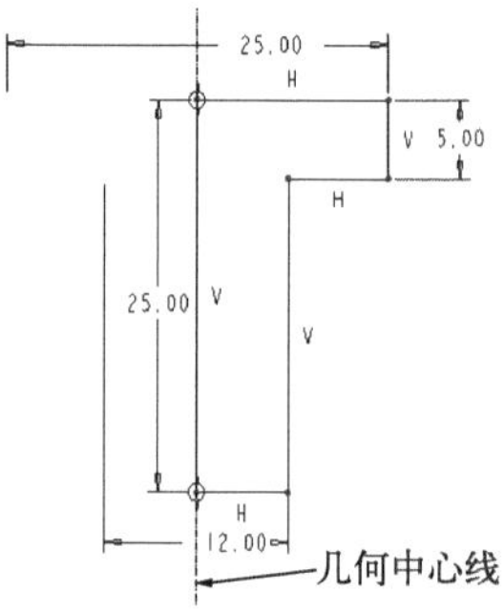

图5-16 草绘孔截面

（5）单击“完成”按钮，完成草绘。

（6）选择模型上表面作为主参照，接着进入“放置”滑出面板，激活“偏移参照”收集器，结合【Ctrl】键选择两条边作为偏移参照，并设置其相应的偏移距离，如图5-17所示。

（7）单击“完成”按钮，创建的草绘孔如图5-18所示。

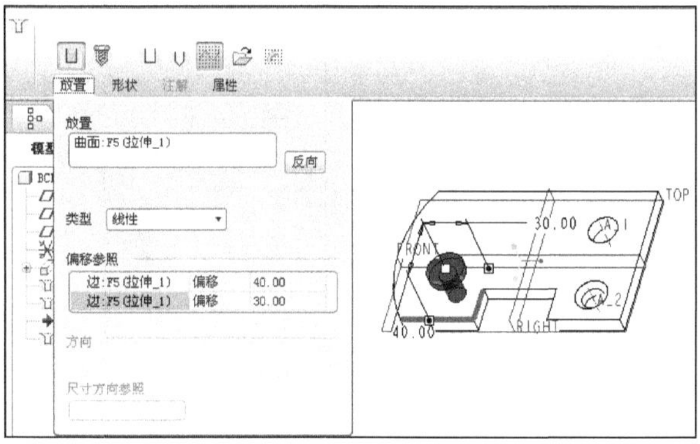

图5-17 定义放置参照

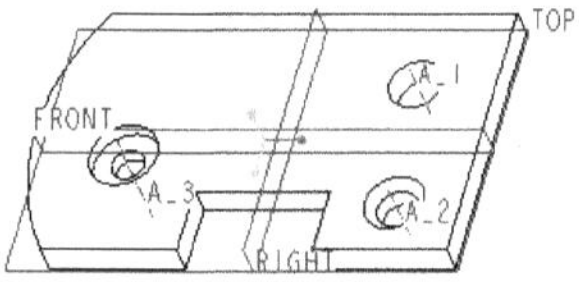

图5-18 创建草绘孔

5.1.2 创建标准孔

（1）新建一个名为“bcproe_5_2”的实体零件文件，不使用缺省模板，而是使用“mmns_part_solid”模板。

（2）利用“旋转工具”按钮，创建图 5-19 所示的一个圆柱体。

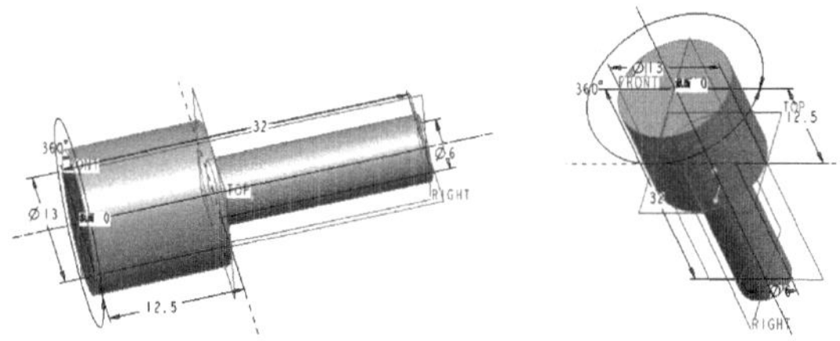

图5-19 创建圆柱体

（3）在右工具箱中单击“孔工具”按钮，打开孔工具操控板。

（4）在孔工具操控板中单击“创建标准孔”按钮，并确保选中“添加攻丝”按钮。

（5）在（螺纹系列）列表框中选择“ISO”选项，在（螺钉尺寸）框中选择“M3×.5”，在钻孔深度框中输入“7.00”，取消埋头孔，如图 5-20 所示。

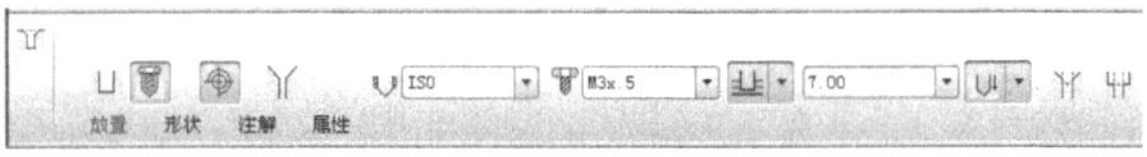

图5-20 设置参数

（6）在旋转特征中单击特征轴 A_1，按【Ctrl】键选择大圆端面，如图 5-21 所示。

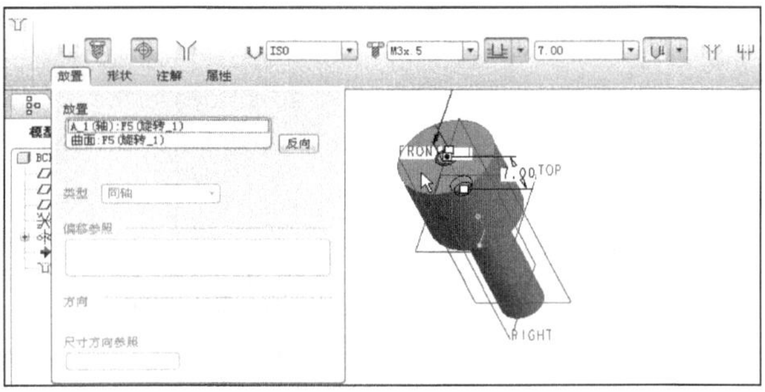

图5-21 定义参照和放置类型

（7）打开“形状”滑出面板，保持默认的“可变”单选按钮，输入螺纹深度为“6.20”，其他选项如图 5-22 所示。

（8）单击“完成”按钮，创建的标准孔如图 5-23 所示。

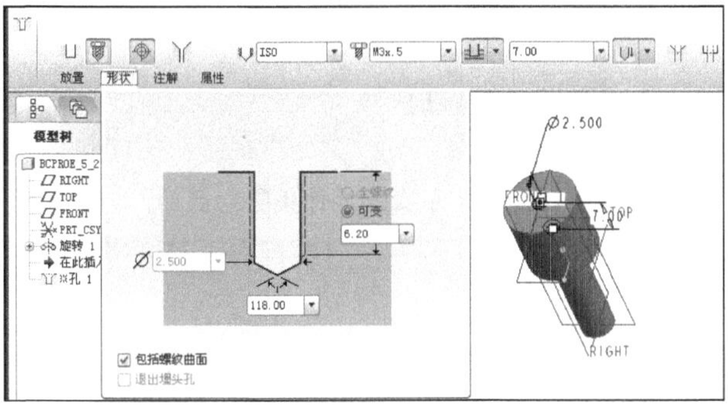

图5-22 定义孔形状

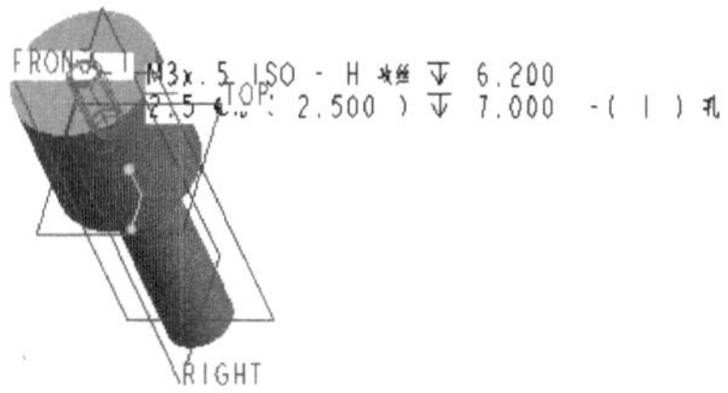

图5-23 创建的标准孔

经验

可以设置不在图形窗口中显示标准孔的注释信息，其方法是在创建或编辑标准孔的过程中，在孔工具操控板中打开“注解”滑出面板，接着取消选中“添加注解”复选框即可。

5.2 壳特征

将一个实体内部的材料掏空，就形成了一个壳特征。创建壳特征的方法和步骤比较简单，它需要定义移除的曲面和壳的厚度等方面。

单击“壳工具”按钮，打开图 5-24 所示的壳工具操控板。

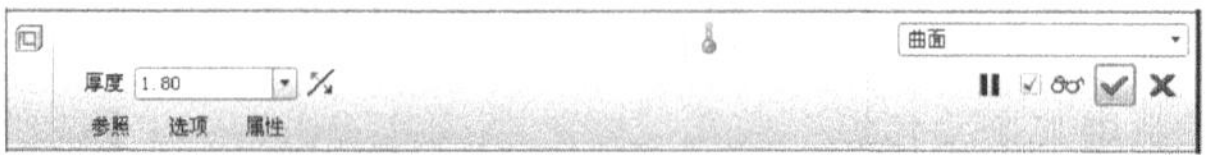

图5-24 壳工具操控板

单击“参照”标签，打开“参照”滑出面板，如图 5-25 所示。在“参照”滑出面板上具有两个收集器。其中，“移除的曲面”收集器用来收集要移除的曲面，当没有选择任何曲面时，创建的是封闭的壳特征，其内部被掏空；“非缺省厚度”收集器用来定义不同厚度的曲面参照，在该收集器中可以单独设置所选曲面参照的厚度。

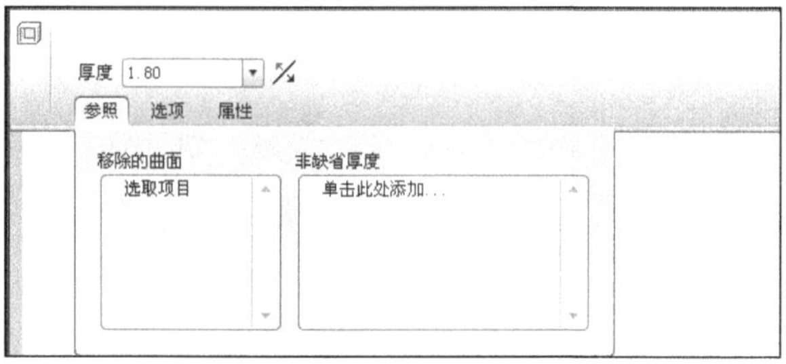

图5-25 壳工具操控板的“参照”滑出面板

单击“选项”标签，打开“选项”滑出面板，如图 5-26 所示。利用该滑出面板，可以定义排除的曲面，可以设置应用曲面延伸的方法，可以指定防止壳穿透实体的选项。

提 示

“选项”滑出面板各组成的功能含义如下。

① “排除的曲面”收集器：单击收集器可以将其激活，然后添加或者删除参照，这些参照为要从壳中排除的曲面。

② “细节”按钮：单击此按钮，可以查看并编辑曲面集属性。

③ “延伸内部曲面”单选按钮：延伸壳的内部曲面。

④ “延伸排除的曲面”单选按钮：指定应用曲面延伸的方法是延伸排除的曲面。

⑤ “凹角”单选按钮：防止壳切削穿透凹角处的实体。

⑥ “凸角”单选按钮：防止壳切削穿透凸角处的实体。

“属性”滑出面板主要用来定义壳特征的名称以及查询其详细信息，如图 5-27 所示。在该滑出面板上，单击“显示此特征的信息”按钮，可以打开 Pro/ENGINEER 浏览器查看该壳特征的详细信息。

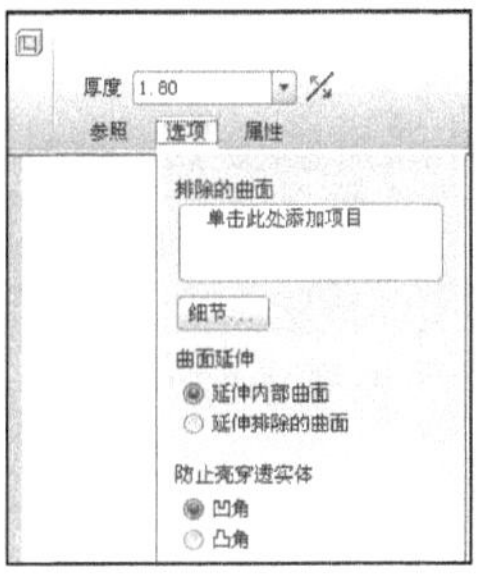

图5-26　“选项”滑出面板

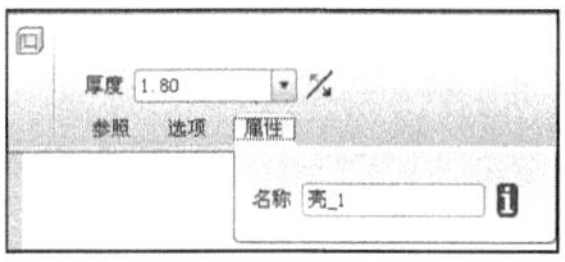

图5-27　“属性”滑出面板

下面通过一个简单例子，介绍壳特征的创建方法及其过程。

（1）打开本书配套的素材“/ch5/bcproe_5_3.prt”的零件文件，该零件文件中的三维实体模型如图 5-28 所示。

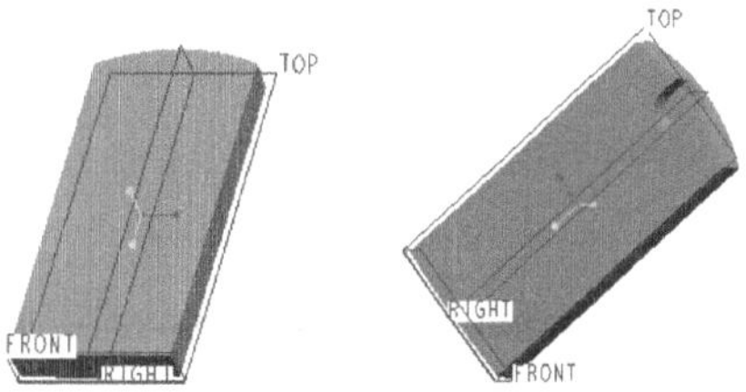

图5-28　原始实体模型

（2）单击“壳工具”按钮，打开壳工具操控板。

（3）在壳工具操控板上输入厚度值为“1.30”。

（4）单击并按住鼠标中键调整视角，单击图 5-29 所示的零件表面作为要移除的曲面。

（5）单击“完成”按钮，创建的壳特征如图 5-30 所示。

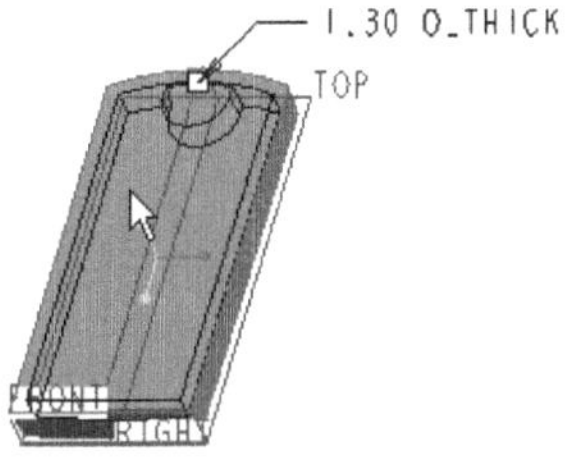

图5-29　选择移除的曲面

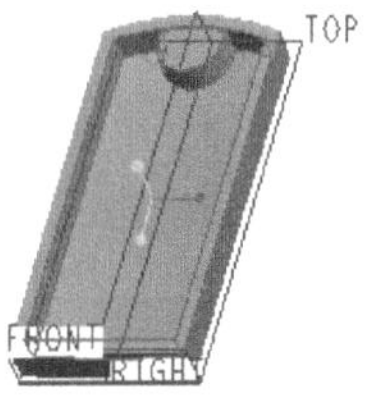

图5-30　创建壳特征

提　示

若要创建具有不同壁厚的壳特征时，需要在壳工具操控板中打开“参照”滑出面板，单击“非缺省厚度”收集器将其激活，然后在模型中选择具有非缺省厚度的曲面，并在“非缺省厚度”收集器中修改其厚度，如图 5-31 所示。

图5-31　定义非缺省厚度

5.3 倒圆角特征

倒圆角在机械零件设计中经常应用。按照半径定义的方式，倒圆角可以分为恒定半径倒圆角、可变半径倒圆角、曲线驱动的倒圆角和完全倒圆角等这些类型，如图 5-32 所示。

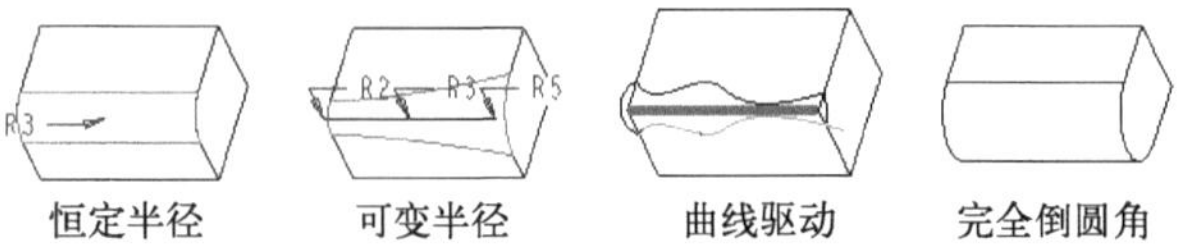

图5-32 几种倒圆角特征

在右工具箱中单击“倒圆角工具”按钮，或者从菜单栏中选择“插入”>“倒圆角”命令，打开图 5-33 所示的倒圆角工具操控板。

图5-33 倒圆角工具操控板

打开“集 / 设置”滑出面板，如图 5-34 所示，下面介绍该滑出面板中的几个关键组成部分。

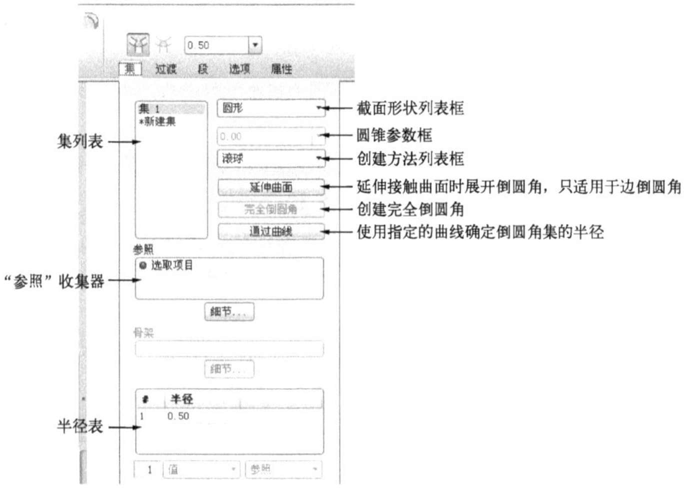

图5-34 “集”滑出面板

① 集列表：显示当前的所有倒圆角集，并可以添加新的倒圆角集或者删除当前的倒圆角集。

②“参照”收集器：显示倒圆角集所选取的有效参照，可以添加或者移除参照。

③ 半径表：定义活动倒圆角集的半径尺寸和控制点位置，在该表中鼠标右击并从弹出的快捷菜单中选择“添加半径”命令，可以创建可变倒圆角特征。

④ 截面形状列表框：定义活动倒圆角集的截面形状，如圆形、圆锥和 D1×D2 圆锥，其中圆形为默认的截面形状。

⑤ 圆锥参数框：定义圆锥截面的锐度，默认值为“0.50”。仅当选取了“圆锥”或“D1 × D2 圆锥”截面形状时，此框才可用。

⑥ 创建方法列表框：定义活动倒圆角集的创建方法，可供选择方法选项有“滚球”和“垂直于骨架”两个选项。选择前者时，以滚球方法创建倒圆角特征，即通过沿曲面滚动球体进行创建，滚动时球体与曲面保持自然相切；选择后者时，使用垂直于骨架方法创建倒圆角特征，即通过扫描

垂直于指定骨架的弧或圆锥剖面进行创建。

⑦“延伸曲面”按钮：延伸接触曲面时展开倒圆角。“延伸曲面”只适用于边倒圆角。

⑧“完全倒圆角”按钮：将活动倒圆角集转换为“完全”倒圆角，或允许使用第三个曲面来驱动曲面到曲面“完全”倒圆角。例如，在同一倒圆角集中选择两个平行的有效参照，单击“完全倒圆角”按钮，可以创建完全倒圆角特征。

⑨“通过曲线”按钮：可以使用选定的曲线来定义倒圆角半径，创建由曲线驱动的特殊倒圆角特征。

下面的操作实例具体介绍使用方法和步骤。

（1）新建一个名为“bcmproe_5_4”的实体零件文件，不使用缺省模板，而是采用“mmns_part_solid”公制单位的模板。

（2）单击“拉伸工具”按钮，创建图 5-35 所示的长方体模型（长 35mm、宽 21mm、高 11mm）。

（3）在右工具箱中单击“倒圆角工具”按钮，打开倒圆角工具操控板。

（4）在倒圆角工具操控板上输入当前倒圆角集的圆角半径为“3”。

（5）在实体模型中选择要倒圆角的边参照，如图 5-36 所示。

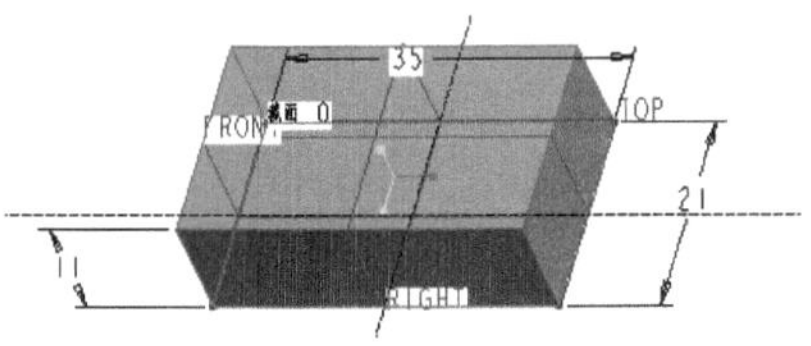

图5-35　创建一个长方体实体模型

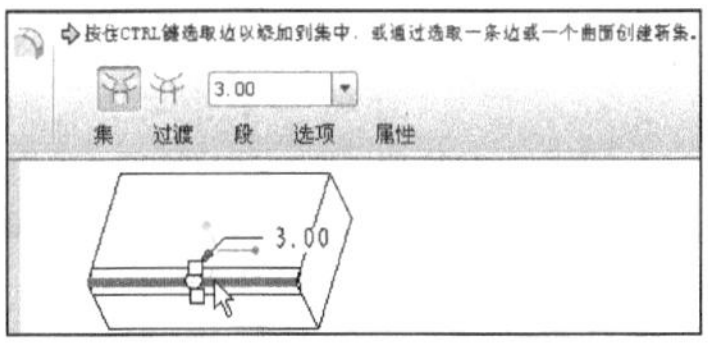

图5-36　指定半径值和选择边线

（6）单击“完成”按钮，创建一个恒定半径值的倒圆角特征，效果如图 5-37 所示。

（7）单击“倒圆角工具”按钮，打开倒圆角工具操控板。

（8）按住【Ctrl】键选择图 5-38 所示的两条边线。

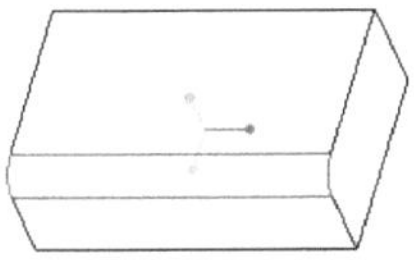

图5-37　倒圆角效果

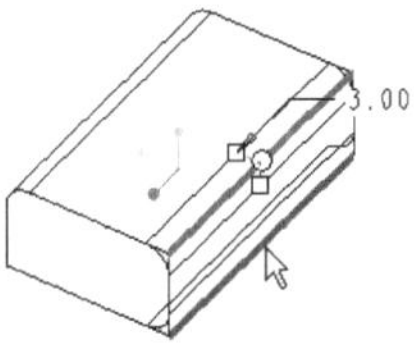

图5-38　选择两边线

（9）打开“集”滑出面板，单击“完全倒圆角”按钮。

（10）单击“完成”按钮，创建的完全倒圆角特征如图 5-39 所示。

（11）单击“倒圆角工具”按钮，打开倒圆角工具操控板。

（12）选择图 5-40 所示的边线。

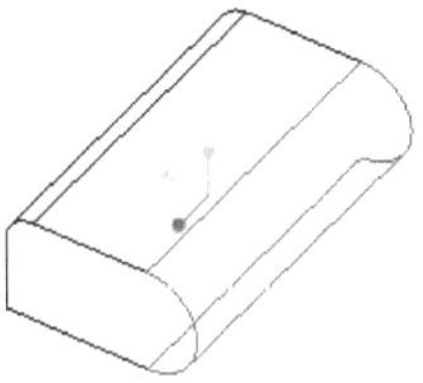

图5-39　完全倒圆角

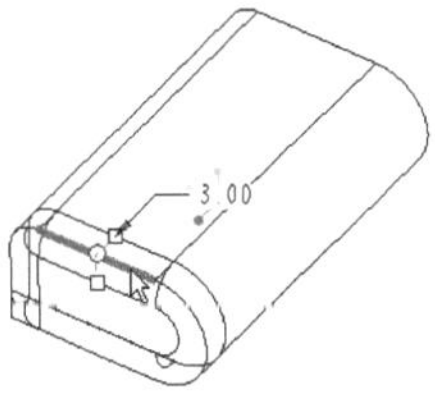

图5-40　选择边线

（13）进入“集”滑出面板，在半径表中单击鼠标右键，从出现的菜单中选择“添加半径”命令，并按照“比率”方式设置其位置值为“1”，以及设置其半径值为“4”，如图 5-41 所示。

（14）单击“完成”按钮，创建的可变倒圆角特征如图 5-42 所示。

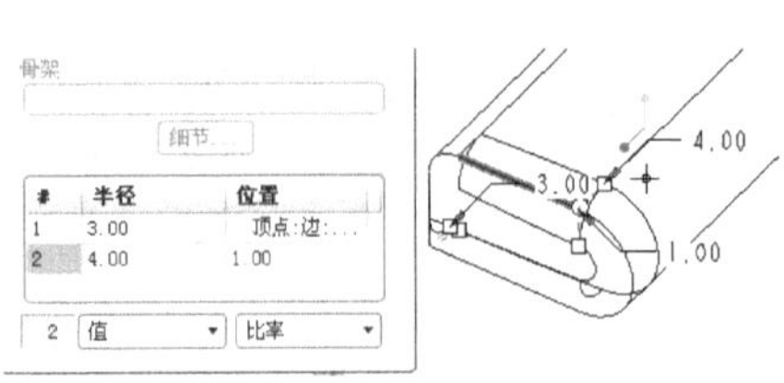

图5-41　添加半径

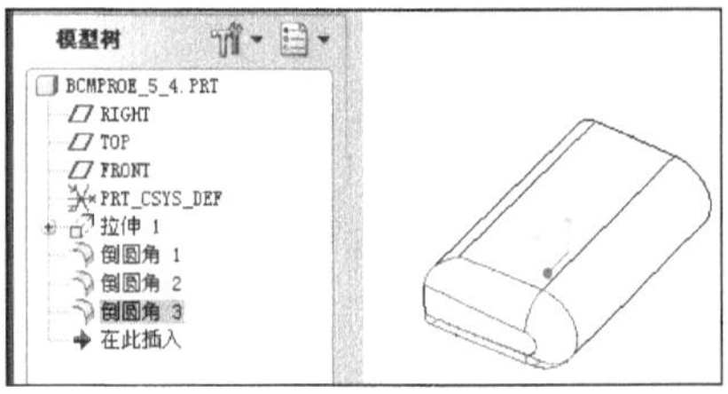

图5-42　创建可变倒圆角特征

经验

可以创建由曲线驱动的倒圆角特征，方法是单击“倒圆角工具”按钮，接着选择要倒圆角的边参照，并进入操控板的“设置”滑出面板，单击“通过曲线”按钮，然后选择曲线，最后单击“完成”按钮即可。

5.4 自动倒圆角特征

使用系统提供的“自动倒圆角”功能可以在模型中快速创建一些过渡圆角，而不必使用“倒圆角工具”按钮手动选择参照去创建倒圆角特征，从而为某些设计节省了时间。

自动倒圆角工具的菜单命令为“插入”>“自动倒圆角”，如图 5-43 所示。当选择“插入”>“自动倒圆角”命令时，系统出现图 5-44 所示的自动倒圆角工具操控板。利用此操控板的“范围”滑出面板，可以设置对实体几何的边自动倒圆角，或对选取面组的边自动倒圆角，或仅对选取的边自动倒圆角；并且可以设置凸边与凹边通过“自动倒圆角”功能进行倒圆角。

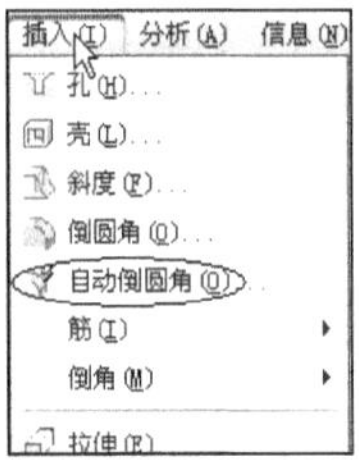

图5-43　“自动倒圆角”菜单命令

图5-44　自动倒圆角工具操控板

如果不需要在模型中的某边线处进行自动倒圆角，那么可以打开此操控板的“排除”滑出面板，在“排除的边”收集器中单击从而将此收集器激活，接着在模型中选择要从自动倒圆角中排除的边和目的链，如图 5-45 所示。在某些场合，单击“排除”滑出面板的“几何检查”按钮，可以打开故障排除器查看并排除无法倒圆角的边。

在自动倒圆角工具操控板中单击“选项”标签，打开图 5-46 所示的“选项”滑出面板。如果在“选项”滑出面板上勾选“创建常规倒圆角特征组”复选框，则将创建一组常规倒圆角特征代替自动倒圆角特征。

下面通过一个操作实例介绍相关的操作方法。

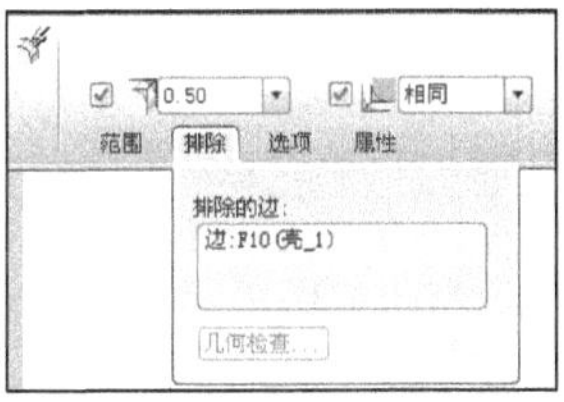

图5-45　“排除”滑出面板

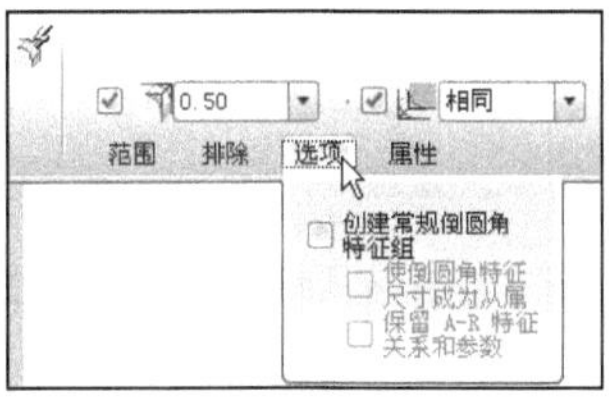

图5-46　“选项”滑出面板

（1）打开本书配套中的素材“/ch5/bcproe_5_5.prt”的零件文件，该零件文件中的三维实体模型如图 5-47 所示。

图5-47　素材实体模型

（2）在菜单栏中选择“插入”>“自动倒圆角”命令，打开自动倒圆角工具操控板。

（3）在自动倒圆角工具操控板中打开“范围”滑出面板，可以看到默认的“实体几何”单选按钮处于被选中的状态。在框中输入凸边的半径值为“0.60”，在框中输入凹边的半径值为“0.30”，如图 5-48 所示。

（4）单击“完成”按钮，自动倒圆角的结果如图 5-49 所示。在本例中，系统会在状态栏中显示“并非所有在‘自动倒圆角’范围内的边都被倒圆角化”。

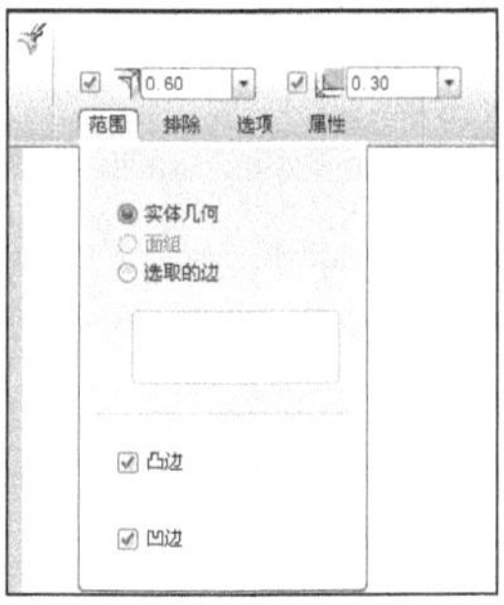

图5-48　设置相关参数

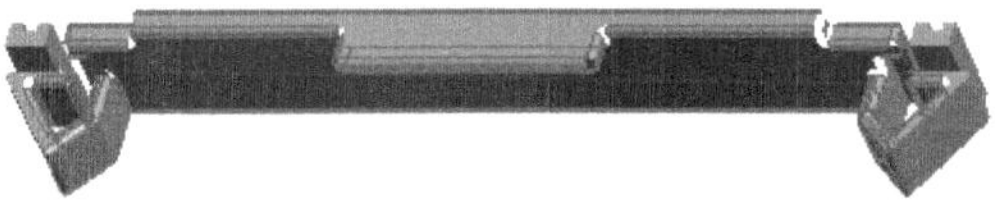

图5-49　自动倒圆角的结果

此时自动倒圆角特征在模型树上的显示如图 5-50 所示。

如果在本例执行操作过程中，打开自动倒圆角工具操控板的“选项”滑出面板，勾选“创建常规倒圆角特征组”复选框，那么创建一组常规倒圆角特征代替自动倒圆角特征，创建的特征在模型树上的显示如图 5-51 所示。

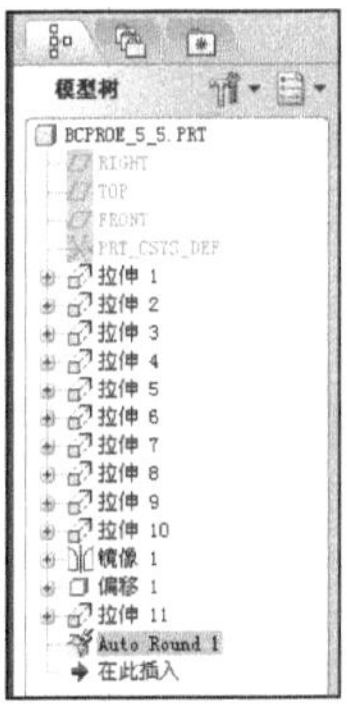

图5-50　自动倒圆角特征在模型树上的显示

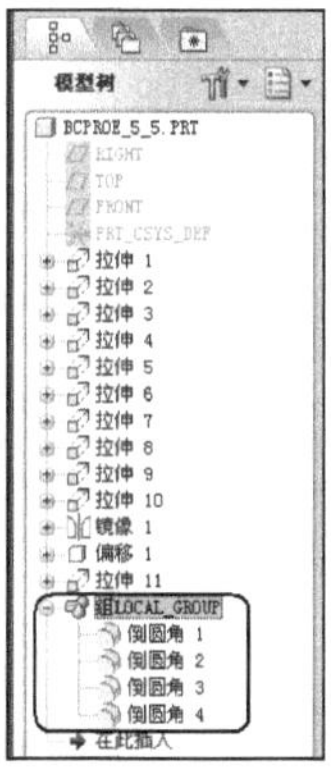

图5-51　创建一组常规倒圆角特征

5.5 倒角特征

倒角特征常用在采用车削加工而成的零件上。倒角包括边倒角和拐角倒角两种，如图 5-52 所示。

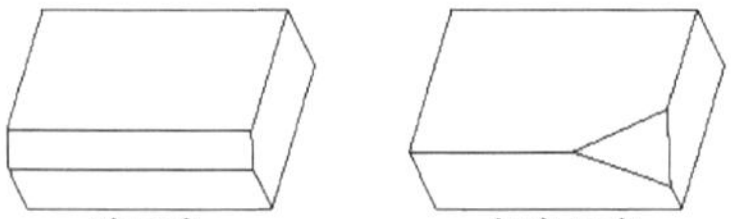

图5-52 创建倒角特征

创建边倒角的工具为“倒角工具”按钮，其对应的菜单命令为“插入”>“倒角”>“边倒角”；创建拐角倒角的菜单命令为“插入”>“倒角”>“拐角倒角”，如图 5-53 所示。

下面以一个简单例子来介绍这两种倒角特征的创建过程。

（1）打开本书配套的素材“/ch5/tsmproe_5_6.prt”的文件，文件中存在一个长方体模型，如图 5-54 所示。

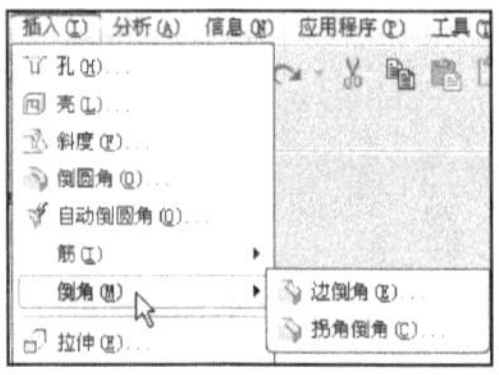

图5-53 “倒角”菜单命令

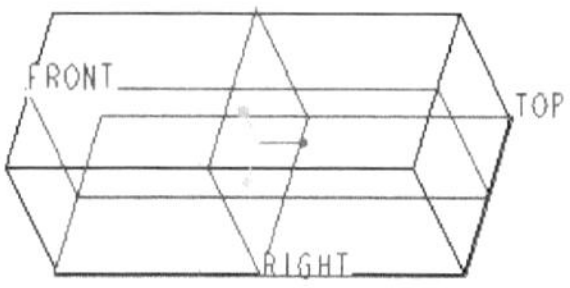

图5-54 长方体模型

（2）单击“倒角工具”按钮，打开倒角工具操控板，如图 5-55 所示。

图5-55 倒角工具操控板

（3）选择边倒角标注形式为“45×D”，在“D”框中输入“5”。

（4）选择需要倒角的棱线，如图 5-56 所示。

（5）在倒角工具操控板中单击“完成”按钮。

（6）在菜单栏中选择“插入”>“倒角”>“拐角倒角”命令，打开图 5-57 所示的“倒角（拐角）：拐角”对话框。

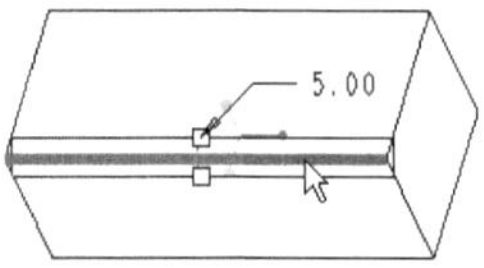

图5-56 选择棱线

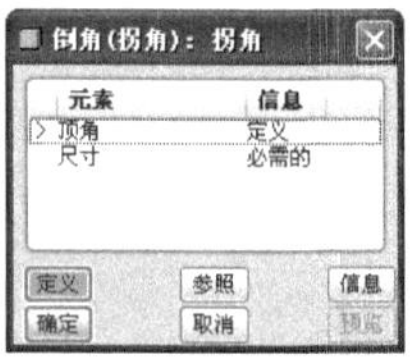

图5-57 “倒角（拐角）：拐角”对话框

（7）定义顶点。使用鼠标在图 5-58 所示的棱边位置处单击，系统会根据就近原则确定顶点位置。

（8）在图 5-59 所示的菜单管理器的“选出 / 输入”菜单中选择“输入”选项。

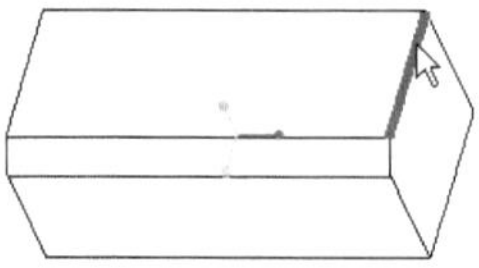

图5-58 定义顶点

图5-59 菜单管理器

（9）在图 5-60 所示的框中输入“8”，单击“接受”按钮。

图5-60　定义长度1

（10）在菜单管理器的“选出 / 输入”菜单中选择“输入”选项。

（11）在图 5-61 所示的框中输入“3.5”，单击“接受”按钮。

图5-61　定义长度2

（12）选择“选出 / 输入”菜单中的“选出点”选项，在图 5-62 所示的加亮边（鼠标指针所指的边）上单击。

（13）在对话框中单击“确定”按钮，创建拐角倒角特征如图 5-63 所示。

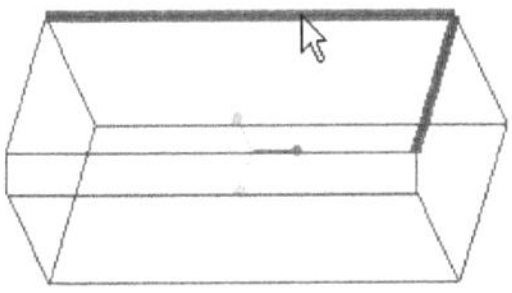

图5-62　单击加亮边

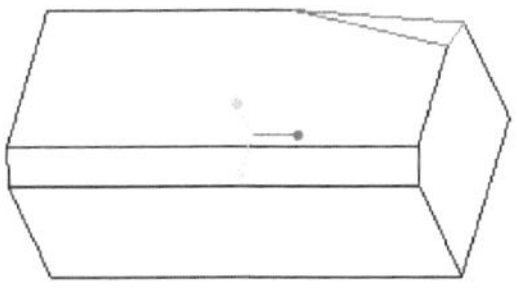

图5-63　完成拐角倒角

5.6　筋特征

筋特征主要用来加固零件，筋特征又称肋特征。筋特征分为轮廓筋特征和轨迹筋特征。

5.6.1　轮廓筋

在工具栏上单击“轮廓筋”按钮，打开图 5-64 所示的轮廓筋工具操控板。

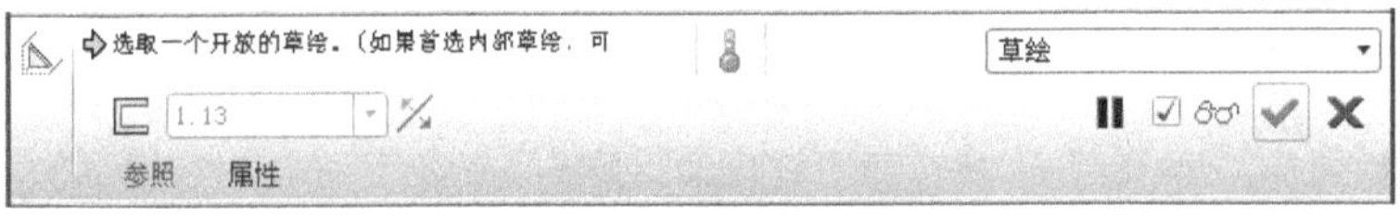

图5-64　轮廓筋工具操控板

定义轮廓筋特征需要定义剖面、填充方向、材料侧方向与厚度。下面以实例来说明轮廓筋特征的创建方法及步骤。

（1）打开本书配套的素材“/ch5/bcproe_5_7.prt”的文件，文件中的三维实体模型如图 5-65 所示。

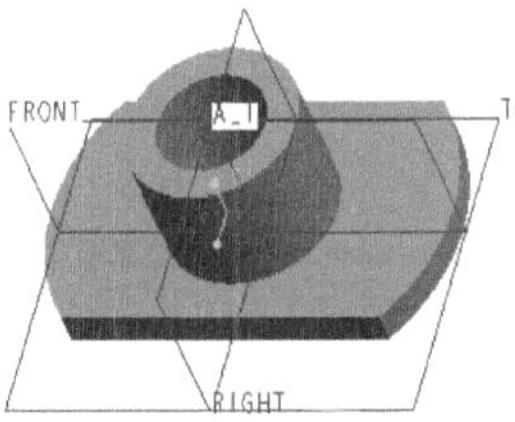

图5-65　三维实体模型素材

（2）单击“轮廓筋”按钮，打开筋工具操控板。

（3）打开操控板中的“参照”滑出面板，单击“定义”按钮，弹出“草绘”对话框。

（4）选择 FRONT 基准平面作为草绘平面，以 RIGHT 基准平面为“右”方向参照，单击“草绘”按钮。

（5）草绘图 5-66 所示的图形，注意要将图形的两端点重合约束在实体轮廓边上。单击“完成”按钮✔，完成草绘并退出草绘模式。

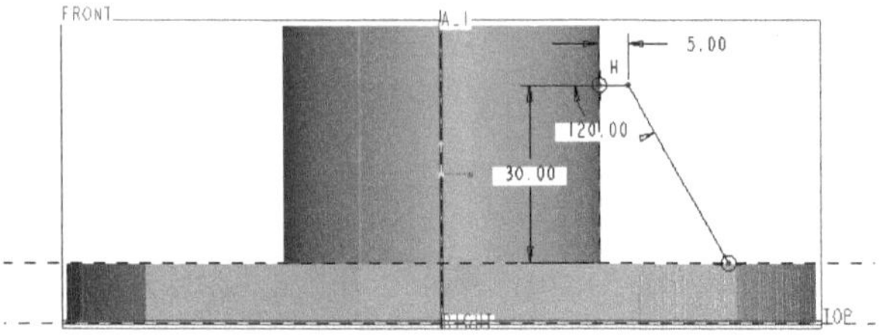

图5-66　草绘

（6）在操控板上，输入厚度值为“8”。

（7）单击“完成”按钮✔。按【Ctrl+D】组合键以默认的标准方向视角显示模型，此时模型显示效果如图 5-67 所示。

（8）使用同样的方法，在 RIGHT 基准平面的另一侧创建同样规格尺寸的轮廓筋特征，完成效果如图 5-68 所示。

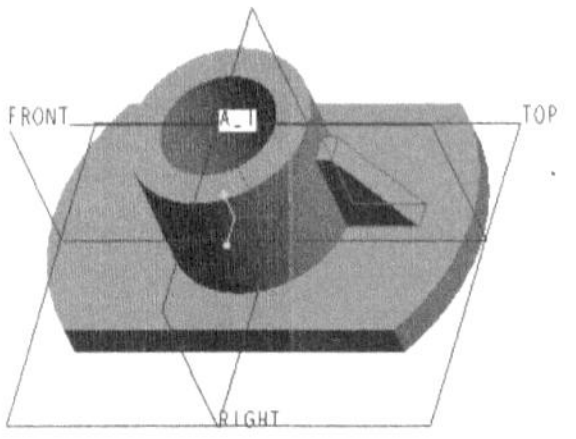

图5-67　创建一个轮廓筋特征

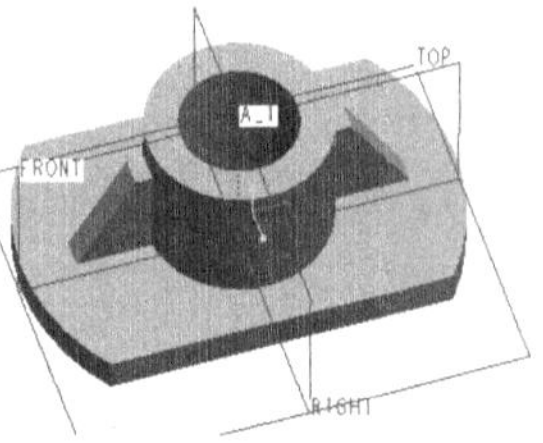

图5-68　创建第二个轮廓筋特征

技巧

默认情况下，创建的轮廓筋特征是关于草绘平面向两侧伸展的，如果只是想在草绘平面的一侧创建筋特征，那么需要在创建过程中，在操控板中单击一次或者单击两次“材料侧”按钮，如图 5-69 所示的 3 种情况。每单击一次“材料侧”按钮，材料侧方向将在这 3 种情况之间切换。

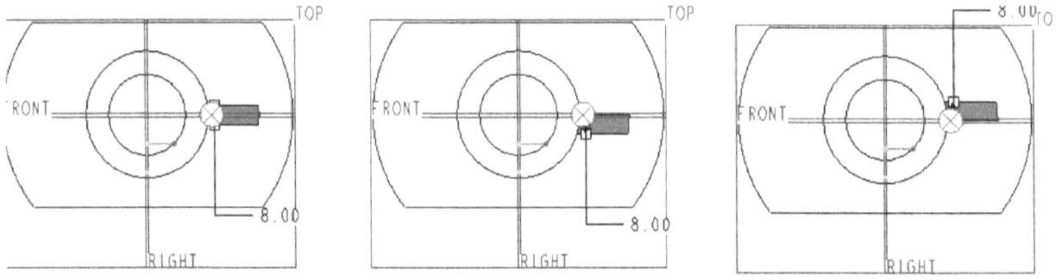

图5-69　3种情况

5.6.2 轨迹筋

下面以范例形式介绍如何创建轨迹筋。

（1）打开本书配套的素材“/ch5/bcproe_5_8.prt”的文件，文件中的三维实体模型如图 5-70 所示。

（2）在右工具箱中单击“轨迹筋”按钮，或者在菜单栏中选择“插入”>“筋”>“轨迹筋”命令，打开图 5-71 所示的轨迹筋工具操控板。

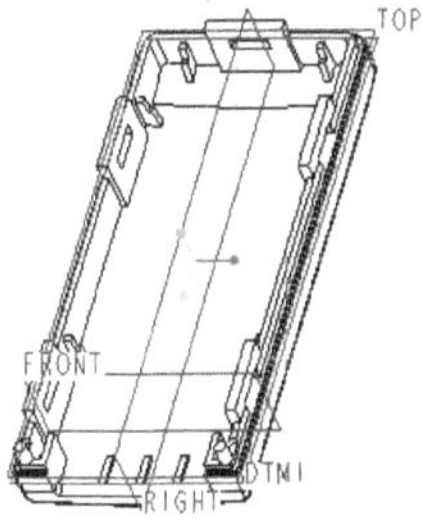

图5-70 三维实体模型素材

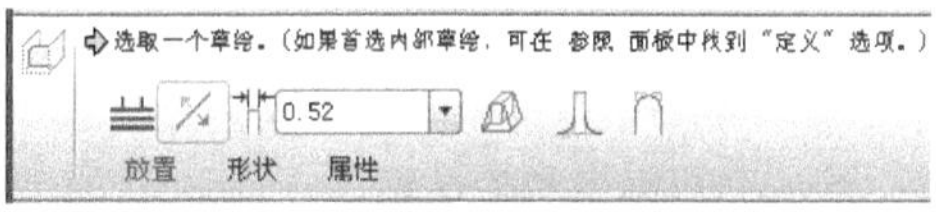

图5-71 轨迹筋工具操控板

（3）在轨迹筋工具操控板中打开“放置”滑出面板，单击“定义”按钮，弹出“草绘”对话框。

（4）在模型中指定草绘平面，如图 5-72 所示，然后在“草绘”对话框中单击“草绘”按钮，进入草绘模式。

（5）绘制图 5-73 所示的筋轨迹。单击“完成”按钮，完成草绘并退出草绘模式。

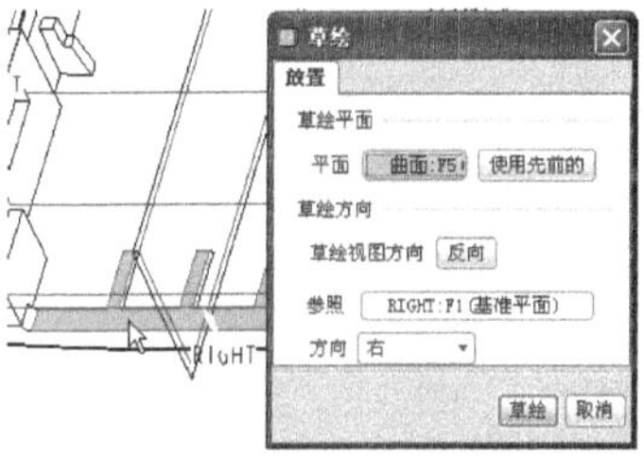

图5-72 指定草绘平面

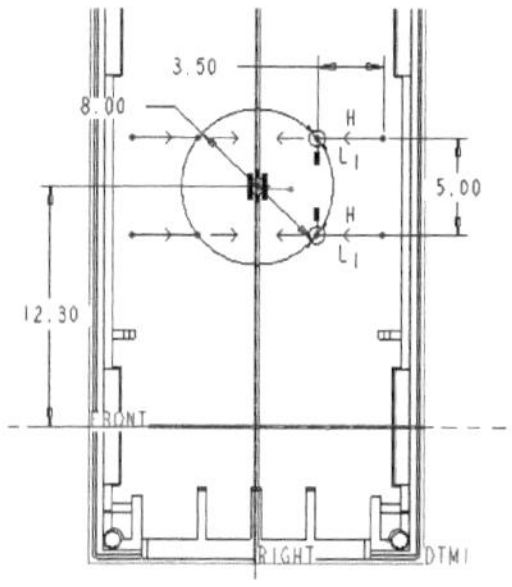

图5-73 草绘轨迹

（6）在轨迹筋工具操控板中设置图 5-74 所示的形状参数等。

（7）单击“完成”按钮，创建的轨迹筋效果如图 5-75 所示。

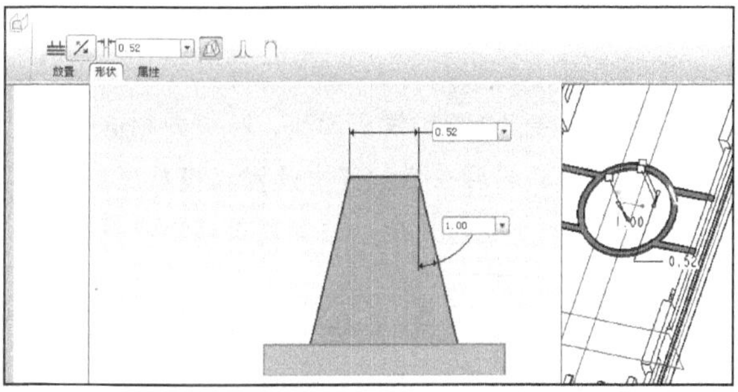

图5-74 设置轨迹筋形状参数等

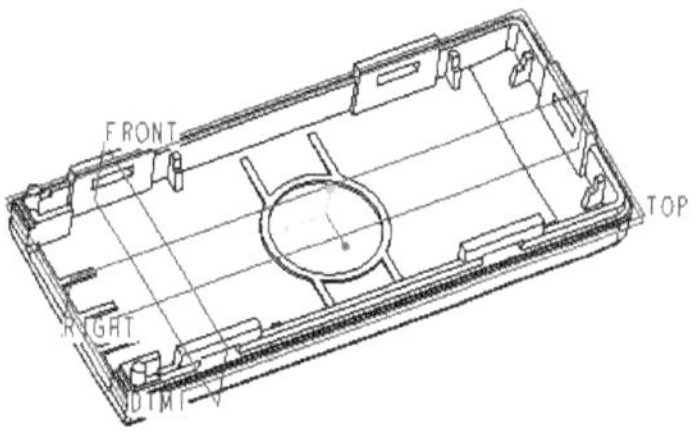

图5-75 完成创建轨迹筋特征

5.7 拔模特征

考虑到浇铸或注塑工艺等因素，往往需要对三维实体模型进行拔模处理。拔模角度的有效范围为 -30°～30°。

在学习拔模特征时，需要了解什么是拔模角度、拔模曲面、拔模枢轴和拔模方向术语等，具体参考图 5-76 所示的图解。

下面以一个简单例子来介绍恒定拔模特征的创建过程。

（1）打开本书配套的素材“/ch5/bcproe_5_9.prt”的文件，文件中的三维实体模型如图 5-77 所示。

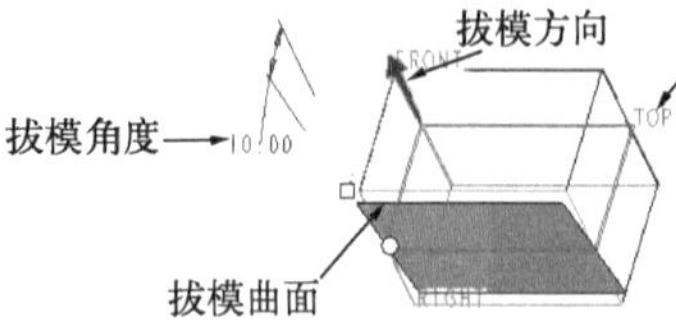

图5-76　创建拔模特征的示例

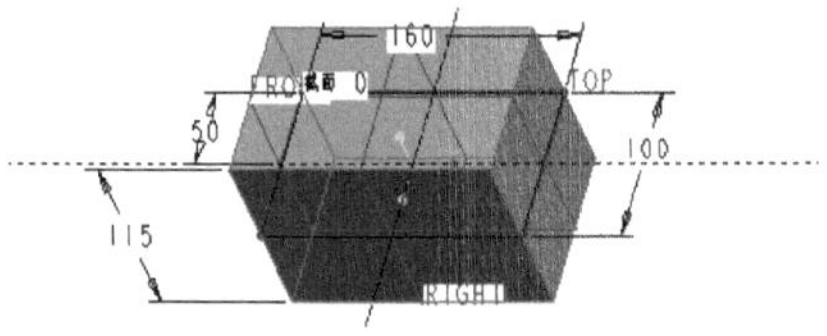

图5-77　三维实体模型素材

（2）单击“拔模工具”按钮，打开拔模工具操控板，如图 5-78 所示。

图5-78　拔模工具操控板

（3）选择图 5-79 所示的曲面作为拔模曲面。

（4）在操控板上单击 单击此处添加项目（拔模枢轴收集器）框，接着在模型中选择 TOP 基准平面作为拔模枢轴参照。

（5）在操控板的角度框中输入拔模角度为“5.00”，如图 5-80 所示。

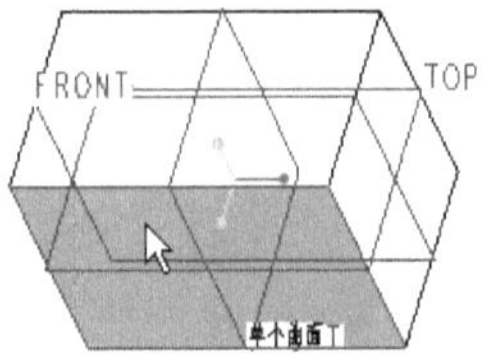

图5-79　选择拔模曲面

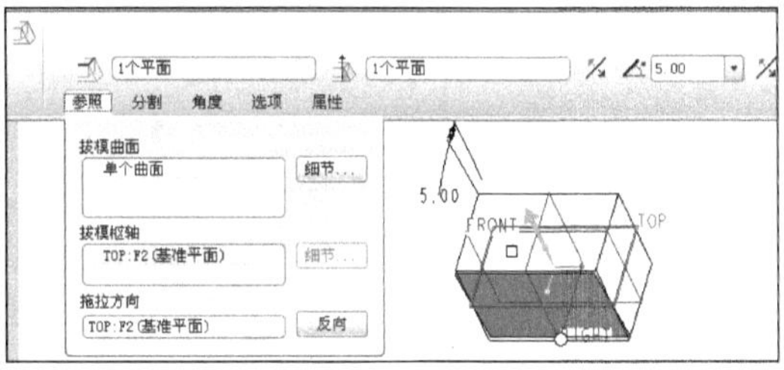

图5-80　定义拔模参数

（6）单击“完成”按钮，完成拔模操作。

注意

如果在创建过程中，打开拔模工具操控板的“分割”滑出面板，从“分割选项”下拉列表框中选择“根据拔模枢轴分割”选项，然后在操控板中设置拔模角度1和拔模角度2，并可单击角度框后相应的方向按钮来反转角度以添加或者移除材料。如图5-81所示，图中的示例选择TOP作为拔模枢轴参照。

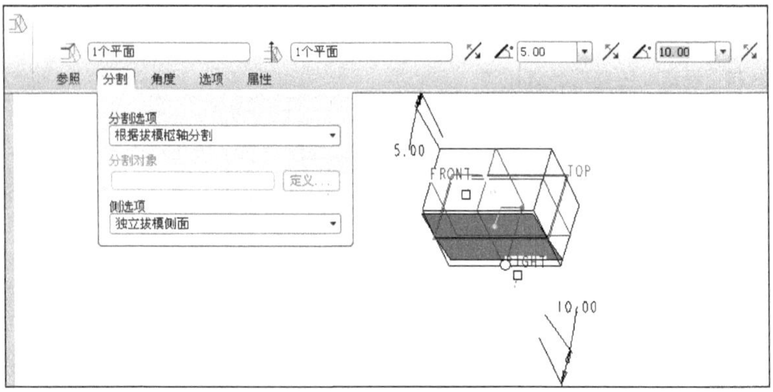

图5-81　创建分割拔模特征

5.8 实战综合案例——产品外壳建模

学习目的

重点掌握拔模特征、孔特征、倒圆角特征、壳特征以及筋特征的创建方法。

重点难点

- 在基础特征上创建拔模特征
- 创建孔特征、倒圆角特征、壳特征和筋特征

本章实战综合案例将练习多种工程特征的应用，将要完成的实体模型如图 5-82 所示。

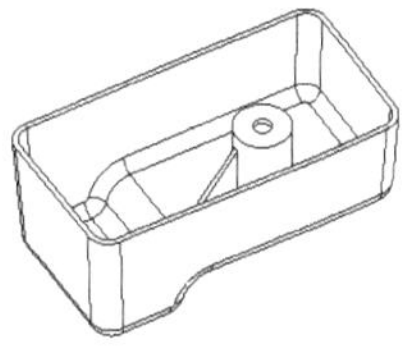

图5-82 工程特征的综合应用

操作步骤

1. **新建零件文件**

Step01 工具栏单击“创建新对象”按钮，打开“新建”对话框。

Step02 在“新建”对话框的“类型”选项组中，单击“零件”单选按钮；在“子类型”选项组中，单击“实体”单选按钮；在“名称”文本框中输入文件名为“bcproe_5_10”，取消选中“使用缺省模板”复选框以取消使用默认模板，单击“确定”按钮。

Step03 弹出“新文件选项”对话框，在“模板”选项组中选择“mmns_part_solid”，单击“确定”按钮，进入零件设计模式。

2. **创建一个拉伸体模型**

Step01 在右工具箱中单击“拉伸工具”按钮，打开拉伸工具操控板。默认的拉伸工具操控板上的“实体”按钮处于被单击选中状态。

Step02 选择“放置”选项，进入“放置”滑出面板，单击“定义”按钮，打开“草绘”对话框。

Step03 选择 FRONT 基准平面作为草绘平面，默认以 RIGHT 基准平面为“右”方向参照，单击“草绘”按钮，进入草绘模式。

Step04 绘制图 5-83 所示的拉伸剖面，单击“完成”按钮。

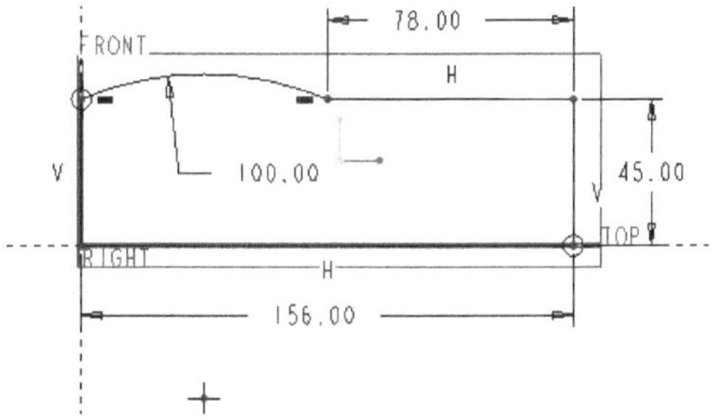

图5-83 草绘拉伸剖面

Step05 在操控板的深度框中输入深度值为“80”。

Step06 单击“完成”按钮，按【Ctrl+D】组合键以默认的标准方向视角显示模型，模型显示效果如图 5-84 所示。

3. **创建拔模特征**

Step01 工具栏单击“拔模工具”按钮，打开拔模工具操控板。

Step 02 结合【Ctrl】键分别单击拉伸体的 4 个侧面，如图 5-85 所示。

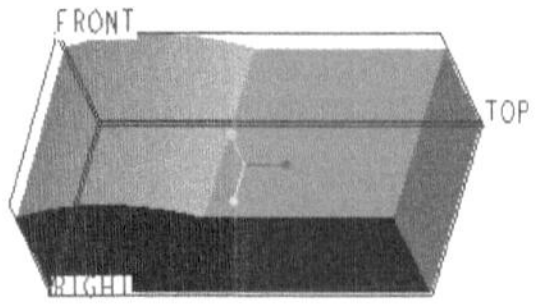

图5-84 创建的拉伸特征

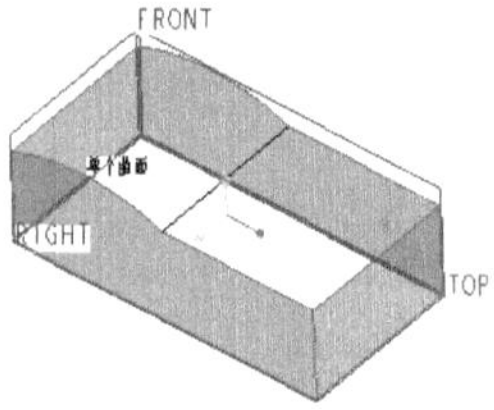

图5-85 选择侧面

Step 03 在操控板上单击 单击此处添加项目（拔模枢轴收集器）框以将该收集器激活，接着在模型中选择 TOP 基准平面来定义拔模枢轴。

Step 04 在操控板中输入拔模角度为“-3”，按【Enter】键，效果如图 5-86 所示。

Step 05 单击“完成”按钮。

4. **创建孔特征**

Step 01 工具栏单击“孔工具”按钮，打开孔工具操控板。

Step 02 默认的“创建简单孔”按钮处于被单击选中状态，并单击选中“使用预定义矩形作为钻孔轮廓”按钮，输入孔的直径为“20.00”。

Step 03 选择图 5-87 所示的模型上表面作为主放置参照。

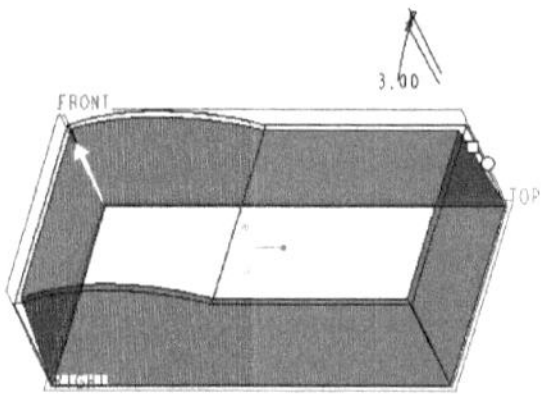

图5-86 创建拔模特征

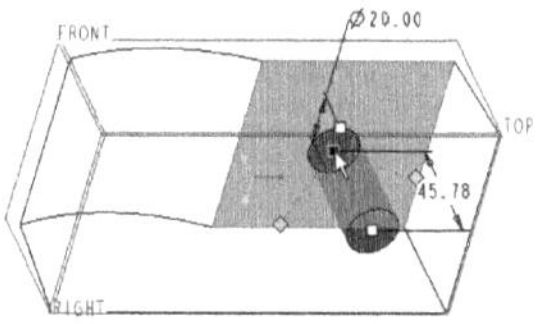

图5-87 选择主放置参照

Step 04 分别拖动偏移参照控制图柄选择所需的偏移参照，并进入“放置”滑出面板，在“偏移参照”收集器中修改偏移值，如图 5-88 所示。

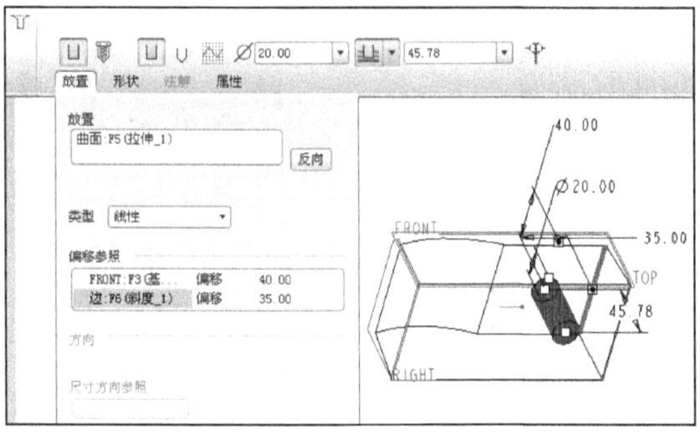

图5-88 定义偏移参照

Step 05 在操控板上选择（盲孔）选项，输入孔深为“30.00”，如图 5-89 所示。

Step 06 单击“完成”按钮，创建的孔特征如图 5-90 所示。

图5-89 设置孔深

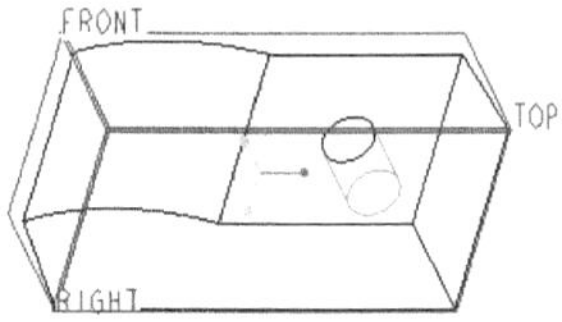

图5-90 创建孔特征

5. **创建倒圆角特征**

Step 01 工具栏单击“倒圆角工具”按钮，打开倒圆角工具操控板。

Step 02 在操控板上输入当前倒圆角集的圆角半径为“10.00”。

Step 03 按住【Ctrl】键的同时，单击选择图 5-91 所示的 5 条边线。

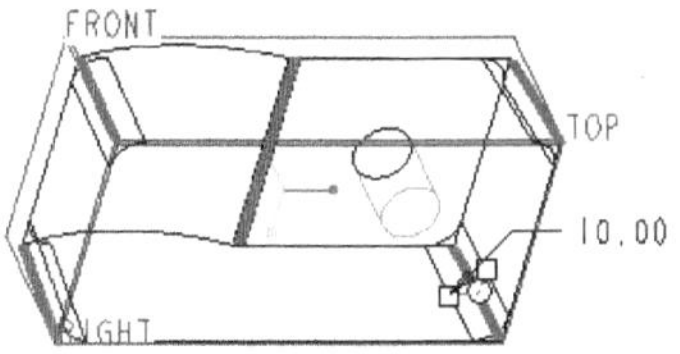

图5-91　选择要倒圆角的边

Step 04 单击“完成”按钮。

Step 05 单击“倒圆角工具”按钮，打开倒圆角工具操控板。

Step 06 在操控板上输入当前倒圆角集的圆角半径为“8.00”。

Step 07 选择图 5-92 所示的边。

Step 08 单击“完成”按钮，倒圆角效果如图 5-93 所示。

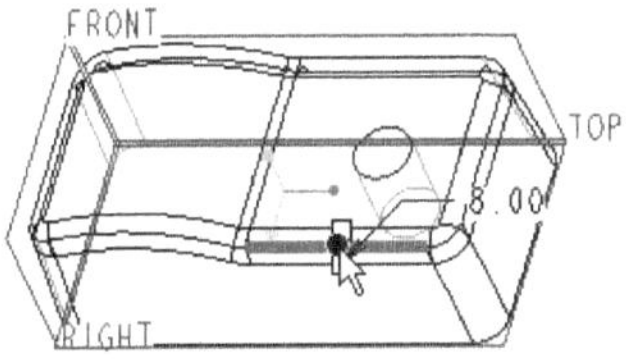

图5-92　选择要倒圆角的边

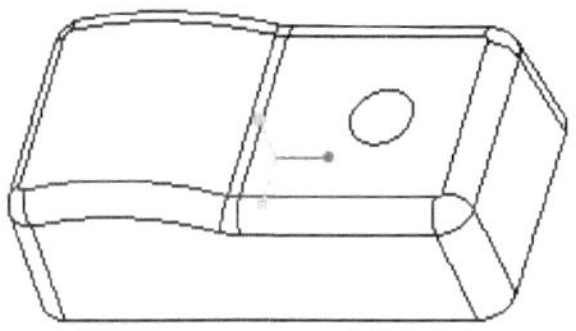

图5-93　倒圆角效果

6. **创建壳特征**

Step 01 单击“壳工具”按钮，打开壳工具操控板。

Step 02 在操控板上输入厚度值为“2.58”。

Step 03 使用鼠标中键翻转模型，选择图 5-94 所示的要移除的曲面。

Step 04 单击“完成”按钮，创建的壳特征如图 5-95 所示。

7. **创建轨迹筋特征**

Step 01 在右工具箱中单击“轨迹筋”按钮，或者在菜单栏中选择“插入”>“筋”>“轨迹筋”命令，打开轨迹筋工具操控板。

Step 02 在轨迹筋工具操控板中打开 “放置” 滑出面板， 单击 “定义” 按钮， 弹出 “草绘” 对话框。

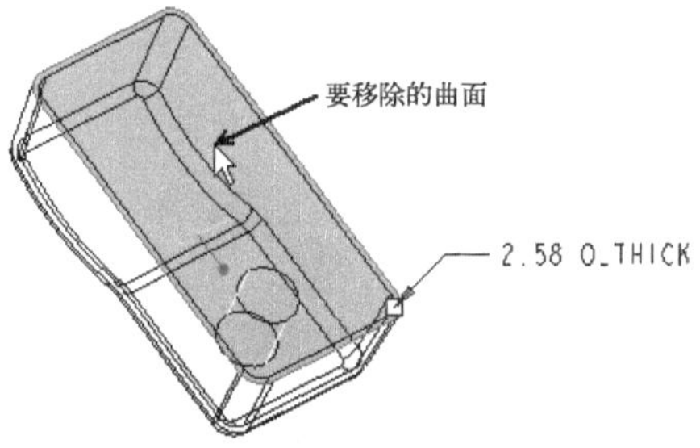

图5-94　选择要移除的曲面

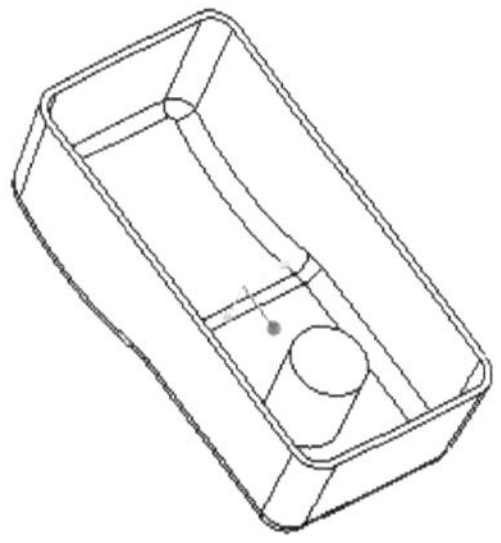

图5-95　创建的壳特征

Step 03 在右工具箱中单击“基准平面”按钮，弹出“基准平面”对话框，选择 TOP 基准平面作为偏移参照，设置偏移距离为“30.00”，如图 5-96 所示，然后单击在“基准平面”对话框中单击“确定”按钮，完成创建 DTM1 基准平面。

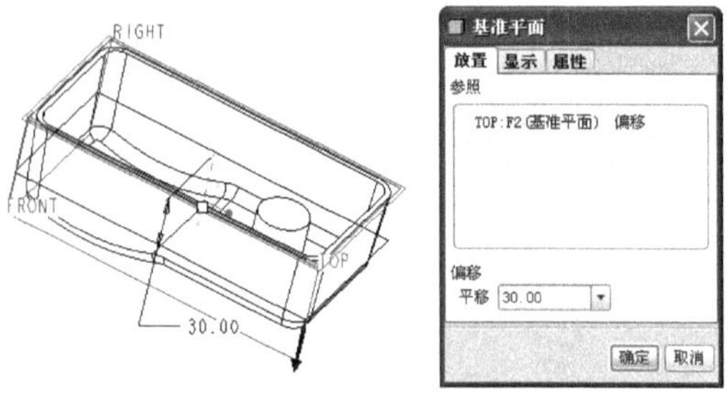

图5-96 创建新基准平面

Step 04 以新创建的 DTM1 基准平面作为草绘平面，以 RIGHT 基准平面为“右”方向参照，然后在“草绘”对话框中单击“草绘”按钮，进入草绘模式。

Step 05 在菜单栏中选择“草绘”>“参照”命令，打开“参照”对话框，在绘图区域中指定绘图参照；关闭“参照”对话框后，绘制图 5-97 所示的筋轨迹；单击“完成”按钮✔，完成草绘并退出草绘模式。

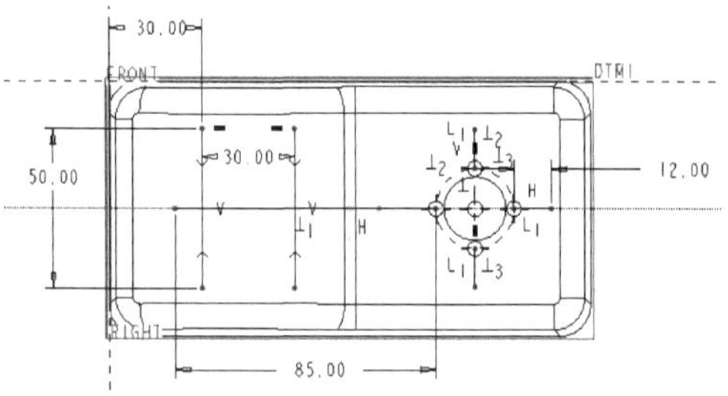

图5-97 草绘轨迹

Step 06 在轨迹筋工具操控板中单击“将筋的深度方向更改为草绘的另一侧”按钮，操作目的和操作示意如图 5-98 所示。

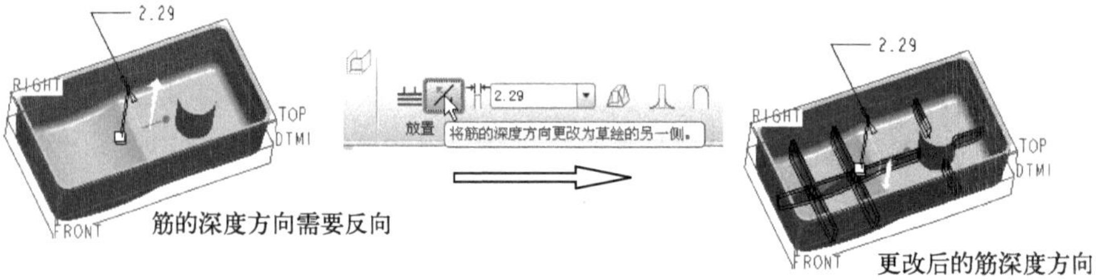

图5-98 设置正确的筋深度方向

Step 07 在轨迹筋工具操控板中设置图 5-99 所示的形状参数等。

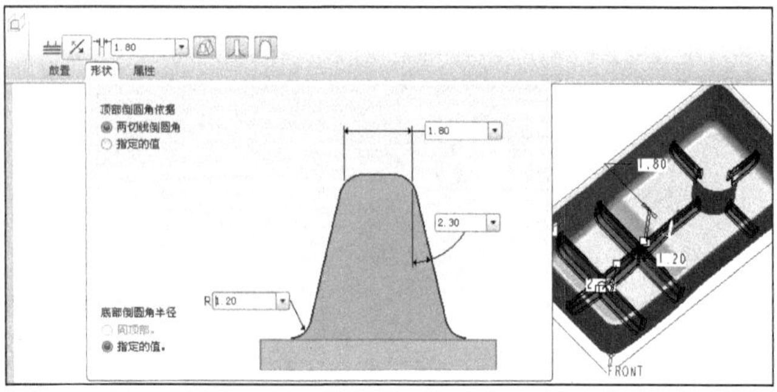

图5-99 设置轨迹筋形状参数等

Step 08 单击“完成”按钮，创建的轨迹筋效果如图 5-100 所示。

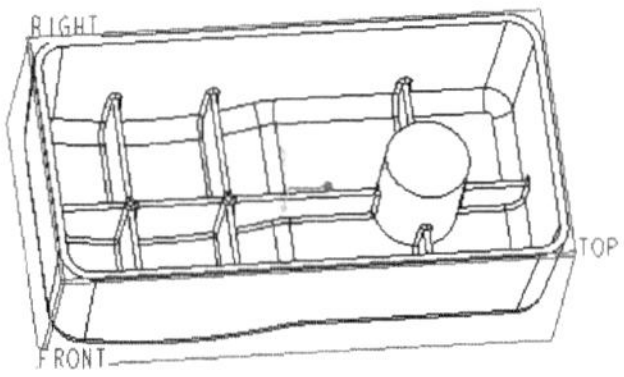

图5-100　完成创建轨迹筋

8. **创建孔特征**

Step 01 工具栏单击“孔工具”按钮，打开孔工具操控板。

Step 02 默认的“创建简单孔”按钮处于被单击选中状态，并单击选中“使用预定义矩形作为钻孔轮廓”按钮，输入孔的直径为“8.00”。

Step 03 进入“放置”滑出面板，选择特征轴 A_1 作为放置参照，此时在“放置”收集器中提示“选取 1 个项目”，如图 5-101 所示。按住【Ctrl】键的同时选择图 5-102 所示的零件端面。

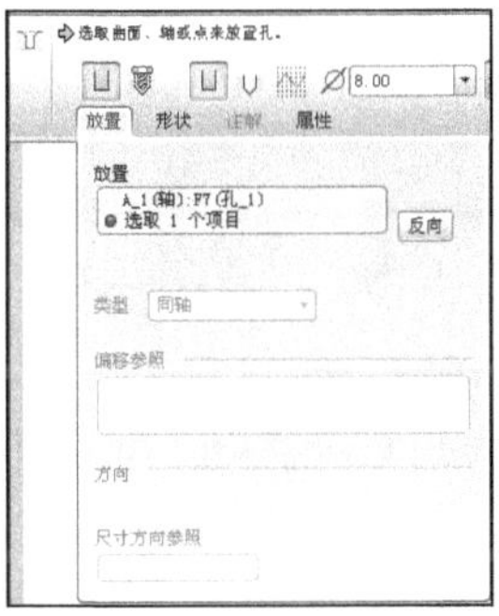

图5-101　指定其中一个放置参照

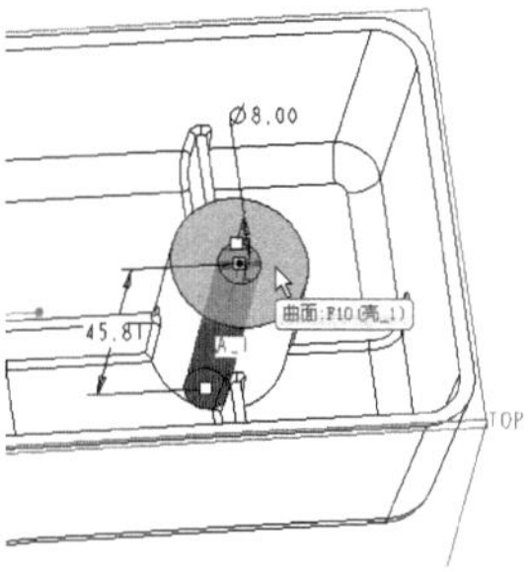

图5-102　选择端面

Step 04 在操控板上，从列表框中选择（穿透）选项。此时，若进入“形状”滑出面板，则可以看到该孔的具体形状尺寸信息，如图 5-103 所示。

Step 05 单击“完成”按钮，创建孔特征如图 5-104 所示。

9. **保存文件**

Step 01 在菜单栏中选择“文件”>“保存”命令，或者在工具栏中单击“保存”按钮，弹出“保存对象”对话框。

Step 02 单击“确定”按钮，在指定的工作目录下保存文件。

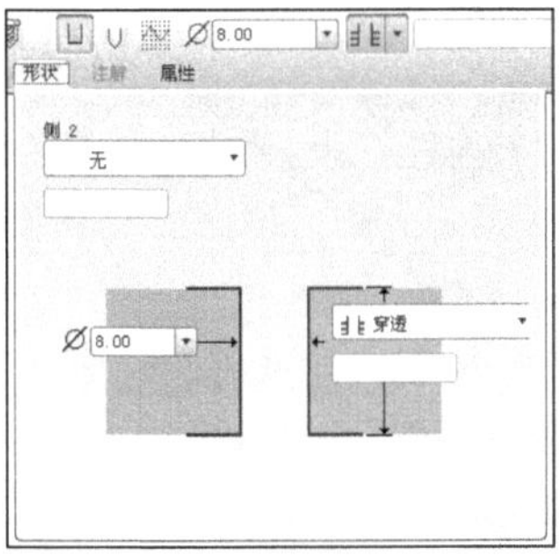

图5-103　指定孔的形状尺寸

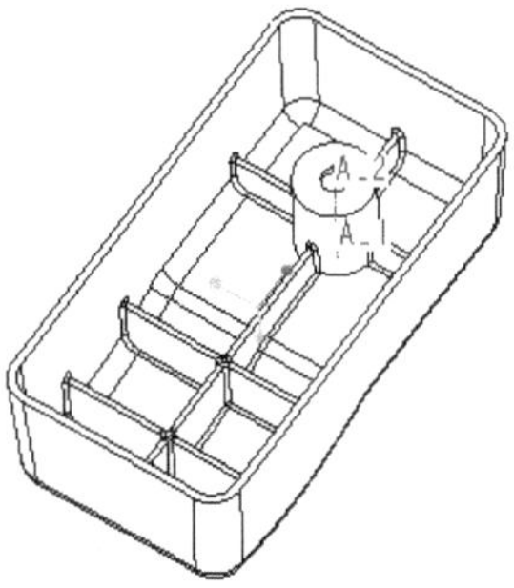

图5-104　完成孔特征

案例总结

本章实战综合案例介绍了多种工程特征的应用，在该案例中，需要重点掌握的是拔模特征、孔特征、倒圆角特征、壳特征以及筋特征的创建方法，尤其要注意孔特征和筋特征的类型。

5.9 思考与上机练习

1. 简答题

（1）创建孔特征分几种方式？它们各有哪些区别？

（2）如何创建具有不同厚度的壳特征？请举例说明。

（3）如何创建可变半径倒圆角特征？请举例说明。

（4）简述如何创建边倒角特征？

（5）简述如何创建拐角倒角特征？可以举例辅助说明。

（6）在什么情况下，可使用自动倒圆角工具来对模型的凸边或凹边进行自动倒圆角？

2. 上机练习题

（1）绘制一个正方体，然后对其4个侧面进行拔模处理，拔模角度为“5°”，如图5-105所示。

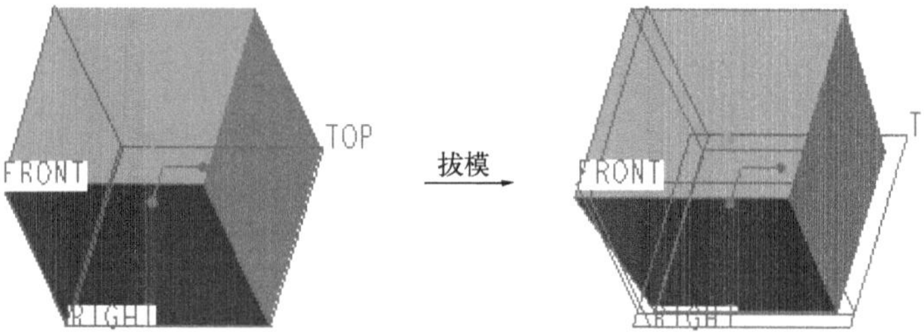

图5-105 创建拔模特征

知识要点提示

在创建拔模特征的过程中，注意选择TOP基准平面定义拔模枢轴。

（2）打开本书配套的素材“/ch5/ex5_7.prt”的文件，文件中的原始三维模型如图5-106所示，练习给三维模型添加倒圆角特征，完成倒圆角处理后的参考模型，如图5-107所示。

图5-106 原始三维模型

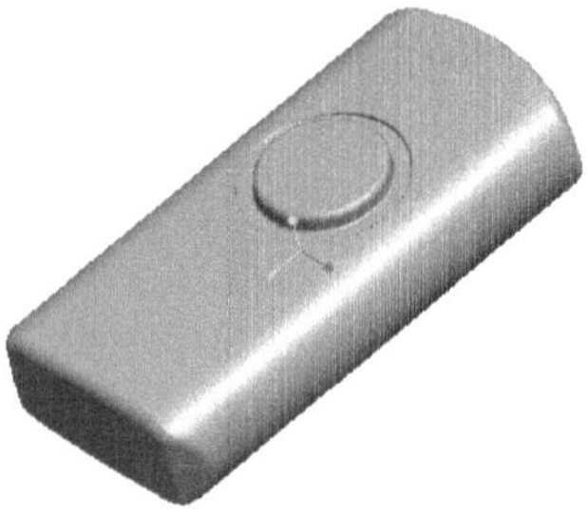

图5-107 倒圆角效果

知识要点提示

使用倒圆角的基础知识。

第6章 编辑特征

本章导读

编辑特征是指执行镜像、移动、缩放、阵列、复制/粘贴等工具命令来创建的特征。在实际设计中，巧用编辑特征可以在一定程度上提高设计效率，缩短设计时间。本章介绍常用的编辑特征，包括镜像、移动复制、缩放和阵列等。

学习目标

- 掌握镜像工具的应用
- 理解移动复制
- 掌握缩放命令的使用
- 了解阵列类型
- 掌握各种主要类型阵列的创建方法

6.1 镜像

利用右工具箱中的“镜像工具”按钮或菜单栏中的“编辑”→“镜像”命令，可以由现有特征创建出关于某平面对称映射的镜像特征。

下面结合简单实例，介绍创建镜像特征的具体方法及步骤。

（1）选择要镜像的特征，如选择图6-1所示的实体特征。

（2）在右工具箱中单击“镜像工具”按钮，打开图6-2所示的镜像工具操控板。

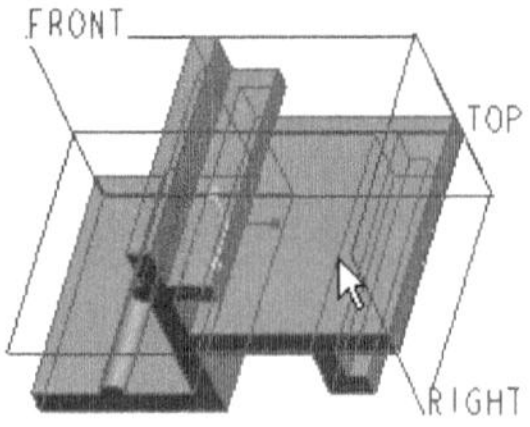

图6-1　原始特征

图6-2　镜像工具操控板

（3）指定镜像平面。例如，选择 RIGHT 基准平面作为镜像平面。此时，若打开“选项”滑出面板，则“复制为从属项”复选框默认处于被勾选的状态。

（4）在镜像工具操控板中单击“完成”按钮☑，完成的镜像效果如图 6-3 所示。

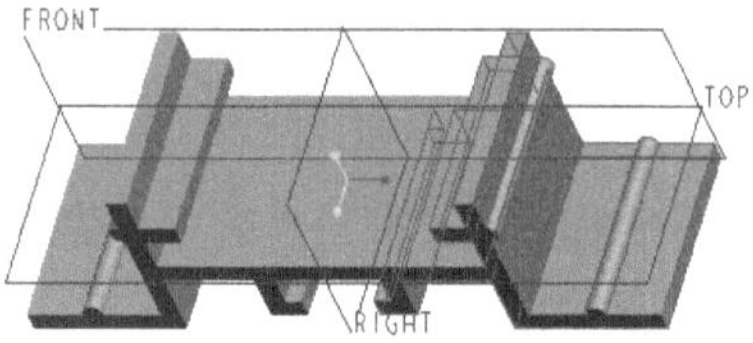

图6-3　创建镜像特征

6.2　移动复制

移动复制是特征操作的一种常用方式。在设计实践中，巧用移动复制的方式创建同类特征，可以在一定程度上提高设计效率。

可以采用对特征进行移动复制的方式建造重复性（或相似性）的特征，操作方法是在菜单栏中选择“编辑”>“特征操作”命令，打开图 6-4 所示的菜单管理器，接着在菜单管理器的“特征”菜单中选择“复制”选项，将得到图 6-5 所示的菜单管理器，从中选择“移动”选项及相应的选项，并依据提示进行相关操作即可。

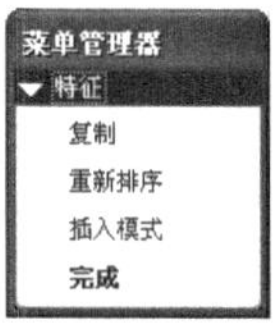

图6-4　“特征”菜单

图6-5　菜单管理器

①“独立”选项：复制特征的截面和尺寸是独立的。

②“从属”选项：复制特征的截面和尺寸是相关的，重新修改源特征时，移动复制得到的特征也会随之发生变化。

> **注意**
>
> 移动方式主要有两种：一种是平移，另外一种是旋转。在创建过程中，可以从菜单管理器出现的菜单中选择移动方式。

下面介绍一个简单例子的操作过程。

（1）打开本书配套的素材“/ch6/ncproe_6_2.prt”文件，文件中的原始三维实体模型如图 6-6 所示。

（2）在菜单栏的“编辑”菜单中选择“特征操作”命令，打开菜单管理器。

（3）在菜单管理器的“特征”菜单中选择“复制”选项，接着选择“移动”>“选取”>“独立”>“完成”选项。

（4）菜单管理器的菜单如图 6-7 所示，结合【Ctrl】键在图形窗口中或者通过模型树选择要移动复制的两个特征，如图 6-8 所示。选择特征后，在“选取”对话框中单击“确定”按钮；也可以直接在菜单管理器的“选取特征”菜单中选择“完成”选项。

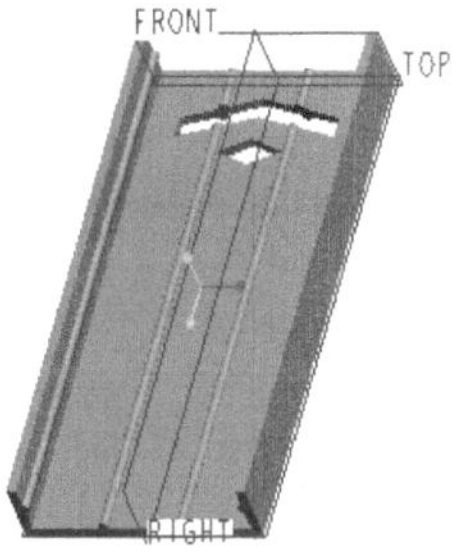

图6-6　三维实体模型素材

图6-7　菜单管理器

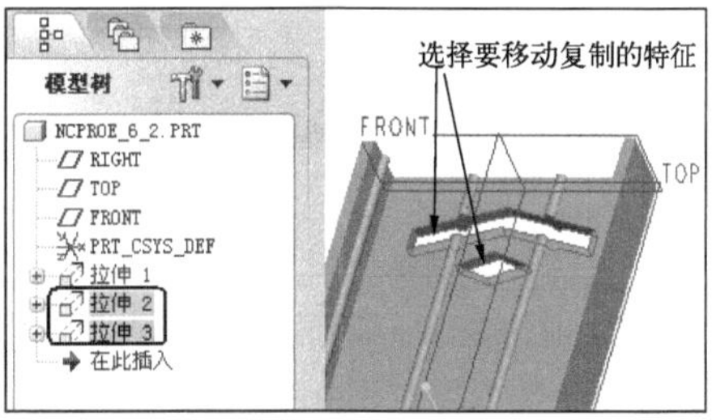

图6-8　选择要移动复制的特征

（5）在图 6-9 所示菜单管理器的“移动特征”菜单中，选择“平移”选项，此时菜单管理器出现的菜单如图 6-10 所示。

（6）在图形窗口中选择 FRONT 基准平面，然后在图 6-11 所示的菜单管理器中选择“确定”选项。

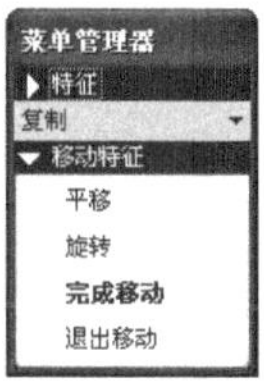

图6-9　“移动特征”菜单

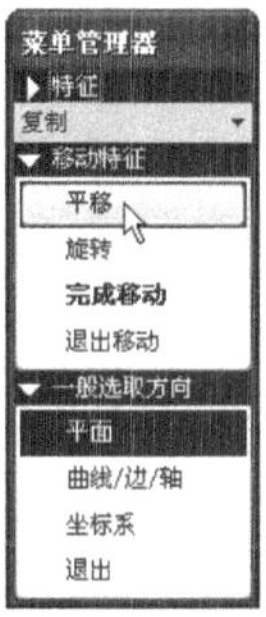

图6-10　选择“平移”选项

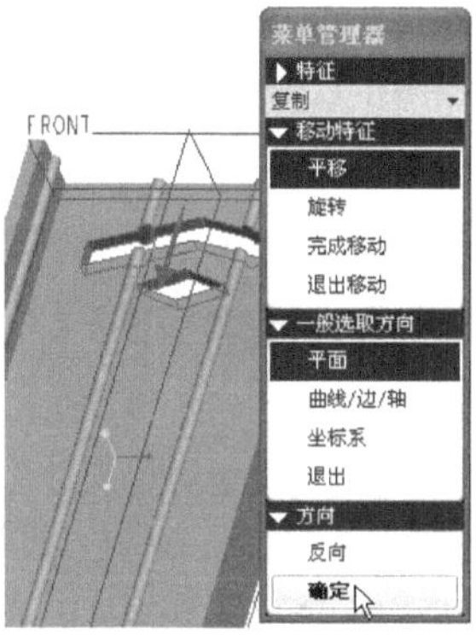

图6-11　定义平移方向

（7）在图 6-12 所示的框中输入平移值为“150”，单击“接受”按钮。

图6-12　输入偏距值

（8）在菜单管理器的“移动特征”菜单中选择“完成移动”选项，出现图 6-13 所示的“组元素”对话框和“组可变尺寸”菜单。

（9）在“组可变尺寸”菜单中选择“完成”选项。

（10）在“组元素”对话框中单击“确定”按钮，通过平移复制而得到的特征如图6-14所示。

图6-13　弹出的对话框和菜单

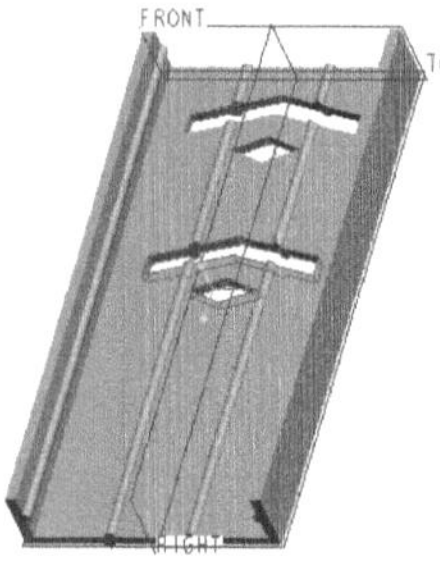

图6-14　平移复制的效果

6.3　缩放

可以通过选择“编辑”>“缩放模型”菜单命令来缩小模型或者放大模型。

缩放模型的方法和步骤很简单，首先在菜单栏中选择“编辑”>“缩放模型”命令，接着在图6-15所示的框中输入缩放比例值，单击“接受”按钮，此时弹出图6-16所示的信息提示对话框，单击“是”按钮，缩放模型尺寸并再生。如果在信息提示对话框中单击“否”按钮，则中止更改和再生尺寸。

图6-15　定义缩放比例

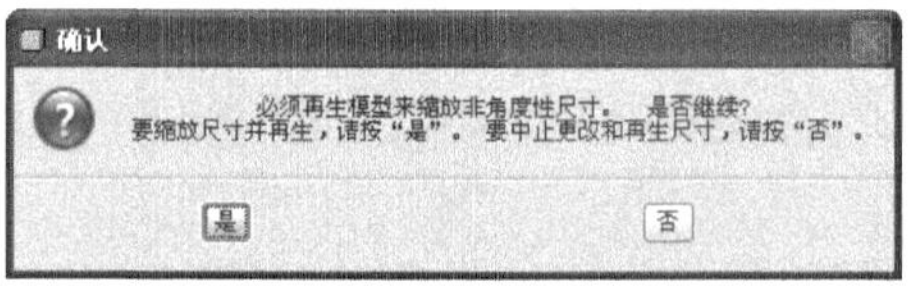

图6-16　信息提示对话框

6.4　阵列

阵列的创建类型主要有“尺寸”、“方向”、“轴”、“填充”、“曲线”、“表”、“参照”和“点”。

选择要阵列的特征，单击工具栏“阵列工具”按钮，打开图6-17所示的阵列工具操控板。用户可以根据实际情况从操控板的阵列类型列表框中选择相应的阵列方式选项，如“尺寸”、“方向”、“轴”、“填充”、“曲线”、“点”选项等。

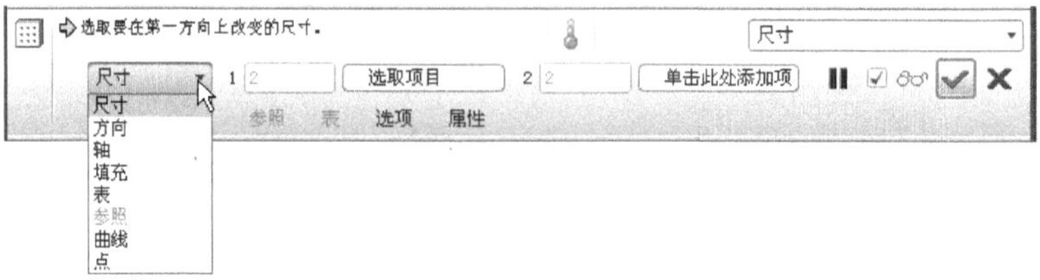

图6-17　阵列工具操控板

阵列基本的再生选项有“相同”、“可变”和“一般”选项，它们位于阵列工具操控板的“选项”滑出面板中，如图 6-18 所示。

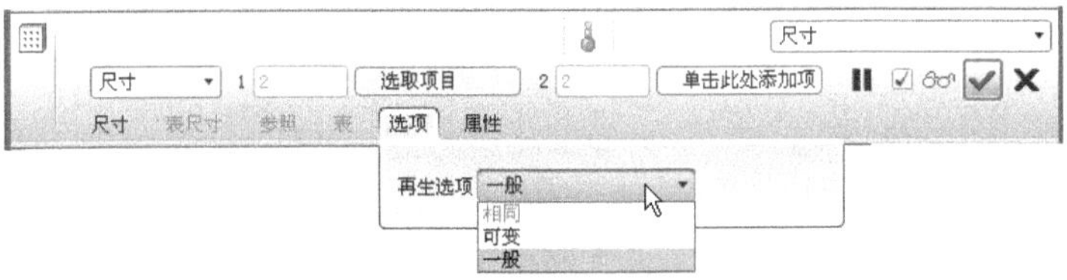

图6-18　再生选项

提 示

阵列基本再生选项的功能含义如下。

①“相同”选项：所有的阵列成员尺寸相同，放置在相同的曲面上，且彼此之间或与零件边界不相交。

②“可变”选项：阵列成员的尺寸可以不同或者可放置在不同的曲面上，但彼此之间或与零件边界不能相交。

③“一般”选项：无任何阵列成员限制。

6.4.1　尺寸阵列

可以通过使用驱动尺寸并指定阵列的增量变化来控制阵列，尺寸阵列可以为单向或双向。下面以一个实例来辅助说明尺寸阵列的创建过程。

（1）打开本书配套的素材“/ch6/ncproe_6_3a.prt”文件，文件中三维实体模型如图 6-19 所示。

（2）选择图 6-20 所示的“拉伸 2”切口特征，单击“阵列工具”按钮；也可以在模型树中右键单击“拉伸 2”特征的树节点，然后在弹出快捷菜单中选择“阵列”命令。

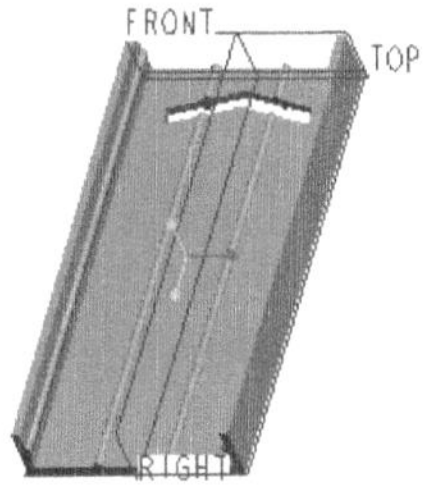

图6-19　三维实体模型素材

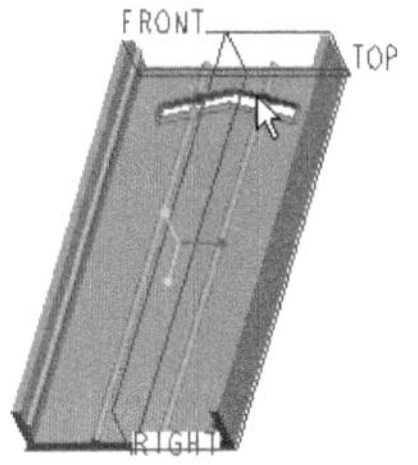

图6-20　选择要阵列的原始特征

（3）“尺寸”阵列选项为默认项。在图形窗口中，要阵列的特征显示出其尺寸，如图 6-21 所示。

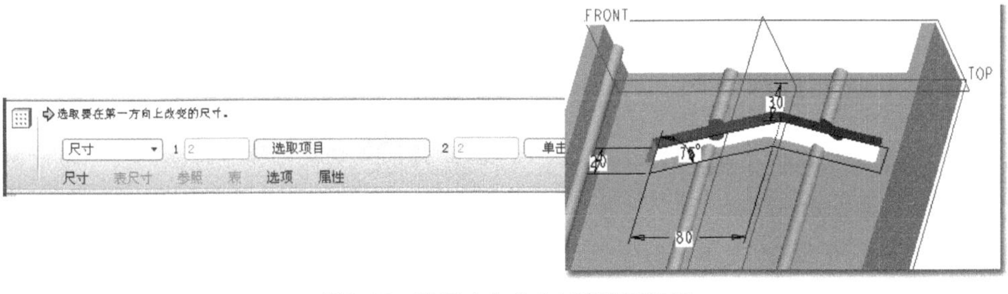

图6-21　以尺寸方式来创建阵列特征

（4）单击“尺寸”标签，打开“尺寸”滑出面板，然后在模型中单击数值为“30”的尺寸，该尺寸定义方向 1 的一个尺寸变量，输入其增量为“50.00”，按【Enter】键，如图 6-22 所示。

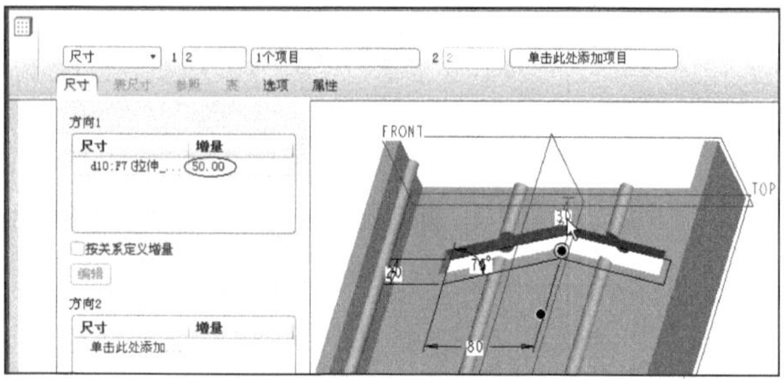

图6-22　定义方向1的尺寸变量参数

（5）按住【Ctrl】键的同时在模型中单击数值为“80”的尺寸，则该尺寸定义方向 1 的另一个尺寸变量，在“方向 1”收集器中输入该尺寸增量为“-5.00”，按【Enter】键，如图 6-23 所示。

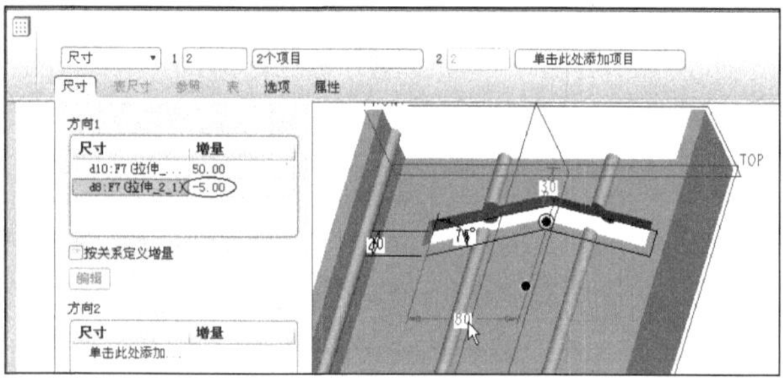

图6-23　定义方向2的尺寸变量参数

（6）在阵列工具操控板中输入方向 1 的阵列成员数为“8”，并使用鼠标在图形区域中单击要排除的其中两个阵列成员，使这两个阵列成员的标识点由黑点变成白点，如图 6-24 所示。白点表示所标识的阵列成员已经被排除。

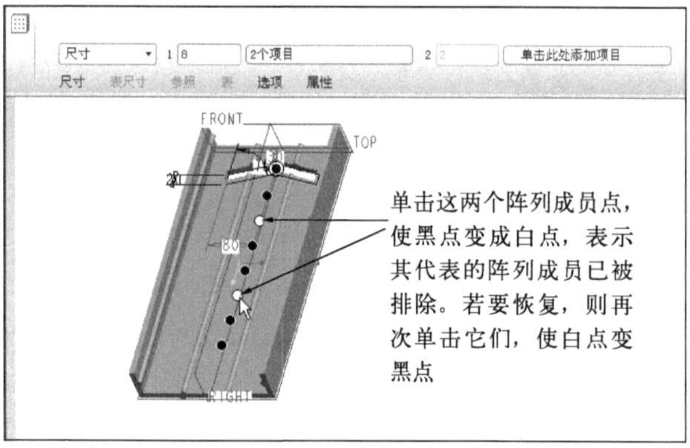

图6-24　定义阵列成员数和设置要排除的阵列成员

（7）单击“完成”按钮☑，完成的效果如图 6-25 所示。

经验

若要删除阵列，可以在模型树中右键单击选择阵列节点，从图6-26所示的快捷菜单中选择“删除阵列”命令，即可将阵列而成的特征删除掉而只保留原始特征。若在快捷菜单中选择“删除”命令，则将阵列而成的特征与原始特征一并被删除掉。

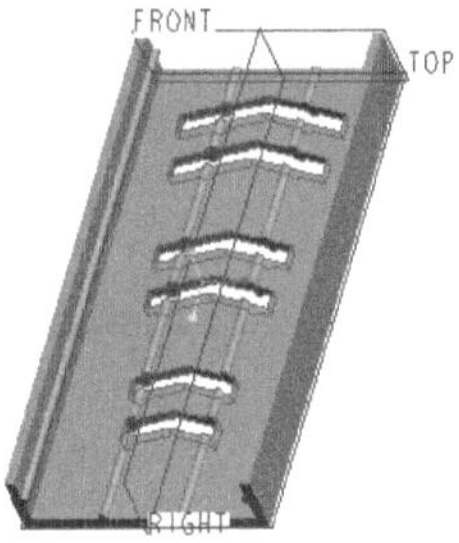

图6-25 阵列效果

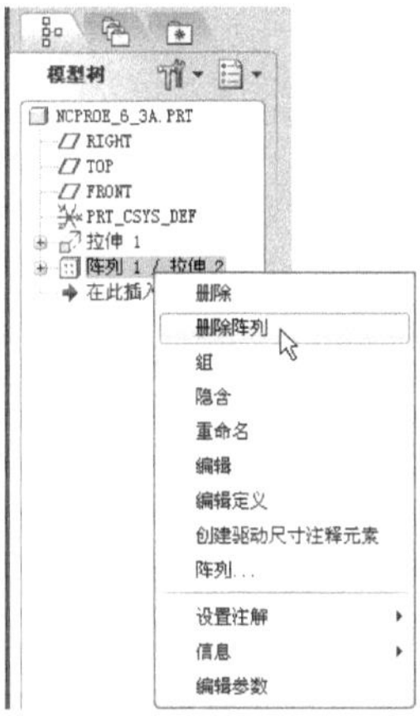

图6-26 选择“删除阵列”命令

6.4.2 方向阵列

方向阵列是通过指定方向设置阵列增长的方向和增量来创建自由形式阵列，方向阵列可以为单向或双向。下面介绍一个创建方向阵列的范例。

（1）打开本书配套的素材“/ch6/ncproe_6_3b.prt”文件，文件中三维实体模型如图 6-27 所示。

（2）选择图 6-28 所示的“拉伸 2”特征，单击“阵列工具”按钮，打开阵列工具操控板。

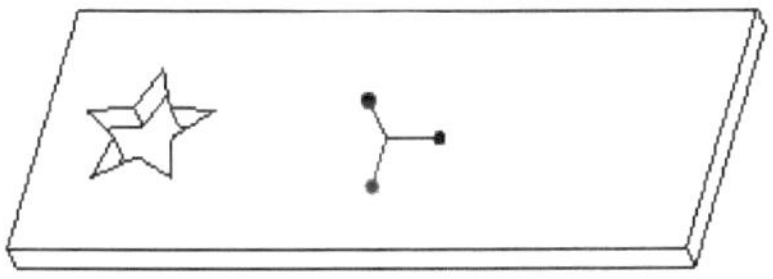
图6-27 三维实体模型素材

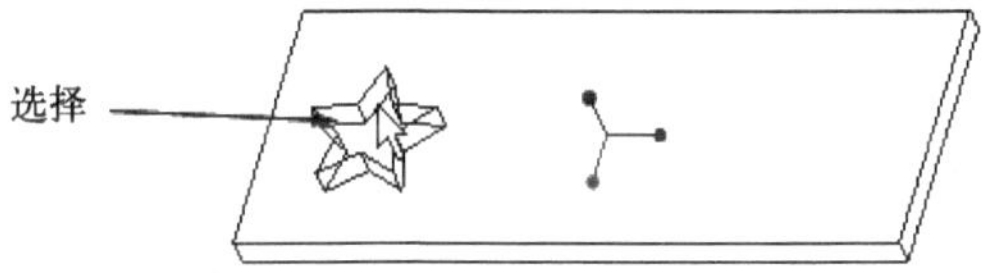

图6-28 选择要阵列的特征

（3）在阵列工具操控板的阵列类型列表框中，选择“方向”选项，并确保（平移）参照方式，选择图 6-29 所示的边线。

（4）在操控板上输入第一方向的成员数为“5”，输入第一方向的阵列成员间的间距为“35.00”，如图 6-30 所示。

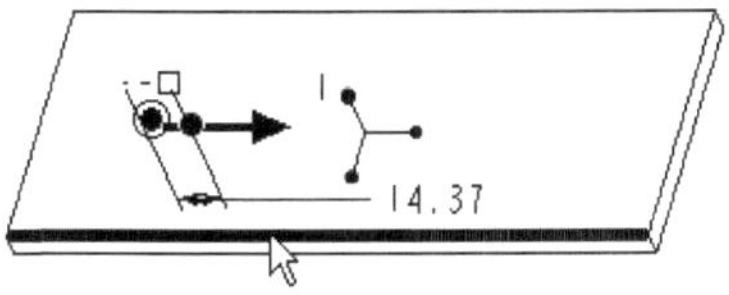

图6-29 选择方向参照

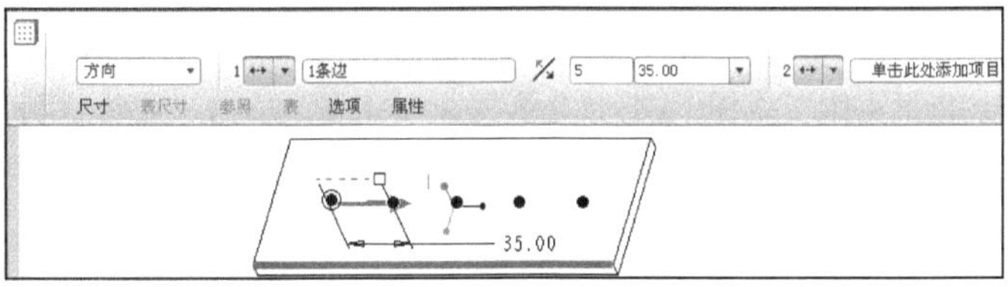

图6-30 设置第一方向的参数

技巧

如果要在另一个方向上添加阵列成员，则在阵列工具操控板中单击第二方向收集器，然后选择第二方向参照并设置相应的参数。

（5）单击“完成”按钮，完成的阵列效果如图 6-31 所示。

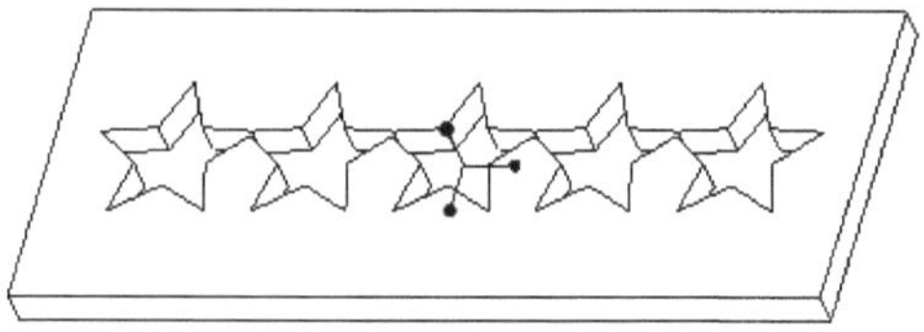

图6-31　阵列效果

6.4.3 轴阵列

轴阵列也称旋转阵列，需要围绕着一个特定的旋转轴来进行。

下面介绍一个应用到轴阵列的实例。

（1）单击工具栏“创建新对象”按钮，新建一个名为“ncproe_6_3c”的实体零件文件，模板采用“mmns_part_solid”。

（2）在右工具箱中单击“旋转工具”按钮，打开旋转工具操控板；单击“放置”标签以打开“放置”滑出面板，单击“定义”按钮，打开“草绘”对话框；选择FRONT基准平面作为草绘平面，以RIGHT基准平面为“右”方向参照，单击“草绘”按钮，进入草绘模式。

绘制图6-32所示的剖面，添加一条几何中心线定义旋转轴。单击“完成”按钮，完成草绘并退出草绘模式。

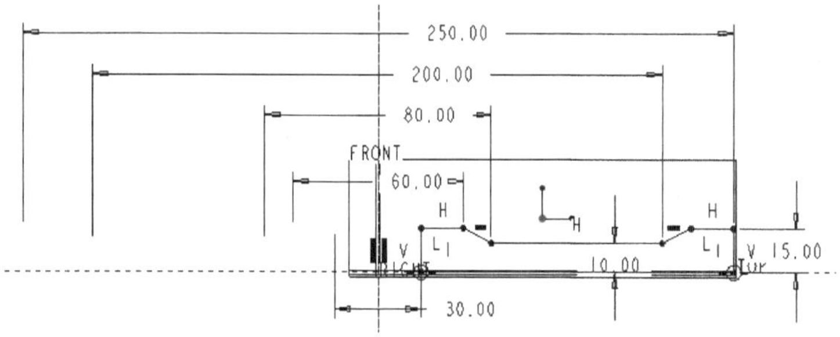

图6-32　草绘

在旋转工具操控板中保持默认的旋转设置（如默认的旋转角度为360°），单击“完成”按钮。按【Ctrl+D】组合键以默认的标准方向视角显示，模型显示效果如图6-33所示。

（3）在右工具箱中单击“拉伸工具”按钮，打开拉伸工具操控板。默认的拉伸工具操控板上的“实体”按钮处于被单击选中状态，单击“去除材料”按钮。进入“放置”滑出面板，单击“定义”按钮，打开“草绘”对话框。选择TOP基准平面作为草绘平面，以RIGHT基准平面为“右”方向参照，单击“草绘”按钮。

绘制图6-34所示剖面，单击“完成”按钮。

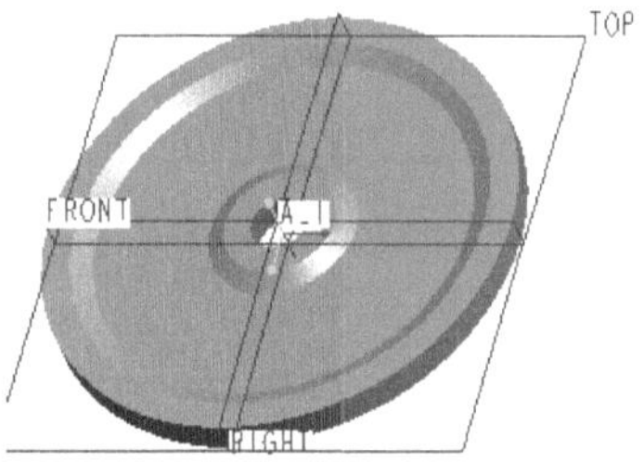

图6-33　创建的旋转实体特征

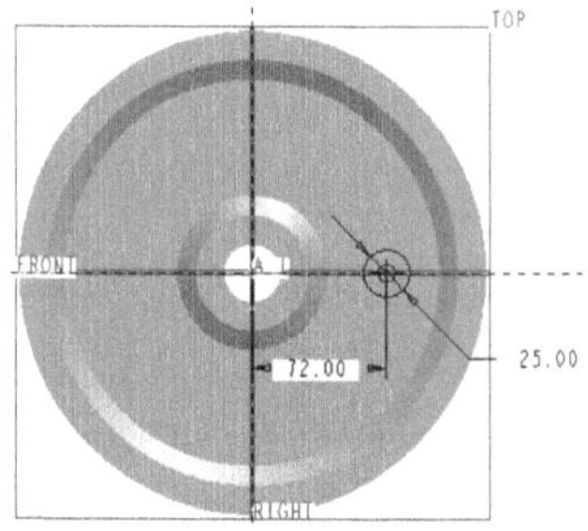

图6-34　草绘拉伸剖面

单击“深度方向”按钮，并从深度选项列表框中选择（穿透），此时按【Ctrl+D】组合键，模型显示如图 6-35 所示。

单击“完成”按钮，完成的拉伸切除效果如图 6-36 所示。

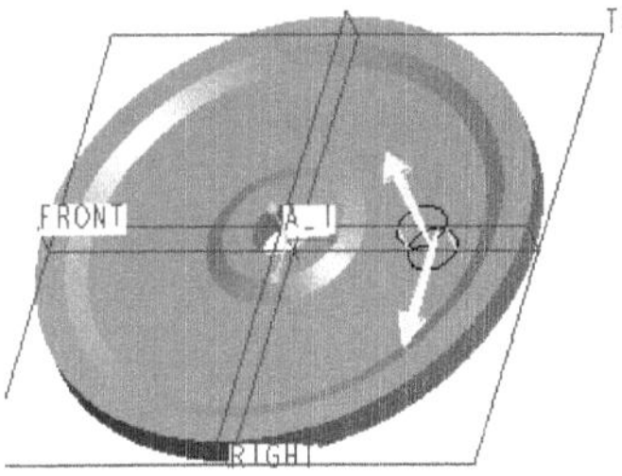

图6-35 设置深度方向

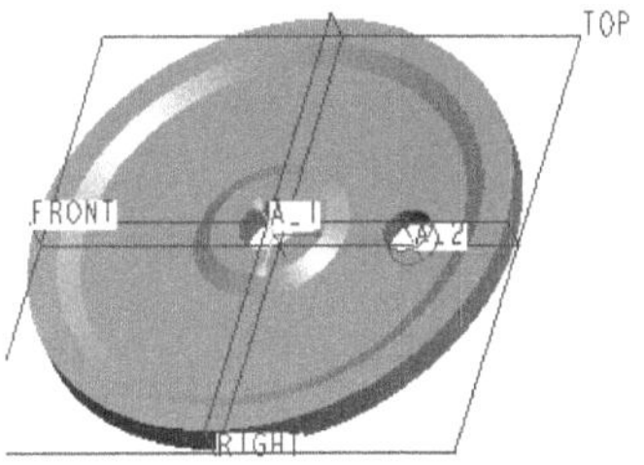

图6-36 创建拉伸特征

（4）单击“阵列工具”按钮，打开阵列工具操控板。

（5）在操控板的阵列类型列表框中选择“轴”选项，然后在模型中选择旋转特征轴 A_1。

（6）输入第一方向（圆周上）的阵列成员数为“6”，阵列成员间的角度增量为“60.00”，如图 6-37 所示。

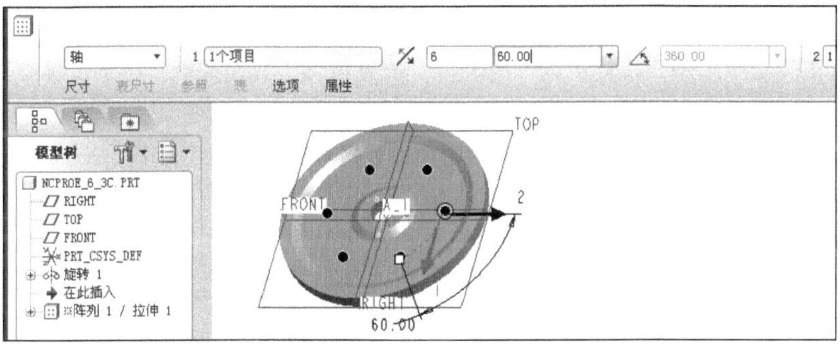

图6-37 设置阵列参数

（7）单击“完成”按钮，完成的阵列特征如图 6-38 所示。

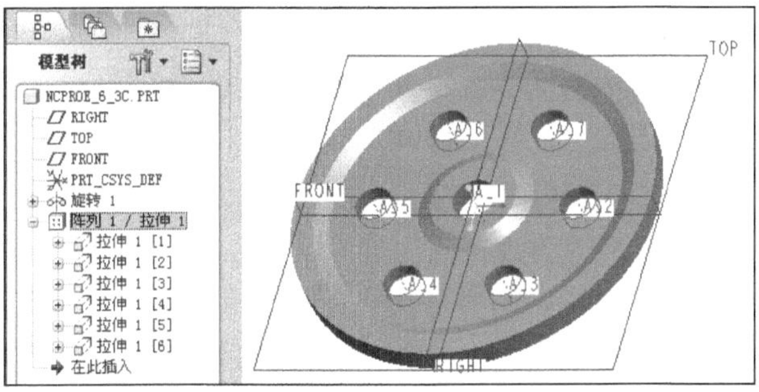

图6-38 完成的阵列特征

6.4.4 填充阵列

可以通过选定的栅格用实例填充区域来控制阵列。这是一种特殊的阵列方式，可以创建一些类似穿孔板之类的零件。例如，要在一块尺寸为 60×30×2 的薄板上布满微小的孔特征，操作步骤如下。

（1）单击“创建新对象”按钮，新建一个名为“ncproe_6_3d”的实体零件文件，模板采用“mmns_part_solid”。

（2）在右工具箱中单击“拉伸工具”按钮，打开拉伸工具操控板。默认的拉伸工具操控板上的“实体”按钮处于被单击选中状态。进入“放置”滑出面板，单击“定义”按钮，打开“草绘”对话框。选择 TOP 基准平面作为草绘平面，以 RIGHT 基准平面为“右”方向参照，单击“草绘”按钮。

绘制图 6-39 所示的剖面，单击“完成”按钮。

在拉伸工具操控板中，输入拉伸深度为“2”，单击“完成”按钮，创建的薄板（拉伸特征）如图 6-40 所示。

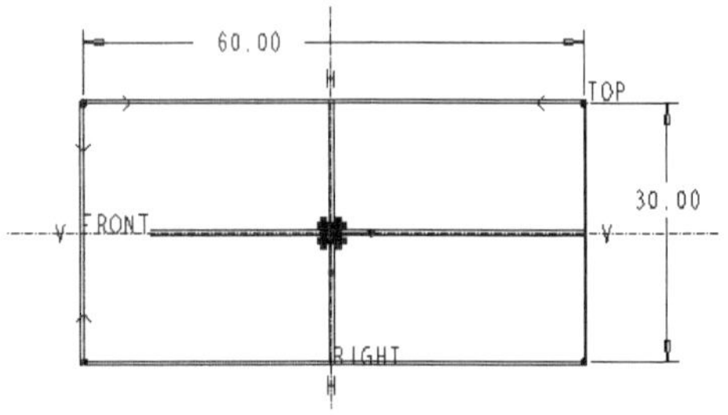

图6-39　草绘剖面

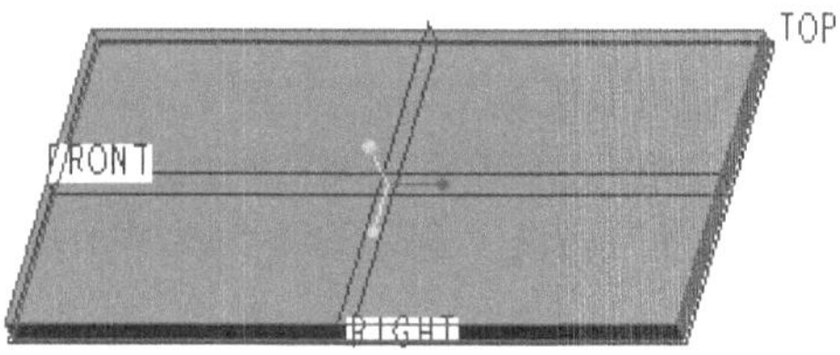

图6-40　创建的薄板

（3）在右工具箱中单击“拉伸工具”按钮，打开拉伸工具操控板。拉伸工具操控板上的“实体”按钮处于被单击选中状态，单击“去除材料”按钮。进入“放置”滑出面板，单击“定义”按钮，打开“草绘”对话框。在“草绘”对话框中单击“使用先前的”按钮，进入草绘模式。

绘制图 6-41 所示的剖面，单击“完成”按钮。

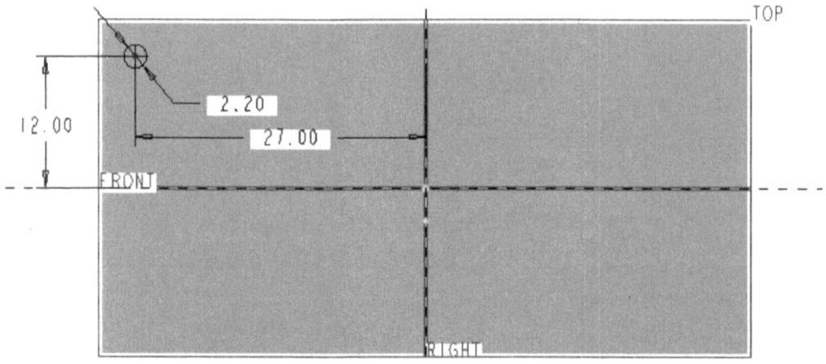

图6-41　草绘

单击“深度方向”按钮，并从深度选项列表框中选择（穿透），此时按【Ctrl+D】组合键以默认的标准方式视角显示，如图 6-42 所示。

单击“完成”按钮，完成的拉伸切除效果如图 6-43 所示。

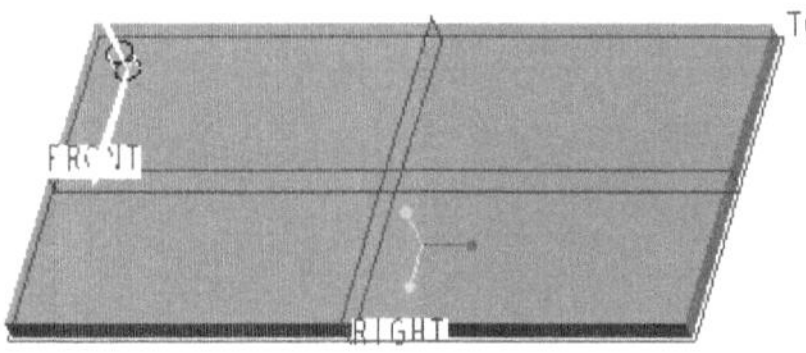

图6-42　预览

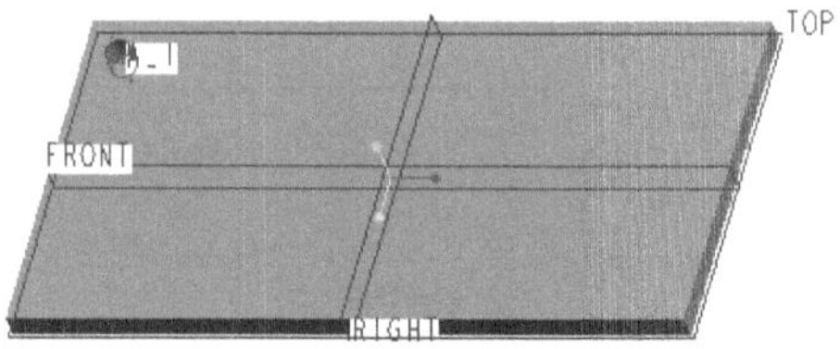

图6-43　创建出一个小孔

（4）确保小孔处于被选中的状态，单击“阵列工具”按钮，打开阵列工具操控板。

（5）在操控板的阵列类型列表框中选择“填充”选项。

（6）单击“参照”标签，打开“参照”滑出面板，如图 6-44 所示，然后单击“定义”按钮，弹出“草绘”对话框。

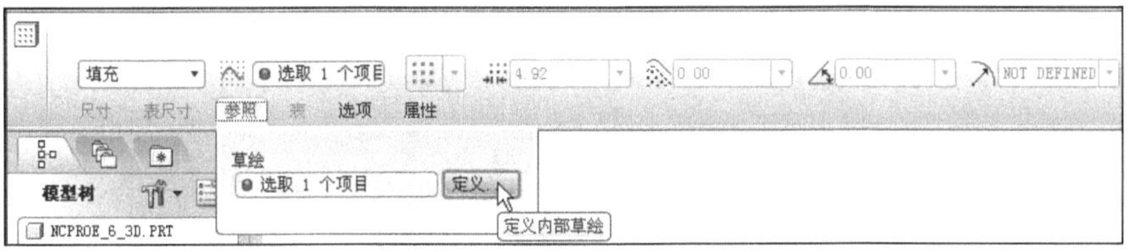

图6-44　进入“参照”滑出面板

（7）在“草绘”对话框中单击“使用先前的”按钮，进入草绘模式，绘制如图 6-45 所示的封闭区域，单击“完成”按钮。

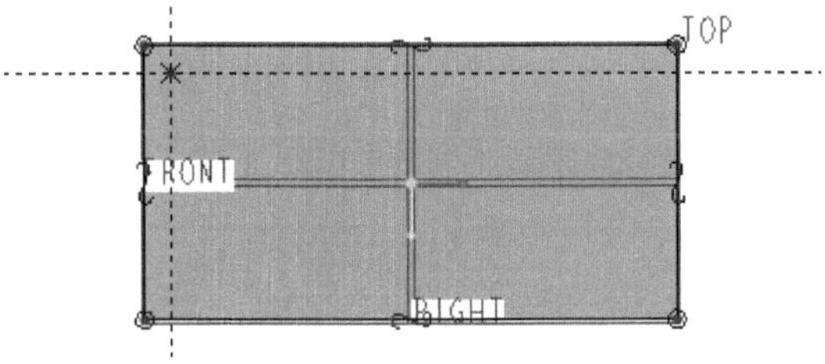

图6-45　草绘区域

（8）默认情况下以方形栅格阵列分割各成员，如图 6-46 所示。

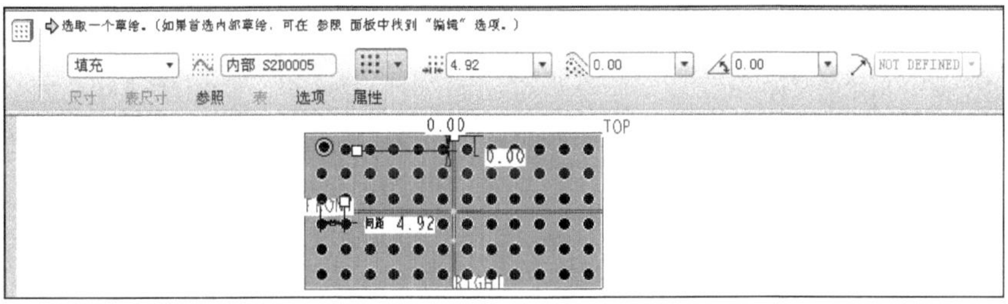

图6-46　正方形填充

在操控板的“栅格模板”下拉列表框中选择“菱形”图标选项，其他选项设置如图 6-47 所示，即设置阵列成员中心两两之间的距离为“5.00”、阵列成员中心可距草绘边界的距离为“2.00”、栅格关于原点的旋转角度为“10.00”。

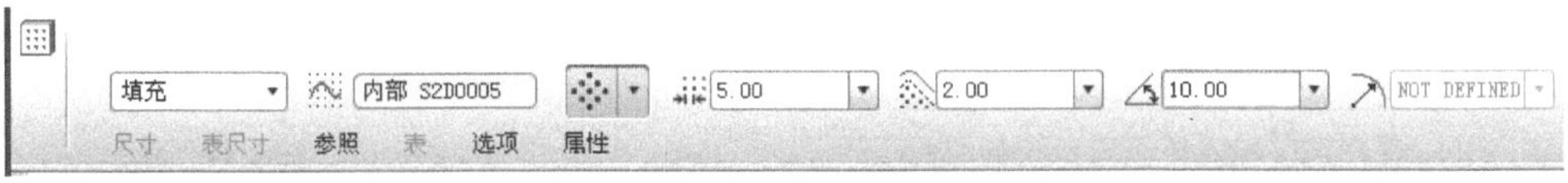

图6-47　设置填充参数

（9）模型显示如图 6-48 所示，单击“完成”按钮，最终得到的阵列效果如图 6-49 所示。

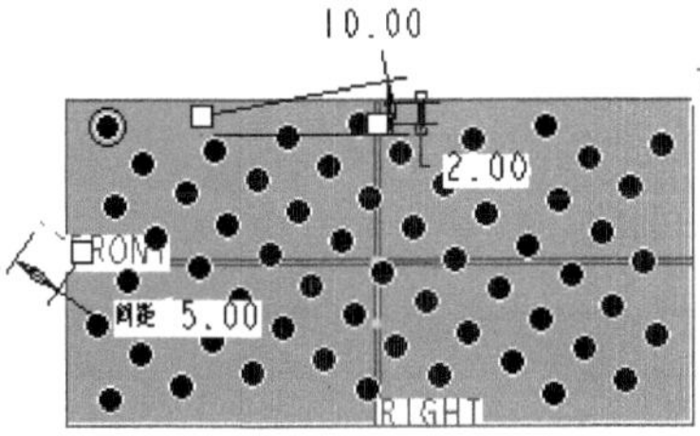

图6-48　填充阵列

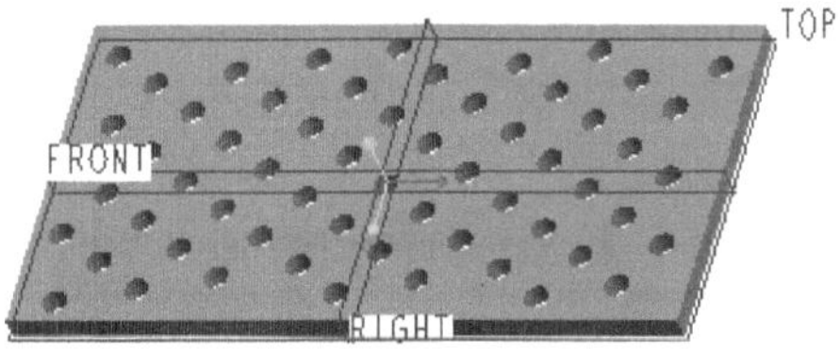

图6-49　布满小孔的薄板

6.4.5 曲线阵列

可以通过沿着曲线的阵列成员间的间距或阵列成员的数目来控制阵列。下面结合范例介绍曲线阵列的应用。

（1）打开本书配套的素材“/ch6/ncproe_6_3e.prt”文件，文件中的原始实体模型如图 6-50 所示。

（2）选择小孔（“拉伸 2”特征），单击“阵列工具”按钮，打开阵列工具操控板。

（3）在操控板的阵列类型列表框中选择“曲线”选项。

（4）单击“参照”标签，进入“参照”滑出面板，接着在该滑出面板中单击“定义”按钮，打开“草绘”对话框。

（5）选择 TOP 基准平面作为草绘平面，默认以 RIGHT 基准平面为“右”方向参照，单击“草绘”按钮。

（6）草绘图 6-51 所示的圆弧曲线，单击“完成”按钮。

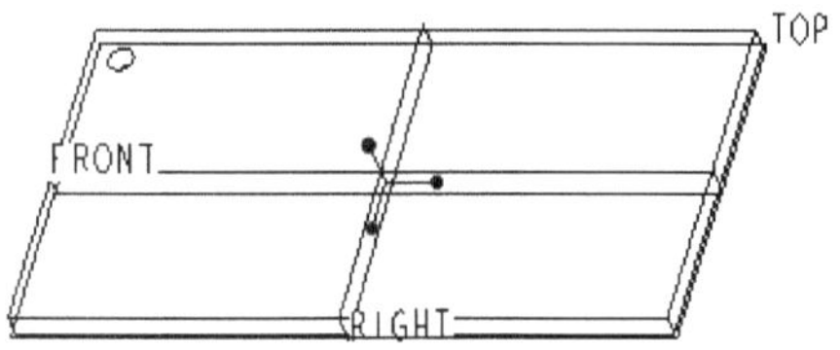

图6-50 原始的实体模型

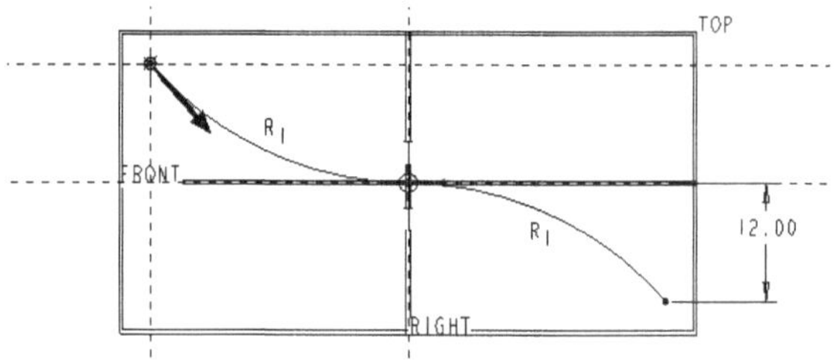

图6-51 草绘样条曲线

（7）在操控板的框中输入阵列成员间的间距为“6.00”，如图 6-52 所示。注意可以打开“选项”滑出面板，从中设置是否跟随曲线方向等。

（8）单击“完成”按钮，创建的阵列特征如图 6-53 所示。

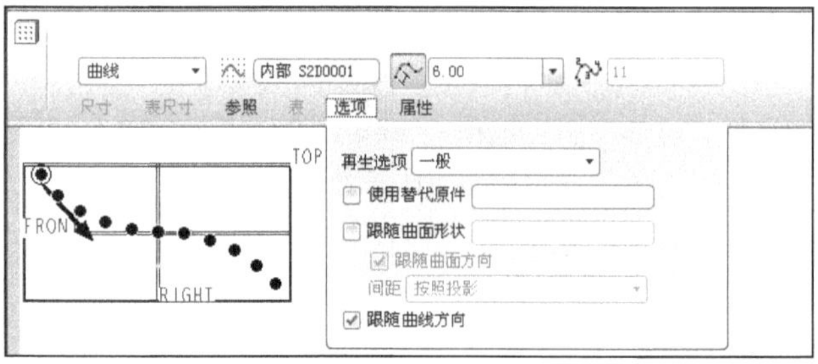

图6-52 输入阵列成员间的间距

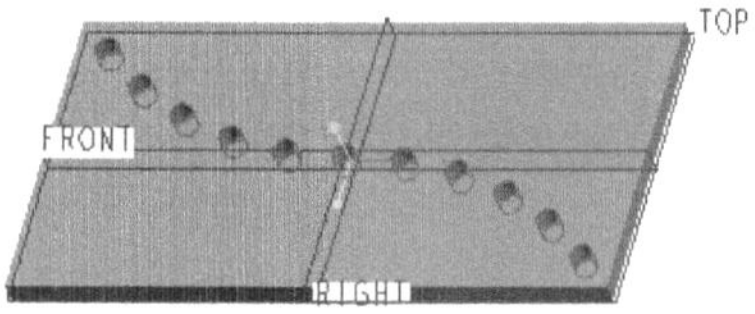

图6-53 曲线阵列效果

注意

单击选中按钮时，需要输入阵列成员间的间距；也可以单击（曲线上的阵列成员数目）按钮，接着输入沿曲线方向的阵列成员数目。

6.4.6 参照阵列

可以利用已存在的阵列特征来定义新特征的位置，建立参照阵列就是这种设计思想。在下面的实例中，应用了参照阵列。

（1）打开本书配套的素材“/ch6/ncproe_6_3f.prt”文件，文件中的原始实体模型如图 6-54 所示。

（2）在模型中单击“跑道型”通孔，单击“阵列工具”按钮。

（3）在阵列工具操控板的阵列类型列表框中选择“尺寸”选项，并单击“尺寸”标签，进入“尺寸”滑出面板。

（4）在模型中选择数值为“280”的尺寸，并设置其增量为“-30.00”，然后按住【Ctrl】键的同时单击数值为“20”的尺寸，并设置其增量为“8.00”，如图 6-55 所示。

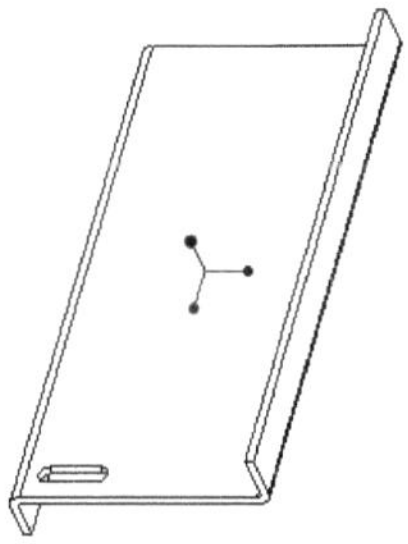

图6-54 实体模型素材

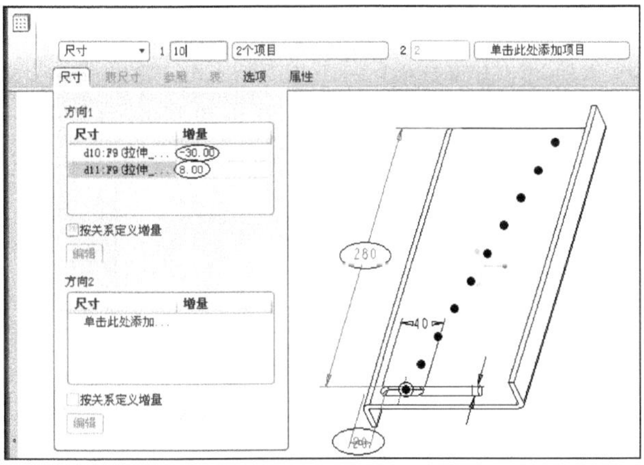

图6-55 定义方向1的尺寸变量

（5）输入方向 1 的阵列成员数为“10”。

（6）单击“完成”按钮，创建的阵列特征如图 6-56 所示。

（7）单击“倒角工具”按钮，打开倒角操控板。选择边倒角标注形式为“45×D”，在“D”框中输入“2.00”，选择如图 6-57 所示的边线，单击“完成”按钮。

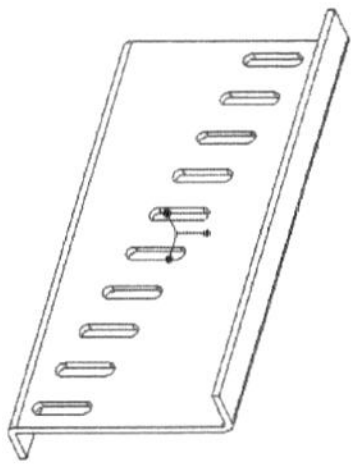

图6-56 创建的阵列特征

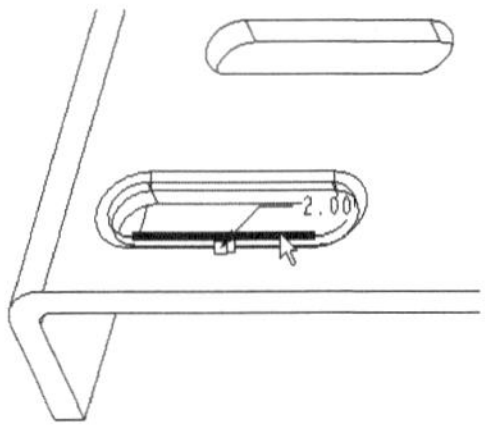

图6-57 选择要倒角的边线

（8）确保刚创建的倒角特征处于被选中的状态，单击“阵列工具”按钮，打开阵列工具操控板，系统自动以“参照”方式来创建阵列特征，如图 6-58 所示。

（9）单击“完成”按钮，完成的参照阵列特征如图 6-59 所示。

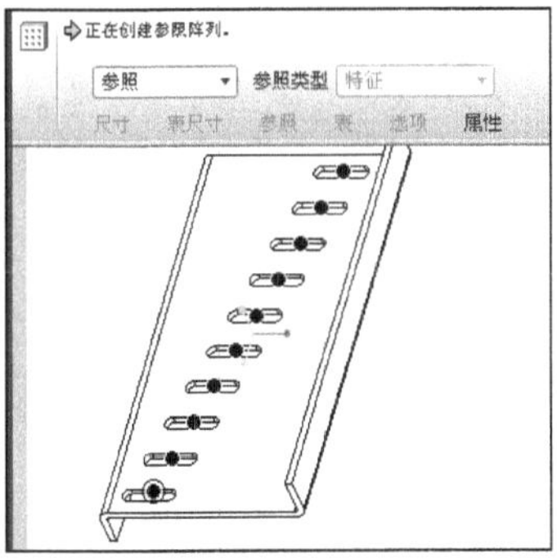

图6-58 参照现有阵列创建阵列特征

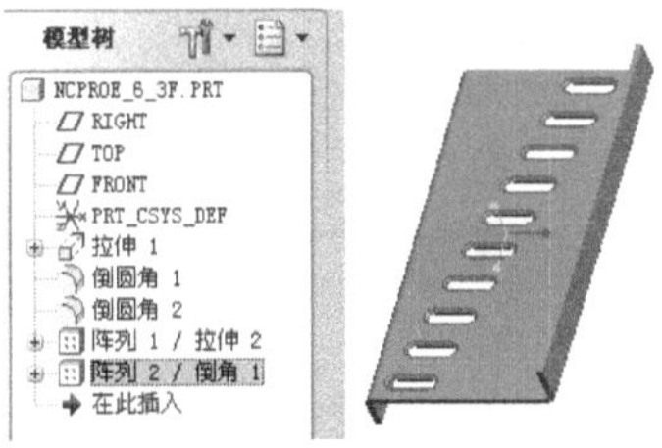

图6-59 阵列效果

6.4.7 点阵列

将阵列成员放置在几何草绘点、几何草绘坐标系或基准点上，这就是点阵列。创建点阵列的范例如下。

（1）打开本书配套的素材“/ch6/ncproe_6_3g.prt”文件，此文件中为如图 6-60 所示的模型。

（2）选择“四角星”拉伸特征，单击“阵列工具”按钮，打开阵列工具操控板。

（3）在阵列工具操控板的阵列类型列表框中选择“点”选项，如图 6-61 所示。

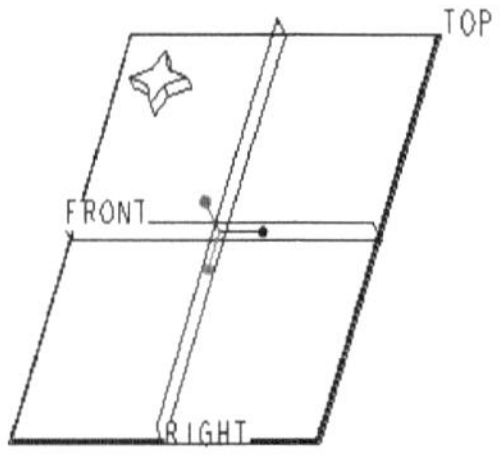

图6-60　原始模型素材

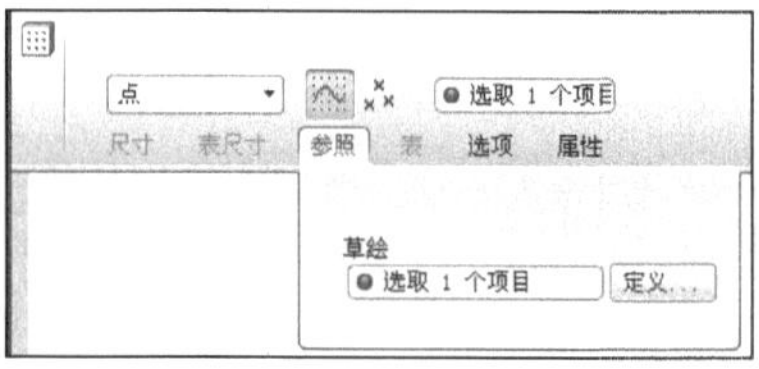

图6-61　选择“点”阵列类型选项

（4）打开“参照”滑出面板，单击“定义”按钮，弹出“草绘”对话框。选择 TOP 基准平面作为草绘平面，以 RIGHT 基准平面为“右”方向参照，单击“草绘”按钮，进入草绘模式。

（5）单击“几何点”按钮，绘制如图 6-62 所示的几何点，单击“完成”按钮。

（6）单击“完成”按钮，完成点阵列操作，得到的模型效果如图 6-63 所示。

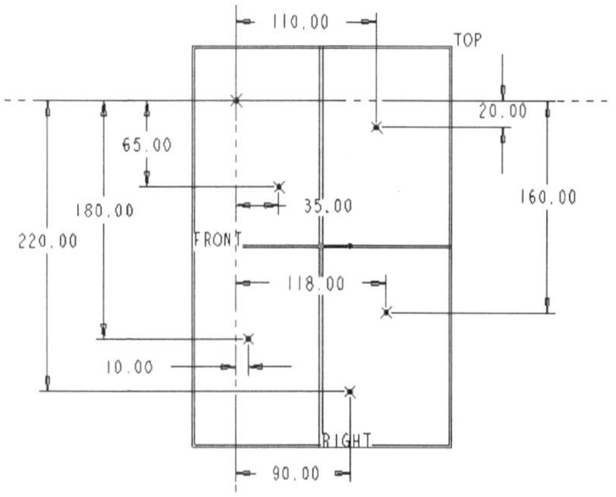

图6-62　绘制若干个几何点

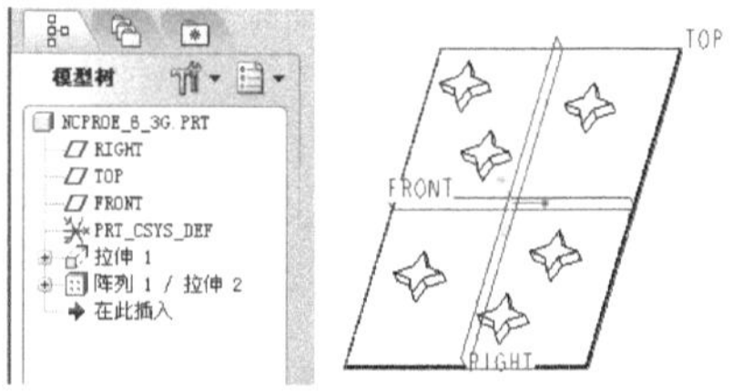

图6-63　点阵列结果

6.5　实战综合案例——创建零件中的编辑特征

学习目的

重点掌握镜像特征、阵列特征的创建方法，另外需要注意如何在曲面上创建阵列特征。

重点难点

- 创建镜像特征
- 在曲面上创建阵列特征

本章实战综合范例将练习多种编辑特征的应用，如图 6-64 所示。

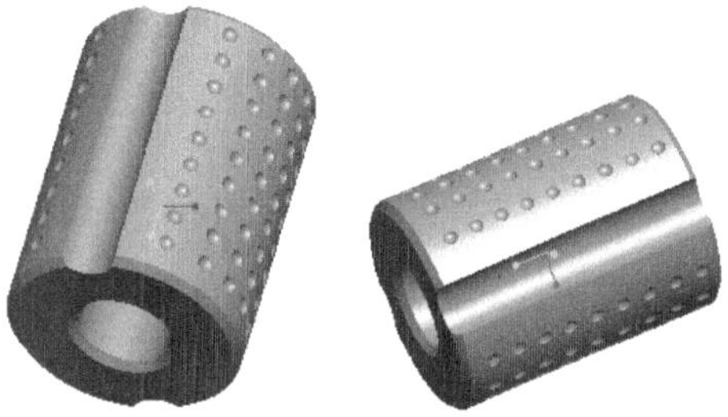

图6-64　实战模型

操作步骤

1．新建实体零件文件

Step 01 单击工具栏“创建新对象”按钮，打开“新建”对话框。

Step 02 在“新建”对话框的“类型”选项组中，单击“零件”单选按钮；在“子类型”选项组中，单击“实体”单选按钮；在“名称”文本框中输入文件名为“bcproe_6_fl”，取消选中“使用缺省模板”复选框以取消使用缺省模板，单击“确定”按钮。

Step 03 弹出“新文件选项”对话框，在“模板”选项组中选择“mmns_part_solid”，单击“确定”按钮，进入零件设计模式。

2．创建拉伸实体

Step 01 在右工具箱中单击“拉伸工具”按钮，打开拉伸工具操控板。默认的拉伸工具操控板上的“实体”按钮处于被单击选中的状态。

Step 02 选择“放置”选项，进入“放置”滑出面板，单击“定义”按钮，打开“草绘”对话框。

Step 03 选择 FRONT 基准平面作为草绘平面，以 RIGHT 基准平面为“右”方向参照，单击“草绘”按钮，进入草绘模式。

Step 04 绘制图 6-65 所示的拉伸剖面，单击“完成”按钮。

Step 05 在操控板的深度框中输入深度值为“200”。

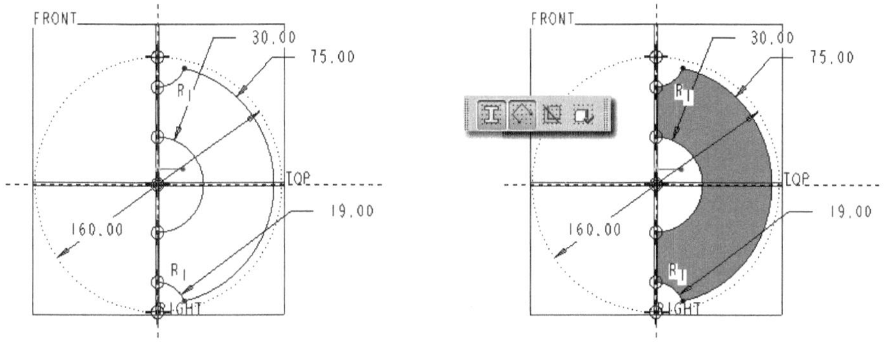

（a）绘制的拉伸剖面　　（b）对拉伸剖面进行草绘诊断

图6-65　绘制拉伸剖面

Step 06 单击“完成”按钮，按【Ctrl+D】组合键以默认的标准方向视角显示，效果如图 6-66 所示。

3．创建用来阵列的旋转切口特征

Step 01 在右工具箱上单击“旋转工具”按钮，打开旋转工具操控板。

Step 02 操控板上的“实体”按钮处于单击被选中状态，单击“去除材料”按钮。

Step 03 单击“放置”标签，进入“放置”滑出面板，单击“定义”按钮，打开“草绘”对话框。

Step 04 选择 TOP 基准平面为草绘平面，默认以 RIGHT 基准平面为“右”方向参照，单击“草绘”按钮。

Step 05 绘制图 6-67 所示的图形，务必要添加一条水平的几何中心线，单击“完成”按钮✔。

Step 06 保持默认的旋转角度为“360°”。

Step 07 在旋转工具操控板中单击“完成”按钮☑，按【Ctrl+D】组合键以默认的标准方式视角显示模型，效果如图 6-68 所示。

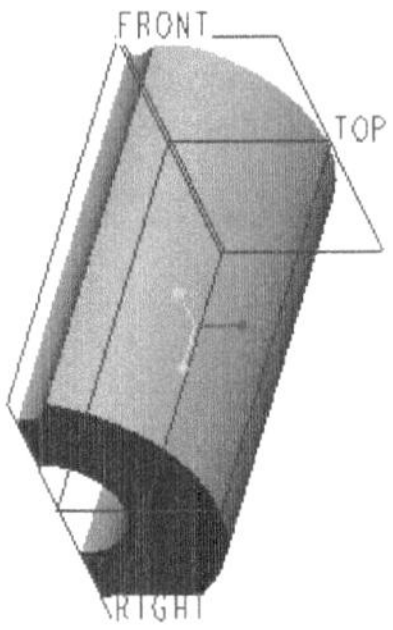

图6-66 创建拉伸实体

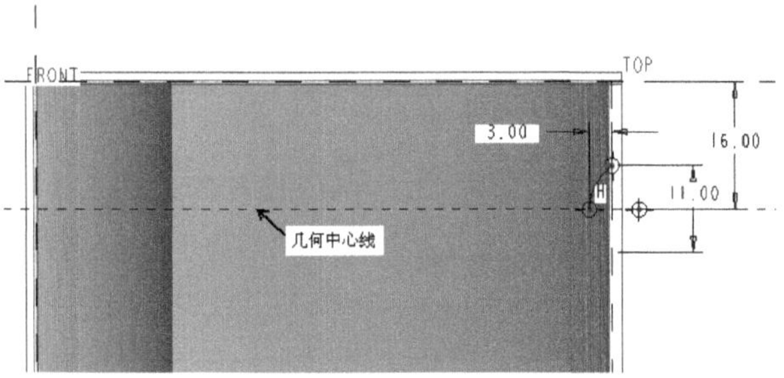

图6-67 草绘

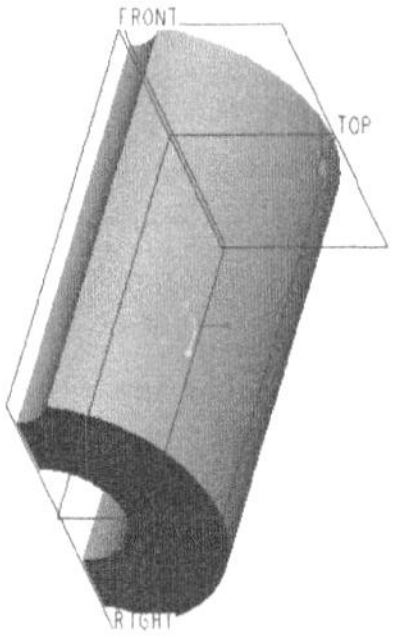

图6-68 创建的旋转实体

4．跟随曲面形状阵列

Step 01 确保旋转切口特征处于被选中的状态，单击“阵列工具”按钮，打开阵列工具操控板。

Step 02 在操控板的阵列类型列表框中选择“填充”选项。

Step 03 单击“参照”标签，打开“参照”滑出面板，单击“定义”按钮，打开“草绘”对话框。

Step 04 选择 RIGHT 基准平面作为草绘平面，以 TOP 基准平面为“左”方向参照，在“草绘”对话框中单击“草绘”按钮，进入草绘模式。

Step 05 绘制图 6-69 所示的封闭剖面，单击“完成”按钮✔。

Step 06 在操控板的“栅格模板”列表框中选择“正方形”图标选项，其他选项设置如图 6-70 所示，即设置阵列成员中心两两之间的距离为“20.00”、阵列成员中心距草绘边界的距离为“5.00”、栅格关于原点的旋转角度为“0.00”。

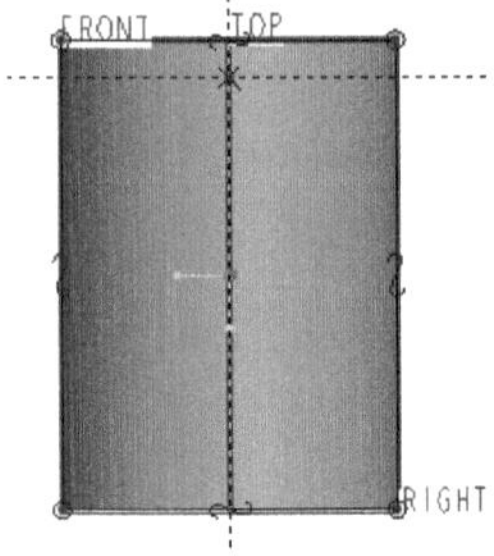

图6-69 草绘

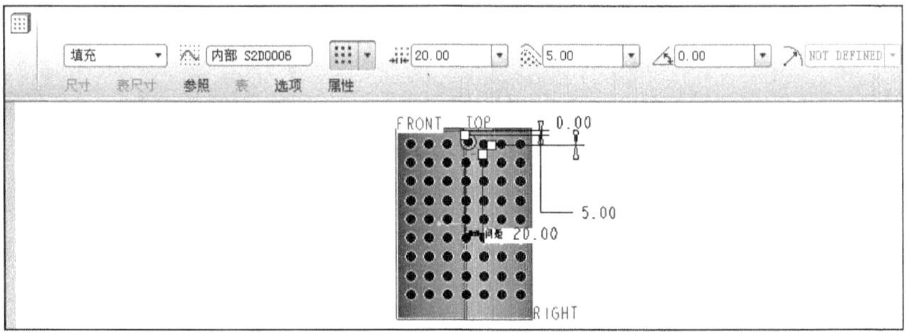

图6-70 设置填充参数

Step 07 按【Ctrl+D】组合键以标准方向的视角显示模型，单击“选项”标签，打开“选项”滑出面板，勾选“跟随曲面形状”复选框，并勾选“跟随曲面方向”复选框，以及设置“间距”选项为“按照投影”，如图 6-71 所示。

Step 08 在模型中选择图 6-72 所示的曲面。

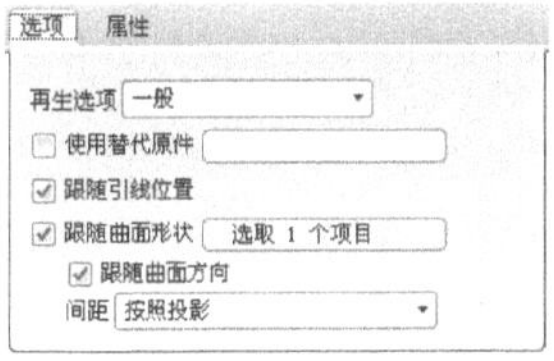

图6-71 在“选项”滑出面板设置内容

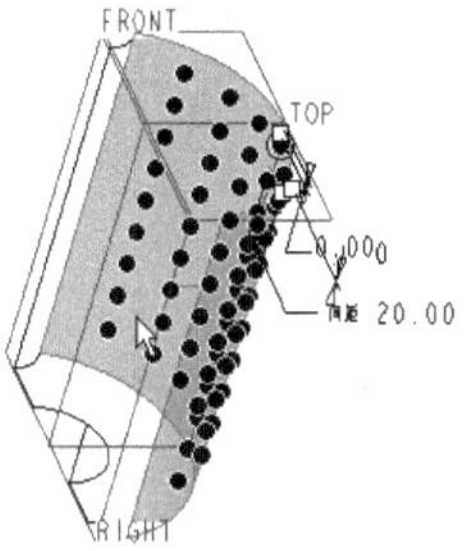

图6-72 选择用来放置阵列特征的曲面

Step 09 单击“完成”按钮☑，在曲面跟随曲面形状的阵列效果如图 6-73 所示。

5. 镜像所有特征

Step 01 在导航区的模型树中单击“BCPROE_6_FL.PRT”，以便选中零件节点。

Step 02 在右工具箱中单击“镜像工具”按钮，打开镜像工具操控板。

Step 03 选择 RIGHT 基准平面作为镜像平面。

Step 04 在镜像工具操控板中单击“完成”按钮☑，完成的效果如图 6-74 所示。

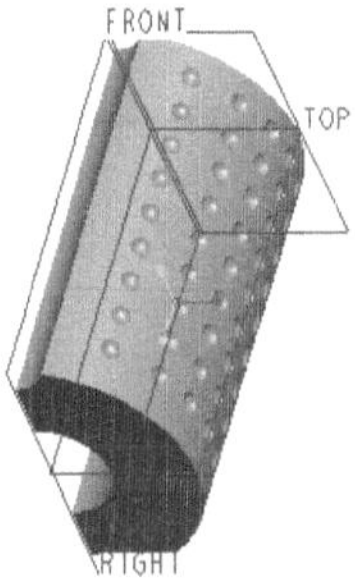

图6-73 在曲面跟随曲面形状阵列

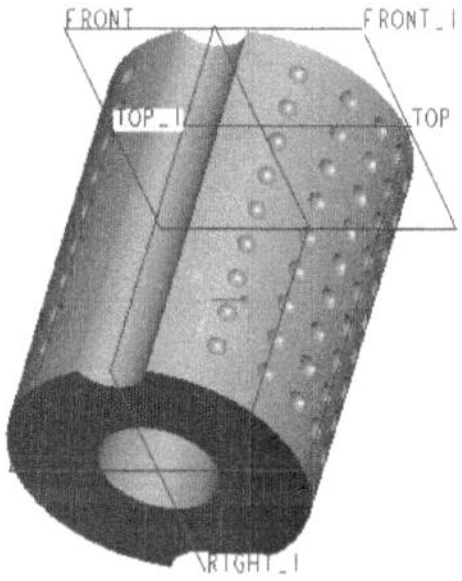

图6-74 镜像效果

6. 创建倒角特征

Step 01 单击“倒角工具”按钮，打开倒角工具操控板。

Step 02 选择边倒角标注形式为“D×D”，在“D”框中输入“5”。

Step 03 按住【Ctrl】键分别选择图 6-75 所示的边线。

Step 04 单击“完成”按钮☑，完成的倒角效果如图 6-76 所示。

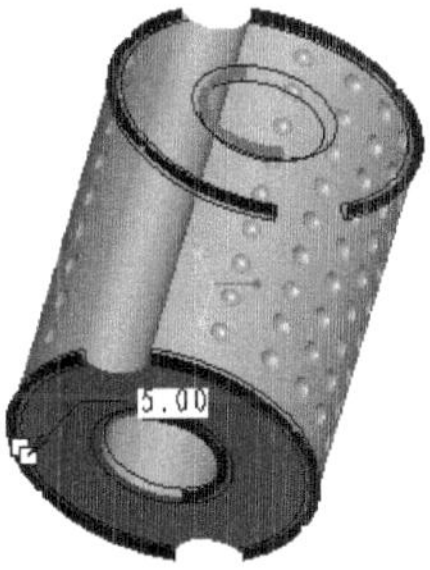

图6-75 选择要倒角的边线

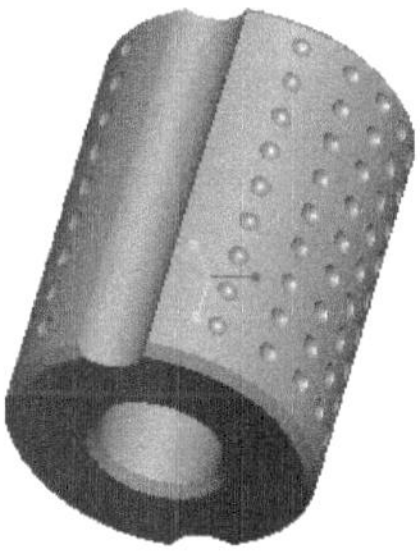

图6-76 完成的三维模型

案例总结

本章实战综合范例应用了多种编辑特征的方法，需要重点掌握的是镜像特征、阵列特征的创建方法，另外需要重点掌握在曲面上创建阵列特征的方法及技巧。认真学习本案例，设计水平能够得到一定程度的提升。

6.6 思考与上机练习

1. 简答题

（1）简述创建镜像特征的一般步骤。

（2）如何进行移动复制的操作，请举一个应用例子来辅助说明。

（3）执行“编辑”>“缩放模型”命令来缩放模型，是否改变模型的尺寸？

（4）可以使用哪几种方式来创建阵列特征？

（5）总结如何创建在曲面上（跟随曲面形状）的阵列特征？

2. 上机练习题

（1）利用本章所学知识，创建图 6-77 所示的三维实体模型，具体尺寸根据效果图自行确定。

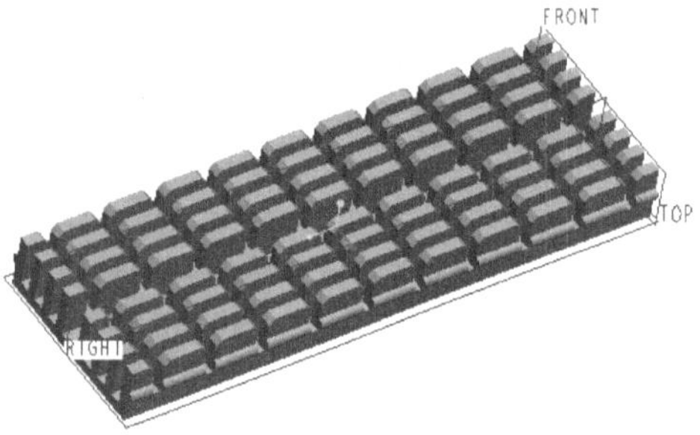

图6-77 上机练习题

知识要点提示

考虑到该三维实体模型最终的特点，在建模过程中可考虑使用“镜像”、“阵列”工具。

（2）利用本章所学知识，创建图 6-78 所示的三维实体模型，具体尺寸根据效果图自行确定。

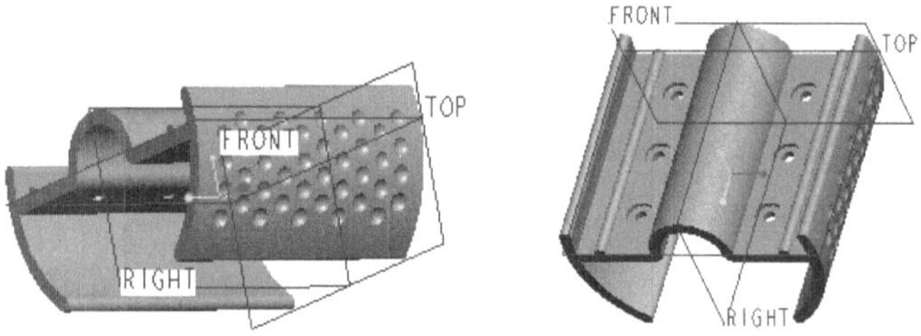

图6-78 上机练习题

知识要点提示

参照本章实战综合范例。

3. 思考题

延伸知识思考：执行菜单栏中的“编辑”>“特征操作”命令，将打开菜单管理器，其上的“特征”菜单，除了本章介绍的“复制”选项外，还有“重新排序”选项和“插入模式”选项。请通过软件的帮助文件，了解如何对特征进行重新排序和设置插入模式。

第7章 高级特征建模

本章导读

仅掌握前几章介绍的建模知识是远远不够的，还需要掌握更多的建模知识，包括本章介绍的高级特征建模以及后面章节介绍的其他建模知识。本章介绍的高级特征建模内容包括扫描混合、螺旋扫描、骨架折弯、环形折弯、半径圆顶、耳特征、唇特征和环形槽等。

学习目标

- 了解相关高级特征的特点
- 掌握常见高级特征（扫描混合、螺旋扫描、骨架折弯、环形折弯、半径圆顶、耳特征、唇特征和环形槽）的创建方法及其步骤

7.1 扫描混合

扫描混合融合了扫描和混合两种建模特点。扫描混合可以具有两种轨迹，即原点轨迹和第二轨迹，其中原点轨迹是必需的，而第二轨迹是可选的，每次只有一个轨迹是活动的。Pro/E 的每个扫描混合特征必须至少有两个剖面。用户可以根据设计需要选取一条草绘曲线、基准曲线或边的链定义扫描混合的轨迹。

注意

创建扫描混合特征要注意以下限制条件。

①对于闭合轨迹轮廓，在起始点和其他位置必须至少各有一个截面。

②轨迹的链起点和终点处的截面参照是动态的，并且在修剪轨迹时会更新。

③截面位置可以参照模型几何（如一条曲线），但修改轨迹会使参照无效。在此情况下，扫描混合特征会失败。

④所有截面必须包含相同的图元数。

如果必要，可以使用区域位置以及通过控制特征在截面间的周长来控制扫描混合几何。

创建扫描混合特征的示例如图 7-1 所示。

创建基本扫描混合特征的一般方法及步骤如下。

（1）在菜单栏的“插入”菜单中选择“扫描混合”命令，打开图 7-2 所示的扫描混合工具操控板。

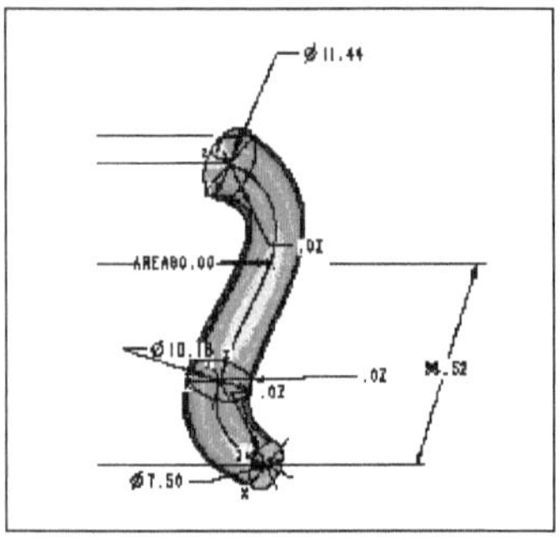

图7-1　扫描混合特征示例

图7-2　扫描混合工具操控板

（2）在扫描混合工具操控板指定要创建的模型为实体或曲面，并可根据设计要求设置去除材料或加厚。

（3）打开“参照”滑出面板，在系统提示选取轨迹的情况下，选取一条轨迹。选取的第一条轨迹为“原点轨迹”；如果需要，可以单击“细节”按钮，打开“链”对话框以设置轨迹参照。

（4）在“参照”滑出面板的“剖面控制”下拉列表框中选择以下 3 个选项之一。

① 垂直于轨迹：截面平面在整个长度上保持与原点轨迹垂直。

② 垂直于投影：沿投影方向看去，截面平面保持与原点轨迹垂直；Z 轴与指定方向上的原点轨迹的投影相切。选择此选项，必须指定方向参照。

③ 恒定法向：Z 轴平行于指定方向参照向量。选择此选项，必须指定方向参照。

（5）设置“水平 / 垂直控制”选项。

（6）打开“截面”滑出面板，选取横截面的类型为“选取截面”或“草绘截面”。

（7）如果单击“草绘截面”单选按钮，则选取一个位置点，然后单击“草绘”按钮，进入草绘模式中绘制剖面；单击“插入”按钮，则可选取用于指定截面位置的附加点，以绘制其他剖面。

（8）如果单击“选取截面”单选按钮，则选取一个截面；单击“插入”按钮并选取一个附加截面。必须至少定义两个横截面（剖面）。

（9）打开“相切”滑出面板，定义扫描混合的端点和相邻模型几何间的相切关系。

（10）打开“选项”滑出面板，可设置扫描混合面积和周长控制选项。

（11）草绘或选取所有横截面后可预览是否满意，单击“完成”按钮，生成扫描混合特征。

下面介绍创建扫描混合实体特征的一个范例。

（1）新建一个使用“mmns_part_solid”模板的实体零件文件；参考的零件文件名可以被设定为“BCPROE_7_1”。

（2）绘制用来作为扫描混合轨迹的曲线。单击“草绘工具”按钮，弹出“草绘”对话框，选择 FRONT 基准平面作为草绘平面，以 RIGHT 基准平面作为“右”方向参照，单击“草绘”按钮，进入草绘模式，绘制图 7-3 所示的曲线，单击“完成”按钮✔。

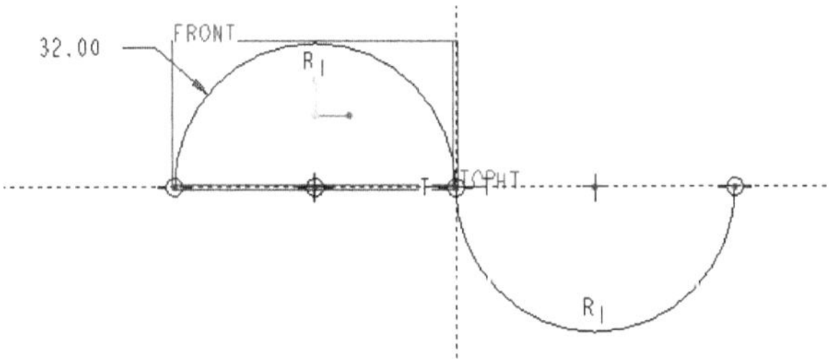

图7-3　绘制曲线

（3）在菜单栏的“插入”菜单中选择“扫描混合”命令，打开扫描混合工具操控板。

（4）在扫描混合工具操控板中单击“实体”按钮。

（5）打开“参照”滑出面板，选取之前绘制的曲线作为原点轨迹。从“剖面控制”下拉列表框中选择“垂直于轨迹”选项，从“水平 / 垂直控制”下拉列表框中选择“自动”选项，如图 7-4 所示。注意曲线起始点箭头位置。

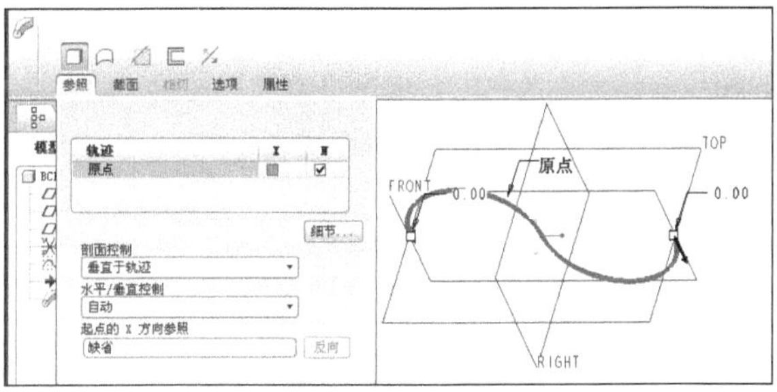

图7-4　指定原点轨迹和剖面控制选项等

（6）打开“截面”滑出面板，单击“草绘截面”单选按钮，如图 7-5 所示。

（7）单击曲线的链首，如图 7-6 所示，在“截面”滑出面板中设置该截面位置相应的旋转角度为“0”，单击被激活的“草绘”按钮，进入该位置截面的草绘状态。

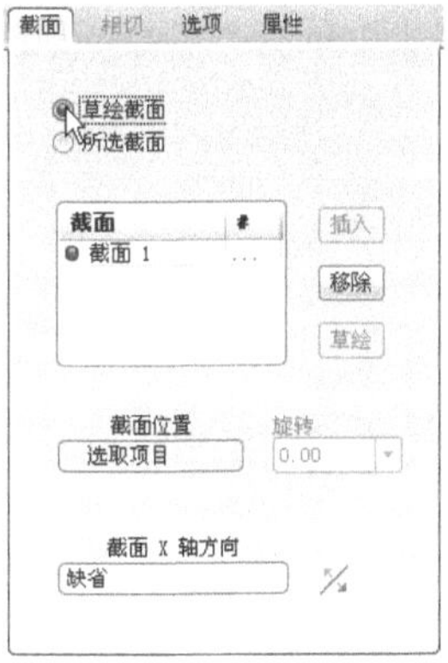

图7-5　“截面”滑出面板

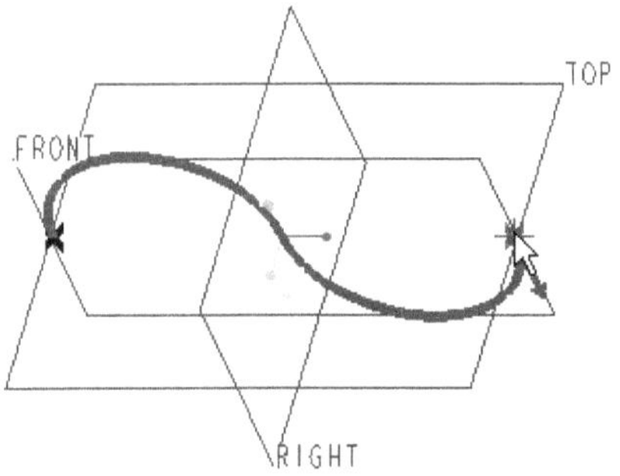

图7-6　单击曲线的链首

（8）绘制图 7-7 所示的截面 1，单击“完成”按钮✔。

（9）在“截面”滑出面板中单击“插入”按钮。可以按【Ctrl+D】组合键以默认的标准方向视角显示曲线（便于选择插入新截面的位置点），选择图 7-8 所示的曲线连接点。在“截面”滑出面板中设置该截面的相应旋转角度为“0”，并单击“草绘”按钮，进入该位置截面的草绘模式中。

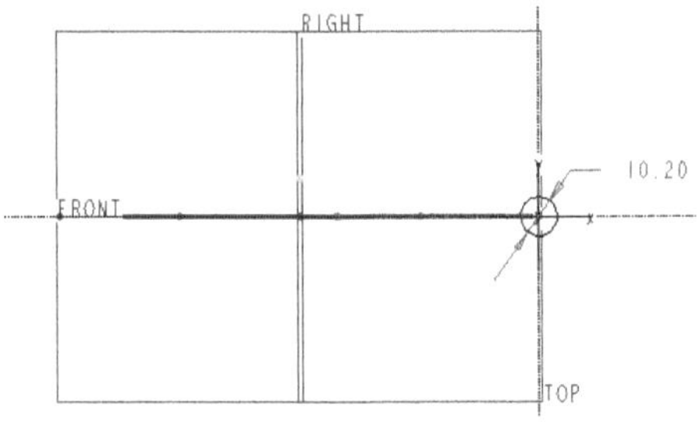

图7-7　绘制截面1

（10）绘制截面 2，如图 7-9 所示，然后单击“完成”按钮✔，完成草绘并退出草绘模式。

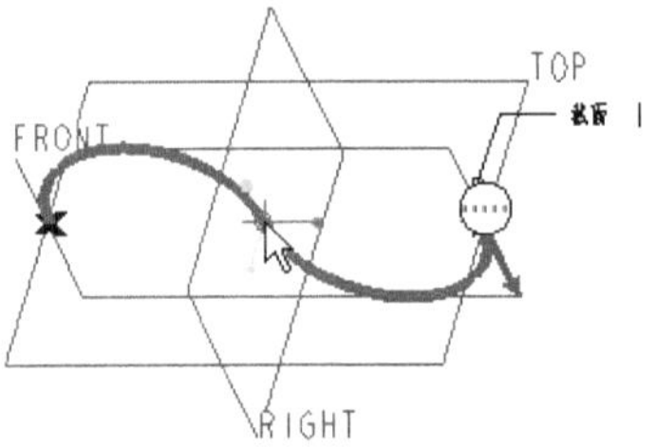

图7-8　拾取曲线中间点

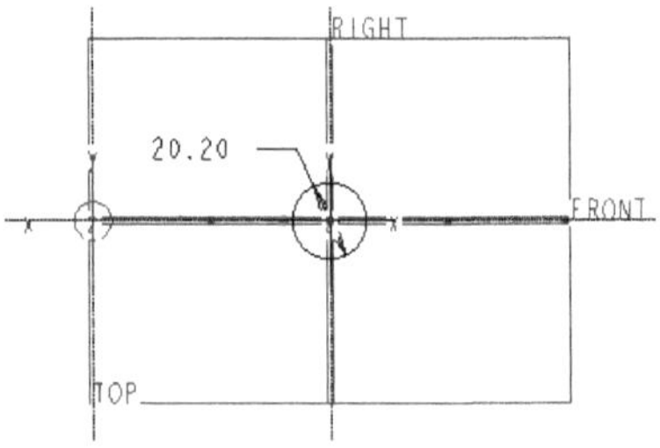

图7-9　绘制截面2

（11）在“截面”滑出面板中单击“插入”按钮。可以按【Ctrl+D】组合键以默认的标准方向视角显示曲线（便于选择插入新截面的位置点），选择图 7-10 所示的曲线终点（链尾）。在“截面”滑出面板中设置该截面的相应旋转角度为“0”，单击“草绘”按钮，进入该位置截面的草绘模式中。

（12）绘制截面 3，如图 7-11 所示，单击“完成”按钮✔。

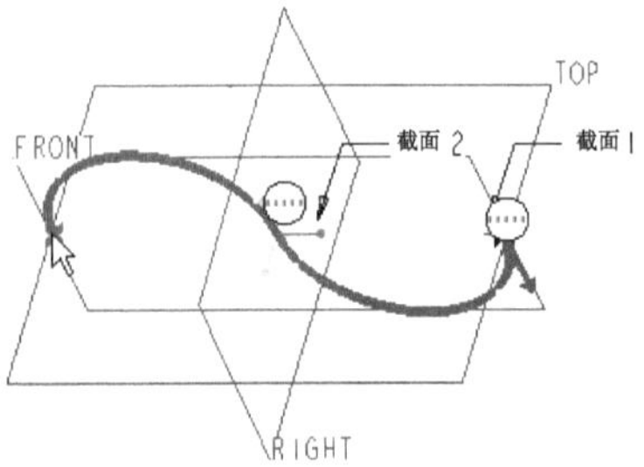

图7-10　选择曲线链尾

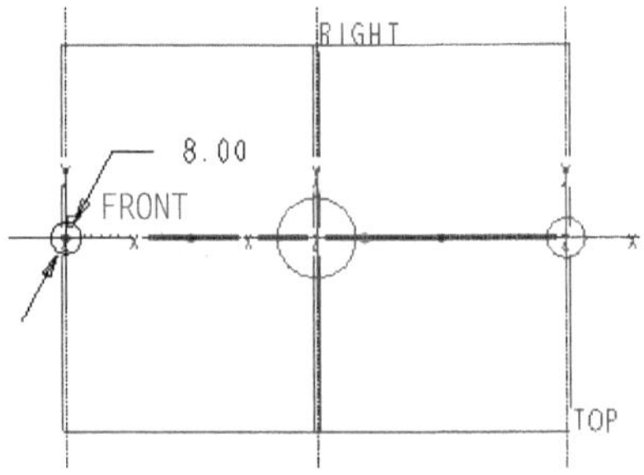

图7-11　绘制截面3

（13）特征动态预览效果如图 7-12 所示。在扫描混合工具操控板中单击“完成”按钮☑，创建的扫描混合实体特征如图 7-13 所示。

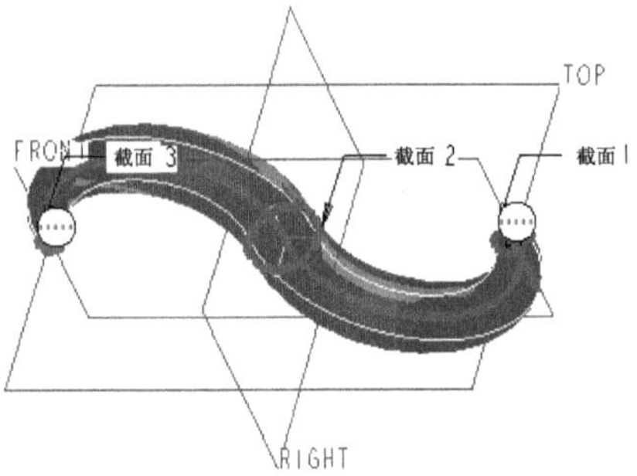

图7-12　特征动态预览

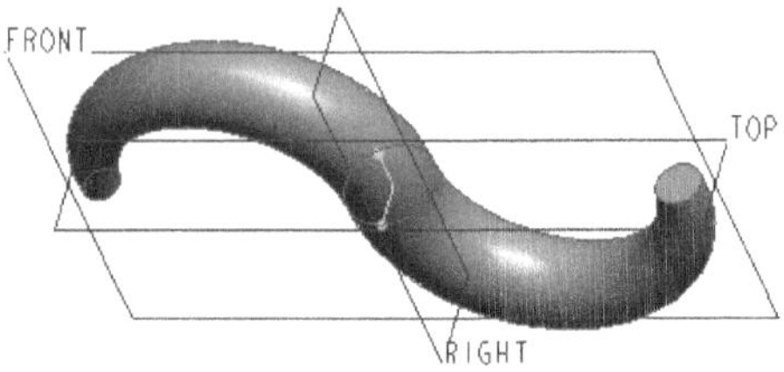

图7-13　创建的扫描混合实体特征

7.2 螺旋扫描

螺旋扫描特征在设计应用中较为常见，例如，圆柱螺旋弹簧、内外螺纹结构等都可以采用螺纹扫描的方式来创造。

用于创建螺旋扫描特征的命令位于菜单栏的“插入”>“螺旋扫描”级联菜单中，如图 7-14 所示，包括“伸出项”、“薄板伸出项”、“切口”、“薄板切口”、“曲面”、“曲面修剪”和“薄曲面修剪”。在本节中以选择“插入”>“螺旋扫描”级联菜单中的“伸出项”命令为例进行介绍。选择“插入”>“螺旋扫描”级联菜单中的“伸出项”命令，打开图 7-15 所示的对话框和“属性”菜单，在“属性”菜单中可设置螺旋扫描特征是恒定（常数）螺距的或可变螺距的。

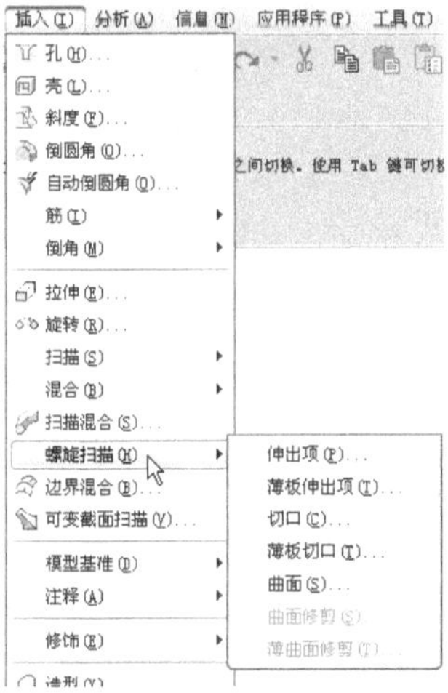

图7-14　“螺旋扫描”级联菜单

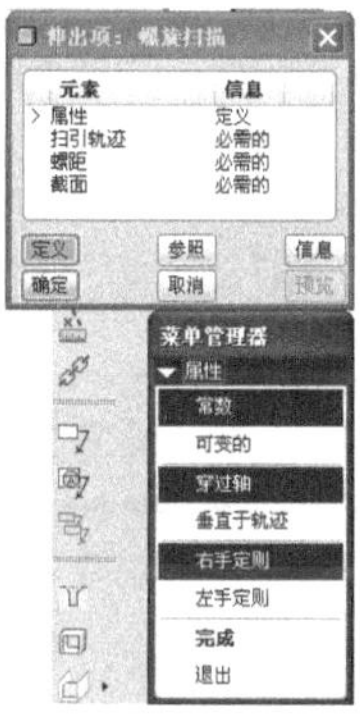

图7-15　打开的对话框和菜单管理器

7.2.1 恒定螺距的螺旋扫描特征

下面以一个典型实例介绍创建恒定螺距的螺旋扫描特征。

（1）新建一个使用“mmns_part_solid”模板的实体零件文件，参考的零件文件名可以被设为“BCPROE_7_2A”。

（2）在菜单栏的“插入”>“螺旋扫描”级联菜单中选择“伸出项”命令，打开“伸出项：螺旋扫描”对话框和菜单管理器。

（3）在菜单管理器的“属性”菜单中选择“常数”>“穿过轴”>“右手定则”>“完成”命令。

（4）选择FRONT基准平面作为扫引轨迹的草绘平面，在菜单管理器出现的菜单中选择“确定（正向）”命令和“缺省”命令，进入草绘模式。

（5）绘制图 7-16 所示的扫引轨迹线及中心线，注意扫引轨迹线在两端处不能垂直于螺旋中心线，单击“完成”按钮✔。

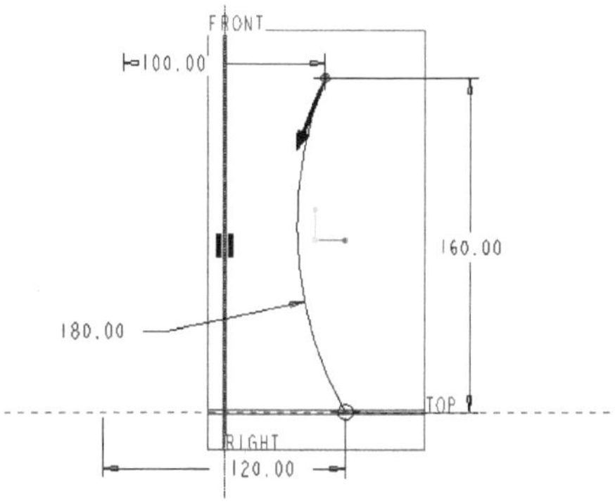

图7-16　绘制扫引轨迹线

（6）输入节距值为“15”，如图 7-17 所示，然后单击“接受”按钮。

图7-17　输入节距值

（7）草绘图 7-18 所示的横截面，绘制和编辑好横截面后，单击“完成”按钮✔。

（8）在“伸出项:螺旋扫描”对话框中单击“确定”按钮，完成该螺旋扫描特征的创建。按【Ctrl+D】组合键以默认的标准方向视角显示模型，效果如图 7-19 所示。

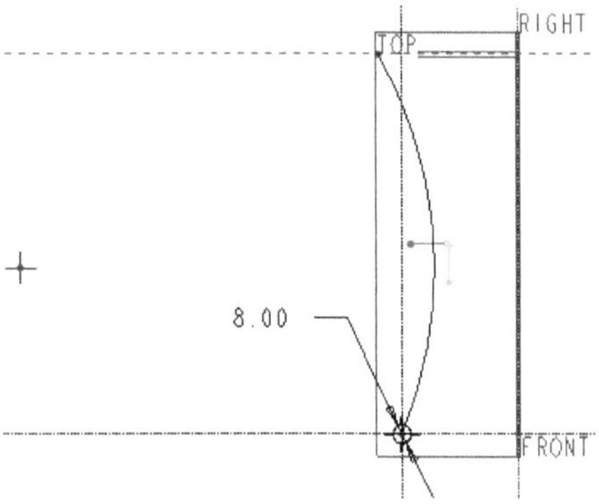

图7-18　草绘横截面

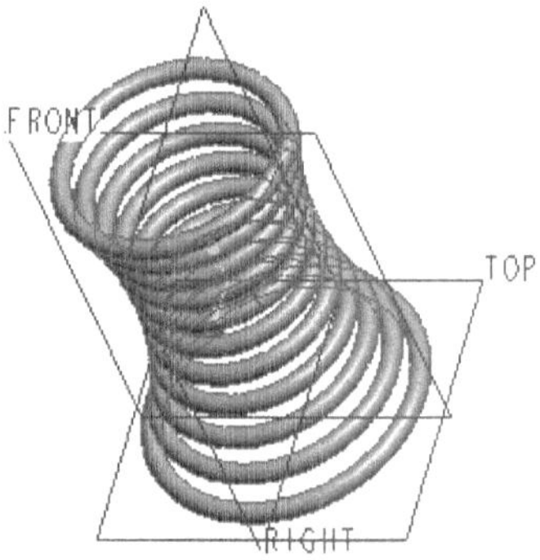

图7-19　完成的螺旋扫描实体特征

7.2.2　可变螺距的螺旋扫描特征

下面以一个典型实例介绍如何创建可变螺距的螺旋扫描特征，该实例完成的螺旋扫描特征构成了一个压缩圆柱螺旋弹簧，如图 7-20 所示。该实例具体的操作步骤如下。

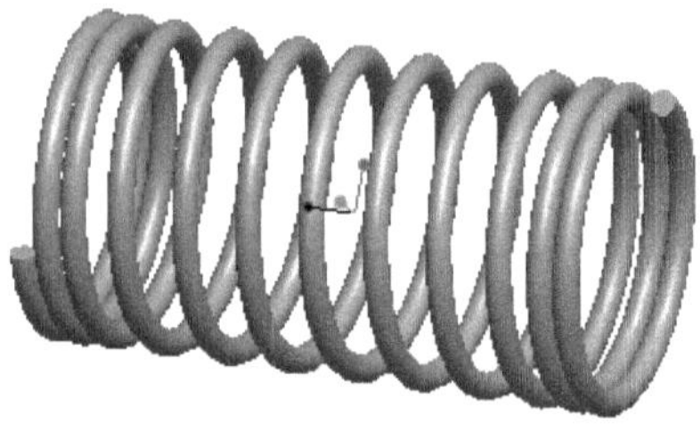

图7-20　完成的压缩圆柱螺旋弹簧

（1）新建一个使用“mmns_part_solid”模板的实体零件文件，参考的零件文件名可以被设为“BCPROE_7_2B”。

（2）在菜单栏的“插入”>“螺旋扫描”级联菜单中选择“伸出项”命令，打开“伸出项:螺旋扫描”对话框和菜单管理器。

（3）在菜单管理器的“属性”菜单中选择“可变的”>“穿过轴”>“右手定则”>“完成”命令，如图 7-21 所示。

（4）选择 FRONT 基准平面作为扫引轨迹的草绘平面，在菜单管理器出现的菜单中选择“确定（正向）”>“缺省”命令，进入草绘模式。

（5）绘制图 7-22 所示的扫引轨迹线，该轨迹线由 5 段直线段组成。该轨迹线绘制完成后，单击“完成”按钮✔。

图7-21　“属性”菜单

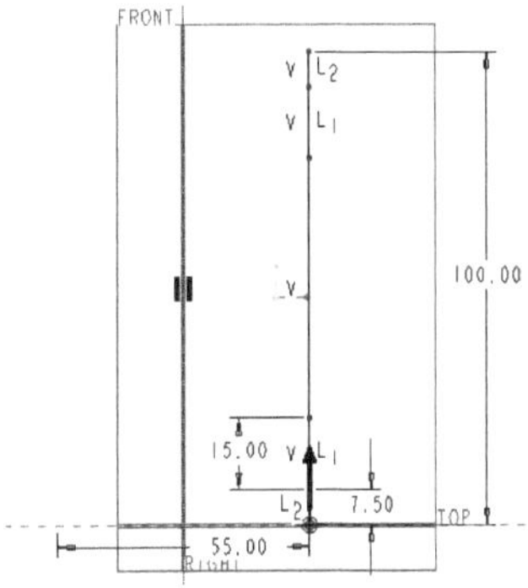

图7-22　绘制扫引轨迹线

（6）输入轨迹起始点处的节距值为“5”，然后单击“接受”按钮。

（7）输入轨迹终止点处的节距值为“5”，单击“接受”按钮。

（8）在图 7-23 所示的控制曲线窗口和相关菜单中保持默认的菜单命令，开始添加点，在轨迹上单击图 7-24 所示的第 2 点。

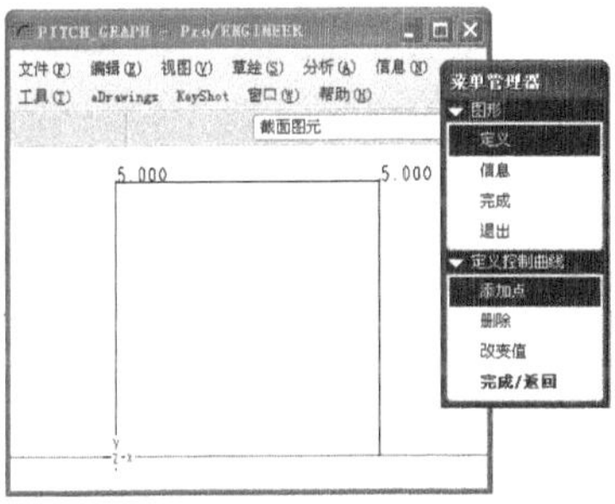

图7-23　控制曲线窗口和相关菜单

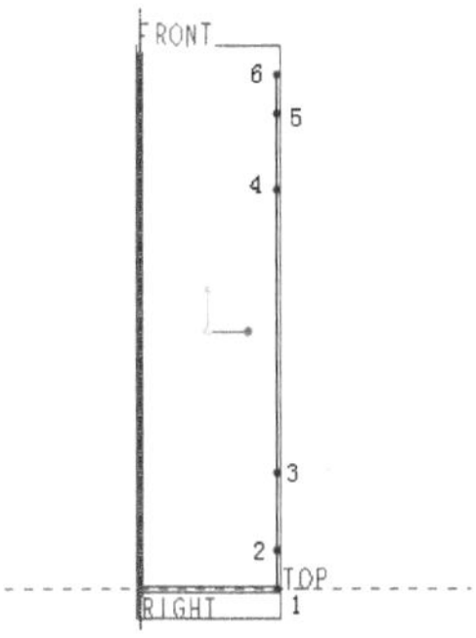

图7-24　选择轨迹上的控制点

（9）输入第 2 点处的节距值为“5”，单击“接受”按钮。

（10）在轨迹中单击第 3 点，输入第 3 点处的节距值为“12.5”，单击“接受”按钮。

（11）在轨迹中单击第 4 点，输入第 4 点处的节距值为“12.5”，单击“接受”按钮。

（12）在轨迹中单击第 5 点，输入第 5 点处的节距值为“5”，单击“接受”按钮。

此时，控制曲线窗口显示的控制曲线图形如图 7-25 所示。

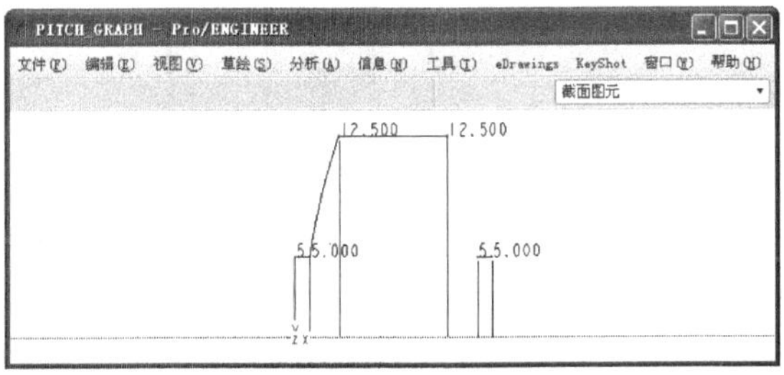

图7-25　控制曲线图形

（13）在菜单管理器的“定义控制曲线”菜单中选择“完成 / 返回”命令，接着在菜单管理器的“图形（控制曲线）”菜单中选择“完成”命令。

（14）绘制弹簧条的剖面，如图 7-26 所示，然后单击“完成”按钮✔。

（15）在“伸出项：螺旋扫描”对话框中单击“确定”按钮，完成该压缩圆柱螺旋弹簧，效果如图 7-27 所示。

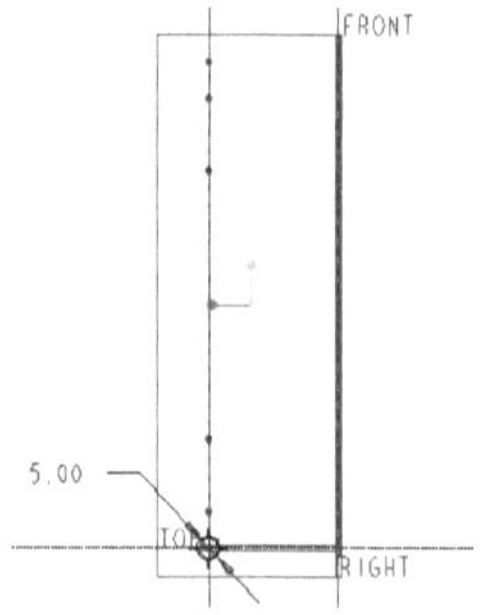

图7-26　绘制弹簧条的剖面

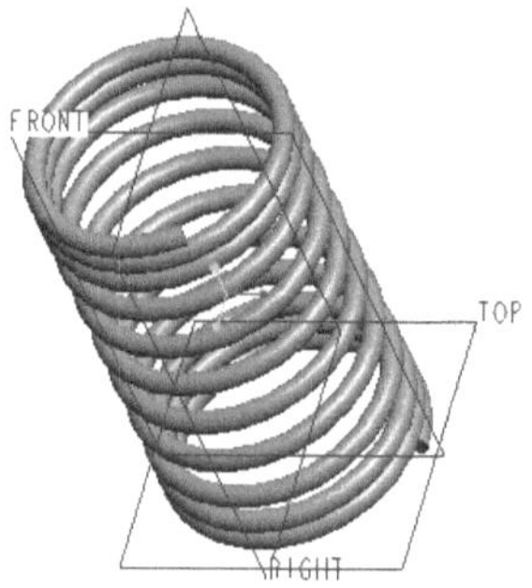

图7-27　完成的螺旋弹簧效果

7.3　骨架折弯

使用“插入”>“高级”级联菜单中的“骨架折弯”命令，可以通过沿骨架轨迹线连续重新放置截面来折弯实体或面组，其所有的压缩或变形都是沿着轨迹线纵向进行的。图 7-28 是一个典型的骨架折弯示例。

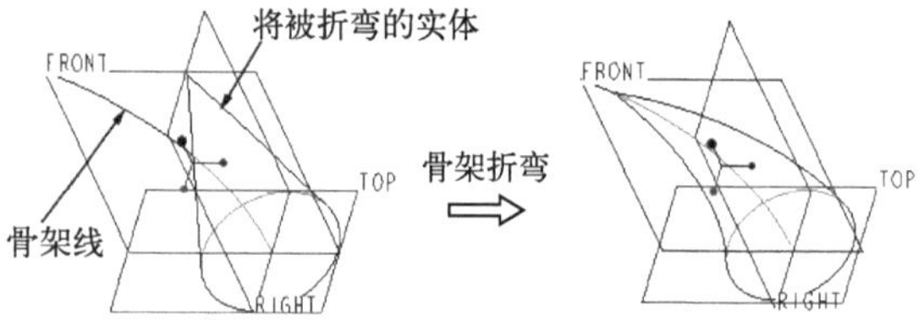

图7-28　骨架折弯示例

在菜单栏的“插入”>“高级”级联菜单中选择“骨架折弯”命令，打开一个菜单管理器，该菜单管理器提供图 7-29 所示的“选项”菜单。使用该菜单定义骨架折弯特征的相关选项。

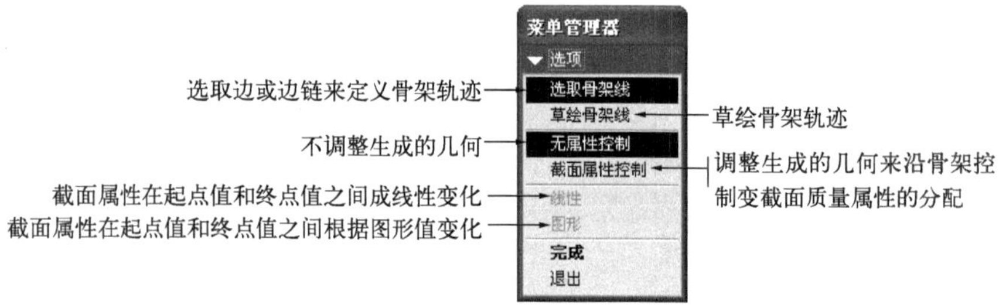

图7-29　用于定义骨架折弯特征的“选项”菜单

本节以创建无属性控制的骨架折弯特征为例进行介绍。“无属性控制”表示最终几何体将不调整，可以按照以下方法及步骤创建无属性控制的骨架折弯特征。

（1）在菜单栏的“插入”>“高级”级联菜单中选择“骨架折弯”命令。

（2）在菜单管理器的“选项”菜单中选择“选取骨架线”选项或“草绘骨架线”选项，接着选择“无属性控制”选项，然后选择“完成”选项。

（3）选取要折弯的面组或实体。可以只折弯一个面组特征，也可以折弯零件中的所有实体特征。如果选取一个实体特征，在创建骨架折弯特征后，系统可不显示原始的实体特征，但是还可以选取特征及其几何；如果选取一个面组特征，则原始面组特征仍可见。

（4）按步骤 2 的指定选项草绘或选取骨架。骨架必须是 C1 连续（相切）的，如果骨架不是 C2

连续（曲率连续），则特征曲面可能不相切。

（5）菜单管理器出现“设置平面”菜单，利用该菜单来指定第二个平面，该平面必须平行于第一个平面，以定义要折弯的原始面组或实体的体积块。系统创建和显示定义体积块的第一个平面，第一个平面垂直于骨架，并通过骨架的起点，而且可用于第二个平面创建的参照。从而完成创建该无属性控制的骨架折弯特征。

创建无属性控制的骨架折弯特征的范例操作步骤如下。

（1）单击工具栏“打开”按钮，弹出“文件打开”对话框，选择本书配套的素材“/ch7/bcproe_7_3.prt”文件，然后在“文件打开”对话框中单击“打开”按钮。该文件中的原始实体模型如图 7-30 所示。

（2）在菜单栏的“插入”>“高级”级联菜单中选择“骨架折弯”命令。

（3）在菜单管理器的“选项”菜单中选择“草绘骨架线”>“无属性控制”>“完成”选项。

（4）在模型窗口中单击实体模型作为要折弯的实体对象。

（5）选择 FRONT 基准平面作为骨架线的草绘平面，接着在菜单管理器出现的“草绘视图”菜单中选择“右”选项，如图 7-31 所示，然后选择 RIGHT 基准平面，进入草绘模式。

（6）绘制图 7-32 所示的曲线，单击“完成”按钮✔。

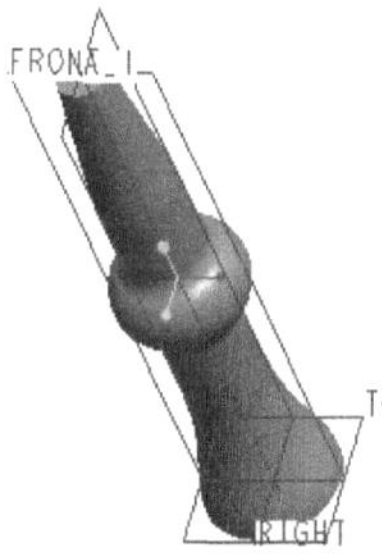

图7-30 实体模型素材

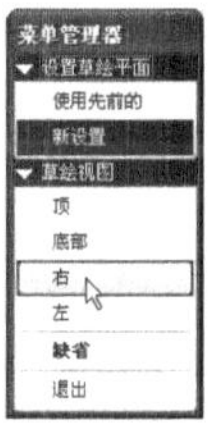

图7-31 定义草绘视图

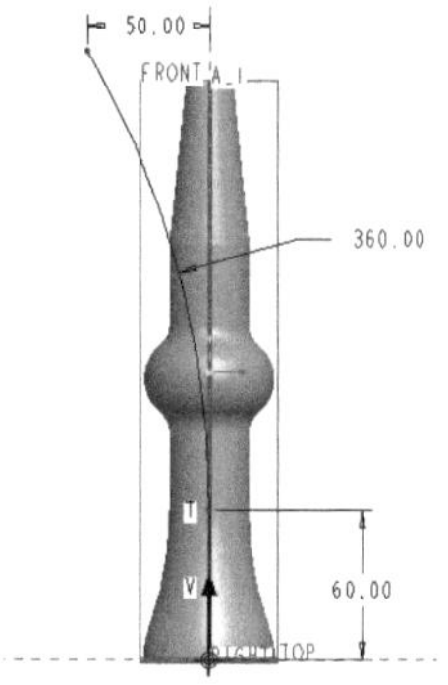

图7-32 绘制曲线

（7）在菜单管理器出现的“设置平面”菜单中选择“产生基准”选项，接着在出现的“基准平面”菜单中选择“偏移”选项，如图 7-33 所示，此时选择 DTM1 起始基准平面，然后在菜单管理器出现的“偏移”菜单中选择“输入值”选项，在出现的文本框中输入指定方向的偏移值为“230”，如图 7-34 所示，然后单击“接受”按钮☑。

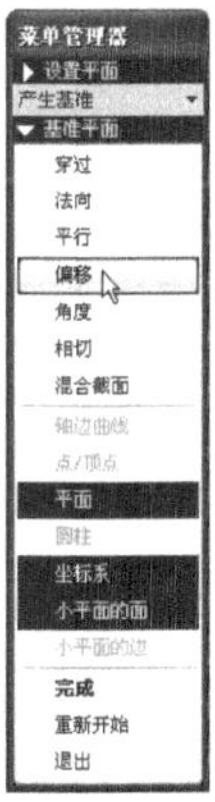

图7-33 选择“偏移”选项

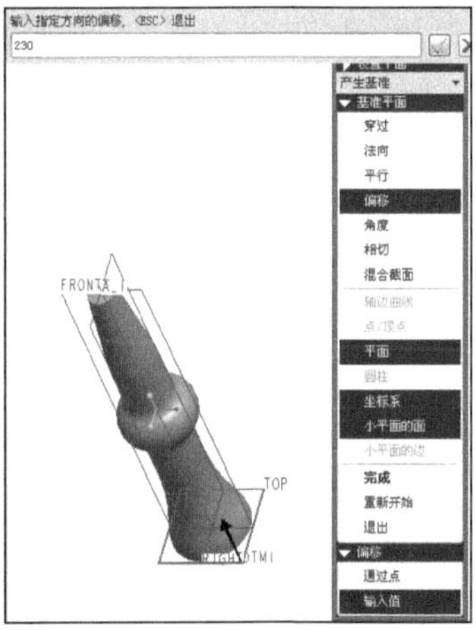

图7-34 通过偏移的方式创建基准面

（8）在图 7-35 所示的菜单管理器的“基准平面”菜单中选择“完成”选项，从而完成该骨架折弯操作，模型效果如图 7-36 所示。

图7-35　完成第二个平面

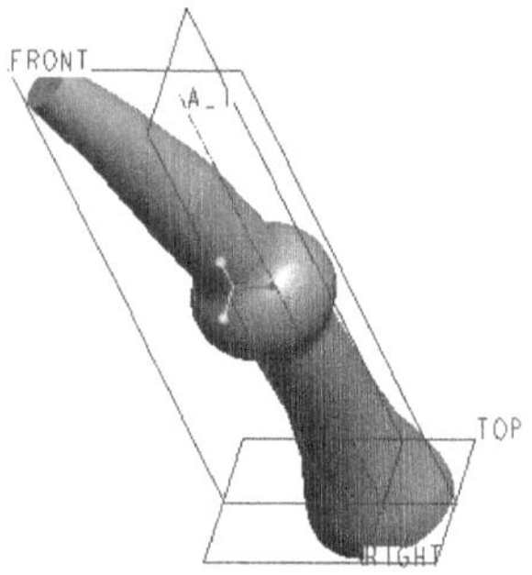

图7-36　骨架折弯后的效果

7.4　环形折弯

使用“环形折弯”功能可以将一个相对平整的实体折弯成环状的实体模型，如将一条长形的拉伸实体环形折弯成轮胎主体形状的模型，如图 7-37 所示。

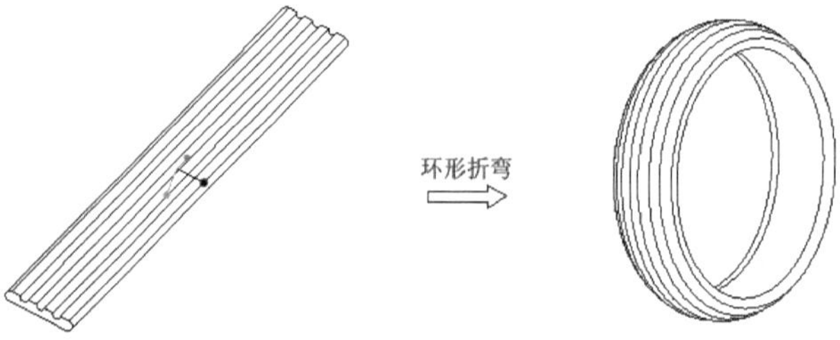

图7-37　环形折弯示例

下面通过一个典型的操作实例介绍进行环形折弯操作的典型方法及步骤。

（1）单击工具栏“打开”按钮，弹出“文件打开”对话框，选择本书配套的素材“/ch7/bcproe_7_4.prt”文件，然后在“文件打开”对话框中单击“打开”按钮。该文件中的原始实体模型如图 7-38 所示。

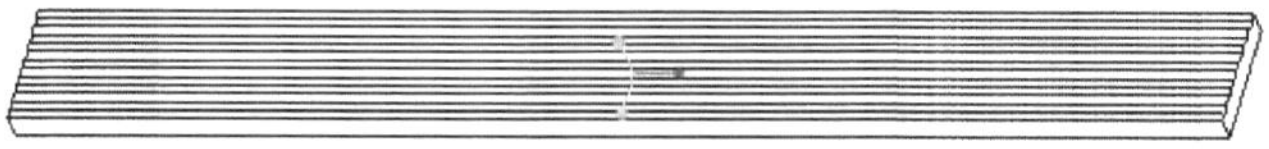
图7-38　原始实体模型

（2）在菜单栏的“插入”>“高级”级联菜单中选择“环形折弯”命令，出现图 7-39 所示的环形折弯工具操控板。

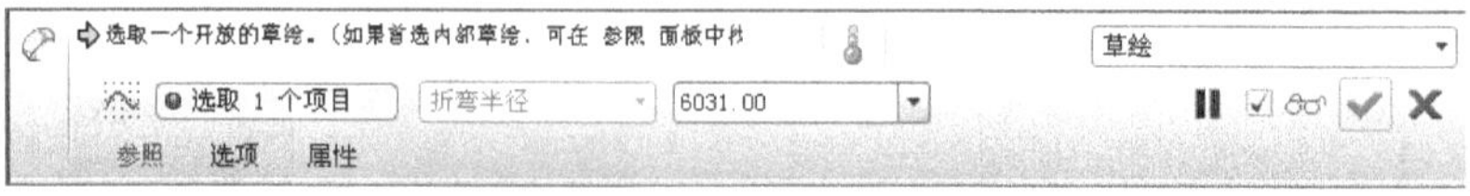

图7-39　环形折弯工具操控板

（3）打开操控板的“参照”滑出面板，勾选“实体几何”复选框，如图 7-40 所示，接着在“轮廓截面”收集器右侧单击“定义”按钮。

（4）弹出“草绘”对话框，选择图 7-41 所示的实体端面作为草绘平面，草绘方向参照采用默认设置，然后单击“草绘”按钮，进入草绘模式。

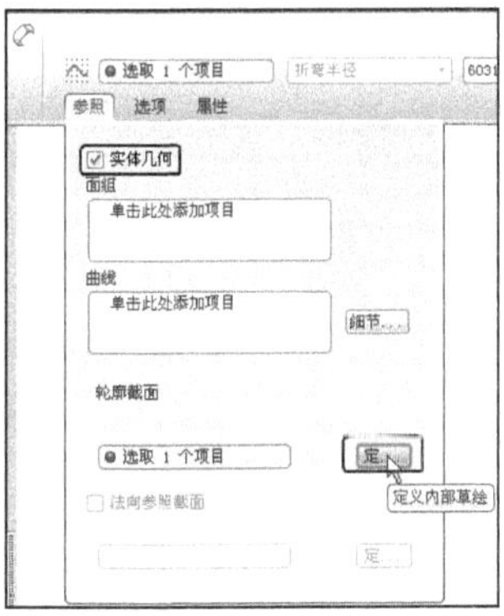

图7-40　“参照”滑出面板

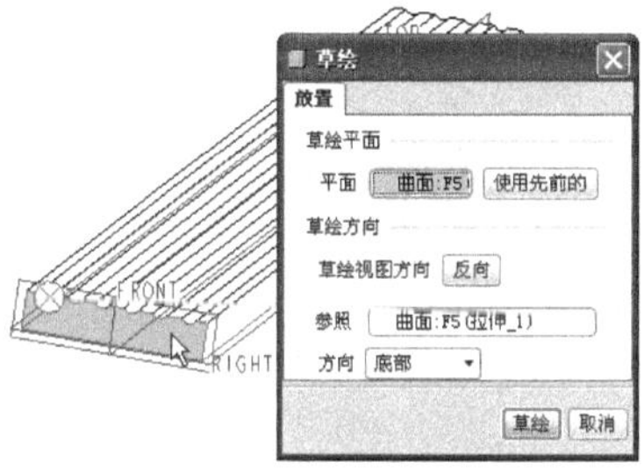

图7-41　指定草绘平面

（5）绘制图 7-42 所示的一段圆弧，接着单击“几何坐标系”按钮，在圆弧的右端点处添加一个参照几何坐标系，如图 7-43 所示，然后单击“完成”按钮。

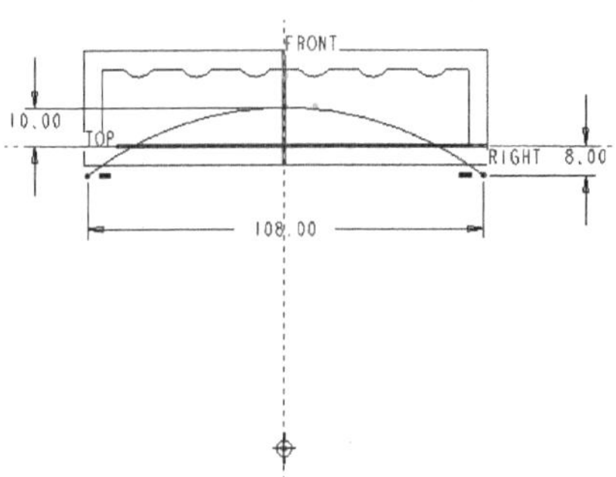

图7-42　绘制圆弧

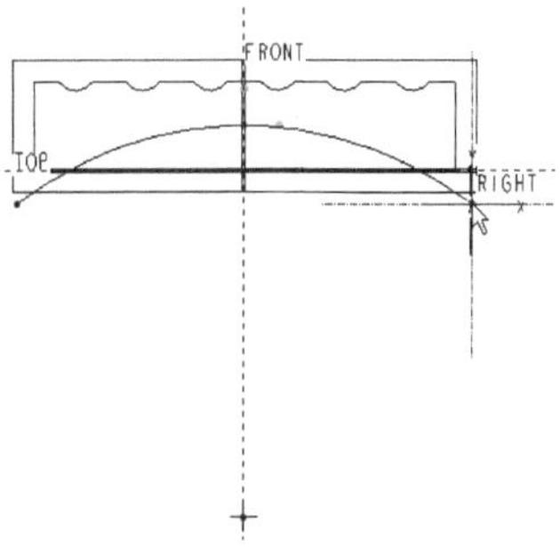

图7-43　添加几何坐标系

（6）打开操控板的“选项”滑出面板，单击“标准”单选按钮，如图 7-44 所示，图中显示了采用“折弯半径”方式，可以看到默认的预览效果。

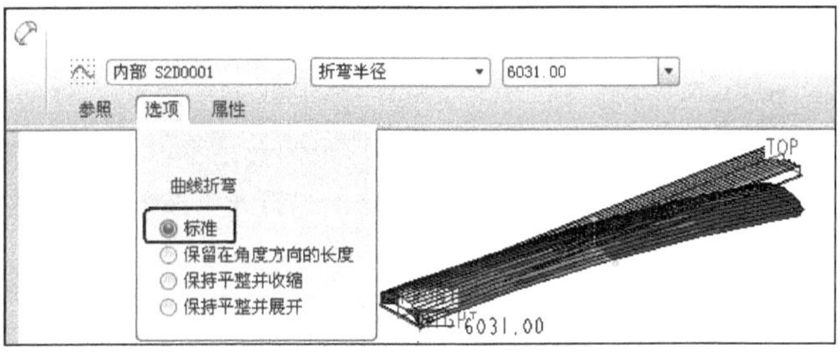

图7-44　设置曲线折弯选项

（7）在操控板的一个下拉列表框中选择“360 度折弯”选项，如图 7-45 所示。

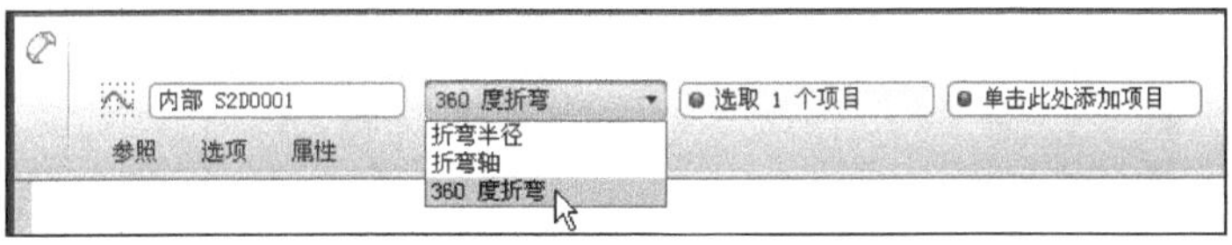

图7-45　选择“360度折弯”选项

（8）分别选择图 7-46 所示的两个平行端面，在选择时注意操控板中的两个收集器的状态。

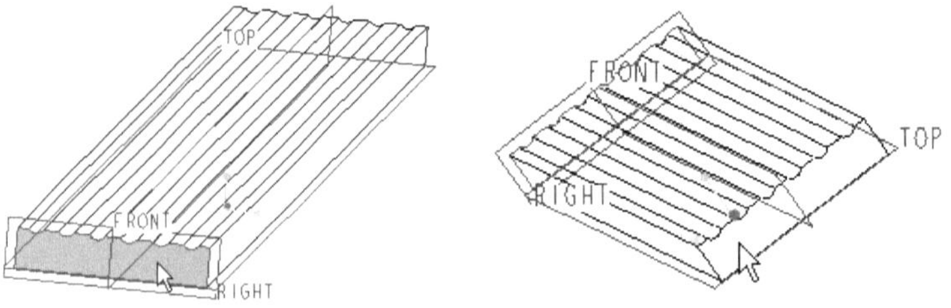

图7-46　拾取两个平行端面

（9）可以单击“特征预览”按钮进行环形折弯特征预览，满意后单击“完成”按钮，结果如图 7-47 所示。

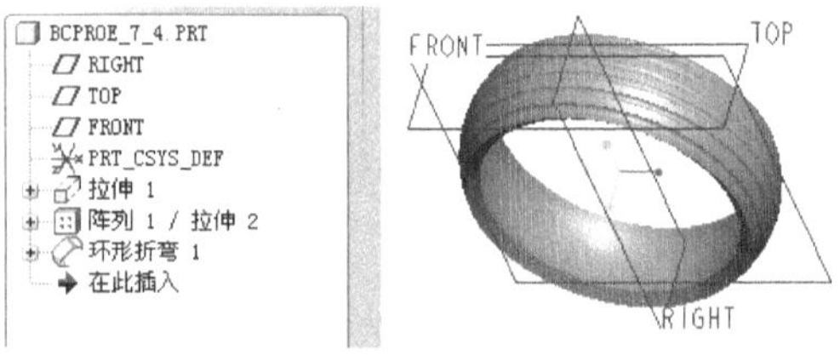

图7-47　完成环形折弯操作

7.5　半径圆顶

如果要使用更多的高级特征命令，则可执行“工具”>“选项”命令，打开“选项”对话框，利用该对话框将“allow_anatomic_features”选项值设置为“yes”，单击“添加 / 更改”按钮和“确定”按钮。将配置文件选项“allow_anatomic_features”的值设置为“yes”后，在菜单栏的“插入”>“高级”级联菜单中便会出现诸如“局部推拉”、“半径圆顶”、“耳”、“唇”和“环形槽”等更多的高级命令。

可以使用“半径圆顶”的方式替换模型中的指定面，以得到所需的圆顶效果。生成半径圆顶特征的一般方法及步骤如下。

（1）在菜单栏的“插入”>“高级”级联菜单中选择“半径圆顶”命令。

（2）在模型中选取要圆顶的曲面。

（3）选择基准平面或边。

（4）输入圆盖的半径，确认后便得到半径圆顶的效果。

下面为创建半径圆顶特征的范例。

（1）单击工具栏“打开”按钮，弹出“文件打开”对话框，选择本书配套的素材“/ch7/bcproe_7_5.prt”文件，然后单击“文件打开”对话框中的“打开”按钮。该文件中的原始实体模型如图 7-48 所示。

（2）在菜单栏的“插入”>“高级”级联菜单中选择“半径圆顶”命令。

（3）选取要圆顶的曲面，如图 7-49 所示。

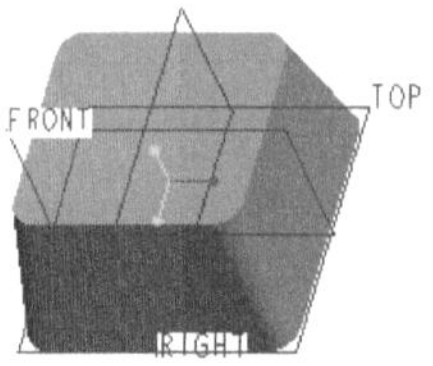

图7-48　原始实体模型

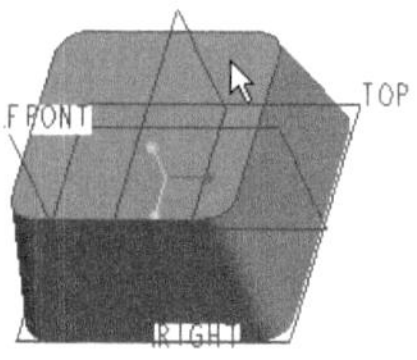

图7-49　选择要圆顶的曲面

（4）在模型中选择 RIGHT 基准平面。

（5）输入圆盖的半径为“56”，如图 7-50 所示，然后单击“接受”按钮。

完成的半径圆顶特征如图 7-51 所示。

图7-50 输入圆盖的半径

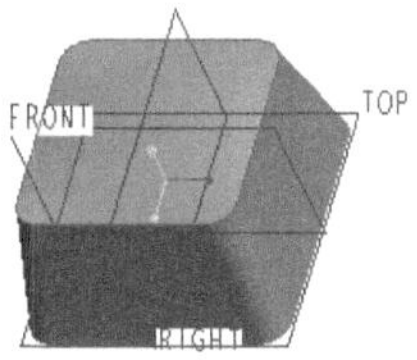

图7-51 完成半径圆顶特征

7.6 创建耳特征

可以在模型中创建类似于“耳”形状的特征作为装饰结构或者作为手柄，也可作为伸出的连接定位结构等。所谓的“耳”特征是沿着曲面的顶部被拉伸的伸出项，并可以在底部被折弯。耳特征可以具有可变的折弯角，也可以具有 90° 的折弯角。

创建耳特征需要定义耳截面、耳的深度、耳的折弯半径和耳折弯角。其中耳截面需要满足以下规则。

①草绘平面必须垂直于将要连接耳的曲面。

②耳的截面必须开放且其端点应与将要连接耳的曲面对齐。

③连接到曲面的图元必须互相平行，且垂直于该曲面，其长度足以容纳折弯。

注 意

当配置文件选项“allow_anatomic_features”的值被设置为“yes”时，“插入”>“高级”级联菜单中的“耳”命令才可用。

下面介绍一个创建耳特征的应用范例。

（1）单击工具栏“打开”按钮，弹出“文件打开”对话框，选择本书配套的素材“/ch7/bcproe_7_6.prt”文件，然后在“文件打开”对话框中单击“打开”按钮。该文件中的原始实体模型如图 7-52 所示。

（2）在菜单栏的“插入”>“高级”级联菜单中选择“耳”命令。

（3）弹出菜单管理器，如图 7-53 所示，在该菜单管理器的“选项”菜单中选择“可变的”>“完成”选项。

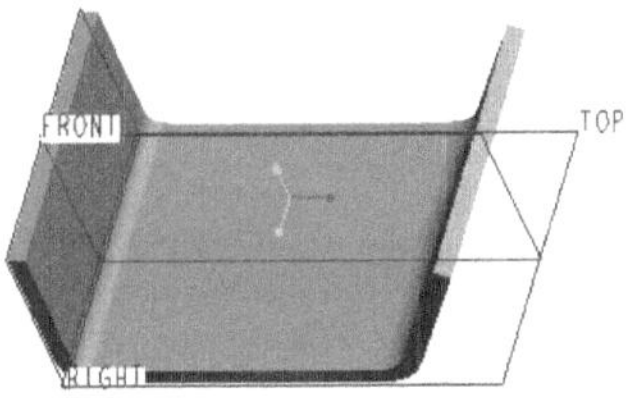

图7-52 原始实体模型

图7-53 “选项”菜单

（4）选择图 7-54 所示的实体平整面（鼠标指针所指）作为草绘平面，接着在菜单管理器出现的“方向”菜单中选择“确定”选项，然后在菜单管理器出现的“草绘视图”菜单中选择“缺省”选项，进入草绘模式。

（5）绘制耳截面，如图 7-55 所示，单击“完成”按钮✔。

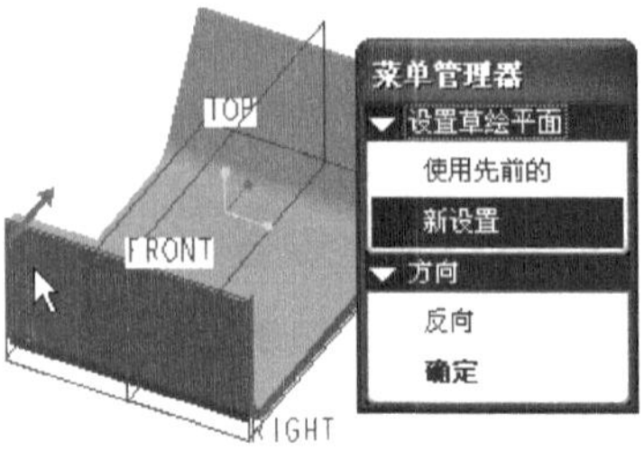

图7-54　设置草绘平面

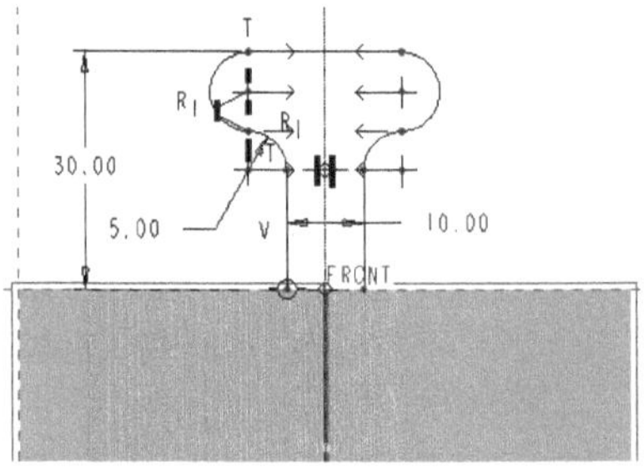

图7-55　绘制耳截面

（6）输入耳的深度为“5”，如图 7-56 所示，单击“接受”按钮☑。

图7-56　输入耳的深度

（7）输入耳的折弯半径为“6”，如图 7-57 所示，单击“接受”按钮☑。

图7-57　输入耳的折弯半径

（8）输入耳折弯角为“50”，如图 7-58 所示，单击“接受”按钮☑。

图7-58　输入耳折弯角

完成创建的耳特征如图 7-59 所示。

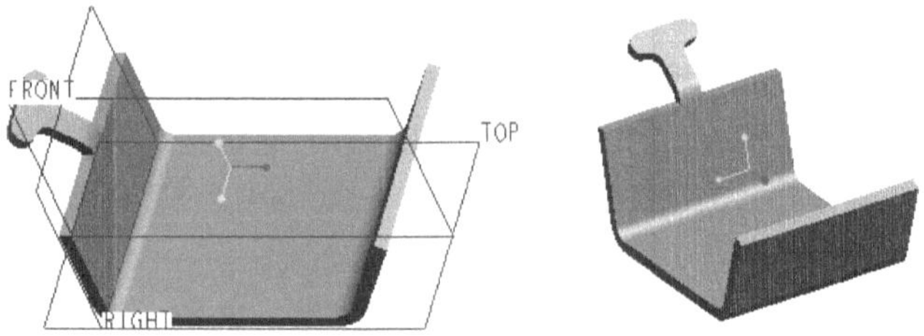

图7-59　创建的耳特征

7.7　创建唇特征

系统可以通过沿着所选边偏移匹配曲面来构建唇，该边必须形成连续轮廓，它可以是开放的或闭合的。唇的顶端（或底端）曲面复制匹配曲面几何；可以根据唇的方向拔模侧曲面。唇的方向（偏移的方向）是由垂直于参照平面的方向确定的；拔模角度是参照平面法向和唇的侧曲面之间的角度。

创建唇特征的示例如图 7-60 所示。

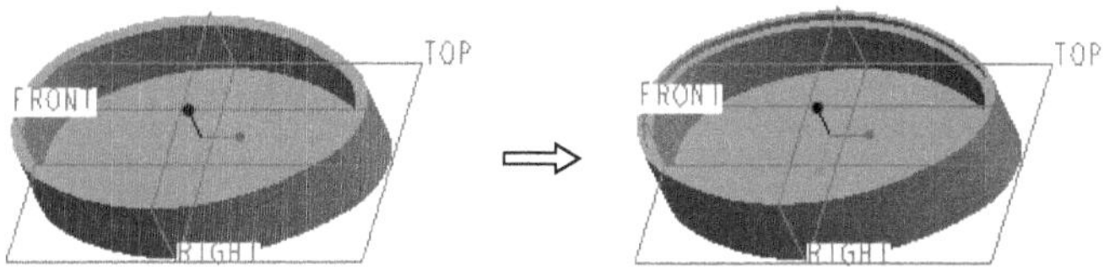

图7-60　创建唇特征的示例

注 意

当将系统配置选项“allow_anatomic_features”的值设置为“yes”时，“唇”命令才会出现在菜单栏中的“插入”>“高级”级联菜单中。

创建唇特征的一般步骤如下。

（1）在菜单栏的“插入”>“高级”级联菜单中选择“唇”命令。

（2）选取形成唇的轨迹边。可利用菜单管理器的“边选取”菜单提供的“单个”、“链”或“环”选项来选取边。选取完成后选择“完成”选项。

（3）选取匹配曲面（要被偏移的曲面）。

（4）输入从所选曲面开始的唇偏移值。

（5）输入侧偏移（从所选边到拔模曲面的距离）。

（6）选取拔模参照平面。

（7）输入拔模角度，Pro/ENGINEER 完成创建唇特征。

下面为一个创建唇特征的应用范例。

（1）单击工具栏“打开”按钮，弹出“文件打开”对话框，选择本书配套的素材“/ch7/bcproe_7_7.prt”文件，然后单击“文件打开”对话框中的“打开”按钮，该文件中的原始实体模型如图 7-61 所示。

（2）在菜单栏的“插入”>“高级”级联菜单中选择“唇”命令。

（3）在菜单管理器的“边选取”菜单中选择“链”选项，接着使用鼠标指针在模型中选择图 7-62 所示的内侧边链，然后在“边选取”菜单中选择“完成”选项。

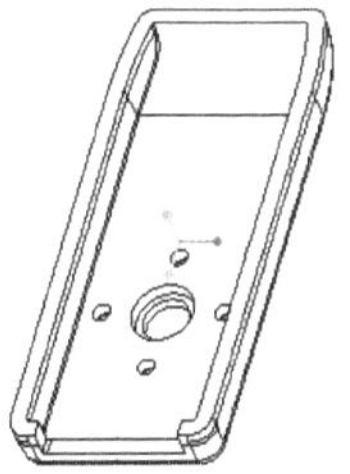

图7-61　实体模型素材

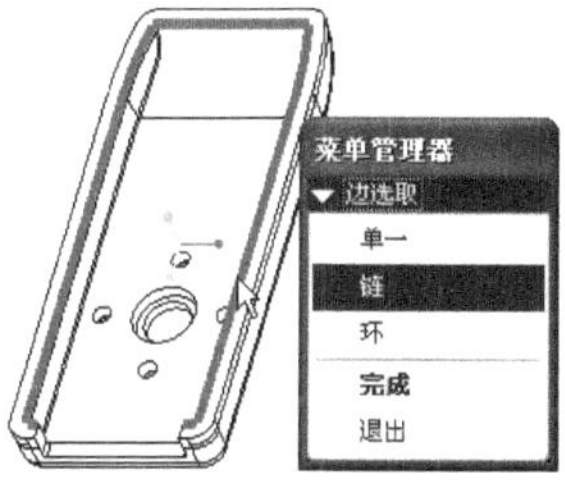

图7-62　边选取

（4）选取要偏移的曲面（与加亮的边相邻），如图 7-63 所示。

（5）输入从所选曲面开始的唇偏移值为“0.65”，单击“接受”按钮。

（6）输入侧偏移（从所选边到拔模曲面）为“0.8”，单击“接受”按钮。

（7）选取图 7-64 所示的拔模参照曲面。

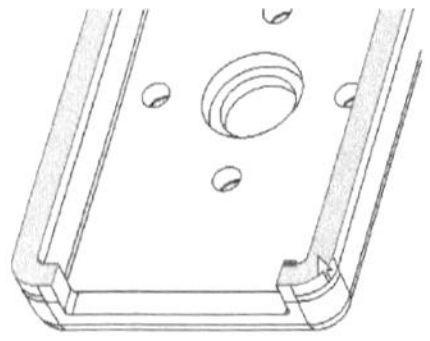

图7-63　选取要偏移的曲面

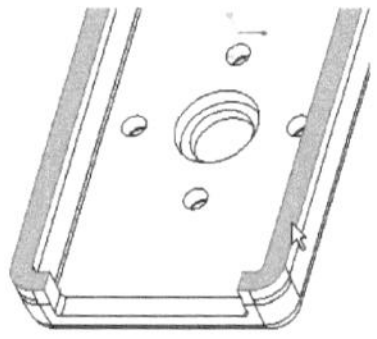

图7-64　选取拔模参照曲面

（8）输入拔模角为“2”（单位为“°”），单击“接受”按钮。

创建完成唇特征的模型效果如图 7-65 所示。

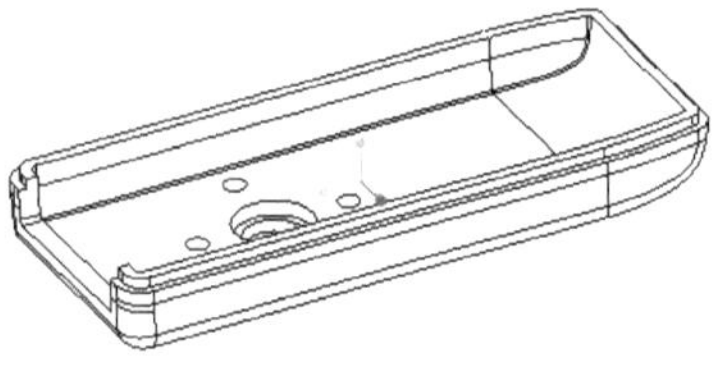

图7-65　创建的唇特征

7.8　创建环形槽

环形槽常用作退刀槽，它是一种特殊的旋转槽，它绕着旋转零件或特征创建凹槽。

注意

当将系统配置选项“allow_anatomic_features”的值设置为“yes”时，“环形槽”命令才会出现在菜单栏中的“插入”>“高级”级联菜单中。

创建环形槽的一般方法及步骤如下。

（1）在菜单栏的“插入”>“高级”级联菜单中选择“环形槽”命令。

（2）弹出菜单管理器，该菜单管理器提供图 7-66 所示的“选项”菜单。利用该菜单选择角度，以指定旋转度数等。

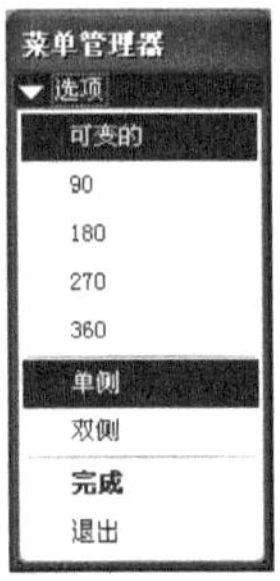

图7-66　“选项”菜单

（3）创建或选取“通过轴”基准平面作为草绘平面。

（4）草绘开放的退刀槽截面，其端部与零件或特征的侧面影像边对齐。

（5）草绘成为旋转轴的中心线。

Pro/ENGINEER 将绕零件旋转截面至指定的角度，去除截面内的材料，从而生成环形槽（退刀槽）。

创建环形槽的应用范例如下。

（1）单击工具栏“打开”按钮，弹出“文件打开”对话框，选择本书配套的素材“bcproe_7_8.prt”文件，然后在“文件打开”对话框中单击“打开”按钮，该文件中的原始实体模型如图 7-67 所示。

（2）在菜单栏的“插入”>“高级”级联菜单中选择“环形槽”命令。

（3）在菜单管理器出现的“选项”菜单中选择“360”>“单侧”>“完成”选项。

（4）选择 FRONT 基准平面作为草绘平面，接着在菜单管理器出现的菜单中选择“确定”>“缺省”选项，进入草绘模式。

（5）绘制图 7-68 所示的开放式的退刀槽截面，注意设置截面开放端点与零件的侧面影像边重合对齐。

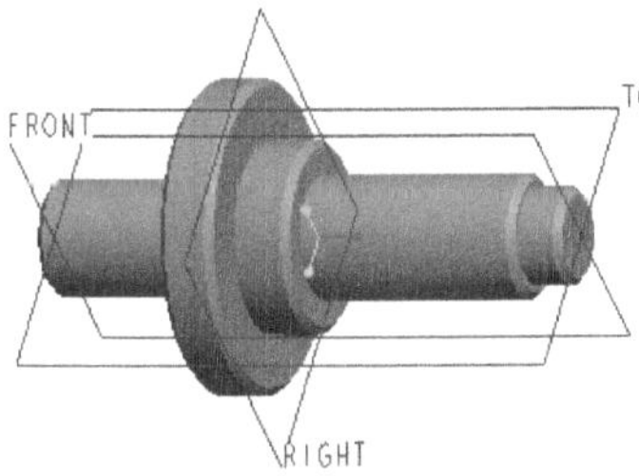

图7-67 实体模型素材

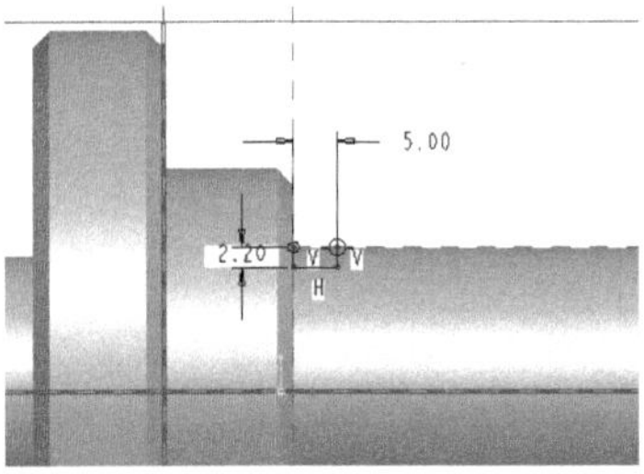

图7-68 绘制开放式的退刀槽截面

（6）单击“几何中心线”按钮 ┆，绘制一条将成为旋转轴的几何中心线，如图 7-69 所示，然后单击“完成”按钮✔。

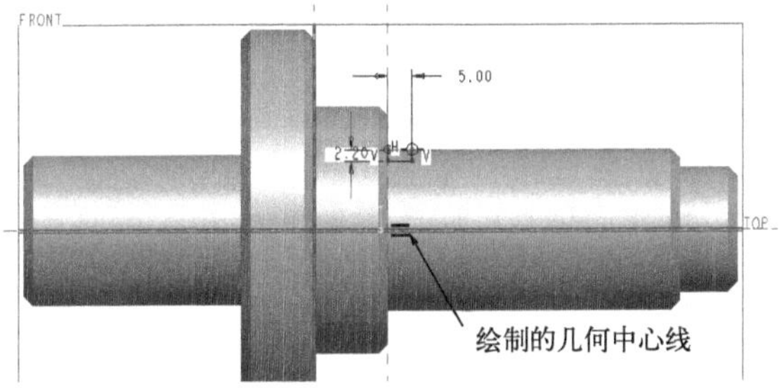

图7-69 绘制作为旋转轴的中心线

完成创建的退刀槽效果如图 7-70 所示。

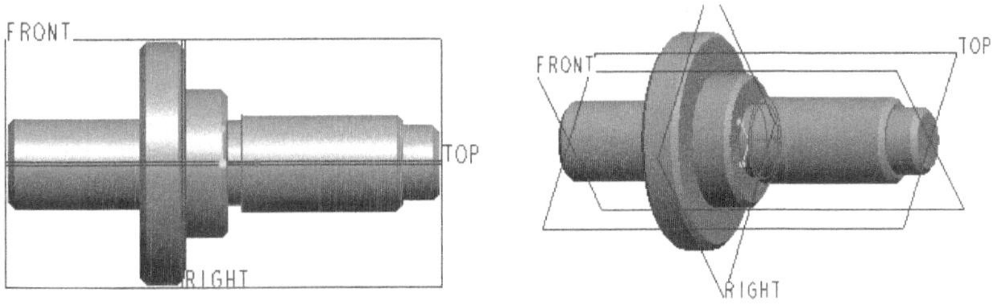

图7-70 完成退刀槽的创建

7.9 实战综合案例——铁钩建模

学习目的

在本范例中将应用到本章介绍的一些高级特征。

重点难点

- 创建扫描混合特征
- 以螺旋扫描的方式构建外螺纹

本综合范例介绍一个铁钩零件的三维建模，要完成的铁钩模型如图 7-71 所示。

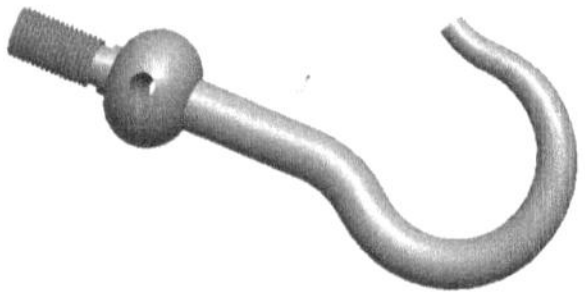

图7-71　范例完成的铁钩零件

操作步骤

1. 新建实体零件文件

Step01 单击工具栏“创建新对象”按钮，打开“新建”对话框。

Step02 在“新建”对话框的“类型”选项组中，单击“零件”单选按钮；在“子类型”选项组中，单击“实体”单选按钮；在“名称”文本框中输入文件名为“bcproe_7_fl”，取消勾选“使用缺省模板”复选框以取消使用缺省模板，单击“确定”按钮。

Step03 系统弹出“新文件选项”对话框，在“模板”选项组中选择“mmns_part_solid”，单击“确定”按钮，进入零件设计模式。

2. 创建旋转特征

Step01 在右工具箱中单击“旋转工具”按钮，打开旋转工具操控板。

Step02 打开“放置”滑出面板，单击“定义”按钮，弹出“草绘”对话框。

Step03 选择 FRONT 基准平面作为草绘平面，以 RIGHT 基准平面作为“右”方向参照，单击“草绘”按钮，进入草绘模式。

Step04 绘制图 7-72 所示的旋转剖面和一条几何中心线，然后单击“完成”按钮，完成草绘并退出草绘模式。

Step05 默认旋转角度为 360°，单击“完成”按钮，完成创建的旋转特征如图 7-73 所示。

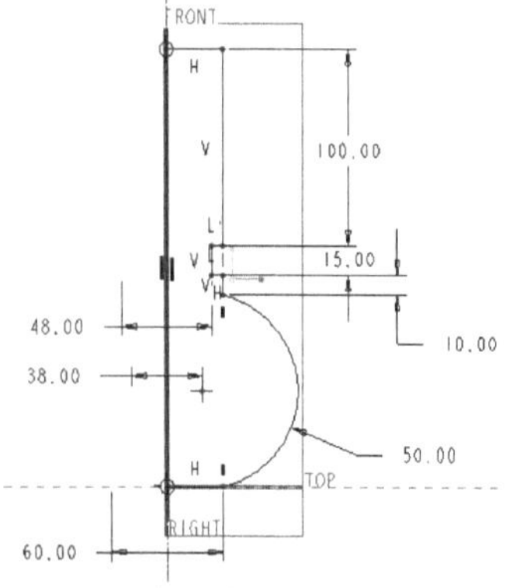

图7-72　草绘旋转剖面及几何中心线

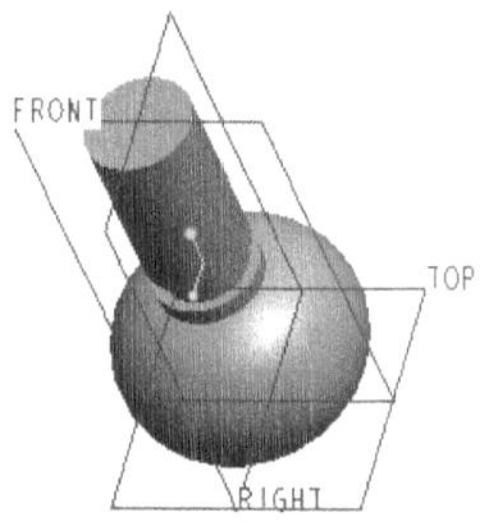

图7-73　创建旋转特征

3. 草绘用于扫描混合的轨迹线

Step01 单击工具栏“草绘工具”按钮，弹出“草绘”对话框。

Step02 选择 FRONT 基准平面作为草绘平面，以 RIGHT 基准平面作为“右”方向参照，单击“草绘”按钮，进入草绘模式。

Step 03 绘制图 7-74 所示的曲线，单击“完成”按钮✔。

4. **创建扫描混合特征**

Step 01 在菜单栏的“插入”菜单中选择“扫描混合”命令，打开扫描混合工具操控板。

Step 02 在扫描混合工具操控板中单击“实体”按钮□。

Step 03 打开“参照”滑出面板，默认选取刚绘制的曲线作为原点轨迹，注意曲线起始点位置。从“参照”滑出面板的“剖面控制”下拉列表框中选择“垂直于轨迹”选项，从“水平/垂直控制”下拉列表框中选择“自动”选项，如图 7-75 所示。

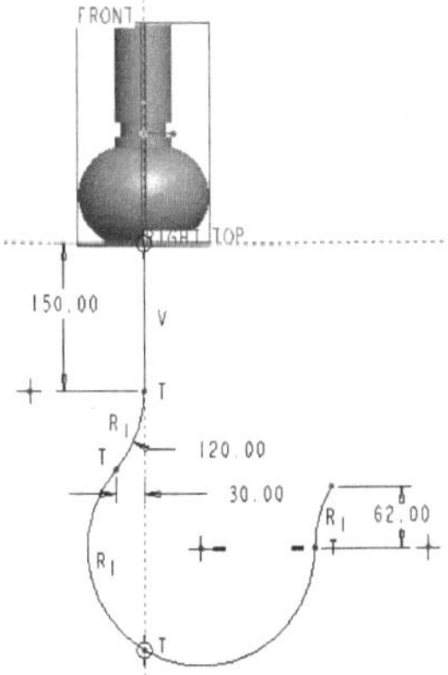

图7-74　草绘曲线

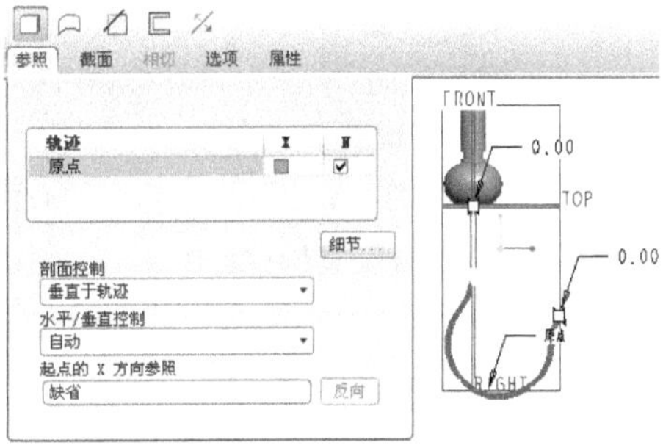

图7-75　原点轨迹及其参照选项

Step 04 打开“截面”滑出面板，单击“草绘截面”单选按钮，选择轨迹链首，如图 7-76 所示，接着在“截面”滑出面板中单击“草绘”按钮，进入草绘模式。绘制如图 7-77 所示的截面 1（圆），单击“完成”按钮✔。

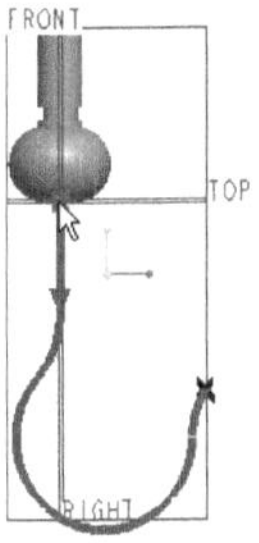

图7-76　选择轨迹链首

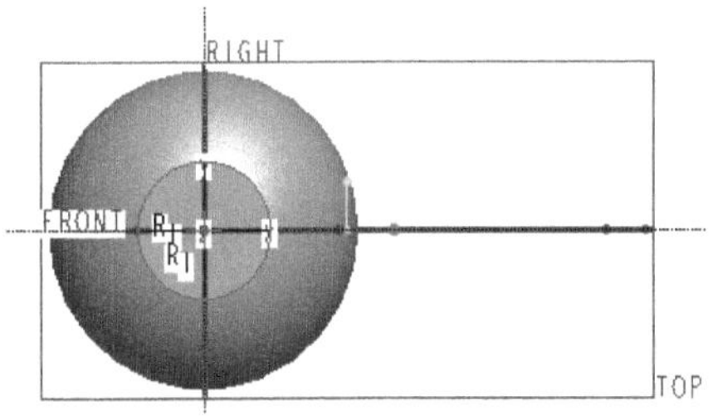

图7-77　绘制截面1

Step 05 在“截面”滑出面板中单击“插入”按钮，按【Ctrl+D】组合键以标准方向视角显示模型，单击图 7-78 所示的点作为新截面位置点，接着在“截面”滑出面板中单击“草绘”按钮，进入草绘模式。绘制图 7-79 所示的截面 2（圆），单击“完成”按钮✔。

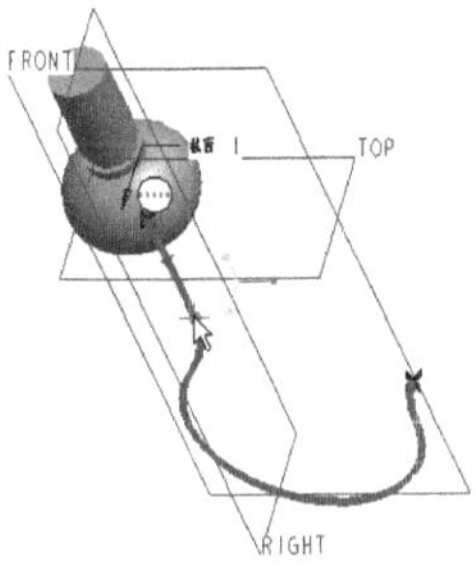

图7-78　指定截面2位置点

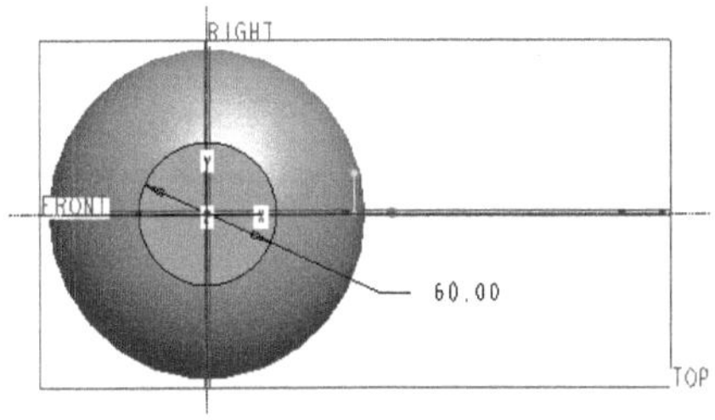

图7-79　绘制截面2

Step 06 在“截面”滑出面板中单击“插入”按钮，按【Ctrl+D】组合键以标准方向视角显示模型，单击图 7-80 所示的链尾作为新截面位置点，接着在“截面”滑出面板中单击“草绘”按钮，进入草绘模式。绘制图 7-81 所示的截面 3（圆），单击“完成”按钮 。

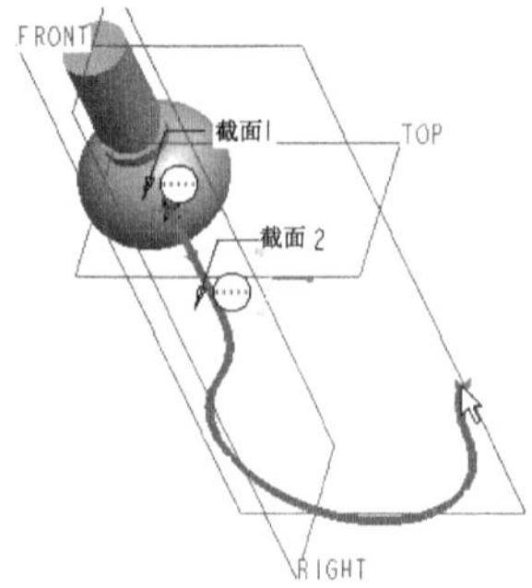

图7-80　指定截面3位置点

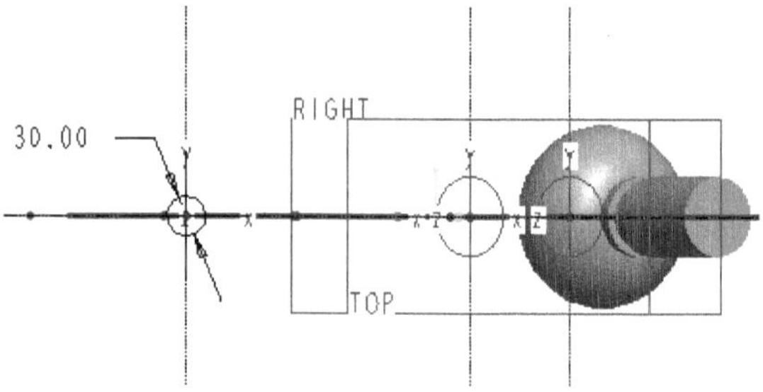

图7-81　绘制截面3

Step 07 打开“相切”滑出面板，为开始截面设置“垂直”条件，如图 7-82 所示。

Step 08 在扫描混合工具操控板中单击“完成”按钮，此时完成的实体模型如图 7-83 所示。

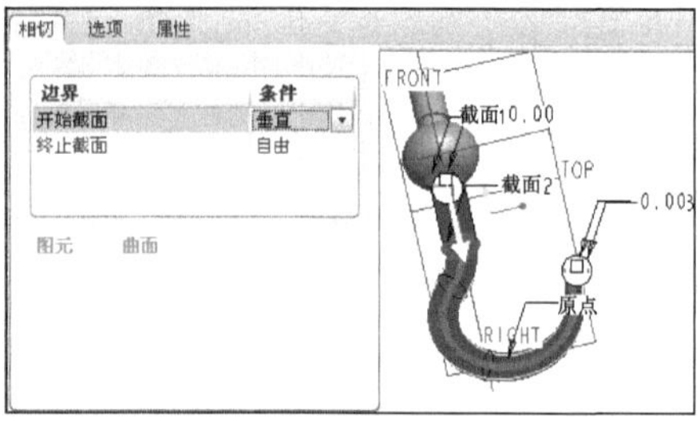

图7-82　设置开始截面相切条件

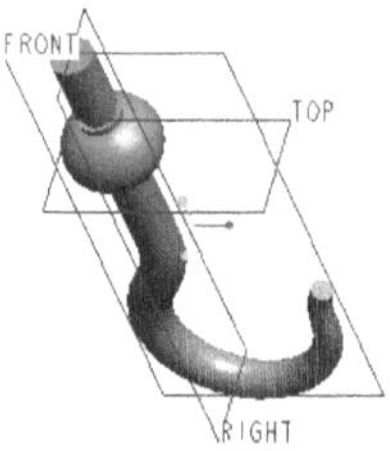

图7-83　完成扫描混合操作

5．以螺旋扫描的方式构建外螺纹

Step 01 在菜单栏的“插入”>“螺旋扫描”级联菜单中选择“切口”命令，打开“切剪：螺旋扫描”对话框和一个菜单管理器。

Step 02 在菜单管理器的“属性”菜单中选择“常数”>“穿过轴”>“右手定则”>“完成”命令。

Step 03 选择 FRONT 基准平面作为草绘平面，接着在菜单管理器的相应菜单中选择“确定”>“缺省”命令，进入草绘模式。

Step 04 绘制图 7-84 所示的一条线段和一条中心线，注意要将该线段重合约束在圆柱面外轮廓上。单击“完成”按钮 ，完成草绘并退出草绘模式。

Step 05 输入节距值为“6”，按【Enter】键确认。

Step 06 绘制图 7-85 所示的截面，单击“完成”按钮 。

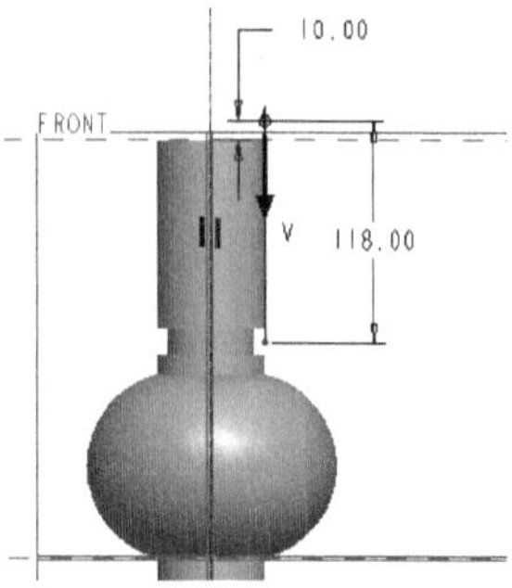

图7-84　绘制草图

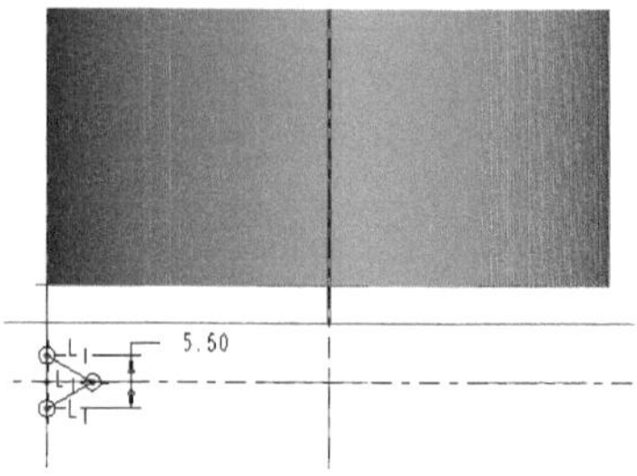

图7-85　绘制螺旋扫描截面

Step 07 定义材料侧，即在菜单管理器出现的“方向”菜单中选择“确定”选项以接受图示默认的材料侧方向，如图 7-86 所示。

Step 08 在“切剪：螺旋扫描”对话框中单击“确定”按钮，完成创建的外螺纹如图 7-87 所示。

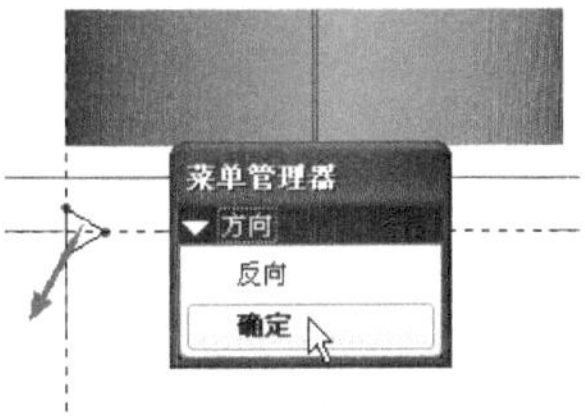

图7-86　定义材料侧

图7-87　完成螺旋扫描切剪操作

6. 拉伸切除材料

Step 01 在右工具箱中单击“拉伸工具”按钮，打开拉伸工具操控板，接着单击“去除材料”按钮。

Step 02 打开“放置”滑出面板，单击“定义”按钮，弹出“草绘”对话框。

Step 03 选择 FRONT 基准平面作为草绘平面，以 RIGHT 基准平面作为“右”方向参照，单击“草绘”按钮，进入草绘模式。

Step 04 绘制图 7-88 所示的拉伸切除的剖面，单击“完成”按钮✔。

Step 05 在拉伸工具操控板中打开“选项”滑出面板，在“侧 1”和“侧 2”深度列表框中均选择“穿透”。

Step 06 在拉伸工具操控板中单击“完成”按钮，完成效果如图 7-89 所示。

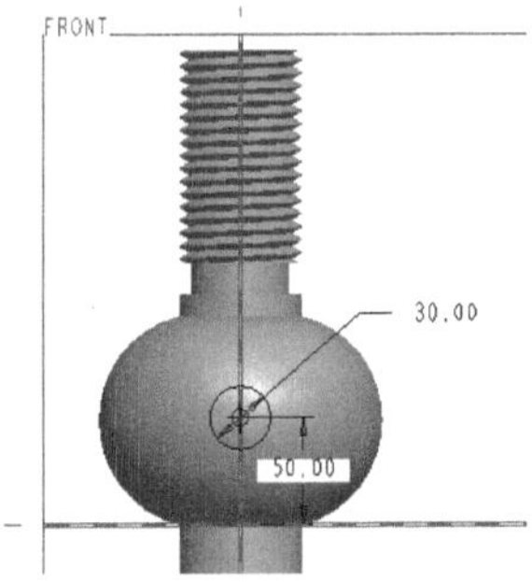

图7-88　绘制拉伸切除的剖面

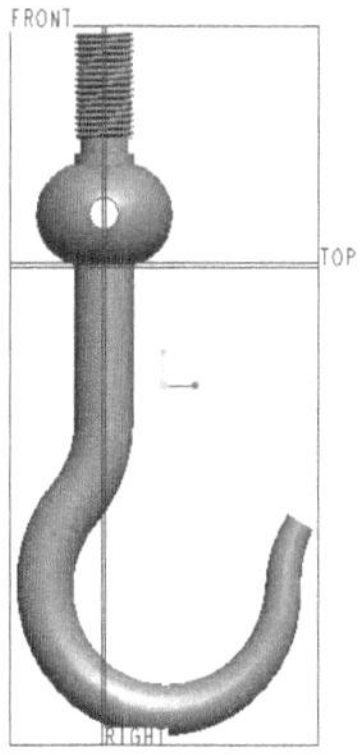

图7-89　最终完成效果

案例总结

本综合案例介绍了一款铁钩的建模过程，其目的在于让学生更好地掌握本章介绍的一些高级特征建模知识。在该铁钩建模中，主要应用到“扫描混合”和“螺旋扫描”这两个主要的高级特征命令。使用高级特征可构建一些较为复杂的特征。

7.10 思考与上机练习

1. 简答题

（1）如何创建恒定螺距和可变螺距的螺旋扫描特征？

（2）简述如何创建无属性控制的骨架折弯特征，可以通过简单的例子进行辅助说明。

（3）哪些高级特征的创建命令只有当配置文件选项“allow_anatomic_features”的值设置为“yes”时才出现在“插入”>“高级”级联菜单中？并说明如何将配置文件选项“allow_anatomic_features”的值设置为“yes”。

（4）简述创建耳特征的一般方法及步骤。

（5）简述创建唇特征的一般方法及步骤。

（6）环形槽通常用来作什么用途？如何创建旋转360°的环形槽？

2．上机练习题

（1）创建图7-90所示的扫描混合特征，具体尺寸自行决定。

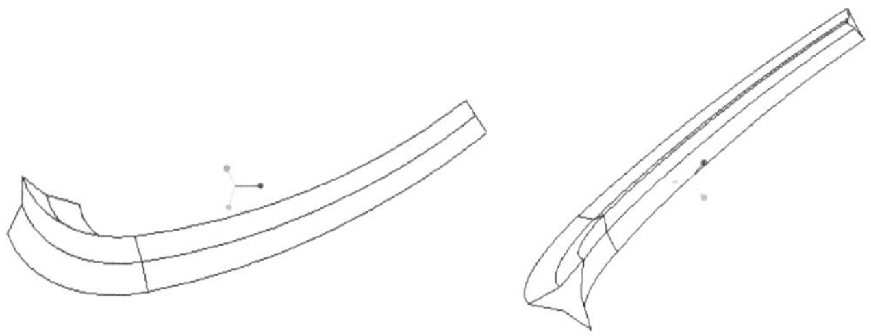

图7-90　上机练习完成的参考模型

知识要点提示

根据效果图并结合知识点建模，可以锻炼动手能力和思考能力。

（2）打开本书配套的素材“/ch7/bcproe_7_ex8.prt”文件，在已有零件中采用螺旋扫描的方式切出图7-91所示的螺纹结构，不必构建螺纹的收尾结构。

（3）新建一个实体零件文件，在该文件中创建一个长方体，然后在该长方体中创建一个半径圆顶特征。

（4）参照图7-92所示的模型效果，自行确定尺寸来建立其三维实体模型。

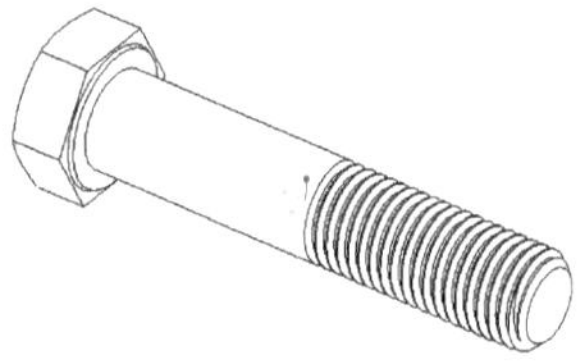

图7-91　完成的螺栓

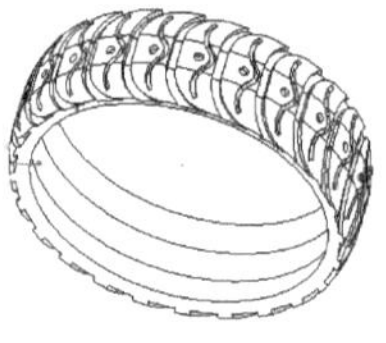

图7-92　模型效果图

知识要点提示

先创建平整实体模型，并在其上创建拉伸切口并阵列，然后使用“环形折弯”命令来完成。

第8章 曲面设计

本章导读

本章介绍曲面设计的相关实用知识，包括创建基本曲面（拉伸曲面、旋转曲面、扫描曲面、混合曲面、扫描混合曲面和可变剖面扫描曲面等），创建填充曲面，创建边界混合曲面，曲面编辑（曲面修剪、曲面复制、曲面偏移、曲面合并、曲面加厚和曲面实体化等）和造型等。

学习目标

- 理解基本曲面的范畴
- 掌握基本曲面、填充曲面、边界混合曲面的创建方法
- 掌握常用的曲面编辑工具命令（曲面修剪、曲面复制/粘贴、曲面偏移、曲面合并、曲面加厚、曲面实体化、投影曲线、交截曲线）
- 了解造型（自由形式曲面）概念

8.1 创建基本曲面

本书将拉伸曲面、旋转曲面、扫描曲面、混合曲面、扫描混合曲面和可变剖面扫描曲面等归纳在基本曲面的范畴里。下面通过范例的形式介绍如何创建这些基本曲面。

8.1.1 创建拉伸曲面特征范例

（1）新建一个使用“mmns_part_solid”模板的实体零件文件，可以将此零件文件名设为“bcproe_8_1a”。

（2）单击工具栏“拉伸工具”按钮，打开拉伸工具操控板，接着在该操控板中单击“曲面”按钮。

（3）打开“放置”滑出面板，单击“定义”按钮，弹出“草绘”对话框。选择 FRONT 基准平面作为草绘平面，以 RIGHT 基准平面作为“右”方向参照，单击“草绘”按钮，进入草绘模式。

（4）使用“调色板工具”按钮，从打开的草绘器调色板的“形状”选项卡中选择“椭圆形”曲线，将其拖入到图形窗口中放置，修改其形状尺寸后的曲线效果如图 8-1 所示，然后单击“完成”按钮。

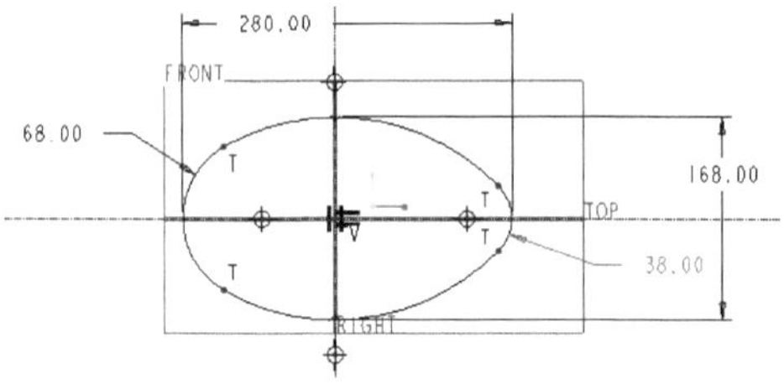

图8-1　绘制曲线

（5）默认侧 1 的深度选项为（盲孔），输入侧 1 的深度为“100.00”，此时动态几何预览的显示效果如图 8-2 所示。

（6）在拉伸工具操控板中打开“选项”滑出面板，勾选“封闭端”复选框，如图 8-3 所示。

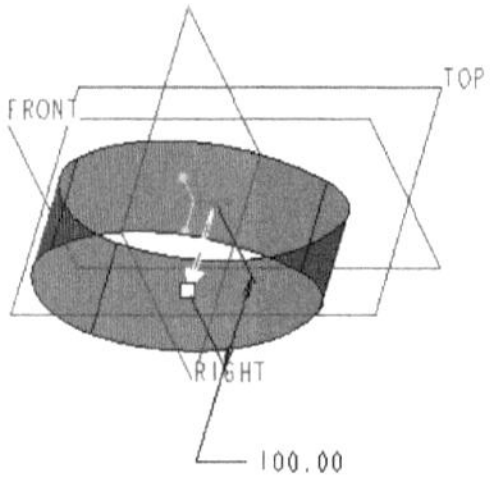

图8-2　动态几何预览

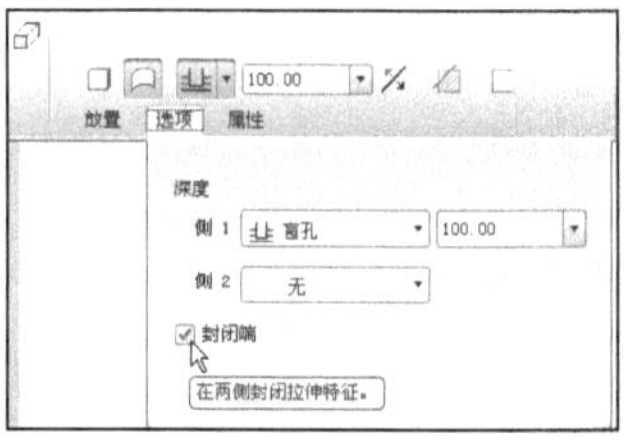

图8-3　勾选“封闭端”复选框

（7）在拉伸工具操控板中单击“完成”按钮，创建的两侧具有封闭端的拉伸曲面如图 8-4 所示。

（8）单击“拉伸工具”按钮，打开拉伸工具操控板，接着在该操控板中单击“曲面”按钮和“去除材料”按钮，并选取要修剪的面组，如图 8-5 所示。

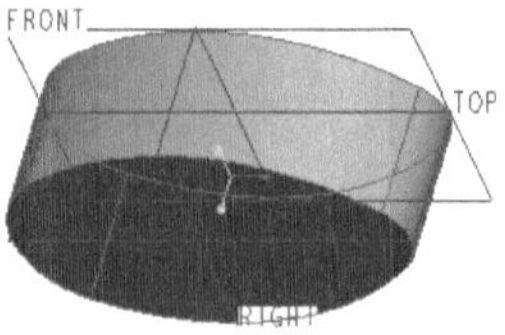

图8-4　具有“封闭端”的拉伸曲面

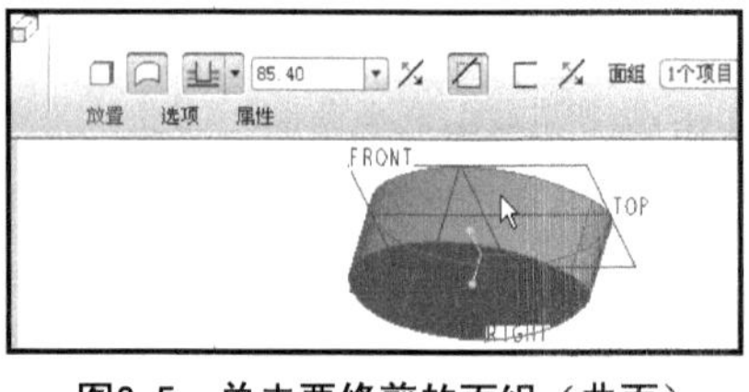

图8-5　单击要修剪的面组（曲面）

（9）打开“放置”滑出面板，单击“定义”按钮，弹出“草绘”对话框。选择 TOP 基准平面作为草绘平面，以 RIGHT 基准平面作为“右”方向参照，单击“草绘”按钮，进入草绘模式。

（10）绘制图 8-6 所示的拉伸剖面，单击“完成”按钮。

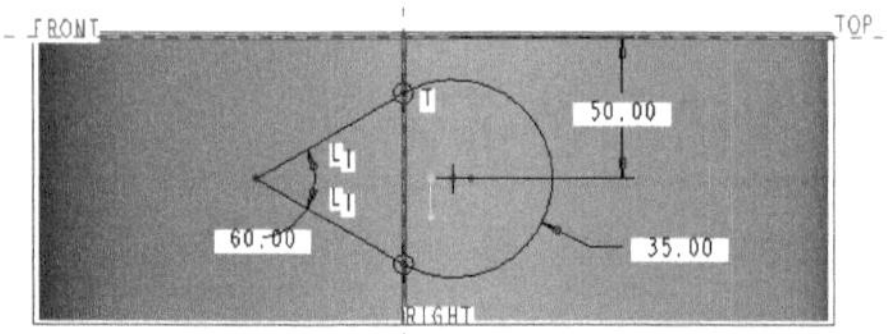

图8-6　绘制拉伸剖面

（11）打开“选项”滑出面板，从“侧 1”和“侧 2”下拉列表框中均选择“穿透”，如图 8-7

所示。

（12）在拉伸工具操控板中单击“完成”按钮☑，切除指定区域的部分曲面，得到的曲面效果如图 8-8 所示。

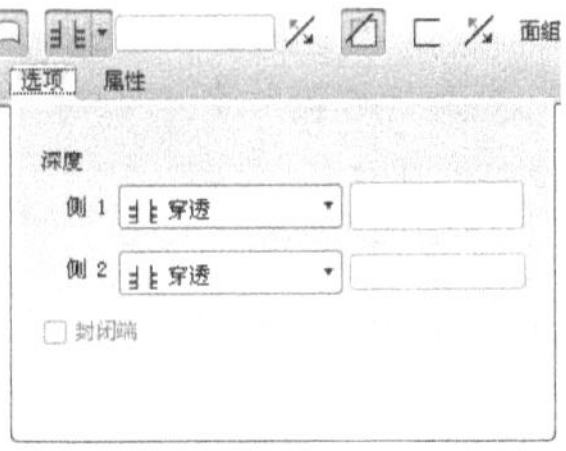

图8-7 设置两侧的深度选项

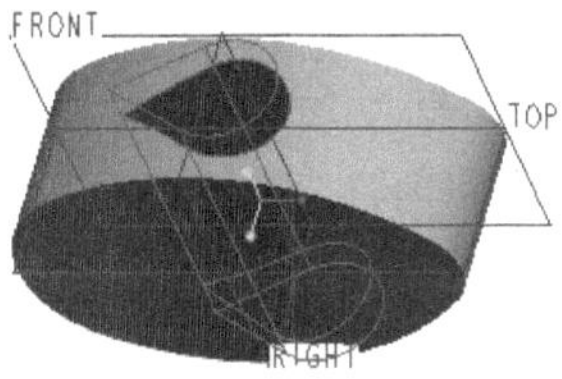

图8-8 去除部分曲面

8.1.2 创建旋转曲面特征范例

（1）新建一个使用“mmns_part_solid”模板的实体零件文件，参考的零件文件名可以设为“bcproe_8_1b”。

（2）单击工具栏“旋转工具”按钮，打开旋转工具操控板，接着在该操控板中单击“曲面”按钮，如图 8-9 所示。

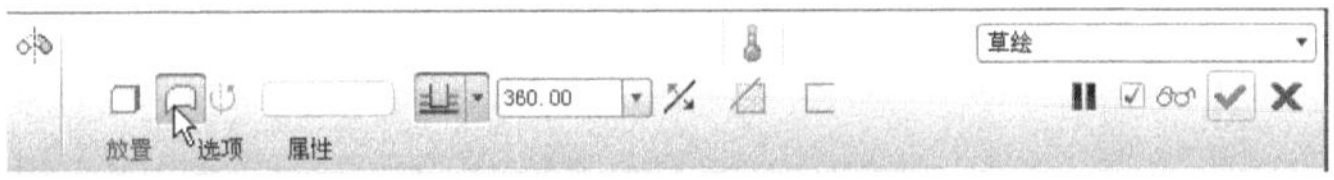

图8-9 旋转工具操控板

（3）打开“放置”滑出面板，单击“定义”按钮，弹出“草绘”对话框。选择 FRONT 基准平面作为草绘平面，以 RIGHT 基准平面作为“右”方向参照，单击“草绘”按钮，进入草绘模式。

（4）绘制图 8-10 所示的几何中心线和旋转剖面，单击“完成”按钮✔。

（5）系统默认的旋转角度为 360°，单击“完成”按钮☑，完成创建的旋转曲面如图 8-11 所示。

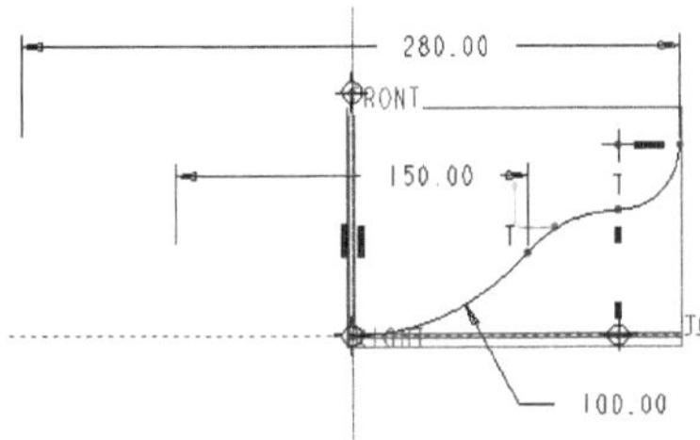

图8-10 绘制几何中心线和旋转剖面

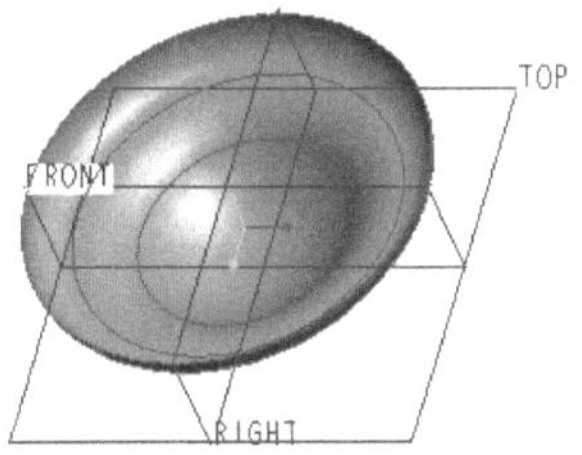

图8-11 创建的旋转曲面

8.1.3 创建扫描曲面特征范例

（1）新建一个使用“mmns_part_solid”模板的实体零件文件，可以将此零件文件名设为“bcproe_8_1c”。

（2）在菜单栏的“插入”菜单中选择“扫描”>“曲面”命令，打开图 8-12 所示的“曲面：扫描”对话框和菜单管理器。

（3）在菜单管理器的“扫描轨迹”菜单中选择“草绘轨迹”命令。

（4）选择 TOP 基准平面作为草绘平面，接着在菜单管理器出现的“方向”菜单中选择“确定”选项，然后，在菜单管理器出现的“草绘视图”菜单中选择“缺省”命令，进入草绘模式。

（5）绘制图 8-13 所示的轨迹线，单击“完成”按钮✔。

经验

如果默认的起始点不满足设计要求，可以先选择要作为轨迹线起始点的点，接着在菜单栏的“草绘”>“特征工具”级联菜单中选择“起点”命令即可。

图8-12　“曲面：扫描”对话框和菜单管理器

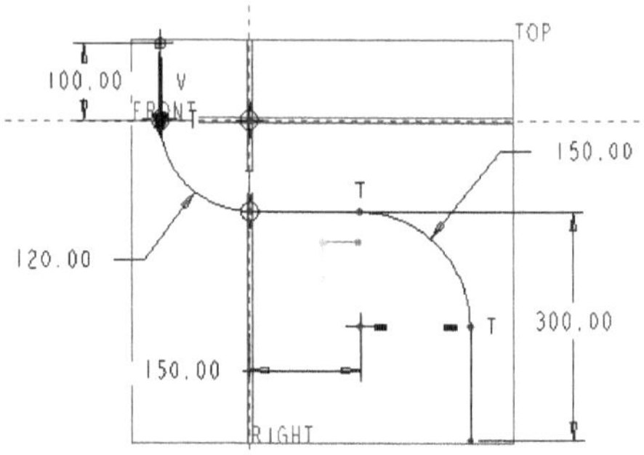

图8-13　绘制曲线

（6）菜单管理器出现图 8-14 所示的“属性”菜单，从中选择“开放端”>“完成”选项。

（7）绘制扫描剖面，如图 8-15 所示，然后单击“完成”按钮✔。

图8-14　出现“属性”菜单

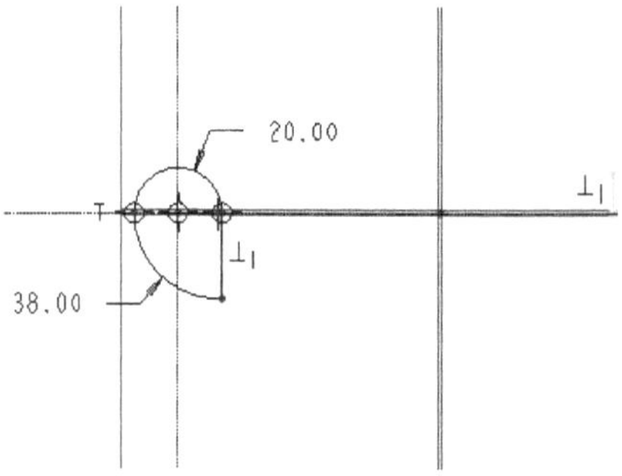

图8-15　绘制扫描剖面

（8）在“曲面：扫描”对话框中单击“确定”按钮，完成的扫描曲面如图 8-16 所示。

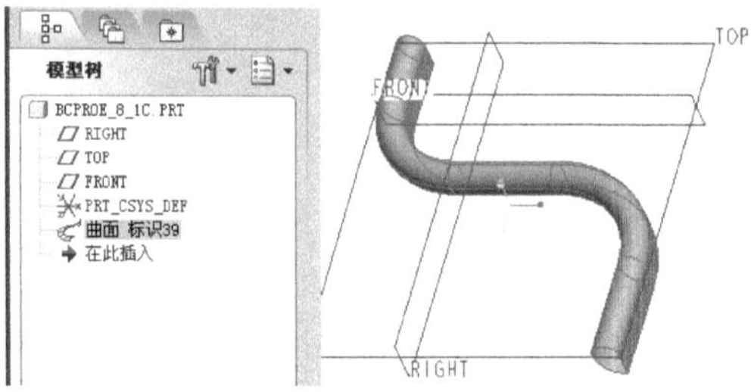

图8-16　完成的扫描曲面

8.1.4　创建混合曲面特征范例

用于创建和处理混合曲面的命令位于菜单栏的“插入”>“混合”级联菜单中，包括“曲面”命令、“曲面修剪”命令和“薄曲面修剪”命令。在这里以创建平行类型的混合曲面为例，其操作方法及步骤如下。

（1）新建一个使用“mmns_part_solid”模板的实体零件文件，可以将此零件文件名设为

“bcproe_8_1d”。

（2）在菜单栏的“插入”>“混合”级联菜单中选择“曲面”命令，打开菜单管理器。

（3）在菜单管理器的“混合选项”菜单中选择“平行”>“规则截面”>“草绘截面”>“完成”选项，如图 8-17 所示。

（4）在如图 8-18 所示菜单管理器的“属性”菜单中选择“光滑”>“开放端”>“完成”选项。

图8-17　设置混合选项

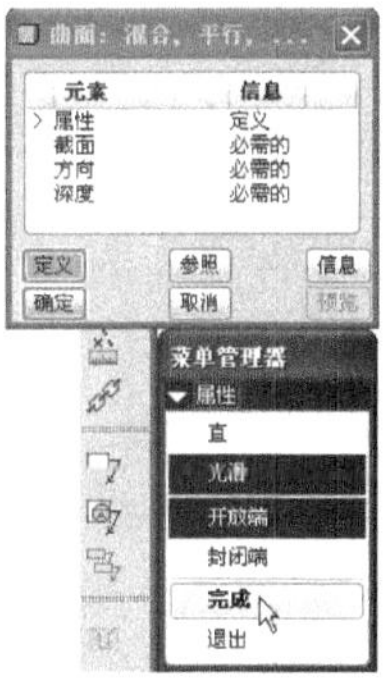

图8-18　设置属性

（5）选择 TOP 基准平面，接着在菜单管理器出现的菜单中依次选择“确定（正向）”选项和“缺省”选项，进入草绘模式。

（6）绘制第一个混合剖面，如图 8-19 所示。

（7）在菜单栏的“草绘”菜单中选择“特征工具”>“切换截面”命令，接着绘制第二个剖面，如图 8-20 所示。

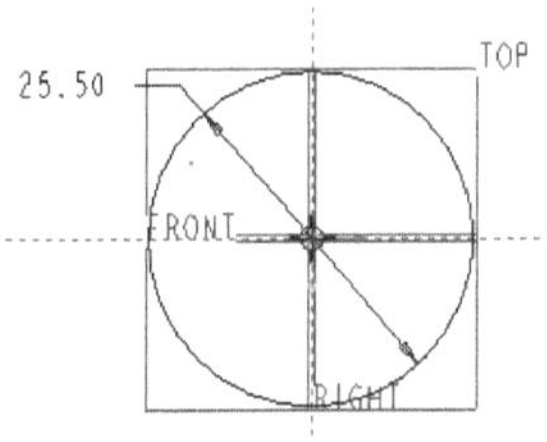

图8-19　绘制剖面1

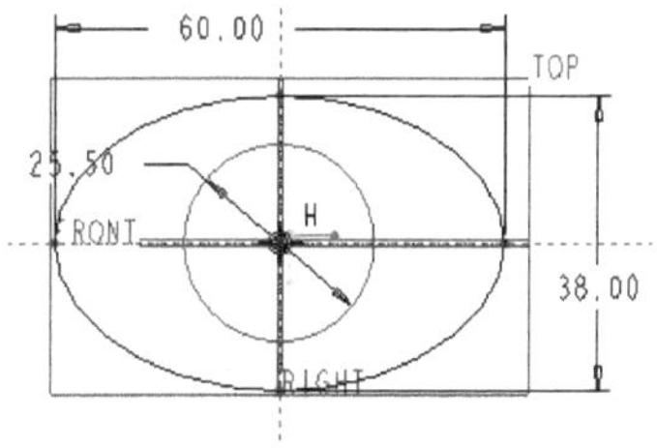

图8-20　绘制剖面2

（8）在菜单栏的“草绘”菜单中选择“特征工具”>“切换截面”命令，接着绘制第三个剖面，如图 8-21 所示，然后单击“完成”按钮✔。

（9）在菜单管理器中出现“深度”菜单，如图 8-22 所示，在该“深度”菜单中选择“盲孔”>“完成”选项。

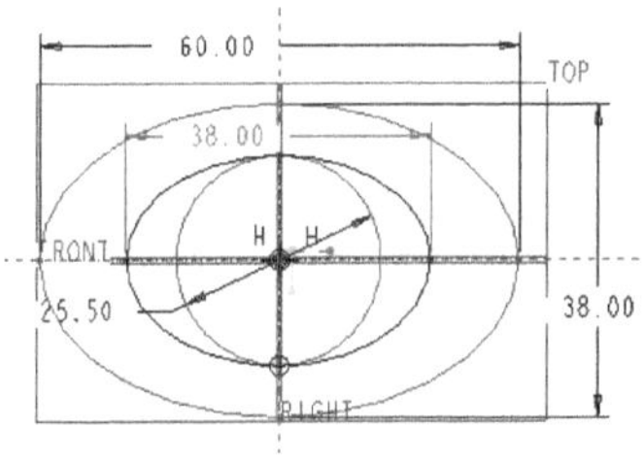

图8-21　绘制剖面3

图8-22　出现的对话框和菜单

（10）输入剖面 2 到剖面 1 的深度为“52”，然后单击“接受”按钮。

（11）输入剖面 3 到剖面 2 的深度为“40”，然后单击“接受”按钮。

（12）在图 8-23 所示的“曲面：混合，平行，规则截面”对话框中单击“确定”按钮，完成创建的平行混合曲面特征如图 8-24 所示。

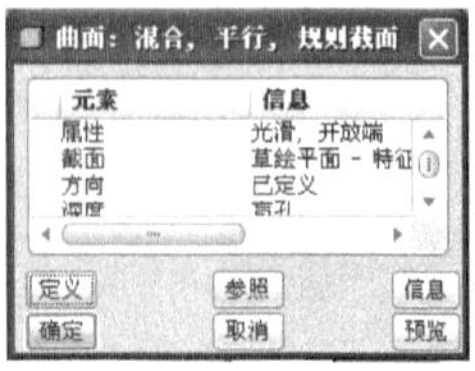

图8-23 “曲面：混合，平行，规则截面”对话框

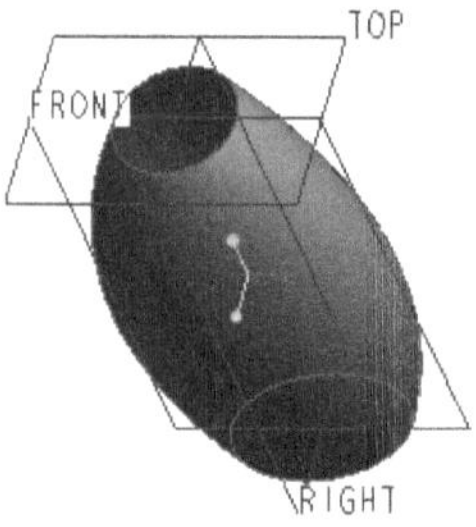

图8-24 完成的混合曲面特征

8.1.5 创建扫描混合曲面特征范例

（1）新建一个使用“mmns_part_solid”模板的实体零件文件，将此零件文件名设为“bcproe_8_1e”。

（2）在菜单栏的“插入”菜单中选择“扫描混合”命令，打开扫描混合工具操控板，如图 8-25 所示，默认为选中“曲面”按钮。

图8-25 扫描混合工具操控板

（3）在右工具箱中单击“草绘工具”按钮，弹出“草绘”对话框，选择 FRONT 基准平面作为草绘平面，默认以 RIGHT 基准平面作为“右”方向参照，单击“草绘”对话框中的“草绘”按钮，进入草绘模式。

（4）绘制图 8-26 所示的圆弧曲线，单击“完成”按钮。

（5）在扫描混合工具操控板的右侧区域，单击“退出暂停模式，继续使用此工具”按钮，如图 8-27 所示，此时系统自动选中刚创建的曲线作为原点轨迹线。

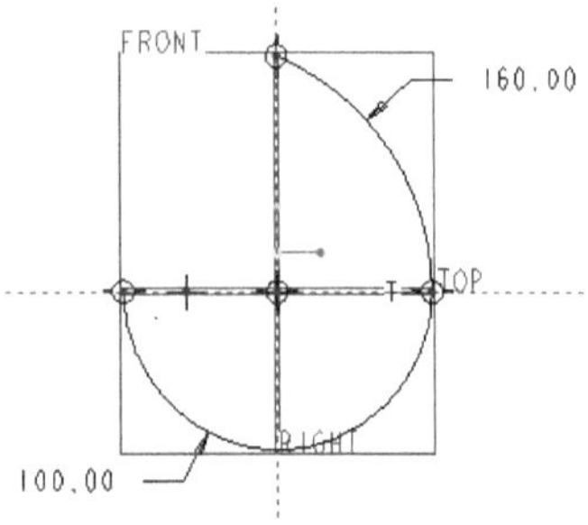

图8-26 绘制圆弧曲线

图8-27 扫描混合工具操控板右侧区域

此时，如果打开“参照”滑出面板，则可看到默认的剖面控制选项等设置，如图 8-28 所示。

（6）打开“截面”滑出面板，单击选择“草绘截面”单选按钮，接着使用鼠标指针在模型窗口中单击曲线的起始点（链首），如图 8-29 所示，默认其旋转角度为 0°。

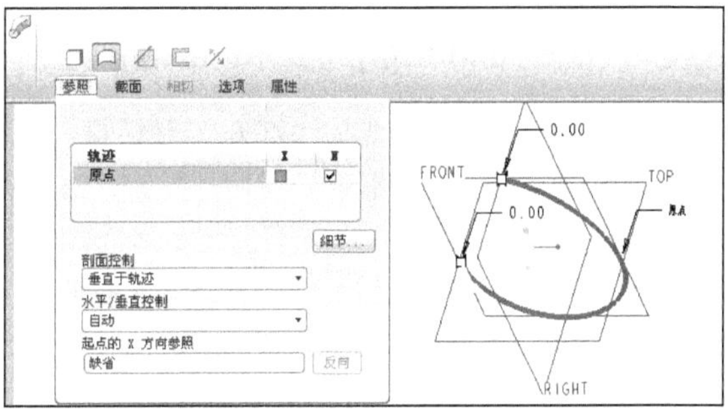

图8-28 打开“参照”滑出面板

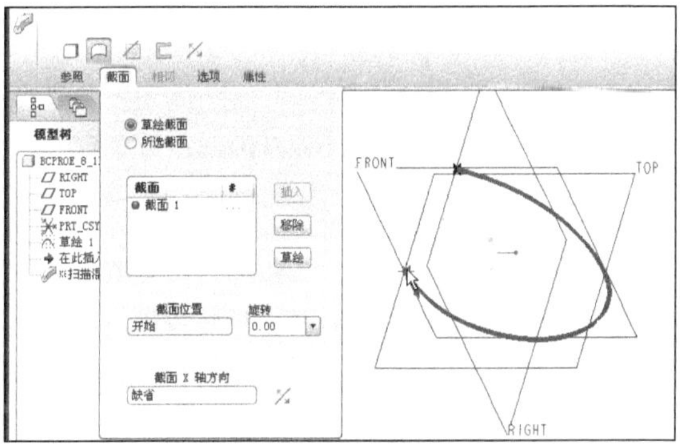

图8-29 指定开始截面位置

（7）在“截面”滑出面板中单击“草绘”按钮，绘制图 8-30 所示的剖面，单击“完成”按钮✔。

（8）在“截面”滑出面板中单击“插入”按钮，接着按【Ctrl+D】组合键调整视角显示，使用鼠标指针在模型窗口中单击曲线的终止点（链尾），然后在“截面”滑出面板中单击“草绘”按钮，进入草绘模式。绘制图 8-31 所示的剖面，然后单击“完成”按钮✔。

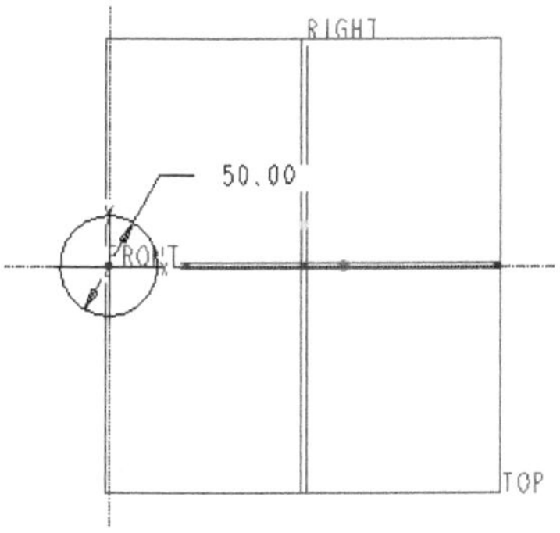

图8-30 绘制开始剖面

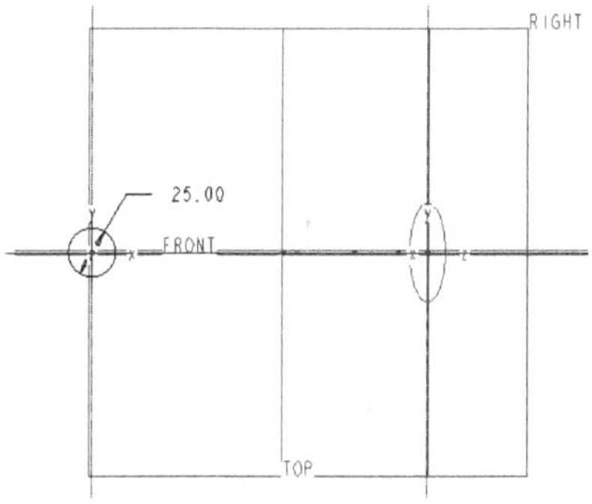

图8-31 绘制终止剖面

（9）在扫描混合工具操控板中单击“完成”按钮☑，完成的扫描混合曲面如图 8-32 所示。

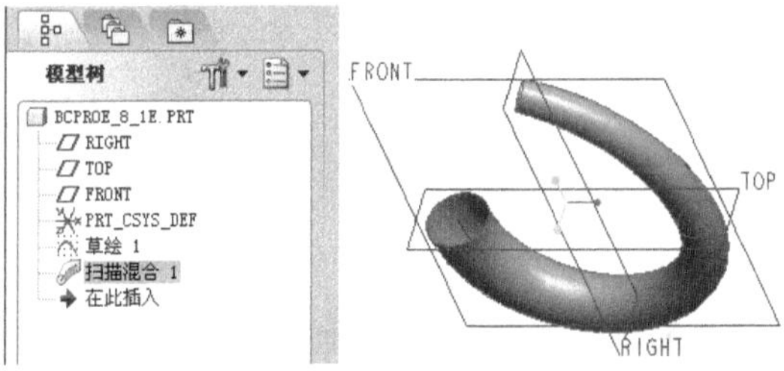

图8-32 完成的扫描混合曲面

8.1.6 创建可变剖面扫描曲面特征范例

（1）单击菜单栏“打开”按钮，弹出“文件打开”对话框，选择本书配套素材“/ch8/bcproe_8_1f.prt”文件，然后单击“文件打开”对话框中的“打开”按钮。该文件中的原始曲线如图8-33所示。

（2）在右工具箱中单击“可变截面扫描”按钮，或者在菜单栏的“插入”菜单中选择“可变截面扫描”命令，打开图8-34所示的可变截面扫描工具操控板，选中“曲面”按钮。

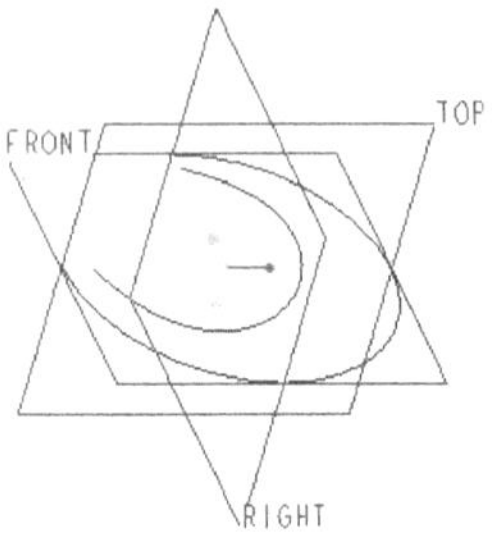

图8-33　原始曲线素材

图8-34　可变截面扫描工具操控板

（3）打开“参照”滑出面板，选择相对内侧的曲线作为原点轨迹，按住【Ctrl】键的同时，选择另一条曲线作为轨迹链（辅助轨迹），默认的剖面控制选项为“垂直于轨迹”选项，如图8-35所示。

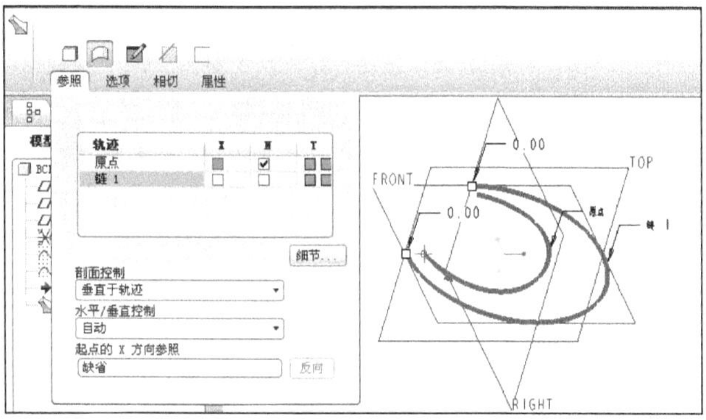

图8-35　定义原点轨迹与辅助轨迹

（4）打开“选项”滑出面板，勾选“封闭端点”复选框，如图8-36所示。

（5）在可变截面扫描工具操控板中单击“创建或编辑扫描剖面”按钮，进入草绘模式，绘制如图8-37所示的剖面，单击“完成”按钮✔。

图8-36　勾选“封闭端点”复选框

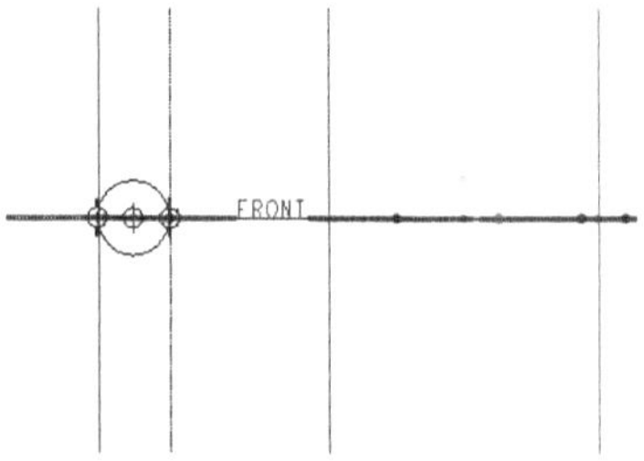

图8-37　绘制剖面

（6）动态几何预览的显示如图8-38所示。在可变截面扫描工具操控板中单击“完成”按钮，完成具有封闭端的可变截面扫描曲面如图8-39所示。

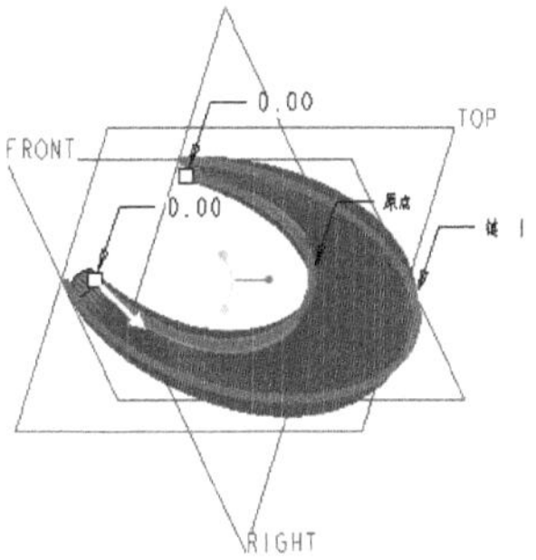

图8-38　动态几何预览的显示

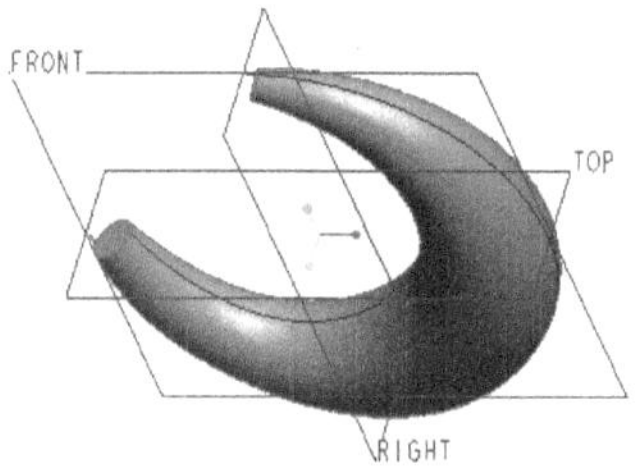

图8-39　完成的可变截面扫描曲面

8.2　创建填充曲面

使用“编辑”菜单中的“填充”命令，可以创建和重定义被称为“填充”特征的平整曲面特征，所谓的“填充”特征是通过其边界定义的一种平整曲面封闭环特征。

下面介绍创建填充曲面的应用范例。

（1）新建一个使用“mmns_part_solid”模板的实体零件文件，将文件名称设为“bcproe_8_2”。

（2）在菜单栏中选择“编辑”>“填充”命令，打开图 8-40 所示的填充工具操控板。

图8-40　填充工具操控板

（3）单击“参照”标签，打开“参照”滑出面板，接着单击“定义”按钮，弹出“草绘”对话框。选择 TOP 基准平面作为草绘平面，以 RIGHT 基准平面作为“右”方向参照，然后单击“草绘”按钮，进入草绘模式。

（4）绘制图 8-41 所示的平整的封闭环截面，然后单击“完成”按钮✔。

（5）在填充工具操控板中单击“完成”按钮☑，完成的该填充曲面如图 8-42 所示。

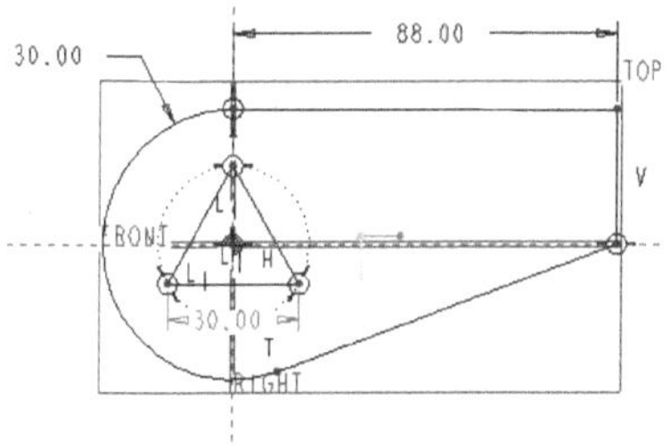

图8-41　绘制封闭环截面

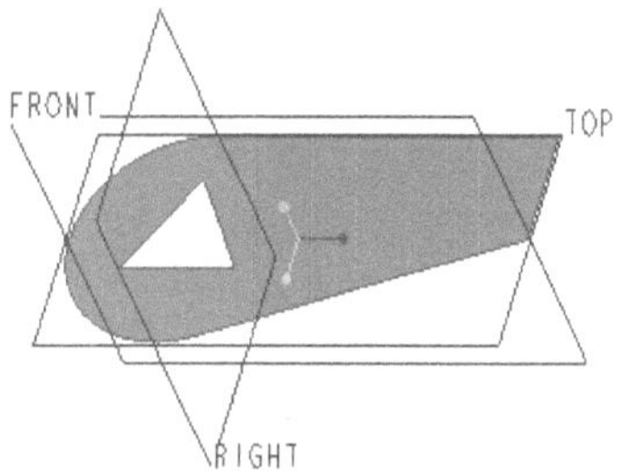

图8-42　完成的填充曲面

8.3　创建边界混合曲面

边界混合曲面是指在参照对象（它们在一个或两个方向上定义曲面）之间创建的曲面特征，在每个方向上用选定的第一个和最后一个图元定义曲面的边界，还可添加更多的参照图元（如控制点和边界条件）来更完整地定义曲面形状。

在右工具箱中单击“边界混合”按钮，或者在菜单栏中选择“插入”>“边界混合”命令，打开图 8-43 所示的边界混合工具操控板。下面简述此操控板各工具选项的功能。

图8-43　边界混合工具操控板

（1）：第一方向链收集器。

（2）：第二方向链收集器。

（3）“曲线”滑出面板：提供“第一方向”收集器和“第二方向”收集器，如图 8-44 所示，利用这两个收集器选择相应方向上的曲线，并可以控制曲线的顺序。单击“细节”按钮，则可以打开“链”对话框来修改指定链和曲线曲面集属性。“闭合混合”复选框只适用于其他收集器为空的单向曲线，如果勾选“闭合混合”复选框，则通过将单方向最后一条曲线与第一条曲线混合来形成封闭环曲面。

（4）“约束”滑出面板：打开该面板，如图 8-45 所示。利用该面板为指定方向的边界链设置边界条件等，可以为边界设置的可能相切条件有“自由”、“相切”、“曲率”和“垂直”。

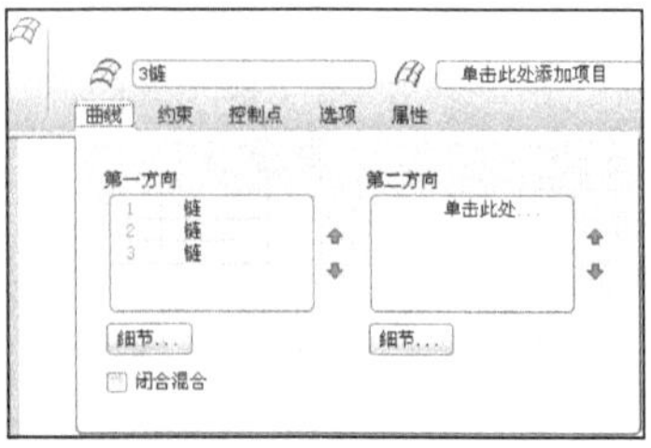

图8-44　“曲线”滑出面板

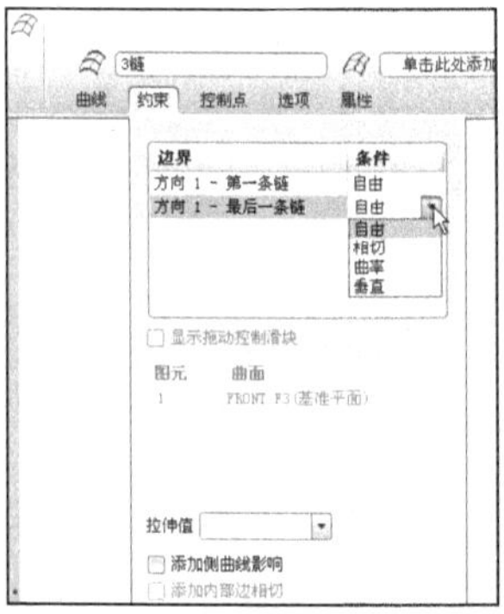

图8-45　“约束”滑出面板

（5）“控制点”滑出面板：打开该面板，如图 8-46 所示，主要通过在输入曲线上映射位置来添加控制点并形成曲面。

（6）“选项”滑出面板：打开该面板，如图 8-47 所示。该面板主要用来选取曲线链来影响用户界面中混合曲面的形状或逼近方向。在“影响曲线”收集器的框中单击，可以将其激活，然后选取所需的曲线链。若单击“细节”按钮，则可以打开“链”对话框来修改链组属性。平滑度因子用于控制曲面的粗糙度、不规则性或投影；在方向上的曲面片（第一个和第二个）则控制用于形成结果曲面的沿 U 和 V 方向的曲面片数。

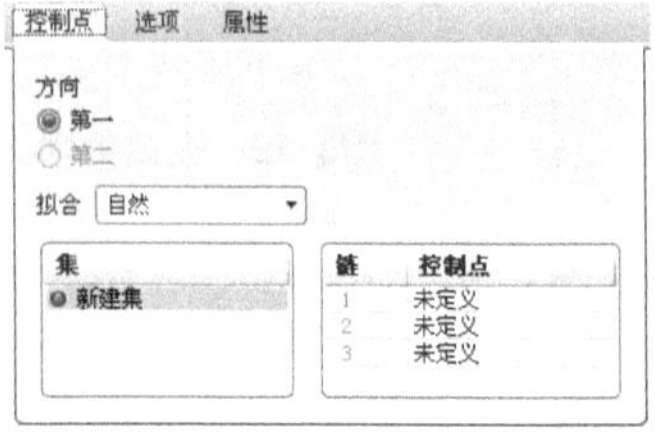

图8-46　“控制点”滑出面板

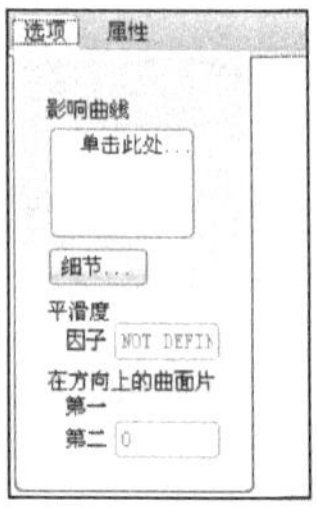

图8-47　“选项”滑出面板

（7）“属性”滑出面板：打开该面板，可以重命名此边界混合特征，或者在 Pro/ENGINEER 浏览器中显示关于此边界混合特征的详细信息。

8.3.1 在一个方向上创建边界混合曲面的范例

在一个方向上创建边界混合曲面的范例图解如图 8-48 所示。注意在该方向上选择参照图元链的次序，这会影响到生成的曲面效果；当然可以利用“曲线”滑出面板的工具来重新排序参照图元链。

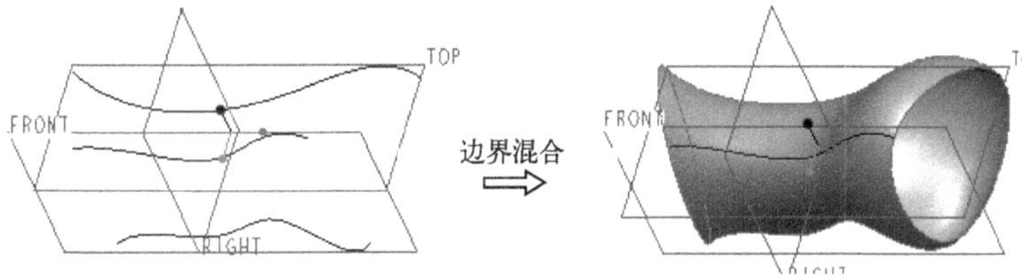

图8-48　在一个方向上创建边界混合曲面

（1）单击工具栏“打开”按钮，弹出“文件打开”对话框，选择本书配套的素材“/ch8/bcproe_8_3a.prt”文件，然后在“文件打开”对话框中单击“打开”按钮。该文件中的原始曲线如图 8-49 所示。

（2）在右工具箱中单击“边界混合”按钮，或者在菜单栏中选择“插入”>“边界混合”命令，打开边界混合工具操控板。

（3）边界混合工具操控板中的（第一方向链收集器）处于被激活的状态，选择曲线 1，按住【Ctrl】键的同时依次选择曲线 2 和曲线 3，可以看到相应的边界混合曲面的动态预览显示，如图 8-50 所示。

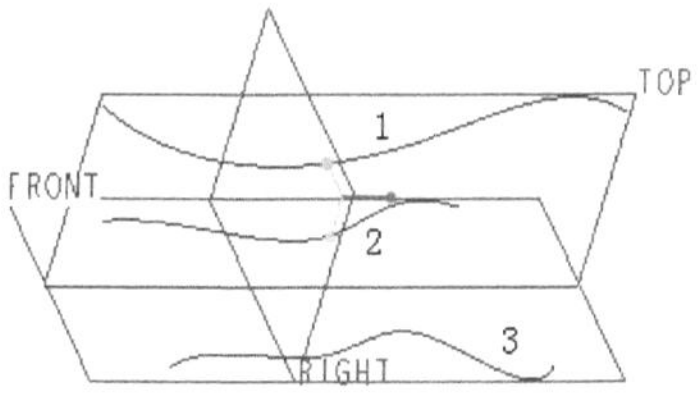

图8-49　已有的曲线

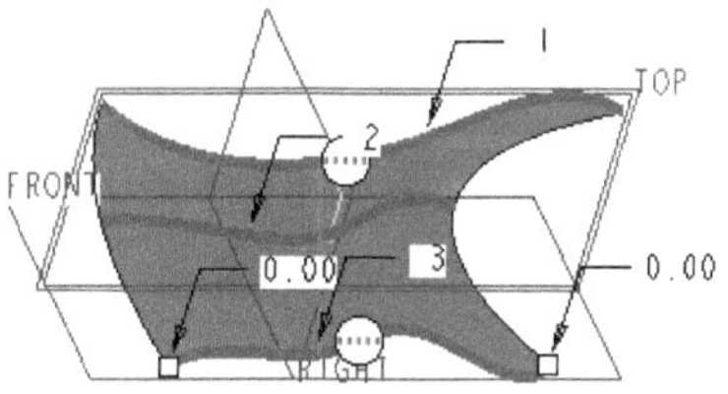

图8-50　动态预览的显示效果

（4）在边界混合工具操控板中打开“曲线”滑出面板，勾选“闭合混合”复选框，如图 8-51 所示。

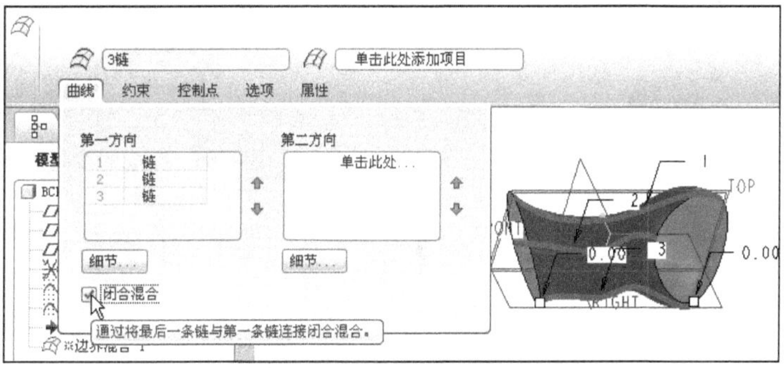

图8-51　设置闭合混合

（5）在边界混合工具操控板中单击“完成”按钮，完成该例操作。

8.3.2 在两个方向上创建边界混合曲面的范例

对于在两个方向上定义的边界混合曲面，其外部边界必须形成一个封闭的环，这意味着其有效的外部边界必须相交。如果边界不终止于相交点，那么 Pro/ENGINEER 将自动修剪这些边界，并使用有关部分。在两个方向上创建边界混合曲面的范例图解如图 8-52 所示。

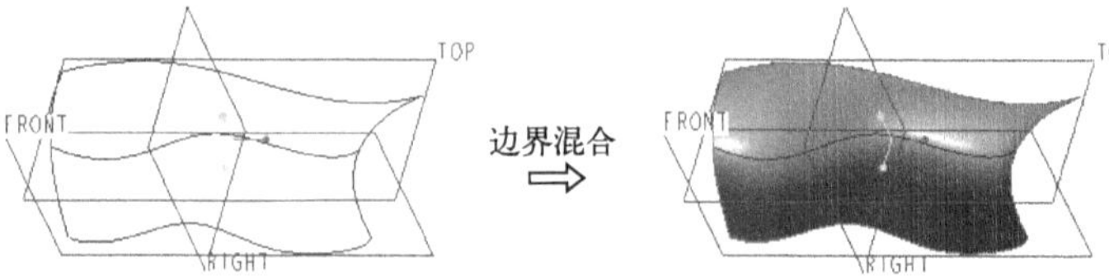

图8-52　在两个方向上创建边界混合曲面的范例图解

（1）单击工具栏“打开”按钮，弹出“文件打开”对话框，选择本书配套的素材“/ch8/bcproe_8_3b.prt”文件，然后在“文件打开”对话框中单击“打开”按钮。该文件中的 5 条原始曲线如图 8-53 所示。

（2）在右工具箱中单击“边界混合”按钮，或者在菜单栏中选择“插入”>“边界混合”命令，打开边界混合工具操控板。

（3）边界混合工具操控板中的（第一方向链收集器）处于被激活的状态，先选择曲线 1，接着按住【Ctrl】键的同时依次选择曲线 2 和曲线 3，如图 8-54 所示。

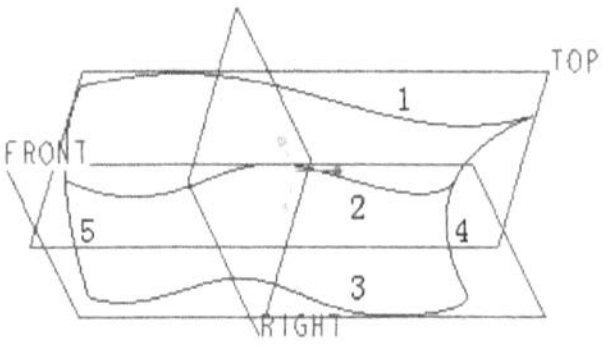

图8-53　5条曲线素材

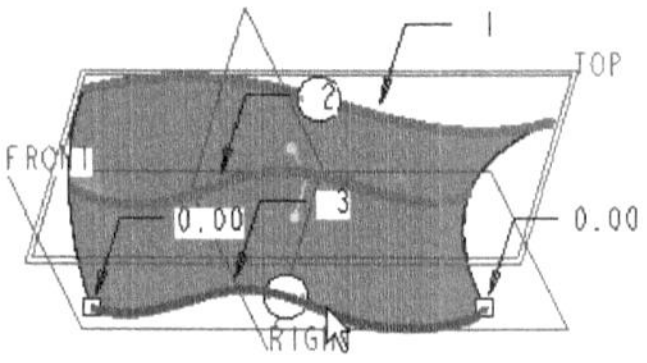

图8-54　指定第一方向曲线链

（4）在边界混合工具操控板中单击（第二方向链收集器）的框，将其激活，接着选择曲线 4，并按住【Ctrl】键的同时选择曲线 5，如图 8-55 所示。

（5）在边界混合工具操控板中单击“完成”按钮，完成该范例操作，得到的双向边界混合曲面如图 8-56 所示。

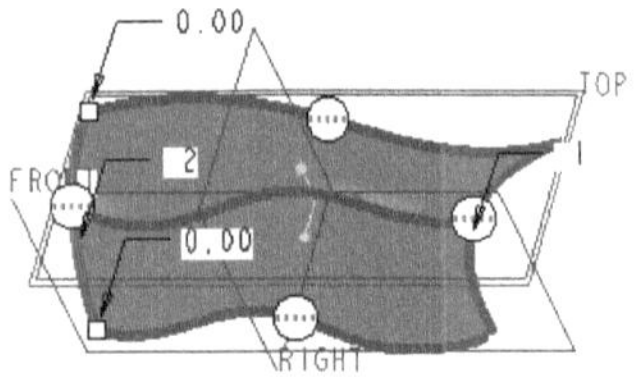

图8-55　指定第二方向曲线链

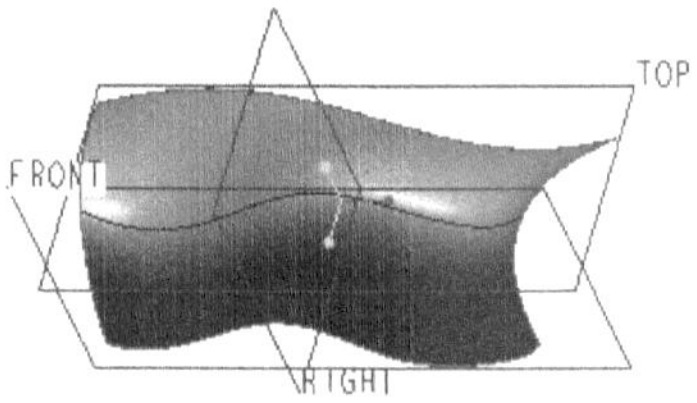

图8-56　完成的双向边界混合曲面

8.4　曲面编辑

曲面编辑操作主要包括曲面修剪、曲面复制、曲面偏移、曲面合并、曲面加厚和曲面实体化等。下面结合典型操作实例介绍一些常用的曲面编辑操作。

8.4.1　曲面修剪

可以使用系统提供的“修剪”工具来剪切或分割面组或曲线。要修剪曲面面组，首先选择要修剪的曲面面组，接着单击“修剪工具”按钮或者从菜单栏中选择“编辑”>“修剪”命令，打开图 8-57 所示的修剪工具操控板，然后选定修剪对象以及指定要保留的修剪曲面侧等即可。

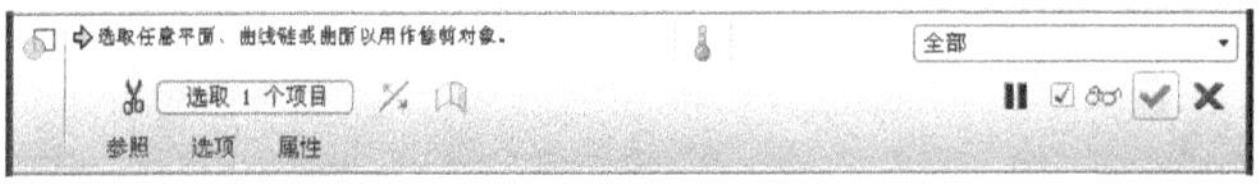

图8-57　修剪工具操控板

在执行修剪曲面的操作过程中，当使用其他面组修剪面组时，如果需要则可以打开操控板的“选项”滑出面板，勾选“薄修剪”复选框，接着指定修剪厚度尺寸、控制曲面拟合选项，还可以利用“排除曲面”收集器来指定要排除的原始面组曲面，如图 8-58 所示。此外，在“选项”滑出面板中还可设置是否保留修剪曲面。

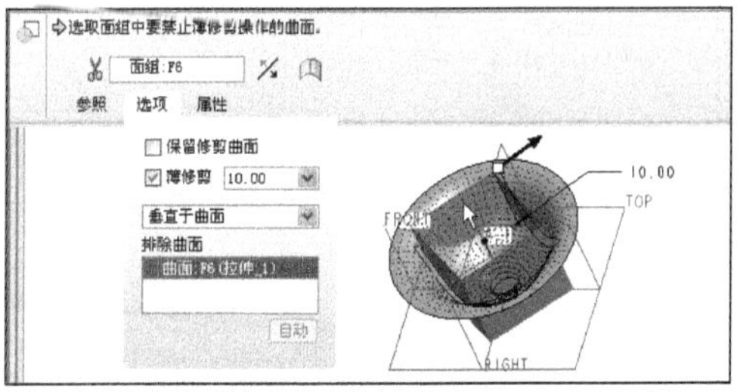

图8-58　设置“薄修剪”

①“保留修剪曲面”复选框：用于设置是否保留修剪曲面。

②“薄修剪”复选框及其值框：要进行薄修剪处理，则勾选“薄修剪”复选框，并在其相应的值框中设置薄修剪的厚度值。

③ 薄修剪拟合列表框：在该列表框中提供了“垂直于曲面”、“自动拟合”和“控制拟合”选项。若选择“垂直于曲面”拟合选项，则在垂直于曲面的方向上加厚曲面；若选择“自动拟合”选项，则确定缩放坐标系并沿 3 个轴拟合；若选择“控制拟合”选项，则用特定的坐标系轴和受控制的拟合运动来加厚曲面。

④“排除曲面”收集器：激活该收集器，可以在模型窗口中选择要排除的原始面组曲面，所选择的要排除的原始面组曲面将被收集到该收集器的列表框中。

注 意

通常，修剪面组的方式有以下两种。

①在与其他面组或基准平面相交处进行修剪。

②使用曲面（面组）上的基准曲线进行修剪处理。

下面通过实例的方式介绍如何修剪面组。

1．**薄修剪处理**

（1）单击工具栏“打开”按钮，弹出“文件打开”对话框，选择本书配套的素材“/ch8/bcproe_8_4a.prt”文件，然后在“文件打开”对话框中单击“打开”按钮。该文件中的原始曲面和曲线如图 8-59 所示。

（2）选择旋转曲面作为要修剪的曲面，如图 8-60 所示（鼠标指针所指）。

（3）在右工具箱中单击“修剪工具”按钮，或者从菜单栏中选择“编辑”>“修剪”命令，打开修剪工具操控板。

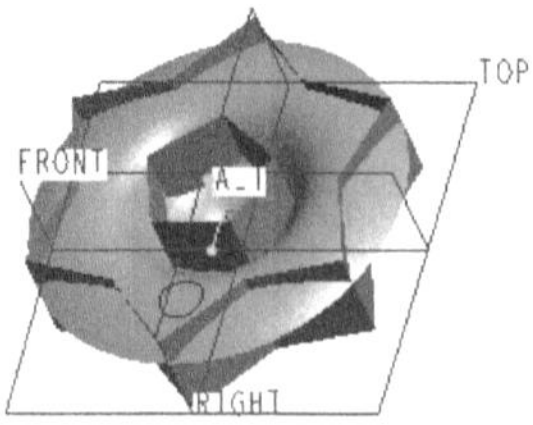

图8-59　原始曲面和曲线素材

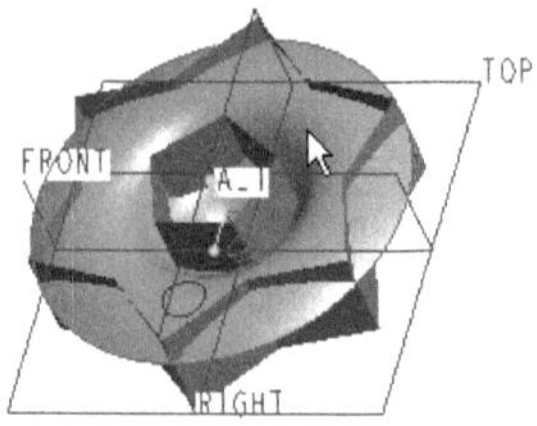

图8-60　选择要修剪的曲面

（4）选择图 8-61 所示的拉伸曲面作为修剪对象。

（5）在修剪工具操控板中打开“选项”滑出面板，取消选中“保留修剪曲面”复选框，接着勾选“薄修剪”复选框，并设置薄修剪的厚度为“10.00”，如图 8-62 所示。

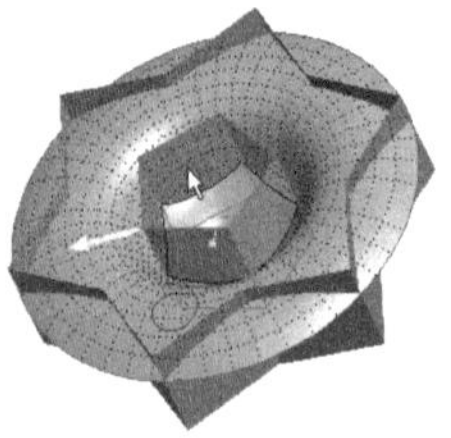

图8-61　选择修剪对象

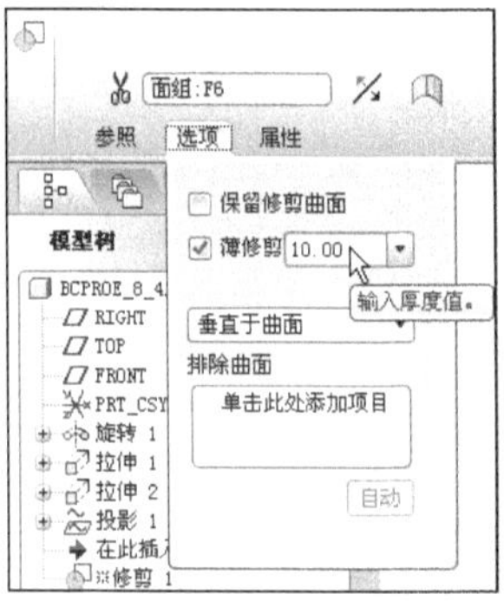

图8-62　在“选项”滑出面板中操作

（6）在修剪工具操控板中单击“完成”按钮，薄修剪结果如图 8-63 所示。

2. **在与其他面组或基准平面相交处进行修剪**

（1）选择图 8-64 所示的曲面作为要修剪的曲面。

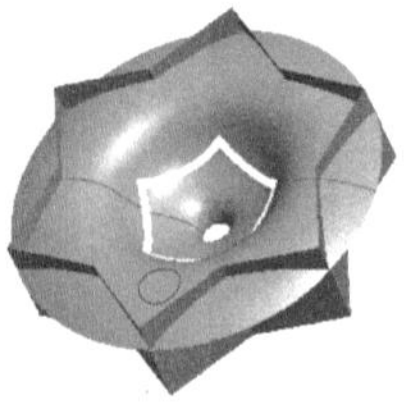

图8-63　薄修剪结果

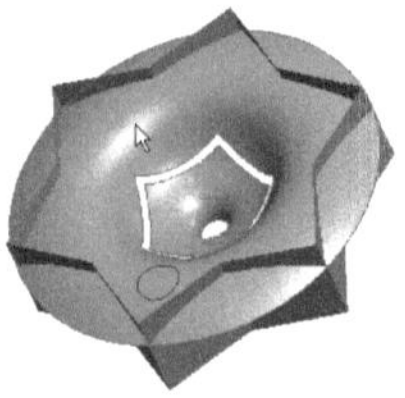

图8-64　选择要修剪的曲面

（2）在右工具箱中单击“修剪工具”按钮，或者在菜单栏中选择“编辑”>“修剪”命令，打开修剪工具操控板。

（3）指定修剪对象，如图 8-65 所示。

（4）在修剪工具操控板中单击“在要保留的修剪曲面的一侧、另一侧或两侧之间反向”按钮，使要保留的修剪曲面侧的箭头方向如图 8-66 所示。

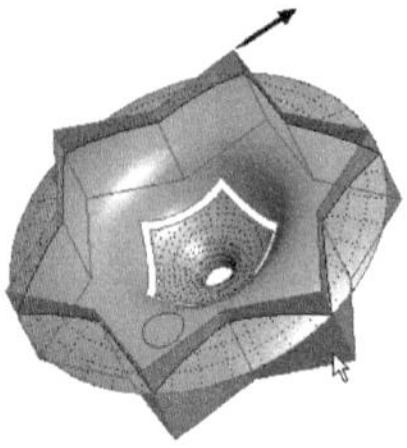

图8-65　指定修剪对象

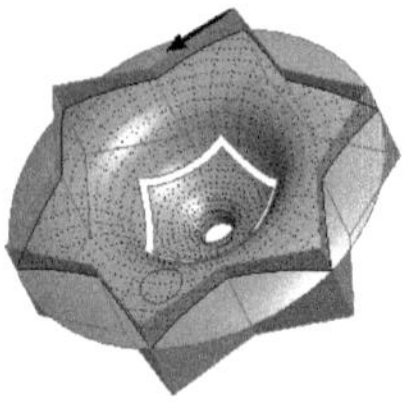

图8-66　设置要保留的修剪曲面的一侧

（5）打开“选项”滑出面板，取消选中“保留修剪曲面”复选框，如图 8-67 所示。

（6）在修剪工具操控板中单击“完成”按钮，最终修剪效果如图 8-68 所示。

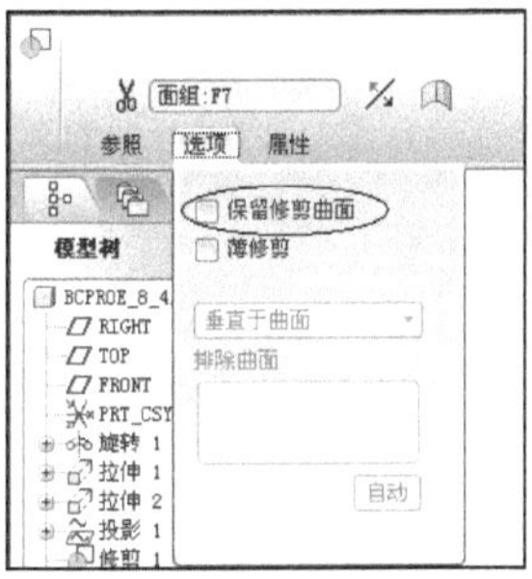

图8-67　取消选中“保留修剪曲面”复选框

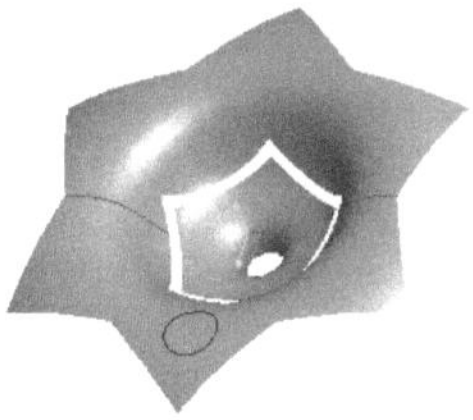

图8-68　修剪效果

3．使用曲面（面组）上的基准曲线进行修剪处理

（1）选择主体曲面作为要修剪的曲面。

（2）在右工具箱中单击“修剪工具”按钮，打开修剪工具操控板。

（3）选择位于曲面上的曲线（即投影曲线）作为修剪对象，注意曲面要保留的部分，如图 8-69 所示。

（4）在修剪工具操控板中单击“完成”按钮，完成该修剪操作得到的曲面效果如图 8-70 所示。

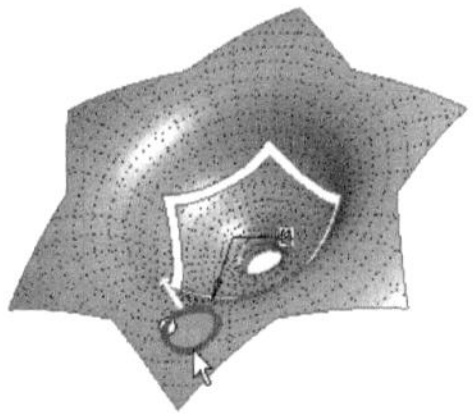

图8-69　选择曲线作为修剪对象

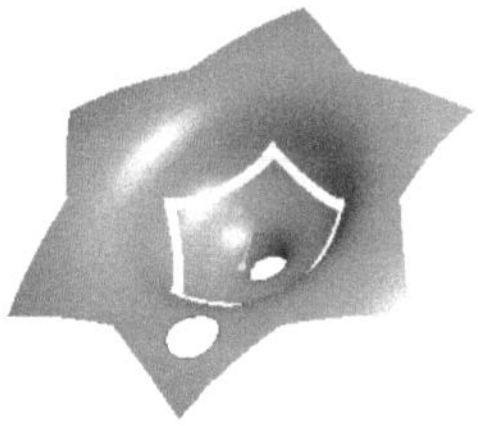

图8-70　修剪3的效果

8.4.2　曲面复制 / 粘贴

曲面复制是一种较为常见的编辑操作，既可以对曲面进行复制操作，也可以将实体表面复制成曲面。在进行曲面复制操作时，要特别注意在执行“复制”命令之前，所选择的要复制的对象类型，如特征、几何、面组等。

曲面复制 / 粘贴的方法和步骤比较简单，即先选择要编辑的曲面或者零件表面，接着在“编辑”菜单中选择“复制”命令，或者在工具栏中单击“复制”按钮，然后在“编辑”菜单中选择“粘贴”命令，或者在工具栏中单击“粘贴”按钮，打开图 8-71 所示的操控板，打开“选项”滑出面板，单击所需要的单选按钮，进行了相关设置后，单击“完成”按钮，从而完成曲面复制 / 粘贴操作。

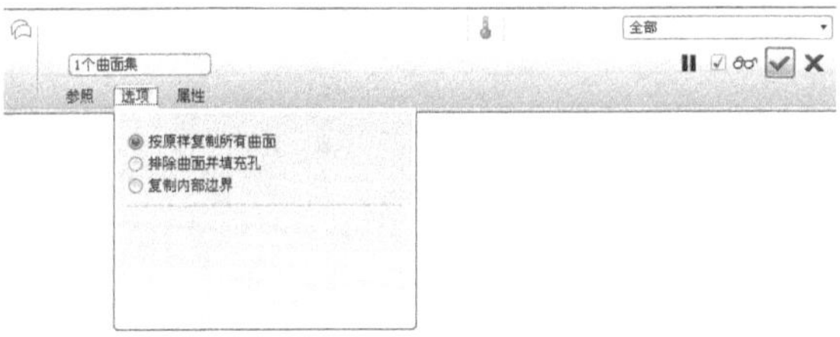

图8-71　曲面复制/粘贴的操控板

①“按原样复制所有曲面”单选按钮：用于准确地按照原样复制曲面。

②“排除曲面并填充孔”单选按钮：复制某些选定的曲面，并允许填充曲面内的孔。单击该单

选按钮时，“选项”滑出面板上出现的组成元素如图 8-72 所示。

③“复制内部边界”单选按钮：用于仅仅复制边界内的曲面。单击此单选按钮时，“选项”滑出面板如图 8-73 所示，此时需要拾取边界曲线。

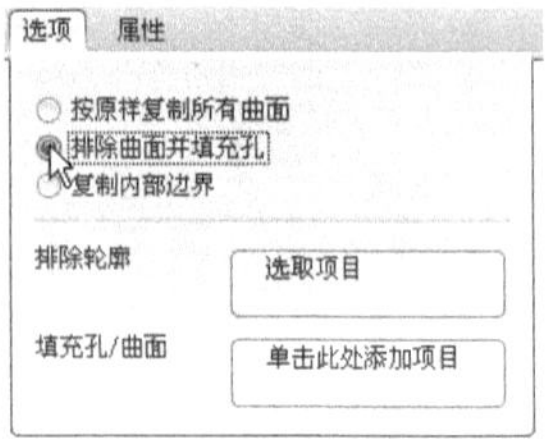

图8-72　单击“排除曲面并填充孔”时

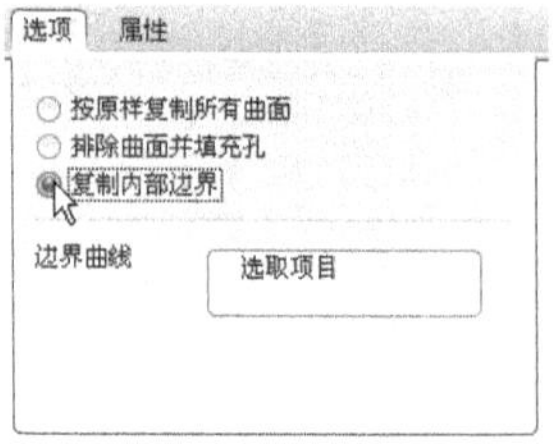

图8-73　单击“复制内部边界”时

下面通过范例介绍如何将实体表面复制为曲面。

（1）单击工具栏“打开”按钮，弹出“文件打开”对话框，选择本书配套的素材“/ch8/bcproe_8_4b.prt”文件，然后在“文件打开”对话框中单击“打开”按钮。该文件中的原始模型如图 8-74 所示。

（2）为了便于选择实体表面，则在选择过滤器的下拉列表框中选择“几何”选项，如图 8-75 所示。

图8-74　原始模型素材

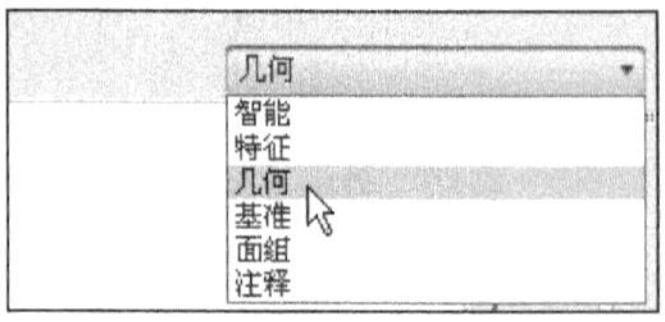

图8-75　选择“几何”选项

（3）在模型中任意表面上单击，以选中一处表面几何，如图 8-76 所示。

（4）单击鼠标右键，在出现的图 8-77 所示的快捷菜单中选择“实体曲面”命令，从而选中整个实体曲面。

图8-76　选择一处表面几何

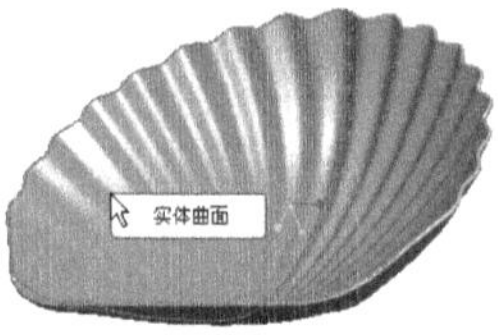

图8-77　选择“实体曲面”命令

（5）在工具栏中单击“复制”按钮。

（6）在工具栏中单击“粘贴”按钮，则出现一个操控板。

（7）在操控板的“选项”滑出面板中设置图 8-78 所示的选项。

（8）单击“完成”按钮，完成该曲面的复制。

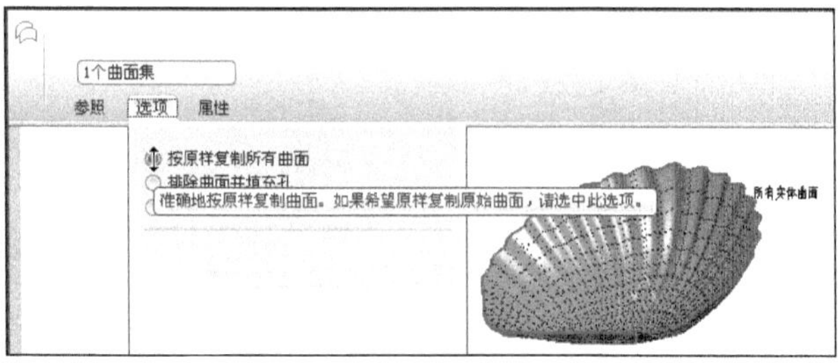

图8-78　设置相关的选项

8.4.3 曲面偏移

使用“偏移”命令，可以将选定的实体表面或曲面面组，向指定方向偏移恒定的或可变的距离来创建新的曲面。另外，使用此命令，还可以创建偏移曲线特征。在这里主要介绍曲面偏移的相关应用知识。

选择欲操作的实体表面或曲面面组后，“编辑”菜单中的“偏移”命令可用，选择此命令后，则打开用于面偏移的操控板，如图 8-79 所示，在该操控板中可以根据设计需要设置面偏移的类型，包括（标准偏移特征）、（具有拔模特征）、（展开特征）和（替换曲面特征）。

图8-79 用于面偏移的工具操控板

下面通过范例操作的方式介绍这些面偏移的应用。

1. **创建标准偏移曲面**

（1）单击工具栏“打开”按钮，弹出“文件打开”对话框。选择本书配套的素材“/ch8/bcproe_8_4c1.prt”文件，然后在“文件打开”对话框中单击“打开”按钮。该文件中的原始拉伸曲面如图 8-80 所示。

（2）选择原始拉伸曲面特征，接着在菜单栏的“编辑”菜单中选择“偏移”命令，打开偏移工具（曲面）操控板。

（3）选择（标准偏移特征）作为偏移类型，并在偏移框中输入偏移值为“25.00”，打开“选项”滑出面板，则可以看到默认选中“垂直于曲面”选项，如图 8-81 所示，表示垂直于参照曲面或面组偏移曲面。

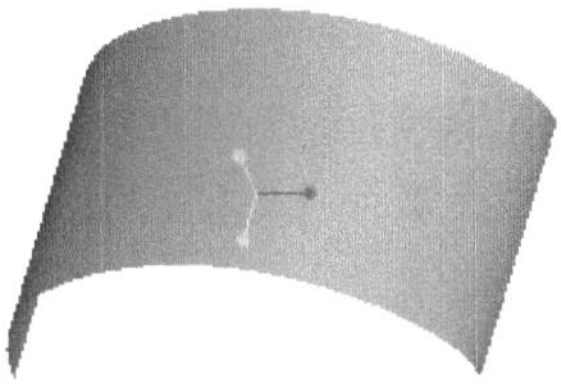

图8-80 原始拉伸曲面素材

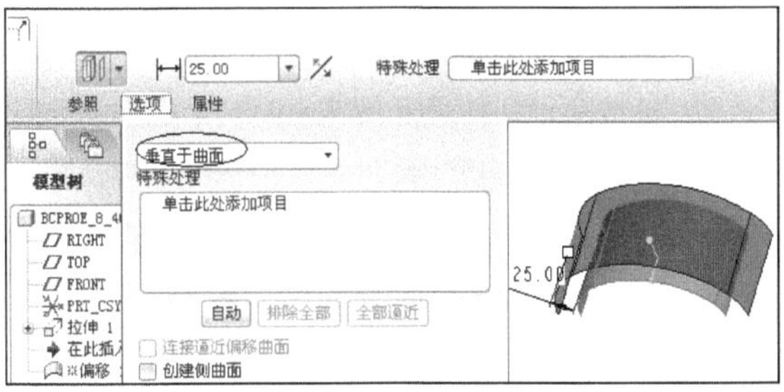

图8-81 “选项”滑出面板

提 示

在“选项”滑出面板的下拉列表框中还提供了“自动拟合”和“控制拟合”选项。“自动拟合”选项用于自动确定坐标系并沿其轴偏移曲面；而“控制拟合”选项则用于通过相对于指定坐标系缩放原始曲面，并沿着指定轴平移曲面来创建一个最佳拟合法向偏移的“偏移”特征。如果需要，可以勾选“创建侧曲面”复选框，以创建带有侧面组的偏移曲面。另外，在操控板中若单击“将偏移方向更改为其他侧”按钮，可以反转偏移的方向。

（4）在“特殊处理”收集器的框中单击，从而将该收集器激活，接着在模型窗口中单击原始面组的图 8-82 所示的曲面片（中间的一个曲面片），注意“选项”滑出面板中的“特殊处理”收集器出现的参照及特殊处理状态，本例默认的参照特殊处理状态为“排除”。

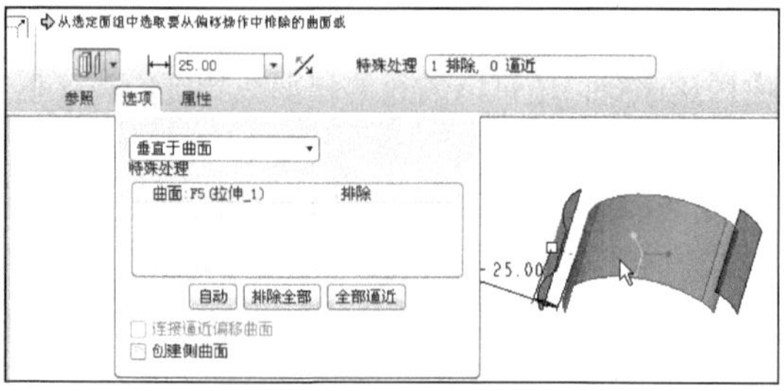

图8-82　特殊处理

（5）在“选项”滑出面板的“特殊处理”收集器中，单击“排除”选项，出现一个下拉列表框，从该下拉列表框中选择“逼近”选项，如图 8-83 所示，以创建逼近偏移曲面，注意模型窗口中的动态几何预览效果。

（6）按住【Ctrl】键的同时单击图 8-84 所示的一个小曲面片，其特殊处理默认为“排除”。

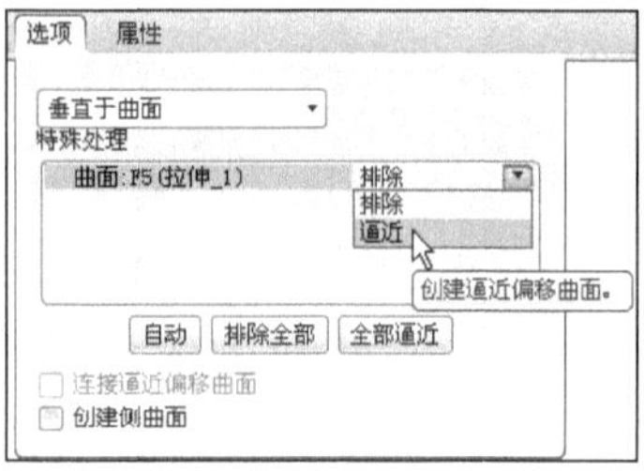

图8-83　选择“逼近”特殊处理选项

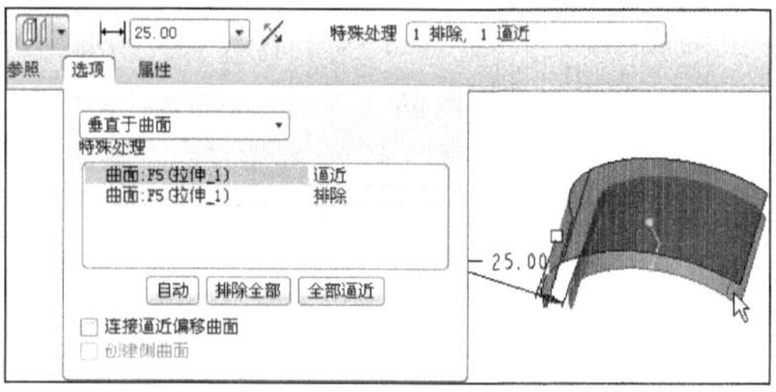

图8-84　指定“排除”特殊处理

注意

使用“特殊处理”收集器后，还可以应用位于“选项”面板中的“特殊处理”收集器下方的相关按钮及选项，包括“自动”按钮、“排除全部”按钮、“全部逼近”按钮和“连接逼近偏移曲面”复选框。

①“自动”按钮：该按钮用于自动排除曲面以成功地完成特征。

②“排除全部”按钮：该按钮用于从偏移操作中排除收集器中的所有曲面。

③“全部逼近”按钮：该按钮用于将所有特殊处理曲面设置为逼近偏移曲面。

④“连接逼近偏移曲面”复选框：当逼近曲面无法与标准偏移曲面合并时，创建不连接的逼近偏移曲面。

（7）在操控板中单击“完成”按钮☑，完成的偏移曲面特征如图 8-85 所示。

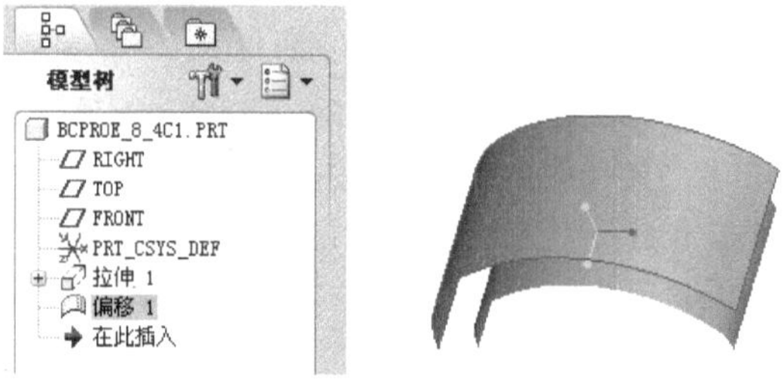

图8-85　完成偏移曲面特征

2．创建具有拔模特征的偏移曲面

（1）单击工具栏“打开”按钮，弹出“文件打开”对话框，选择本书配套的素材“/ch8/bcproe_8_4c2.prt”文件，然后在“文件打开”对话框中单击“打开”按钮。该文件中的原始曲面如图 8-86 所示。

（2）选择原始曲面特征，接着在菜单栏的“编辑”菜单中选择“偏移”命令，打开偏移工具（曲面）操控板。

（3）在操控板的偏移类型列表框中选择（具有拔模特征）。

（4）在操控板中打开“参照”滑出面板，如图 8-87 所示，接着单击“定义”按钮，弹出“草绘”对话框，选择 TOP 基准平面作为草绘平面，以 RIGHT 基准平面作为“右”方向参照，单击“草绘”对话框中的“草绘”按钮，进入草绘模式。

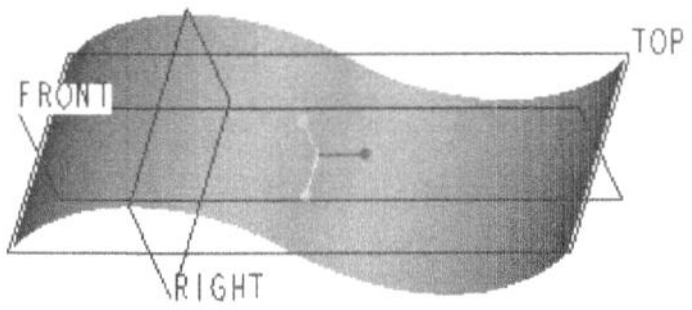

图8-86　原始曲面素材

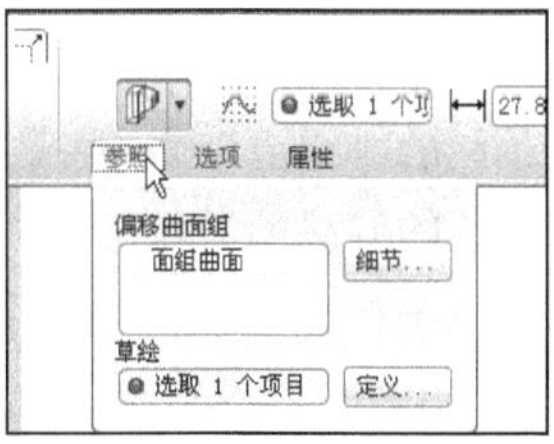

图8-87　打开“参照”滑出面板

（5）绘制图 8-88 所示的图形，单击“完成”按钮。

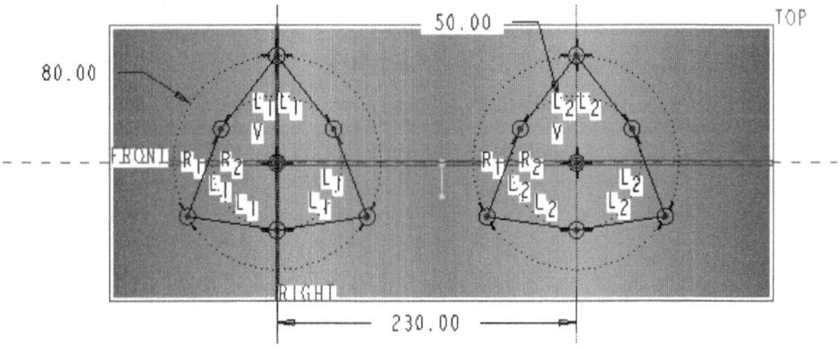

图8-88　绘制图形

（6）在操控板的框中输入偏移值为“18.00”，在框中输入拔模角度为“20.00”，接着在“选项”滑出面板中选择“垂直于曲面”选项，并设置侧曲面垂直于“曲面”，侧面轮廓为“相切”，如图 8-89 所示。

（7）在操控板中单击“完成”按钮，完成偏移曲面特征如图 8-90 所示。

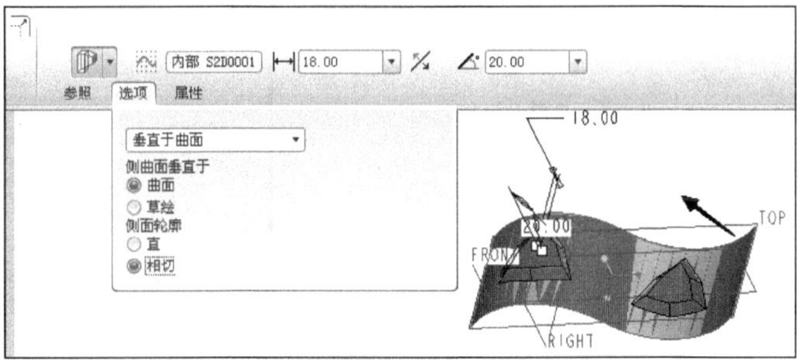

图8-89　设置相关参数和选项

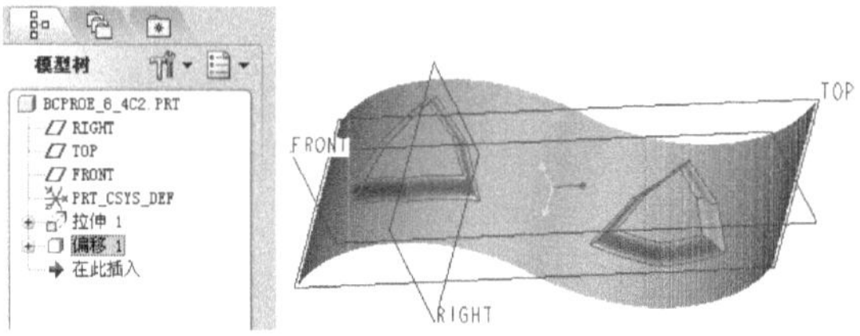

图8-90　创建偏移曲面特征

3. 创建展开类型的偏移曲面

使用偏移工具操控板中的（展开特征）图标选项，既可以在封闭面组（或曲面）的选定面之间创建一个连续的体积块，也可以用草绘来约束开放的面组或实体曲面的偏移区域，下面以后者为例进行介绍。

（1）在选择过滤器的列表框中选择“面组”选项，选中上一个范例完成所得到的曲面面组。

（2）在菜单栏的“编辑”菜单中选择“偏移”命令，打开偏移工具（曲面）操控板。

（3）在操控板的偏移类型列表框中选择（展开特征）图标选项。

（4）在操控板中打开“选项”滑出面板，在一个下拉列表框中选择“垂直于曲面”选项，单击选中“展开区域”下的“草绘区域”单选按钮，侧曲面垂直于“草绘”，如图 8-91 所示，然后单击“定义”按钮，弹出“草绘”对话框。

（5）选择 TOP 基准平面作为草绘平面，以 RIGHT 基准平面作为“右”方向参照，单击“草绘”按钮，进入草绘模式。

（6）绘制图 8-92 所示的图形，单击“完成”按钮✔，完成草绘并退出草绘模式。

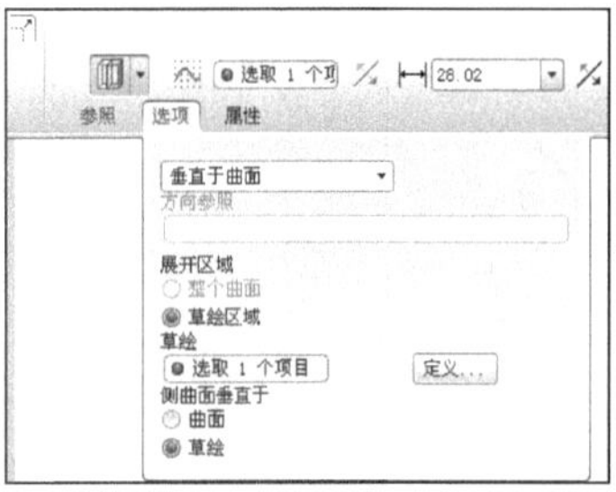

图8-91　打开操控板的“选项”滑出面板

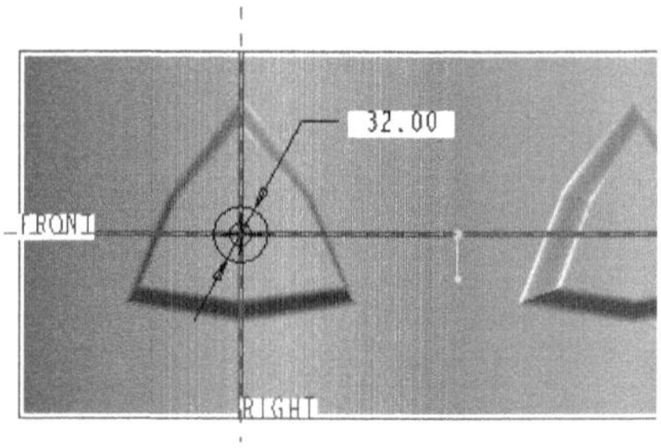

图8-92　绘制圆图形

（7）在操控板的框中输入偏移值为“15.00”，接着单击位于框右侧的“将偏移方向变更为其他侧”按钮，此时动态几何预览显示效果如图 8-93 所示。

（8）在操控板中单击“完成”按钮，完成效果如图 8-94 所示。

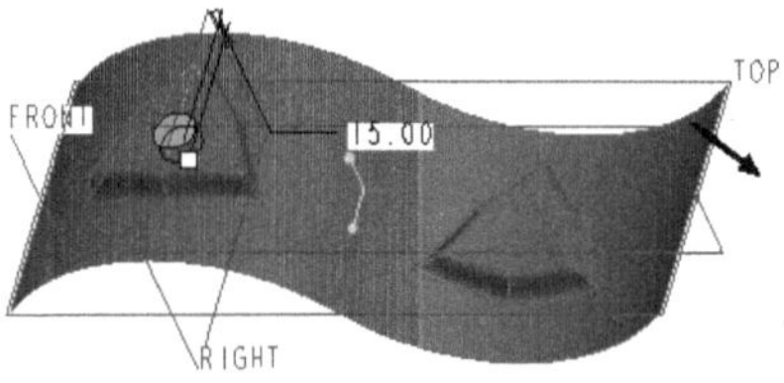

图8-93　偏移曲面动态预览显示

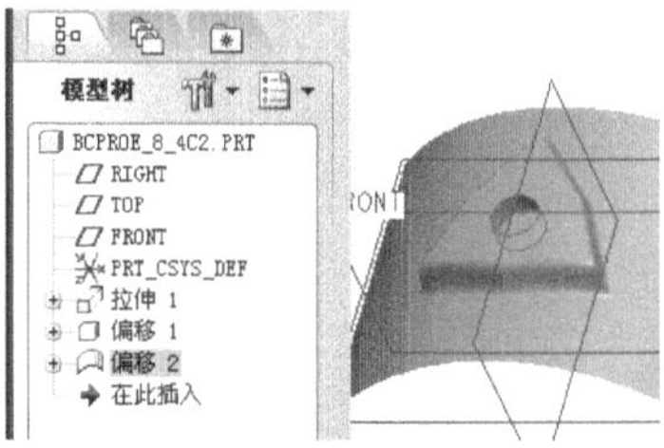

图8-94　创建的展开类型的偏移曲面特征

4. 建立替换曲面特征

可以使用基准平面或面组替换实体上指定的曲面部分。“曲面替换”偏移与普通的伸出项或切口不同，“曲面替换”能够在某些位置添加材料而在其他位置去除材料。

（1）单击工具栏“打开”按钮，弹出“文件打开”对话框，选择本书配套的素材“/ch8/bcproe_8_4c4.prt”文件，然后在“文件打开”对话框中单击“打开”按钮。该文件中的旋转实体和拉伸曲面如图 8-95 所示。

（2）单击旋转实体，接着单击旋转实体的小端面，以选中该小端面作为要被替换的实体面，如图 8-96 所示。

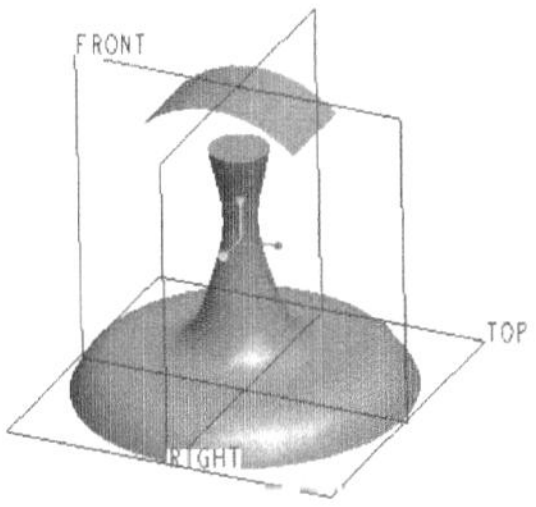

图8-95　实体和曲面素材

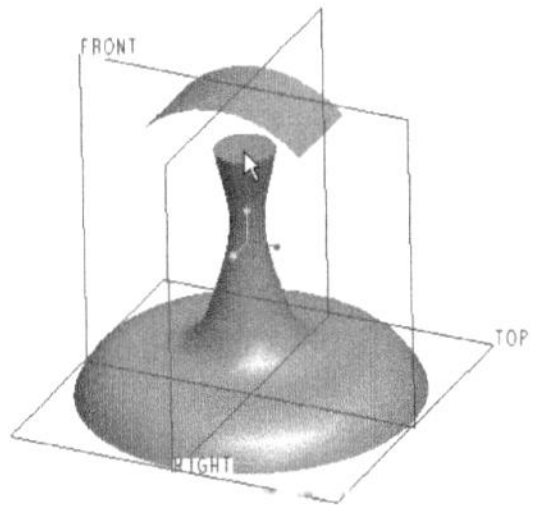

图8-96　选择实体的一个表面

（3）在菜单栏中选择“编辑”>“偏移”命令，打开偏移工具（曲面）操控板。

（4）在操控板的偏移类型列表框中选择（替换曲面特征）图标选项，如图 8-97 所示。

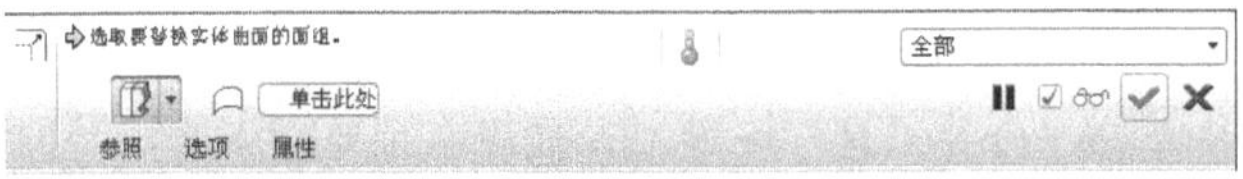

图8-97　选择“替换曲面特征”图标选项

（5）确保激活“替换面组”收集器，选择拉伸曲面作为替换面组。此时如果打开操控板的“选项”滑出面板，则可以看到“保持替换面组”处于没有被勾选的状态，以此表示不保持替换面组，如图 8-98 所示。

（6）在操控板中单击“完成”按钮，使用替换创建偏移的结果如图 8-99 所示。

图8-98　“选项”滑出面板

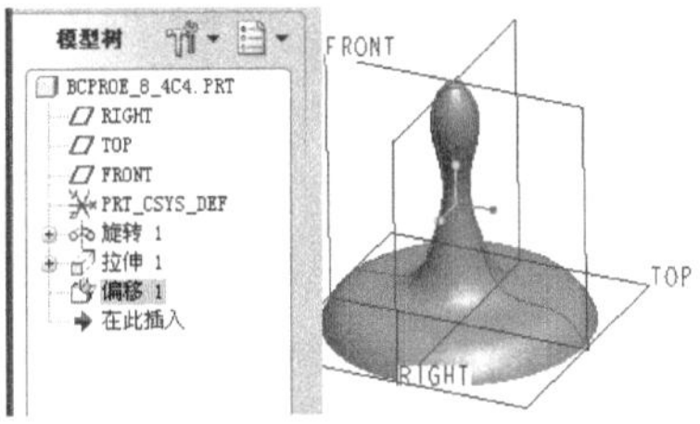

图8-99　使用替换创建偏移的结果

8.4.4　曲面合并

曲面合并在曲面设计中经常应用到。曲面合并是指将若干张曲面或面组合并成一张曲面面组。要进行曲面合并操作，首先选择要合并的曲面，接着单击“合并工具”按钮，或者在菜单栏中选择“编辑”>“合并”命令，打开图 8-100 所示的合并工具操控板，利用该操控板进行相关设置即可。该操控板上各主要按钮及滑出面板的功能含义如下。

图8-100　合并工具操控板

①：改变要保留的第一面组的侧。

②：改变要保留的第二面组的侧。

③“参照”滑出面板：该面板中包含一个“面组”收集器，可以更改主面组。

④“选项”滑出面板：该面板包含两个单选按钮，即“相交”单选按钮和“连接”单选按钮。其中，“相交”单选按钮用于合并相交的曲面面组，只保留曲面面组相交之后定义的部分；而“连接”单选按钮，用于合并两个相邻面组，其中一个面组的一侧边位于另一面组上。

⑤“属性”滑出面板：该面板用于显示和重定义合并特征的名称，以及查询该合并特征的详细属性信息。

可以一次合并两个以上的面组，但是需要满足这两个条件：一是所选取的两个以上的这些面组，它们的单侧边应该彼此邻接，即只有在所选面组的所有边均彼此邻接且不重叠的情况下，才能合并两个以上的面组；二是如果要合并两个以上的面组，则不能选取常规的相交面组。

下面为曲面合并操作练习范例。

（1）单击工具栏“打开”按钮，弹出“文件打开”对话框，选择本书配套的素材“/ch8/bcproe_8_4d.prt”文件，然后在“文件打开”对话框中单击“打开”按钮。该文件中的原始曲面如图 8-101 所示。

（2）使用鼠标左键单击选择“曲面 3”，按住【Ctrl】键的同时选择“曲面 4”。

（3）在右工具箱中单击“合并工具”按钮，或者在菜单栏中选择“编辑”>“合并”命令，打开合并工具操控板。

（4）在合并工具操控板中打开“选项”滑出面板，从中单击选择“连接”单选按钮，如图 8-102 所示。

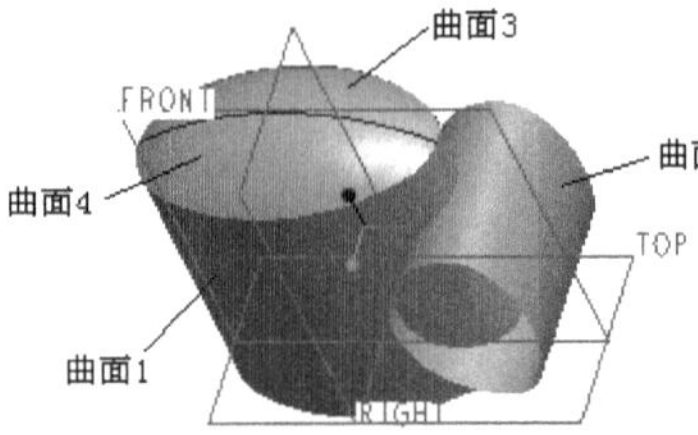

图8-101　原始曲面模型素材

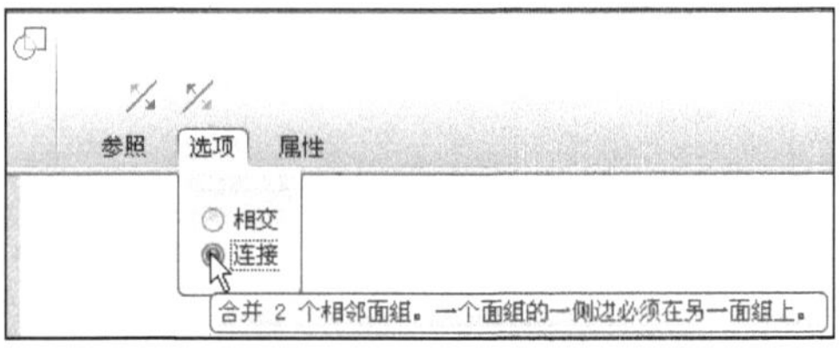

图8-102　单击“连接”单选按钮

（5）在合并工具操控板中单击“完成”按钮。

（6）按住【Ctrl】键的同时选择“曲面 1”，单击“合并工具”按钮，打开合并工具操控板，接着在“选项”滑出面板中单击选择“连接”单选按钮，然后单击“完成”按钮。

技巧

用户也可以先结合【Ctrl】键选择曲面 1、曲面 3 和曲面 4，接着单击“合并工具”按钮，然后，在打开的合并工具操控板中单击“完成”按钮，一次操作便可将所选的这 3 个曲面合并成一个单独的面组。

（7）确保刚合并而成的面组处于被选中的状态，按住【Ctrl】键的同时选择“曲面 2”，接着单击“合并工具”按钮，打开合并工具操控板，此时，打开“选项”滑出面板，可以看到默认的单选按钮为“相交”。单击“改变要保留的第一面组的侧”按钮，接着单击“改变要保留的第二面组的侧”按钮，使要保留的面组侧如图 8-103 所示。最后单击“完成”按钮，完成的合并结果如图 8-104

所示。

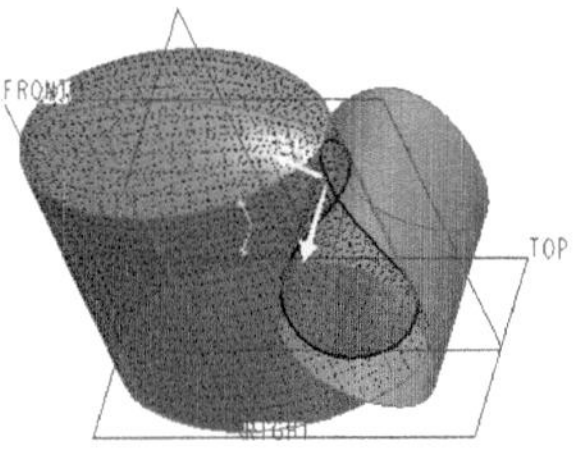

图8-103 要保留的面组侧

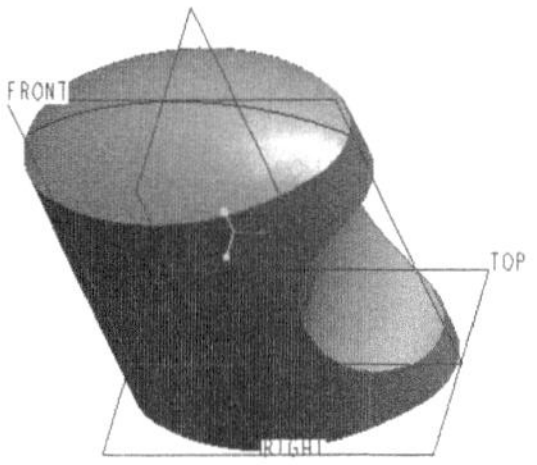

图8-104 完成的合并结果

8.4.5 曲面加厚

曲面加厚是指由曲面通过一定的方式进行加厚处理而形成具有均匀厚度的实体，如图 8-105 所示；另外，使用曲面加厚的方式还可以在实体中去除指定厚度的材料，如图 8-106 所示。

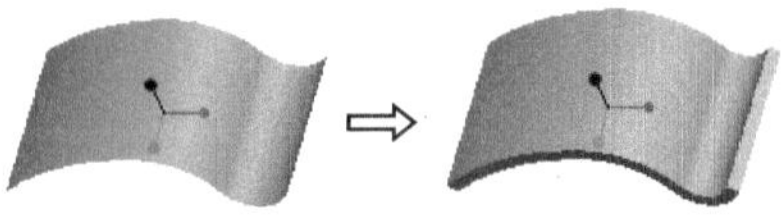

图8-105 曲面加厚示例1

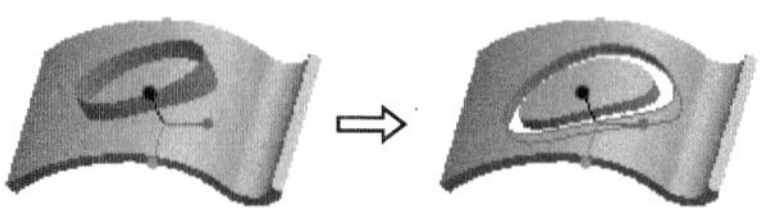

图8-106 曲面加厚示例2

要进行曲面加厚的相关操作，首先选择要加厚的曲面，接着在菜单栏中选择“编辑”>“加厚”命令，打开图 8-107 所示的曲面加厚工具操控板。

图8-107 曲面加厚工具操控板

① ：用实体材料填充加厚的面组。

② ：从加厚的面组中去除已有的实体材料。

③ ：该文本框用于指定总加厚厚度值。

④ ：该按钮用于反转结果几何的方向。

⑤“参照”滑出面板：该滑出面板如图 8-108 所示，包含一个“面组”收集器，用于收集所选择的要加厚的曲面或面组。

⑥“选项”滑出面板：该滑出面板如图 8-109 所示，在该面板的一个下拉列表框中可以选择“垂直于曲面”、“自动拟合”或“控制拟合”选项来定义曲面加厚的形式，其中，“垂直于曲面”最为常用。在该面板中还有一个“排除曲面”收集器，在该收集器的框中单击即可激活该收集器，然后可选取面组中要禁止加厚操作的曲面。

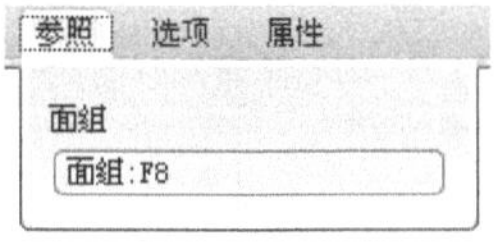

图8-108 “参照”滑出面板

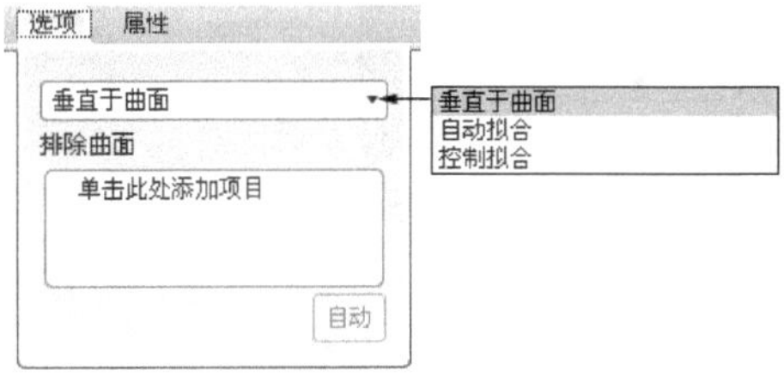

图8-109 “选项”滑出面板

⑦“属性”滑出面板：打开该滑出面板，可以查看和更改当前加厚特征的名称，若单击“显示

此特征的信息”按钮，则打开 Pro/ENGINEER 浏览器来显示此加厚特征的属性信息。

下面介绍曲面加厚操作练习范例。

（1）单击工具栏“打开”按钮，弹出“文件打开”对话框，选择本书配套的素材“/ch8/bcproe_8_4e.prt”文件，然后在“文件打开”对话框中单击“打开”按钮。该文件中的原始曲面如图 8-110 所示。

（2）选择图 8-111 所示的鼠标指针所指的旋转曲面。

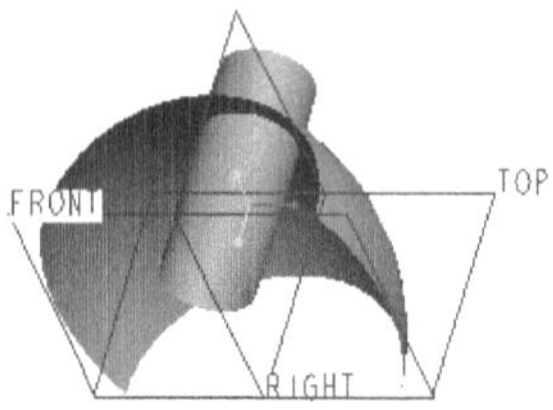

图8-110　原有的两个曲面素材

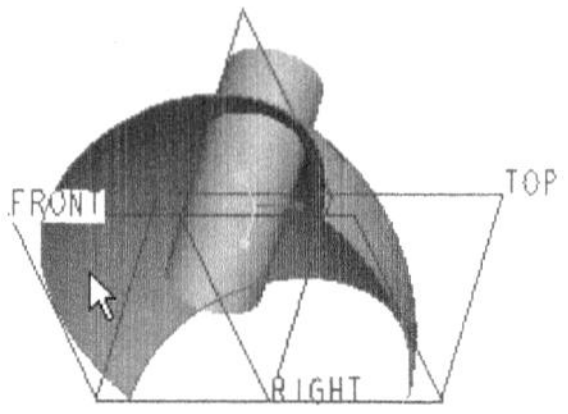

图8-111　选择曲面

（3）在菜单栏中选择“编辑”>“加厚”命令，打开曲面加厚工具操控板。

（4）默认选中“用实体材料填充加厚的面组”按钮，在文本框中输入加厚的总厚度值为“10”。

（5）在操控板中单击“完成”按钮，加厚曲面得到的实体如图 8-112 所示。

（6）选择如图 8-113 所示的鼠标指针所指的曲面。

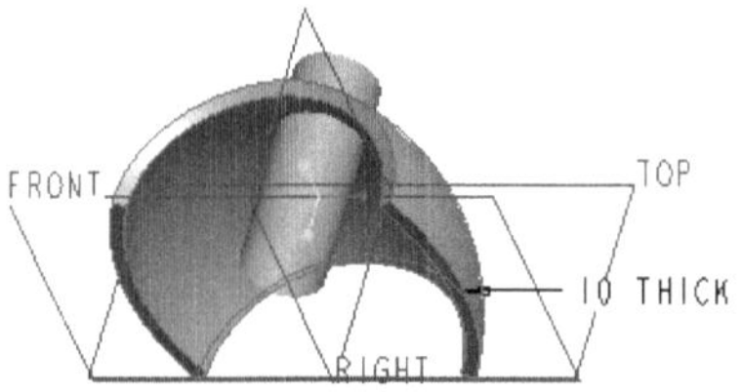

图8-112　曲面加厚效果

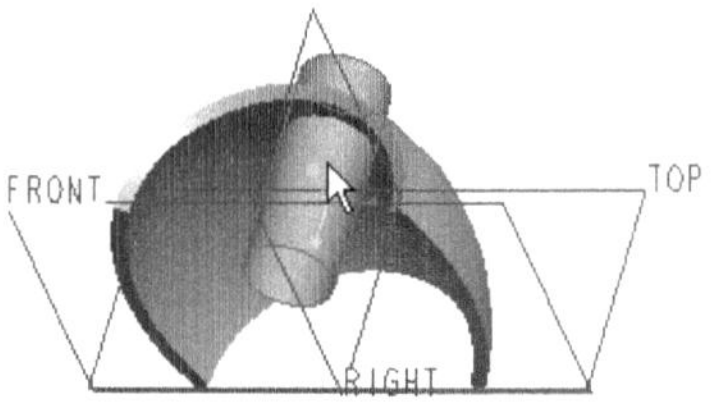

图8-113　选择要进行加厚操作的曲面

（7）在菜单栏中选择“编辑”>“加厚”命令，打开曲面加厚工具操控板。

（8）在操控板中单击“从加厚的面组中去除已有的实体材料，简称‘去除材料’”按钮。

（9）输入加厚的厚度值为“15”。

（10）单击“反转结果几何的方向”按钮两次，使加厚的方向如图 8-114 所示。

（11）在操控板中单击“完成”按钮，最后完成的效果如图 8-115 所示。

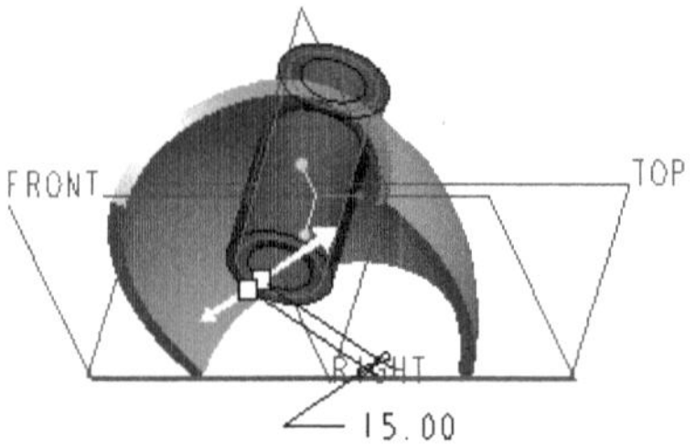

图8-114　指定加厚的方向

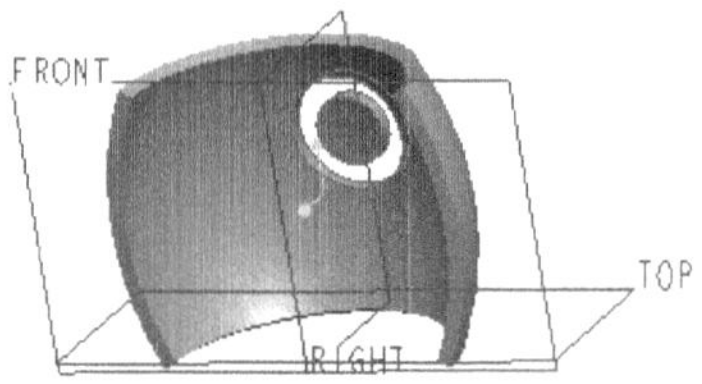

图8-115　用加厚曲面来切除材料

8.4.6　曲面实体化

实体化特征使用预定的曲面特征或面组几何并将其转换为实体几何。在设计中，可以使用“实体化”特征添加、移除或替换实体材料。

> **注意**
>
> 设计“实体化”特征要求执行如下操作。
>
> ①选取一个曲面特征或面组作为参照。
>
> ②确定使用参照几何的方法：添加实体材料，移除实体材料或修补曲面。
>
> ③定义几何的材料方向。

选择一个有效的曲面特征或面组，在菜单栏中选择“编辑”>“实体化”命令，打开图 8-116 所示的实体化工具操控板。注意操控板中各按钮的功能应用。

图8-116 实体化工具操控板

①（伸出项）：用实体材料填充由面组界定的体积块。

②（切口）：移除面组内侧或外侧的材料。

③（曲面片）：用面组替换部分曲面，面组边界必须位于曲面上。也就是使用曲面特征或面组几何替换指定的曲面部分（只有当选定的曲面或面组边界位于实体几何上时才可用）。

④：反转刀具操作方向。

下面介绍曲面加厚操作练习范例。

（1）单击工具栏“打开”按钮，弹出“文件打开”对话框。选择本书配套的素材“/ch8/bcproe_8_4f.prt”文件，然后在“文件打开”对话框中单击“打开”按钮。该文件中的原始曲面如图 8-117 所示。

（2）选择旋转曲面，接着在菜单栏选择“编辑”>“实体化”命令，打开实体化工具操控板。

（3）默认的实体化工具操控板中的“伸出项”按钮处于被单击选中的状态，单击“完成”按钮，完成一个实体化特征。

（4）选择拉伸曲面，接着在菜单栏中选择“编辑”>“实体化”命令，打开实体化工具操控板。

（5）在实体化工具操控板中单击“切口”按钮，并单击“反转刀具操作方向”按钮，直到使箭头方向如图 8-118 所示。

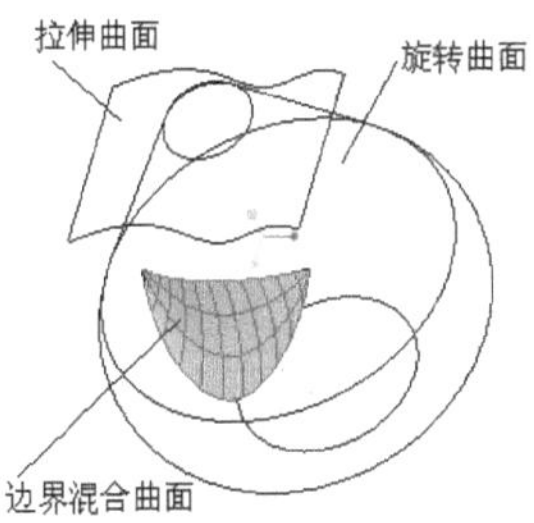

图8-117 已有的曲面素材

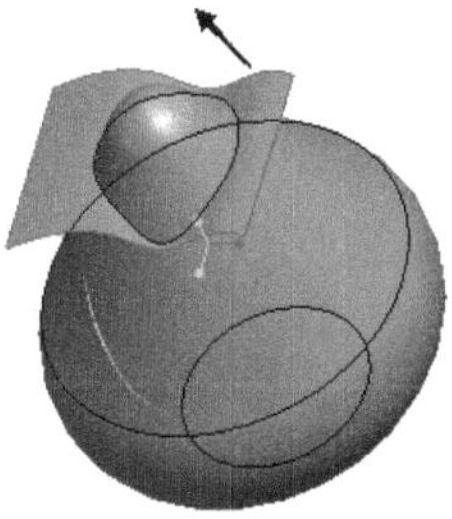

图8-118 模型显示

（6）在实体化工具操控板中单击“完成”按钮，完成该切口实体化操作得到的模型效果如图 8-119 所示。

（7）将鼠标指针置于模型中边界混合曲面所处的屏幕位置处，通过单击鼠标右键来查询边界混合曲面，然后单击鼠标左键选中查询到的边界混合曲面，如图 8-120 所示。

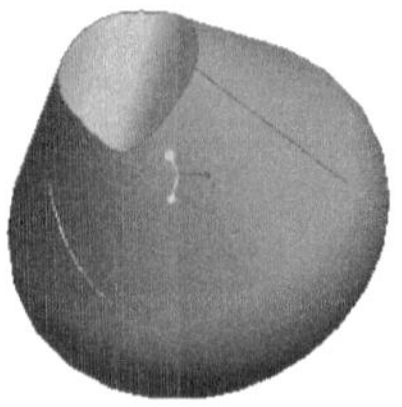

图8-119　切口实体化

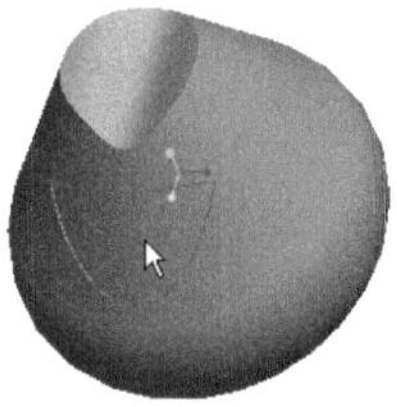

图8-120　查询并选择边界混合曲面

（8）在菜单栏中选择“编辑”>“实体化”命令，打开实体化工具操控板。

（9）系统自动选中“曲面片”按钮，确保刀具方向为所需，如图 8-121 所示。

（10）在实体化工具操控板中单击“完成”按钮，完成“曲面片”实体化的效果如图 8-122 所示。

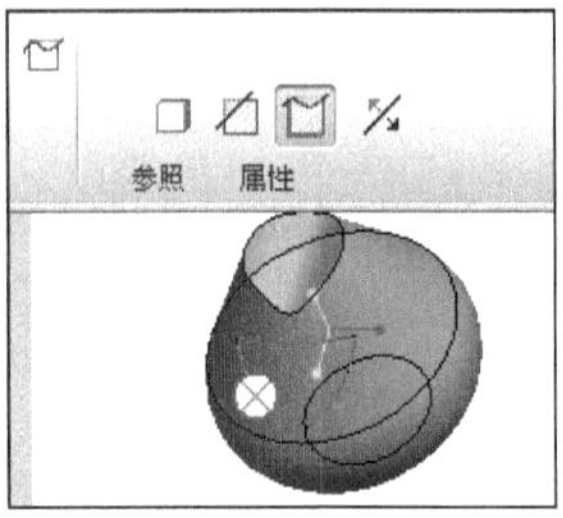

图8-121　执行“曲面片替换”实体化操作

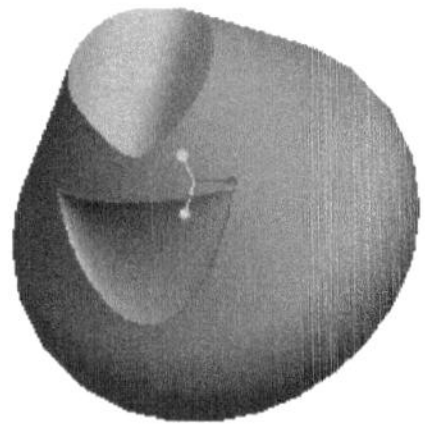

图8-122　完成“曲面片”实体化

8.4.7　在曲面上创建投影曲线

使用“投影”工具可以在实体上和非实体曲面、面组或基准平面上创建投影基准曲线（简称投影曲线）。在实际设计中，常使用投影曲线修剪曲面，绘出扫描轨迹的轮廓，或在“钣金件设计”中创建切口。如果投影曲线是通过在平面上草绘来辅助投影创建的，则可以对其进行阵列操作。

注 意

投影曲线的方式有以下两种。

①投影草绘：创建草绘或将现有草绘复制到模型中以进行投影。

②投影链：选取要投影的曲线或链。

在菜单栏中选择“编辑”>“投影”命令，打开投影工具操控板。在投影工具操控板的“参照”滑出面板中，从其中的一个下拉列表框中可以选择用于定义投影曲线的方法的选项，即选择“投影草绘”选项或“投影链”选项，如图 8-123 所示。

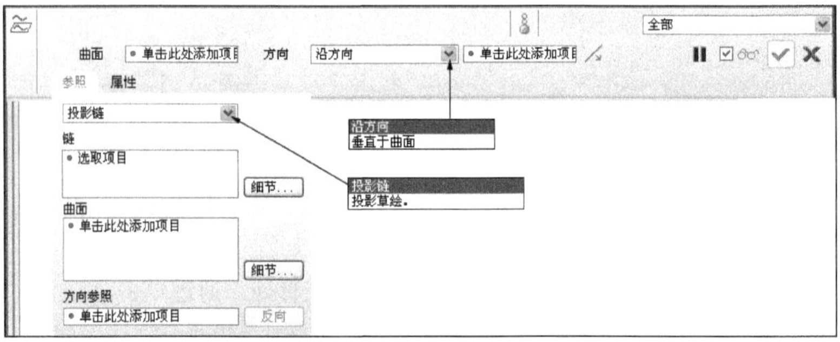

图8-123　投影工具操控板

下面通过范例来介绍如何创建投影曲线。

（1）单击工具栏“打开”按钮，弹出“文件打开”对话框。选择本书配套的素材“/ch8/bcproe_8_4g.prt”文件，然后单击“文件打开”对话框中的“打开”按钮。该文件中的原始球体曲面如图 8-124 所示。

（2）在菜单栏中选择“编辑”>“投影”命令，打开投影工具操控板。

（3）在投影工具操控板中打开“参照”滑出面板，接着在一个下拉列表框中选择“投影草绘”选项，如图 8-125 所示。

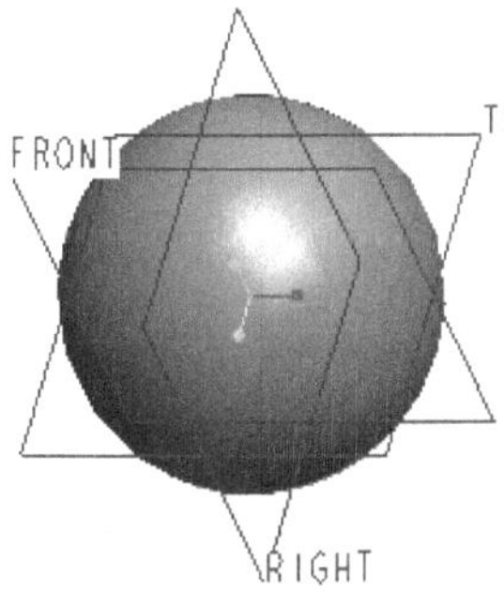

图8-124　文件中的曲面素材

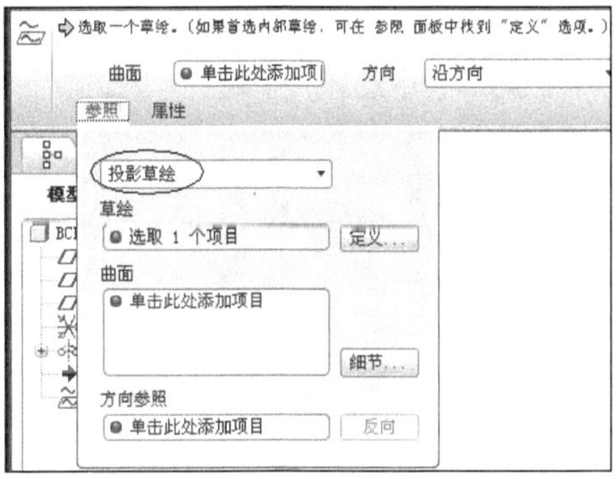

图8-125　选择“投影草绘”选项

（4）在“参照”滑出面板中单击“定义”按钮，弹出“草绘”对话框。选择 FRONT 基准平面作为草绘平面，以 RIGHT 基准平面作为“右”方向参照，单击“草绘”按钮，进入草绘模式。

（5）绘制图 8-126 所示的曲线，单击“完成”按钮✔。

（6）选择要在其上创建投影特征的曲面，如图 8-127 所示。

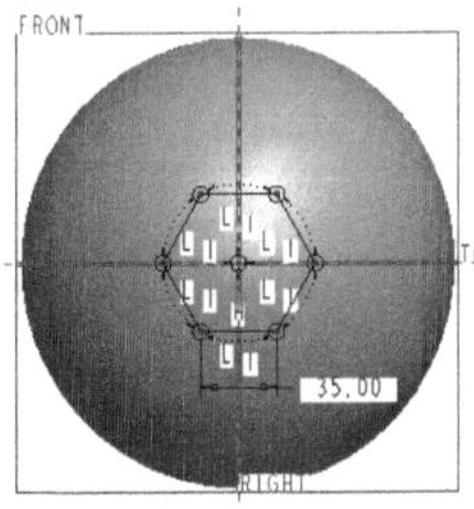

图8-126　绘制要投影的曲线

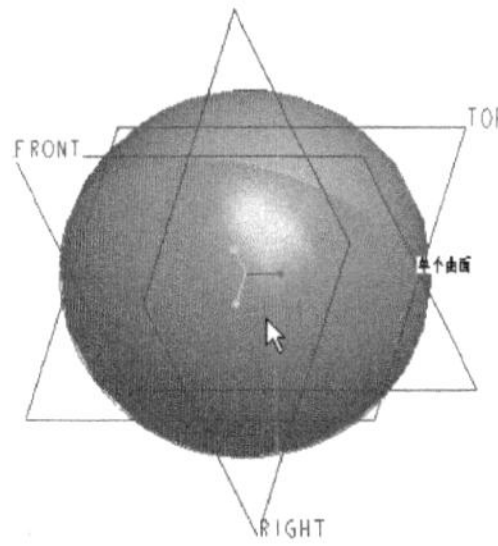

图8-127　选择曲面

（7）方向选项为“沿方向”，表示沿指定的方向投影。在操控板中单击“方向参照”收集器的框，将其激活，然后选择 FRONT 基准平面作为方向参照，此时模型动态预览显示如图 8-128 所示。

（8）在投影工具操控板中单击“完成”按钮☑，完成该投影曲线的结果如图 8-129 所示。

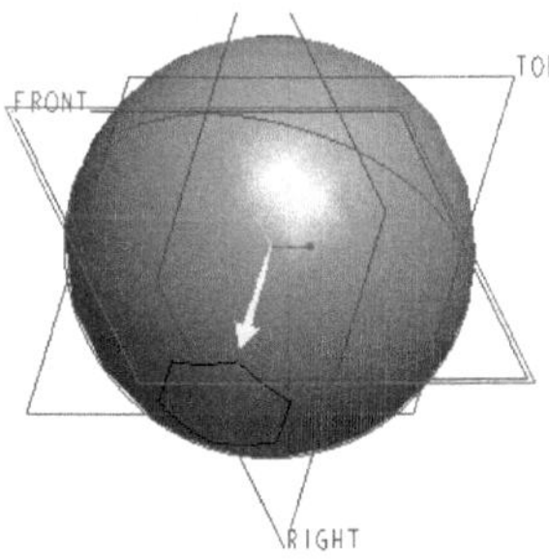

图8-128　指定方向参照之后预览

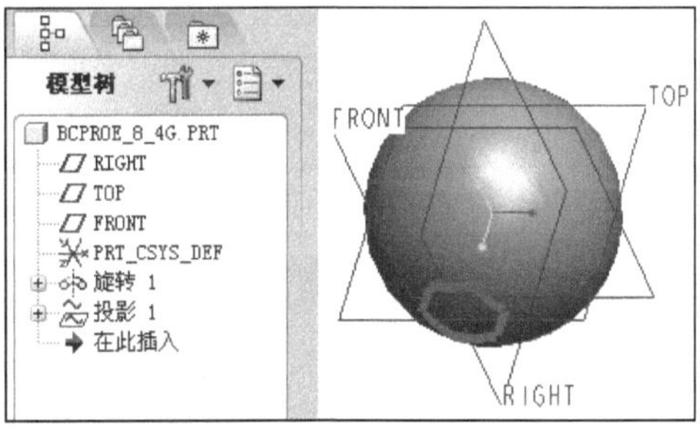

图8-129　完成投影曲线

8.4.8 利用相交曲面创建交截曲线

使用“编辑”菜单中的“相交”命令，可以利用曲面与其他曲面或基准平面相交来创建曲线，所创建的曲线通常被称为“交截曲线”或“相交曲线”。

（1）单击工具栏“打开”按钮，弹出“文件打开”对话框，选择本书配套的素材“/ch8/bcproe_8_4h.prt”文件，然后在“文件打开”对话框中单击“打开”按钮。该文件中的原始曲面如图 8-130 所示。

（2）选择“曲面 1”，按住【Ctrl】键的同时选择“曲面 2”。

（3）在菜单栏中选择“编辑”>“相交”命令，则可以在这两个曲面的相交处创建三维曲线，如图 8-131 所示。

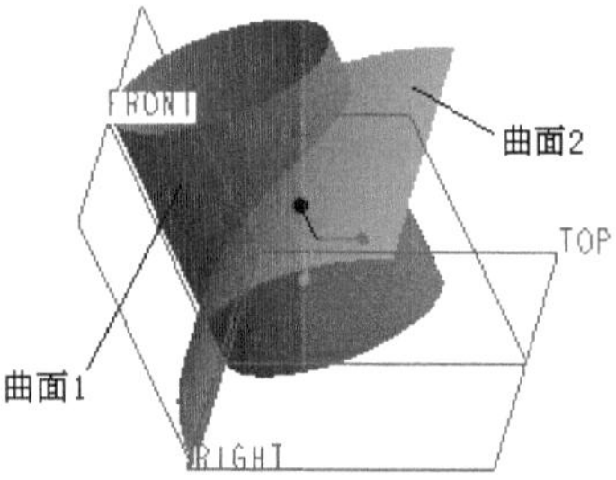

图8-130　相交的两个曲面

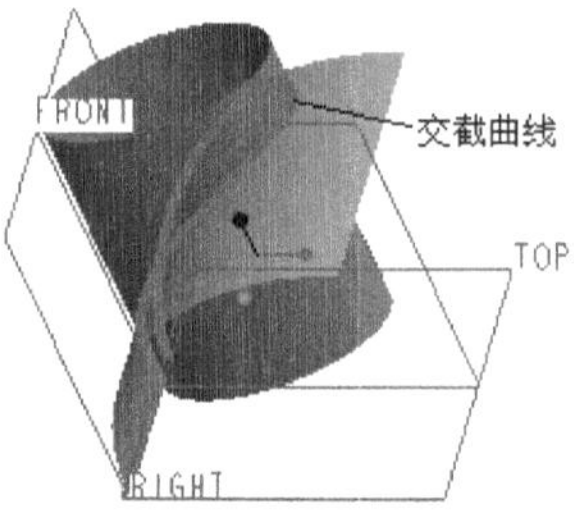

图8-131　创建的交截曲线

特别提示，利用“编辑”>“相交”命令，还可以在所选的两个草绘或草绘后的基准曲线（被拉伸后成为曲面）相交的位置处创建曲线。

8.5 造型概述

本节知识只要求了解什么是造型设计，在造型设计环境中可以进行哪些典型操作。

造型设计环境是 Pro/ENGINEER 的一个专门用于设计自由形式曲面的设计环境，它是一个功能齐全、直观的建模环境。在该设计环境中，可以方便而迅速地创建自由形式的曲线和曲面，并能将多个元素组合成超级特征（可以包含无限数量的曲线和曲面）。创建的自由形式曲面特征也称造型特征，此类特征非常灵活，它们有其自己的内部父 / 子关系，并可以与其他 Pro/ENGINEER 特征发生关系。在造型环境中通常进行以下设计工作，如表 8-1 所示。

表 8–1　在造型环境中通常可进行的设计工作（任务）

序号	设计工作（任务）
1	可在单视图和多视图环境中工作，多视图环境功能在 Pro/ENGINEER 中功能非常强大，可同时显示 4 个模型视图并能在其中操作
2	在零件级创建曲线和曲面
3	创建简单特征或多元素超级特征
4	创建“曲面上的曲线”（COS），这是一种位于曲面上的特殊类型的曲线
5	从不必被修剪成拐角的边界创建曲面

续表

序号	设计工作（任务）
6	编辑特征中的单个几何图元或图元组合
7	创建“自由形式曲面”特征的内部父 / 子关系
8	创建“自由形式曲面”特征和模型特征间的父 / 子关系
9	可利用已有的概念效果图来进行跟踪草绘

要想进入造型设计环境，则可以在零件模式下，单击右工具箱中的“造型”按钮，或者选择“插入”>“造型”命令，然后可进行自由形式曲面设计。总之，造型曲面是一种概念性强、艺术性和技术性完美结合的曲面特征。在实际设计中，将专业曲面和造型曲面灵活结合，巧妙应用，将会使产品造型与结构设计得心应手。

8.6　实战综合案例——容器瓶曲面设计

学习目的

本实战综合范例学习如何进行一款容器瓶的曲面设计，完成效果如图 8-132 所示。

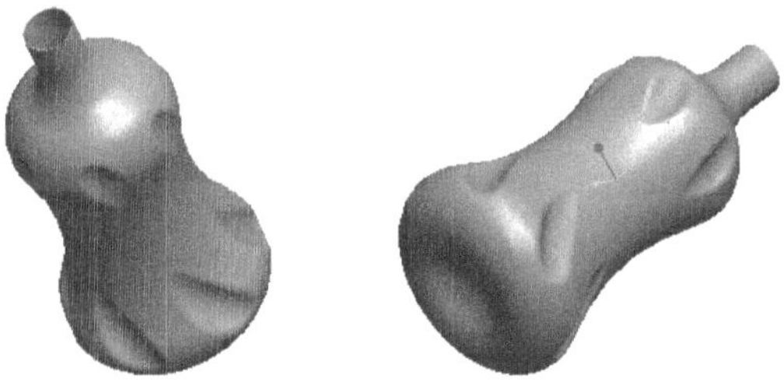

图8-132　完成的容器瓶曲面效果

重点难点

- 创建旋转曲面、扫描曲面
- 曲面阵列与合并
- 曲面的综合利用

操作步骤

1. **新建实体零件文件**

Step 01 单击工具栏“创建新对象”按钮，打开“新建”对话框。

Step 02 在“新建”对话框的“类型”选项组中选择“零件”单选按钮，在“子类型”选项组中选择“实体”单选按钮；在“名称”文本框中输入文件名“bcproe_8_fl”，取消选中“使用缺省模板”复选框，单击“确定”按钮，系统弹出“新文件选项”对话框。

Step 03 在“模板”选项组中选择“mmns_part_solid”，然后单击“确定”按钮，进入零件模块的设计界面。

2. **创建旋转曲面**

Step 01 单击“旋转工具”按钮，打开旋转工具操控板。

Step 02 在旋转工具操控板中单击“曲面”按钮。

Step 03 打开“放置”滑出面板，单击“定义”按钮，弹出“草绘”对话框。

Step 04 选择 FRONT 基准平面作为草绘平面，默认以 RIGHT 基准平面为“右”方向参照，单击“草绘”按钮，进入草绘模式。

Step 05 绘制旋转剖面，注意务必在旋转剖面中添加一条将定义旋转轴的几何中心线，如图 8-133 所示。单击“完成”按钮✔，完成草绘并退出草绘模式。

Step 06 接受默认的旋转角度为 360°，在旋转工具操控板中单击“完成”按钮，创建的旋转曲面如图 8-134 所示。

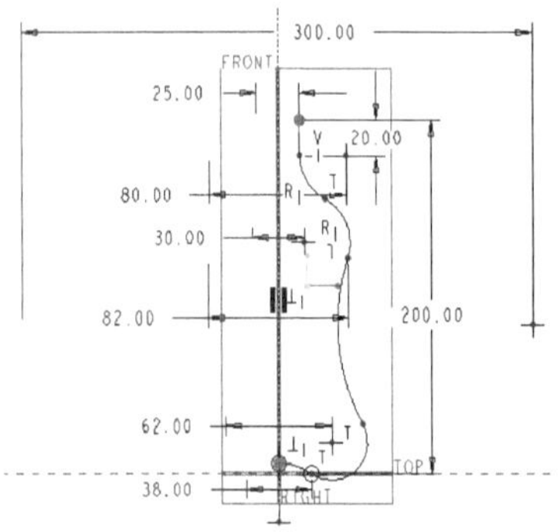

图8-133　绘制旋转剖面（含几何中心线）

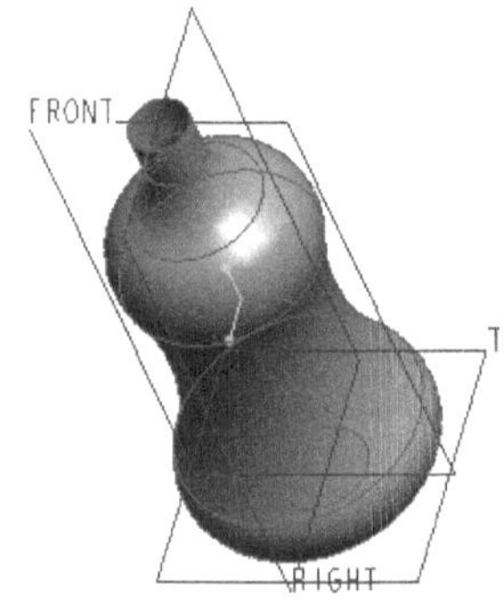

图8-134　创建旋转曲面

3. **创建基准平面**

Step 01 单击“基准平面工具”按钮，打开“基准平面”对话框。

Step 02 选择 RIGHT 基准平面作为偏移参照，输入平移距离为“50.00”，如图 8-135 所示。

Step 03 在“基准平面”对话框中单击“确定”按钮，完成创建 DTM1 基准平面。

4. **草绘曲线**

Step 01 单击“草绘工具”按钮，弹出“草绘”对话框。

Step 02 选择 DTM1 基准平面作为草绘平面，以 TOP 基准平面为“左”方向参照，单击“草绘”对话框中的“草绘”按钮，进入草绘模式。

Step 03 绘制图 8-136 所示的圆弧组合曲线。

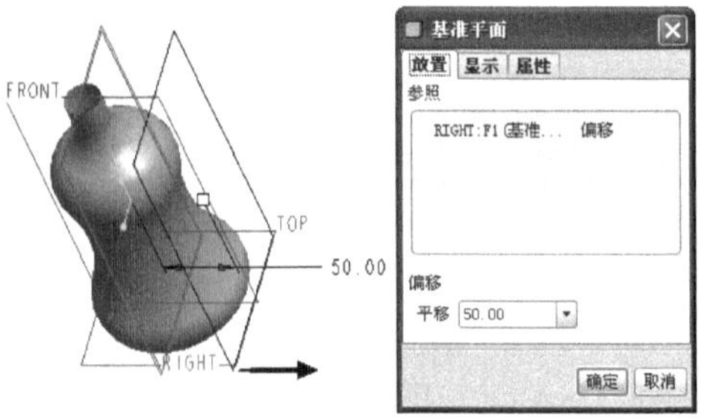

图8-135　创建新基准平面

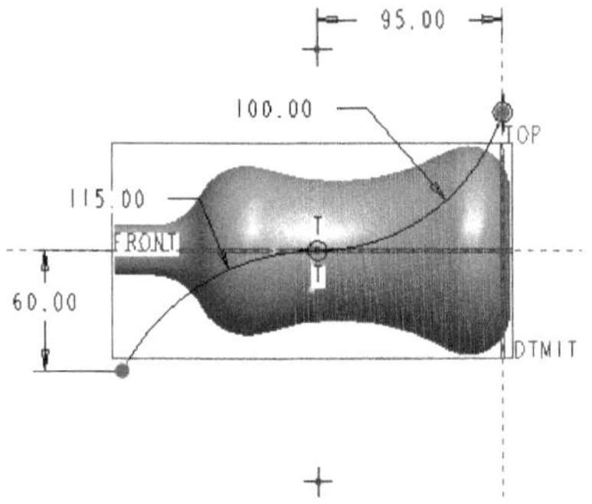

图8-136　绘制圆弧组合曲线

Step 04 单击“完成”按钮✔，完成草绘并退出草绘模式。

5. **创建扫描曲面**

Step 01 在菜单栏中选择“插入”>“扫描”>“曲面”命令，弹出“曲面：扫描”对话框和菜单管理器。

Step 02 在菜单管理器的“扫描轨迹”菜单中选择“选取轨迹”命令，此时菜单管理器出现图 8-137

所示的“链”菜单。

Step 03 在“链”菜单中选择“曲线链”>“选取”命令，在模型中单击上一步骤绘制的曲线，接着在弹出的“链选项”菜单中选择“全选”命令。在菜单管理器的“链”菜单中选择“起点”选项，并在弹出的“选取”菜单中依次选择“下一个”选项和“接受”选项，此时定义的轨迹线如图 8-138 所示，然后在“链”菜单中选择“完成”命令。

图8-137 “链”菜单

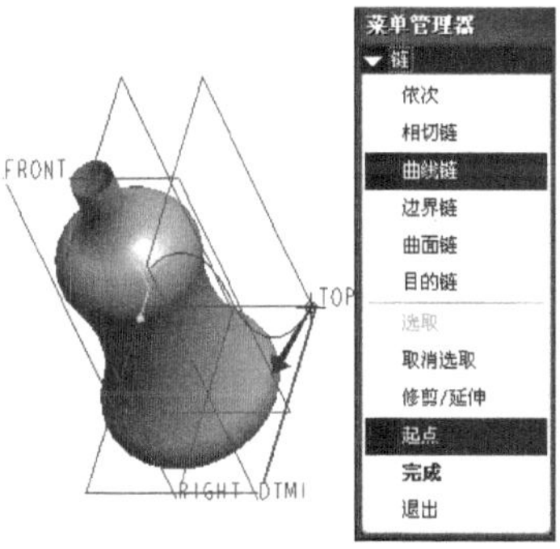

图8-138 选定扫描轨迹

Step 04 在菜单管理器中出现的“属性”菜单中选择“开放端”>“完成”命令。

Step 05 绘制图 8-139 所示的图形，单击“完成”按钮✔。

Step 06 在“曲面：扫描”对话框中单击“确定”按钮，完成的扫描曲面如图 8-140 所示。

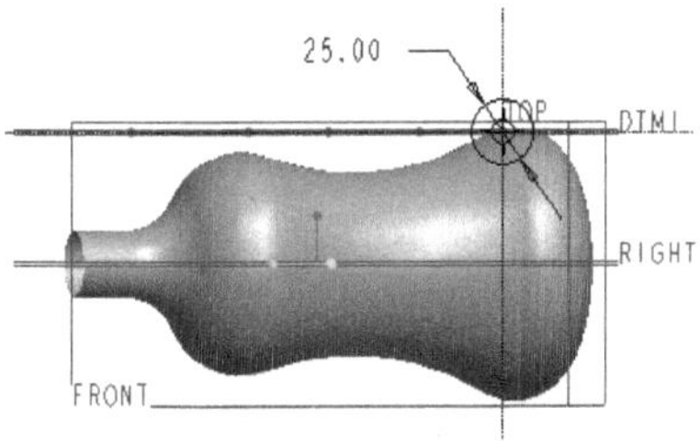

图8-139 绘制图形

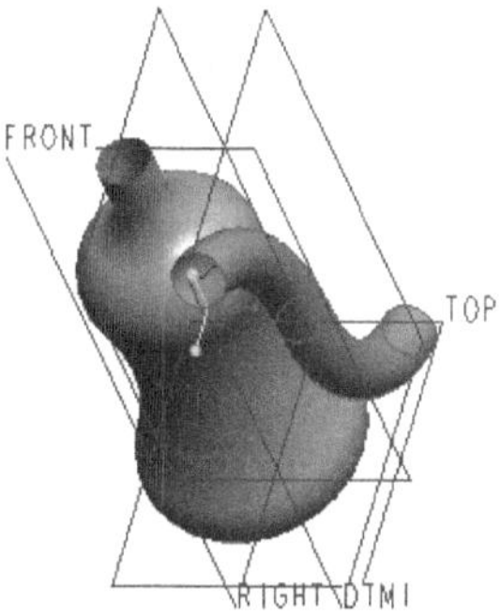

图8-140 完成扫描曲面

6. **阵列操作**

Step 01 选中扫描曲面，单击“阵列工具”按钮，打开阵列工具操控板。

Step 02 在阵列工具操控板的阵列类型下拉列表框中选择“轴”选项，在模型窗口中选择中心特征轴 A_1；接着在操控板中单击“设置阵列的角度范围”按钮，并设置阵列的角度范围为 360°，然后输入第一方向的阵列成员数为“6”，如图 8-141 所示。

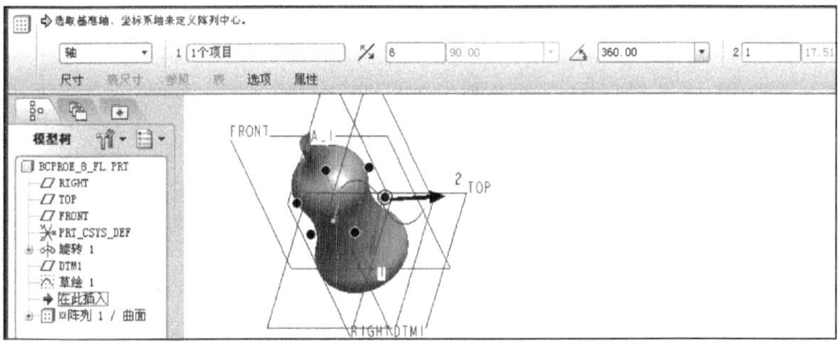

图8-141 定义轴阵列

Step 03 在阵列工具操控板中单击“完成”按钮☑。

7. **曲面合并**

Step 01 选择图 8-142 所示的一个曲面，按住【Ctrl】键的同时单击旋转曲面。

Step 02 单击“合并工具”按钮，打开合并工具操控板。

Step 03 在合并工具操控板中单击“改变要保留的第二面组的侧”按钮，使要保留的面组侧如图 8-143 所示。

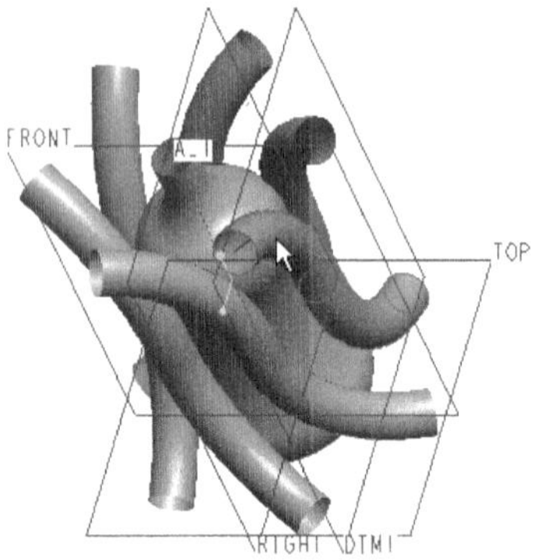

图8-142　选择一个扫描曲面

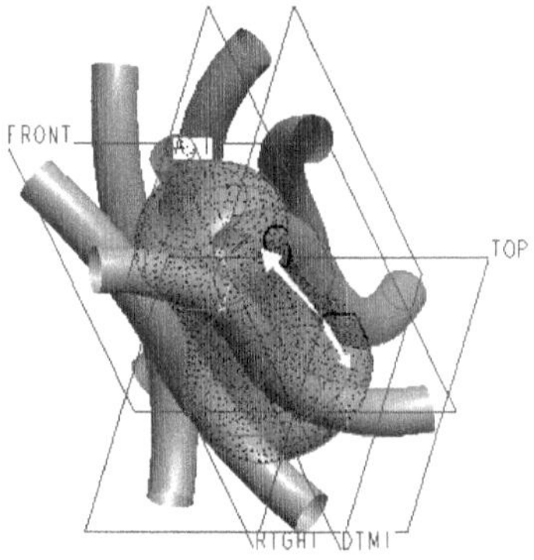

图8-143　设置要保留的面组侧

Step 04 单击“完成”按钮☑，该合并结果如图 8-144 所示。

Step 05 使用同样的方法，继续合并其他面组。在合并过程中注意单击“改变要保留的第一面组的侧”按钮和“改变要保留的第二面组的侧”按钮来设置相应的要保留的面组侧。最终合并面组后的结果如图 8-145 所示。

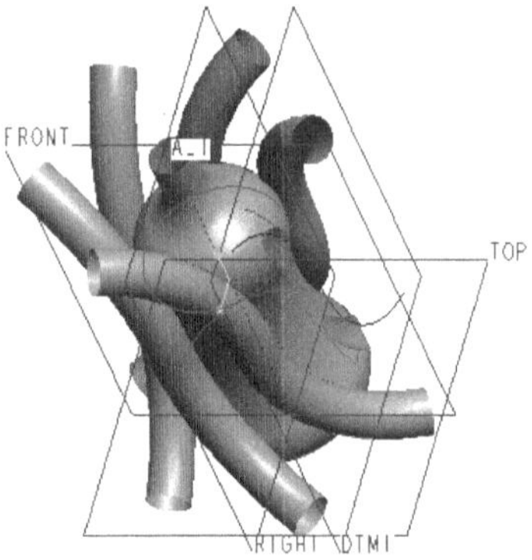

图8-144　第一次合并结果

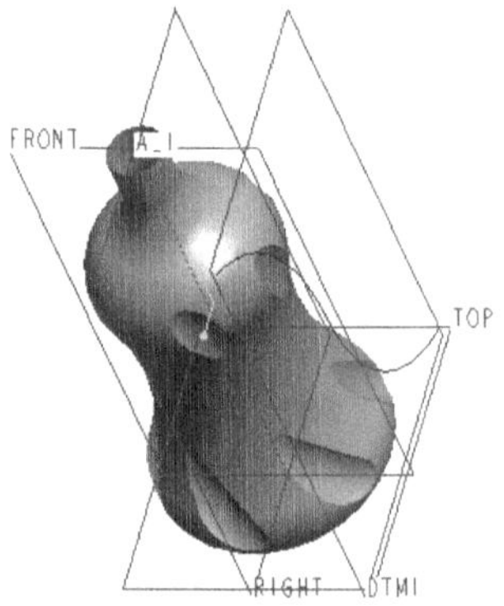

图8-145　最终合并结果

8. **倒圆角**

Step 01 单击“倒圆角工具”按钮，打开倒圆角工具操控板。

Step 02 在操控板中输入半径值为“5.00”。

Step 03 结合【Ctrl】键选择所需的边参照，如图 8-146 所示。

Step 04 单击“完成”按钮☑。

9. **创建加厚特征**

Step 01 选择面组，从菜单栏中选择“编辑”>“加厚”命令，打开加厚工具操控板。

Step 02 输入加厚厚度为“0.6”，单击“完成”按钮☑，完成效果如图 8-147 所示。

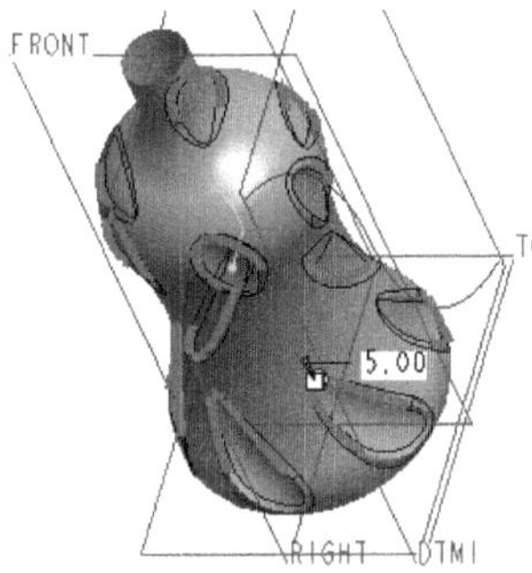

图8-146 选择要倒圆角的边参照

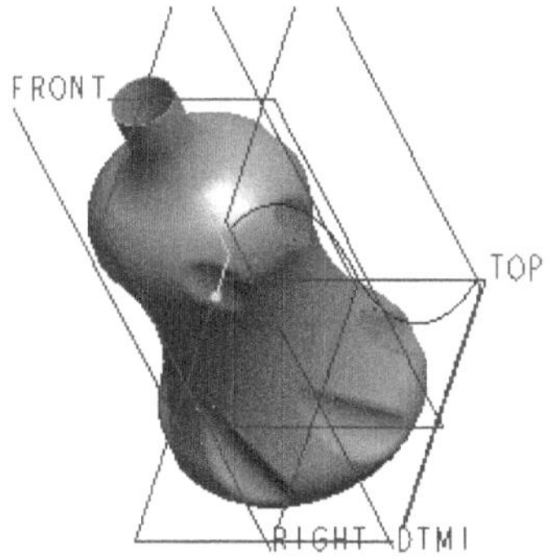

图8-147 加厚曲面

10. **隐藏曲线**

在模型树中右键单击“草绘 1”特征，接着从出现的快捷菜单中选择“隐藏”命令。当然可以单击“层”按钮以打开层树，通过图层的方式设置隐藏曲线，并可保存图层状态。

最终获得的模型效果如图 8-148 所示。

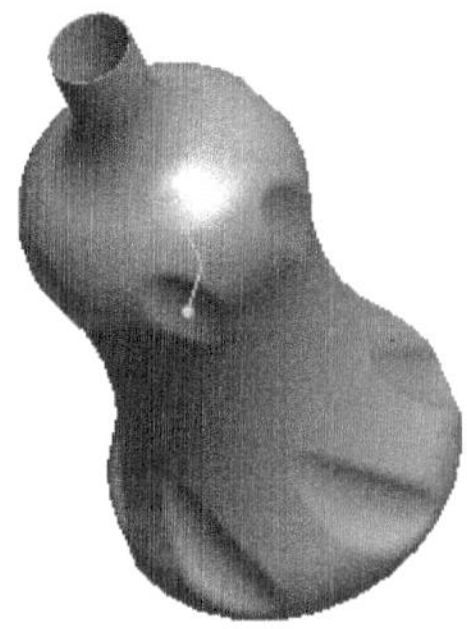

图8-148 范例完成的容器瓶模型效果

案例总结

本案例介绍了一款容器瓶的曲面设计过程，涉及的主要知识点包括创建旋转曲面、创建扫描曲面、曲面阵列、曲面合并、曲面加厚等。认真学习本案例，有助于深刻体会曲面设计的一般思路。

8.7 思考与上机练习

1. **简答题**

（1）基本曲面包括哪些？如何创建它们？

（2）什么是填充曲面？如何创建填充曲面？

（3）如何创建边界混合曲面？可以举例进行说明。

（4）曲面实体化有哪几种方式？这几种实体化方式分别用在什么场合？

（5）如何在曲面上创建投影曲线？

（6）可以创建哪些高级曲面？你掌握了哪几种高级曲面的创建方法？

（7）使用造型设计环境可以进行哪些设计？

2. **上机练习题**

创建图 8-149 所示的瓶子，具体尺寸参数自行设定。

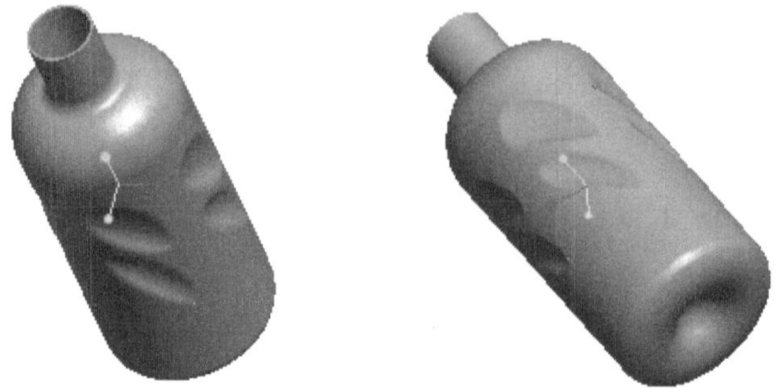

图8-149 瓶子

知识要点提示

参照本章实战综合范例介绍的方法和步骤。

第9章 修饰特征

本章导读

对于零件上的商标、标识符号、功能说明、螺纹示意等，可以采用修饰特征来表示。本章重点介绍在实际设计中经常应用到的修饰特征，如草绘修饰特征、螺纹修饰特征等。

学习目标

- 掌握草绘修饰特征的创建方法
- 掌握螺纹修饰特征的创建方法

9.1 草绘修饰特征

执行菜单栏中的“插入”>“修饰”>“草绘”命令，可以将商标、文字符号等内容放置到零件实体的表面上，如图 9-1 所示。

用户可以在规则平整的零件面上创建草绘修饰特征，也可以在非规则的零件曲面上创建草绘修饰特征。在非规则的零件曲面上创建草绘修饰特征，其实类似于在指定草绘平面上绘制的修饰特征投影到选定的曲面上。

在菜单栏中选择“插入”>“修饰”>“草绘”命令，打开图 9-2 所示的菜单管理器，出现“选项”菜单。选择“规则截面”选项时，可以在规则的平整零件面上创建草绘修饰特征；而选择“投影截面”选项时，可以在非规则的零件曲面上创建草绘修饰特征。

图9-1　创建草绘修饰特征

图9-2　“选项”菜单

下面通过一个简单模型来辅助介绍创建这两种草绘修饰特征的创建步骤。

9.1.1　在规则截面上创建草绘修饰特征

（1）单击工具栏“创建新对象”按钮，新建一个名为“bcproe_9_1”的实体零件文件，不使用默认模板，而是采用“mmns_part_solid”公制模板。

（2）单击“拉伸工具”按钮，创建图 9-3 所示的拉伸实体。

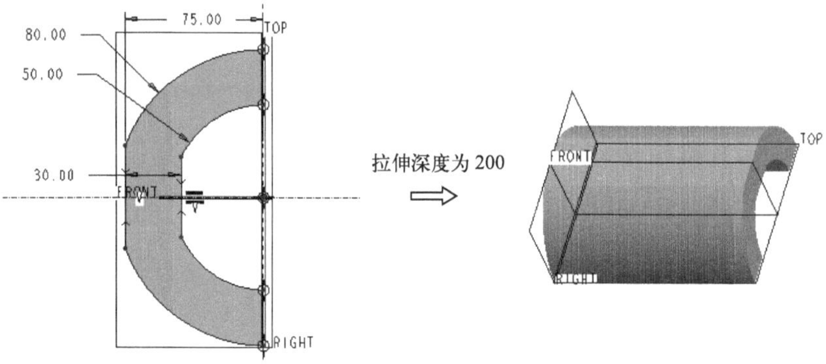

图9-3　创建拉伸实体

（3）在菜单栏中选择“插入”>“修饰”>“草绘”命令。

（4）在菜单管理器的“选项”菜单中选择“规则截面”>“无剖面线”>“完成”选项。

（5）此时，菜单管理器如图 9-4 所示，在模型中选择图 9-5 所示鼠标指针所指的零件面。

图9-4　菜单管理器

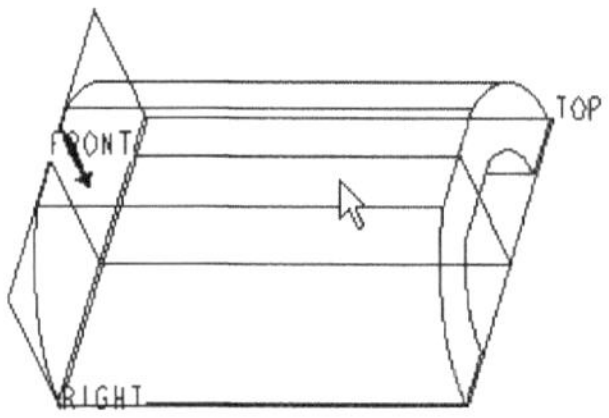

图9-5　选择零件面

（6）在图 9-6 所示的“方向”菜单中，选择“确定”选项。

（7）在图 9-7 所示的“草绘视图”菜单中，选择“缺省”选项，进入草绘模式。

（8）在右工具箱的“草绘器工具”工具栏中单击“创建文本”按钮，接着在草绘区域中指定两点以定义文本的高度和方位，弹出“文本”对话框。

（9）在“文本行”选项组的文本框中输入“BOCHUANG”，在“字体”选项组中的“字体”列表框中选择“Ŧ Shannon Extra Bold”，其他选项和参数采用默认项，如图 9-8 所示。

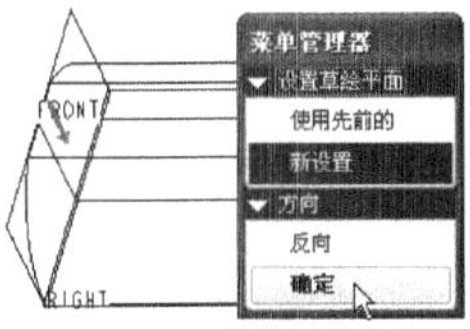

图9-6 定义方向

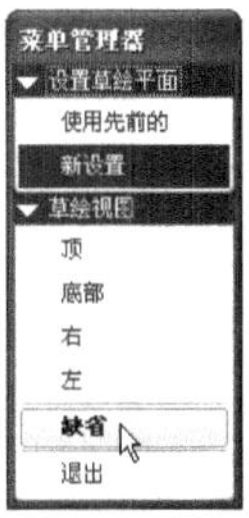

图9-7 定义草绘视图

图9-8 创建文本

（10）单击“文本”对话框中的“确定”按钮。

（11）修改相关的尺寸，修改后的尺寸如图 9-9 所示。

（12）单击“完成”按钮✔，按【Ctrl+D】组合键以标准方向视角显示模型，创建的草绘修饰特征如图 9-10 所示。

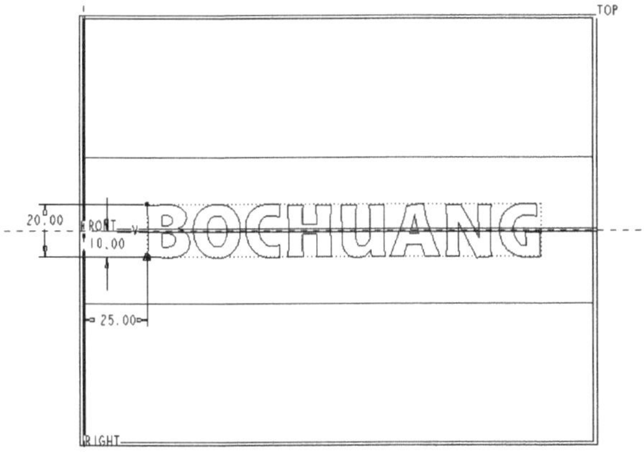

图9-9 修改尺寸

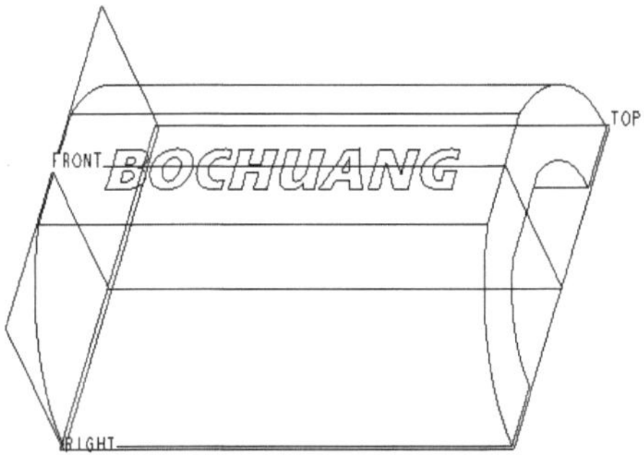

图9-10 创建的草绘修饰特征

9.1.2 创建投影截面修饰特征

（1）在菜单栏中选择“插入”>“修饰”>“草绘”命令，打开菜单管理器。

（2）在菜单管理器的“选项”菜单中选择“投影截面”>“无剖面线”>“完成”选项。

（3）弹出如图 9-11 所示的“特征参考”菜单，选择图 9-12 所示的曲面，然后在“特征参考”菜单中选择“完成参考”选项。

图9-11　“特征参考”菜单

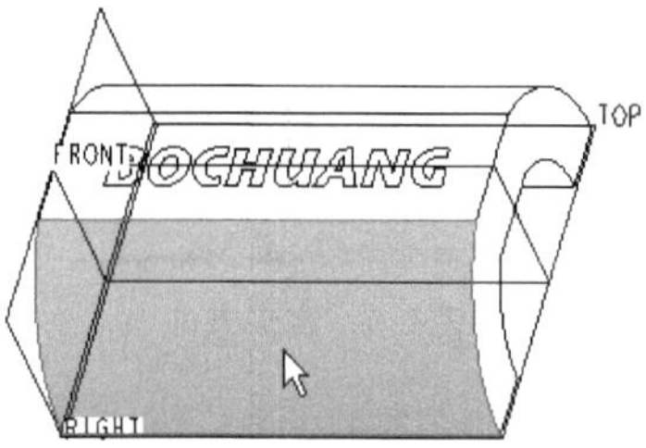

图9-12　选择曲面

（4）菜单管理器出现的菜单如图 9-13 所示，选择 FRONT 基准平面，然后在图 9-14 所示的“方向”菜单中选择“确定”选项，并在“草绘视图”菜单中选择“缺省”选项，如图 9-15 所示。

图9-13　菜单管理器

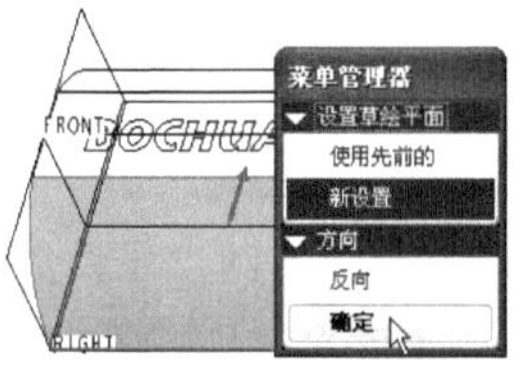

图9-14　定义方向

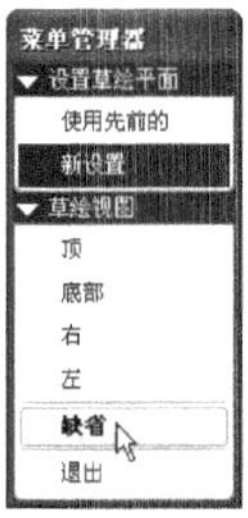

图9-15　定义草绘视图

（5）绘制图 9-16 所示的图形，单击“完成”按钮✔。

创建的草绘修饰特征如图 9-17 所示。

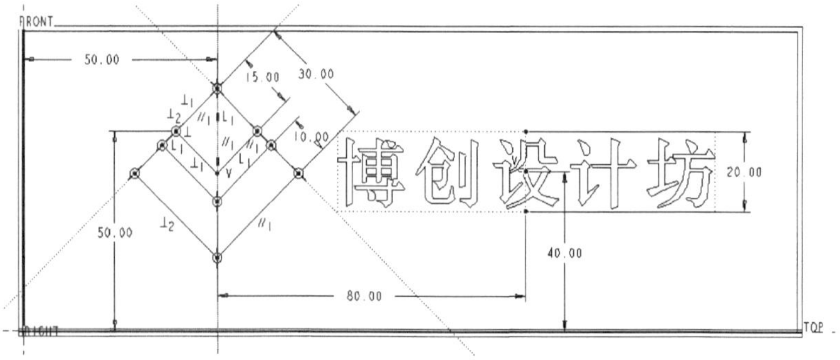

图9-16　草绘

图9-17　完成的草绘修饰特征

9.2　螺纹修饰特征

为了简化设计，可以用螺纹修饰特征来表示螺纹直径等信息。创建螺纹修饰特征，需要选择螺纹曲面、螺纹起始曲面、定义方向、螺纹长度、主直径和注释参数。

下面通过一个简单模型来介绍螺纹修饰特征的创建方法。

（1）打开本书配套的素材“/ch9/bcproe_9_2.prt”，文件中三维模型如图 9-18 所示。

（2）在菜单栏中选择“插入”>“修饰”>“螺纹文件”命令，打开图 9-19 所示的“修饰:螺纹”对话框。

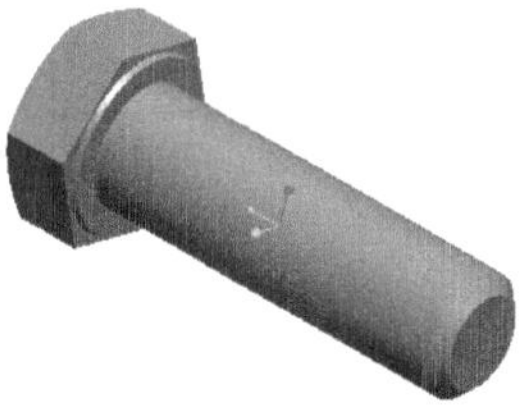

图9-18 原始模型

图9-19 “修饰：螺纹”对话框

（3）选择图 9-20 所示的圆柱曲面作为螺纹曲面。

（4）选择图 9-21 所示的鼠标指针所指的端面作为螺纹的起始曲面。

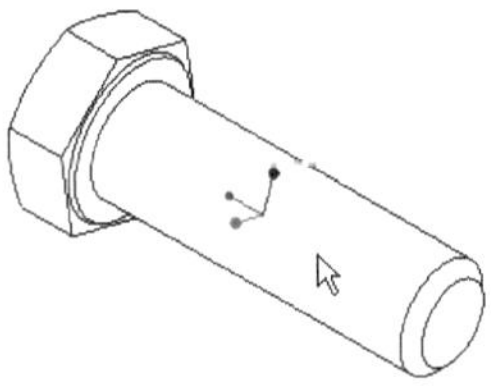

图9-20 选择螺纹曲面

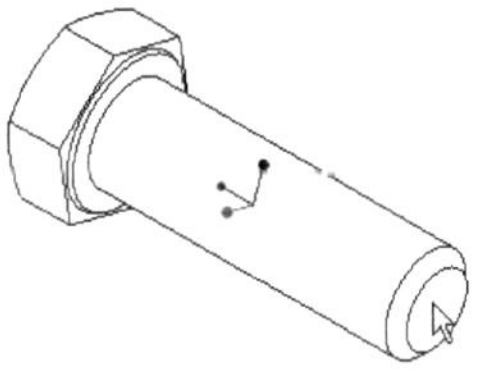

图9-21 选择螺纹的起始曲面

（5）在图 9-22 所示的“方向”菜单中选择“确定”选项，菜单管理器出现的菜单如图 9-23 所示。

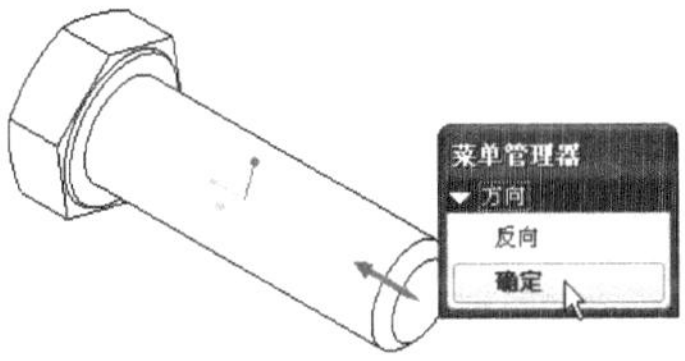

图9-22 定义方向

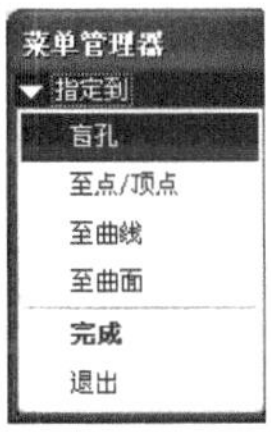

图9-23 菜单管理器

（6）选择“盲孔”>“完成”选项。

（7）在图 9-24 所示的框中输入螺纹的深度为“35”，单击“接受”按钮☑。

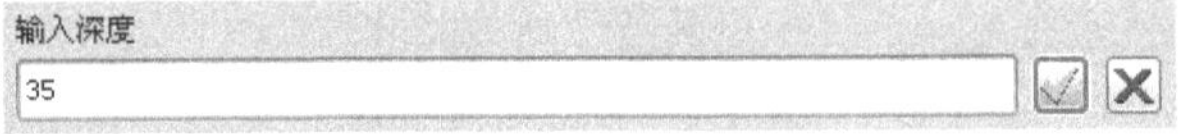

图9-24 输入螺纹深度

（8）在图 9-25 所示的框中输入螺纹的直径为“10.8000”，单击“接受”按钮☑。

图9-25 输入直径

（9）在图 9-26 所示的菜单管理器“特征参数”菜单中，选择“完成 / 返回”选项。

（10）单击“修饰 : 螺纹”对话框中的“确定”按钮，完成的螺纹修饰特征如图 9-27 所示。

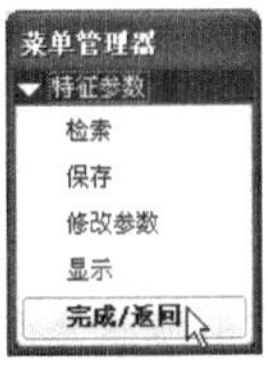

图9-26 “特征参数”菜单

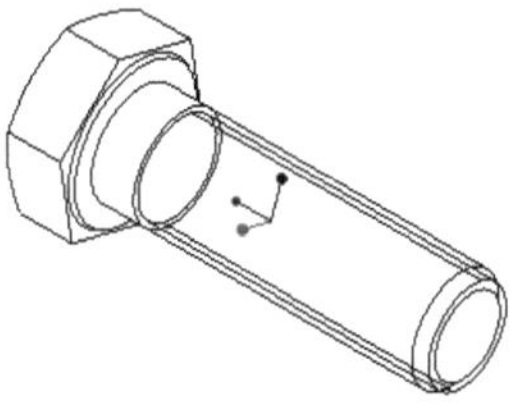

图9-27 创建螺纹修饰特征

注意

在步骤9中，“特征参数”菜单中的选项功能如下。

①检索：选择该选项时，将出现“打开”对话框，可以从格式为“*.thr”的参数文件中调用螺纹参数。

②保存：选择该选项时，需要在信息区出现的文本框中输入文件名，将当前的螺纹参数保存，以备以后调用。

③修改参数：选择该选项时，将打开图9-28所示的编辑器窗口，利用该编辑器可以对相关的参数进行修改。

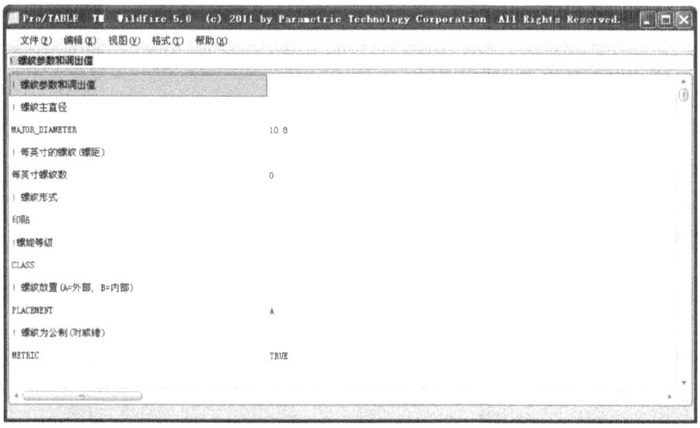

图9-28 修改参数

④显示：选择该选项时，将打开图9-29所示的“信息窗口”窗口，在该对话框中，可以查看螺纹修饰特征的参数信息。

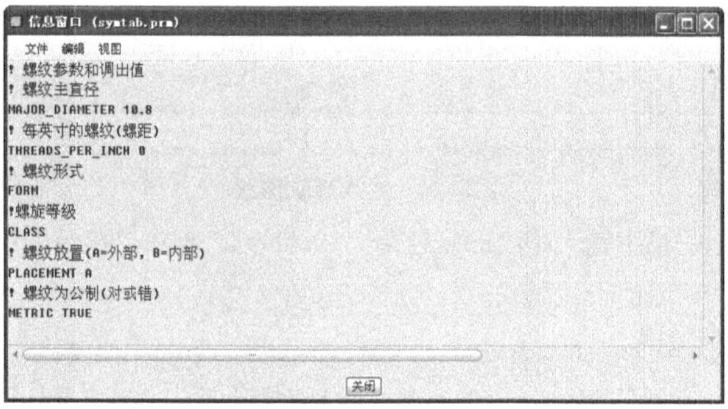

图9-29 “信息窗口”窗口

9.3 实战综合案例1——在产品外壳上创建草绘修饰特征

学习目的

本章实战综合案例将练习在产品外壳上创建草绘修饰特征，创建的草绘修饰特征可以用来表示喷涂或者粘贴在零件表面上的标识信息。

重点难点

在产品曲面上创建草绘修饰特征

本实战综合范例采用的零件是某移动U盘的一个外壳，要求在该外壳的表面注写“BOCH”和“64GB”的字样，完成的效果如图9-30所示。

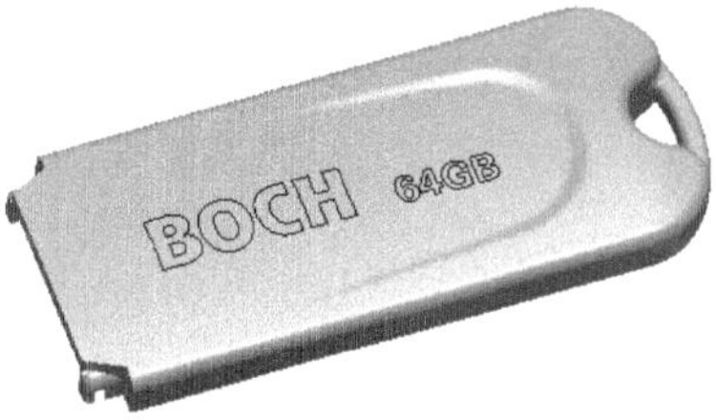

图9-30 实战效果

操作步骤

Step 01 打开本书配套的素材“/ch9/bcproe_9_3a.prt”文件，文件中实体模型如图9-31所示。

Step 02 在菜单栏中选择“插入”>“修饰”>“草绘”命令，打开图9-32所示的菜单管理器。

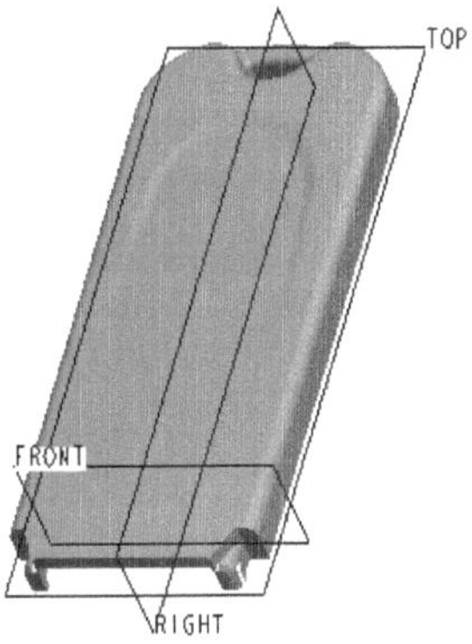

图9-31 产品外壳

图9-32 菜单管理器

Step 03 在菜单管理器的“选项”菜单中选择“投影截面”>“无剖面线”>“完成”选项。

Step 04 菜单管理器如图9-33所示，在模型中结合【Ctrl】键选择图9-34所示的多个曲面作为放置投影草绘修饰特征的曲面，单击“选取”对话框中的“确定”按钮。

图9-33 菜单管理器

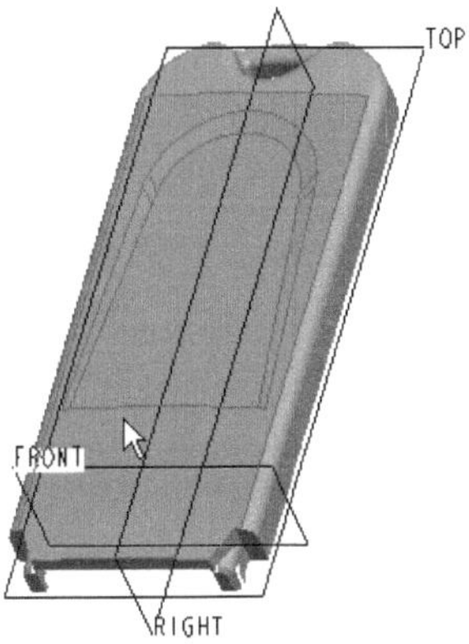

图9-34 选择曲面

Step 05 在菜单管理器的“特征参考”菜单中选择“完成参考”选项。

Step 06 选择 TOP 基准平面作为草绘平面。

Step 07 在菜单管理器的“方向”菜单中，选择“确定”选项，接受图示的箭头方向，如图 9-35 所示。

Step 08 在菜单管理器的“草绘视图”菜单中选择“左”选项，如图 9-36 所示，接着在图形区域中选择 FRONT 基准平面，从而进入草绘模式。

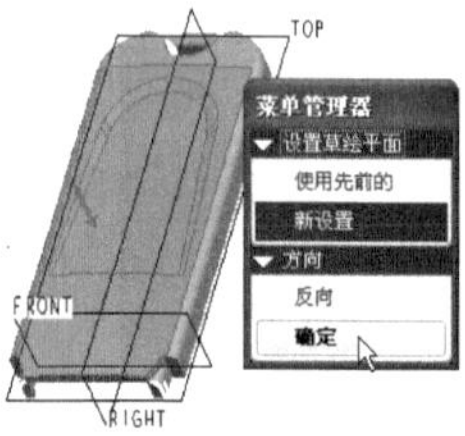

图9-35 定义方向

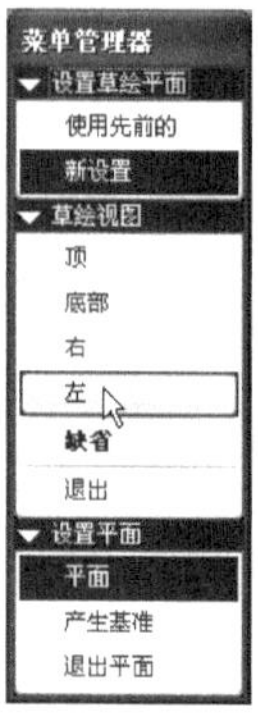

图9-36 菜单管理器

Step 09 绘制图 9-37 所示的文本，其中文本“BOCH”选择字体“Shannon Extra Bold”，“64GB”选择字体“Univers OTS Bold”。

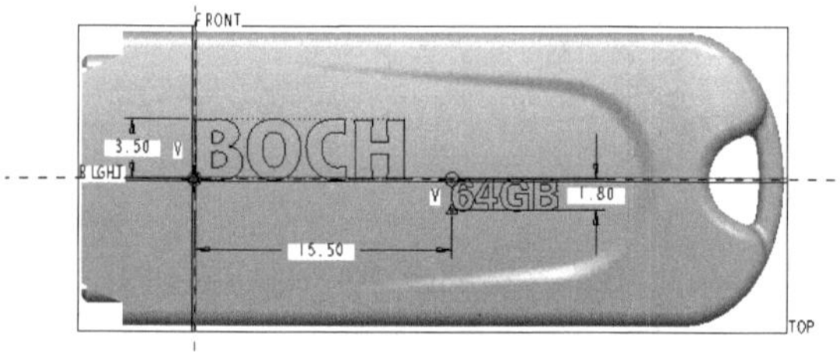

图9-37 绘制文本

Step 10 单击“完成”按钮✔，完成了草绘修饰特征的创建，按【Ctrl+D】组合键以默认的标准方向视角显示模型，得到的模型显示效果如图 9-38 所示。

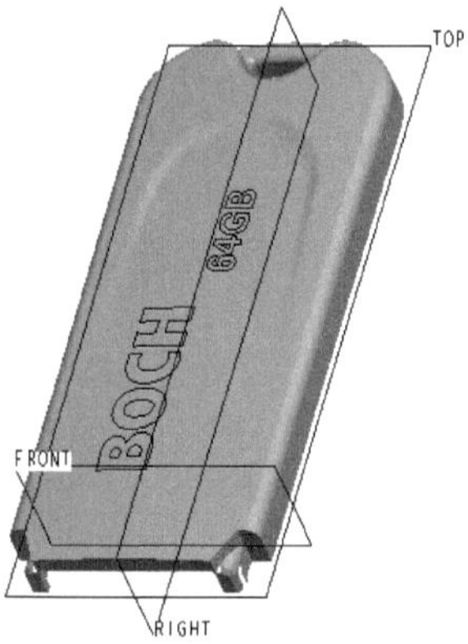

图9-38 创建草绘修饰特征

9.4 实战综合案例2——创建象棋实体模型

学习目的

本章实战综合案例 2 将练习创建象棋的三维模型。

重点难点

- 创建规则的草绘修饰特征
- 创建投影的草绘修饰特征

首先使用旋转工具建造出圆鼓形的象棋三维模型，接着在象棋模型的正顶面创建规则的草绘修饰特征，然后在侧面上创建投影的草绘修饰特征。在创建投影的草绘修饰特征时，注意创建合适的草绘平面。

本实战综合范例完成的三维模型效果如图 9-39 所示。

图9-39 完成的象棋模型

操作步骤

1. **新建零件文件**

Step01 单击工具栏“创建新对象”按钮，打开“新建”对话框。

Step02 在“新建”对话框的“类型”选项组中，单击“零件”单选按钮；在“子类型”选项组中，单击“实体”单选按钮；在“名称”文本框中输入文件名为“bcproe_8_4”，取消选中“使用缺省模板”复选框以取消使用缺省模板，单击“确定”按钮。

Step03 系统弹出“新文件选项”对话框，在“模板”选项组中选择“mmns_part_solid”，单击“确定”按钮，进入零件设计模式。

2. **以旋转方式创建圆鼓形模型**

Step01 在右工具箱中单击“旋转工具”按钮，打开旋转工具操控板。

Step02 在旋转工具操控板中单击“放置”选项，进入“放置”滑出面板，单击“定义”按钮，打开“草绘”对话框。

Step03 选择 FRONT 基准平面为草绘平面，其他选项默认，单击“草绘”按钮。

Step04 绘制图 9-40 所示的封闭图形（图中已经单击“着色封闭环”按钮来对草绘图元的封闭链内部着色，以诊断草绘图形是否形成封闭环）和几何中心线。单击“完成”按钮，完成草绘并退出草绘模式。

Step05 保持默认的旋转角度为 360°。

Step06 在旋转工具操控板中单击“完成”按钮，完成的旋转特征如图 9-41 所示。

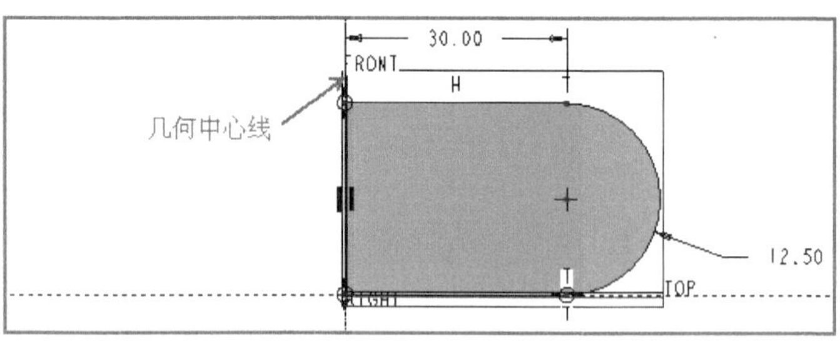

图9-40　草绘

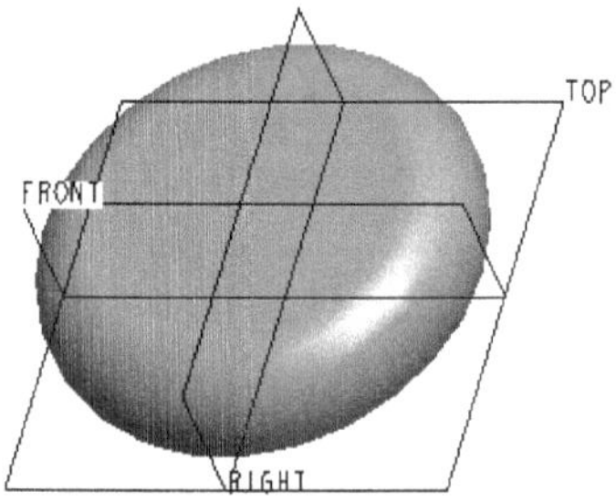

图9-41　创建的旋转实体

3. **旋转切除**

Step 01 在右工具箱中单击“旋转工具”按钮，打开旋转工具操控板。

Step 02 默认的旋转工具操控板上的“实体”按钮处于被单击选中状态，单击“去除材料”按钮。

Step 03 单击“放置”选项以打开“放置”滑出面板，单击“定义”按钮，打开“草绘”对话框。

Step 04 单击“草绘”对话框中的“使用先前的”按钮，进入草绘模式。

Step 05 绘制几何中心线和旋转剖面，如图 9-42 所示，单击“完成”按钮。

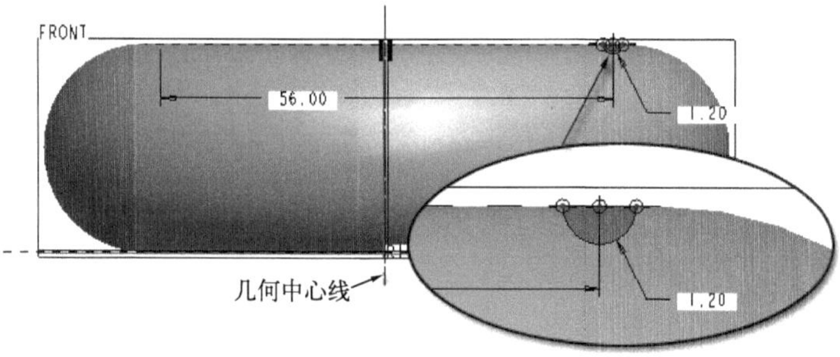

图9-42　草绘

Step 06 保持默认的旋转角度为“360° ”。

Step 07 在旋转工具操控板中单击“完成”按钮，模型效果如图 9-43 所示。

4. **倒圆角**

Step 01 单击“倒圆角工具”按钮，打开倒圆角工具操控板。

Step 02 在倒圆角工具操控板中，输入当前倒圆角集的圆角半径为“1”。

Step 03 在模型中选择图 9-44 所示的要倒圆角的边参照。

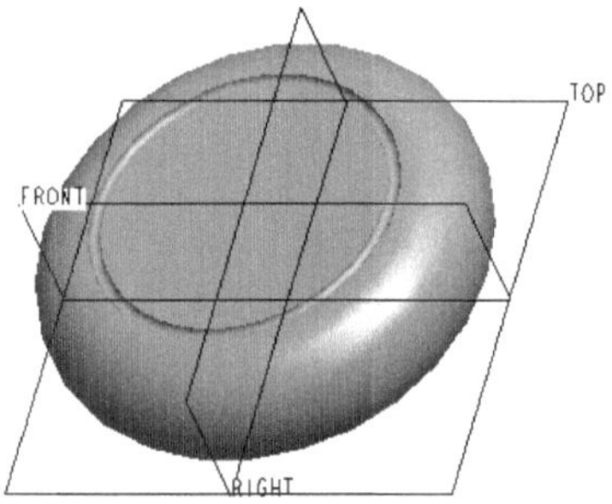

图9-43　旋转切除

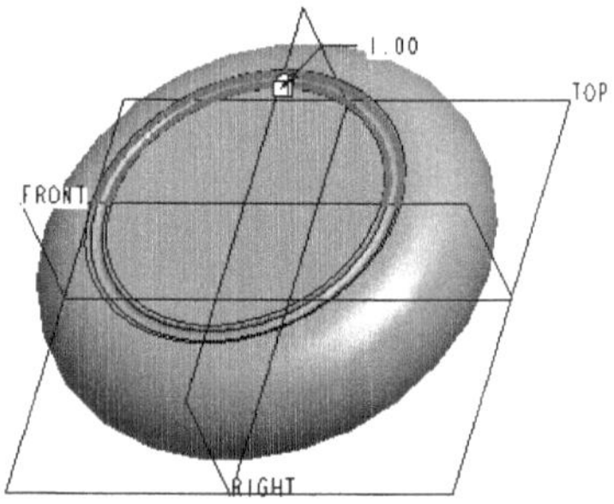

图9-44　倒圆角

Step 04 单击“完成”按钮。

5. 在正顶面创建规则的草绘修饰特征

Step 01 在菜单栏中选择“插入” > “修饰” > “草绘”命令。

Step 02 在菜单管理器的“选项”菜单中，选择“规则截面” > “剖面线” > “完成”选项。

Step 03 在模型中选择图 9-45 中鼠标指针所指的零件正顶面。

Step 04 在菜单管理器出现的“方向”菜单中，选择“确定”选项。

Step 05 在菜单管理器出现的“草绘视图”菜单中，选择“缺省”选项，进入草绘模式。

Step 06 指定绘图参照，绘制图 9-46 所示的文本，单击“完成”按钮✔完成草绘。

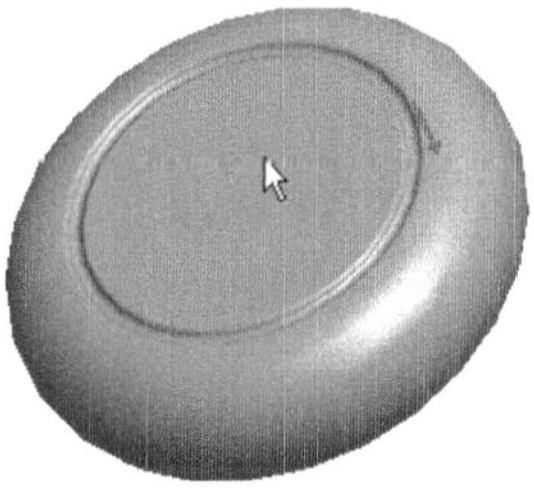

图9-45　选择零件面

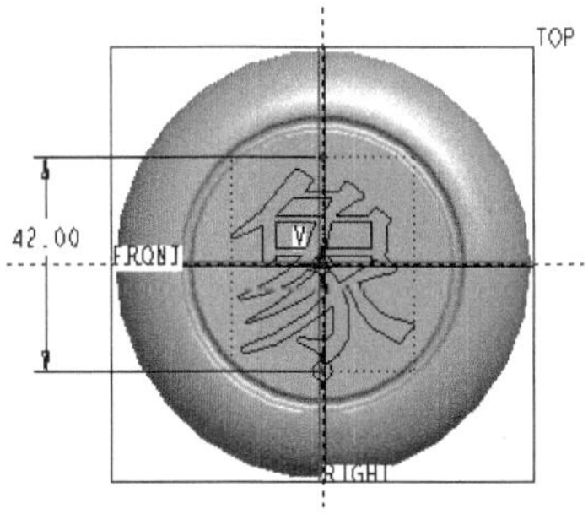

图9-46　绘制文本

按【Ctrl+D】组合键以默认的标准方向视角显示模型，创建的草绘修饰特征如图 9-47 所示。

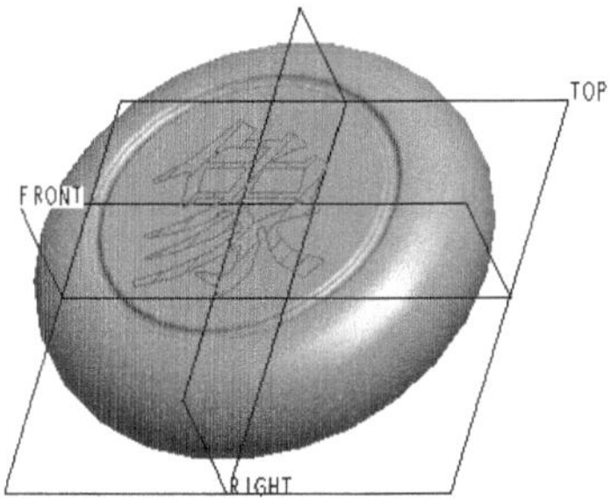

图9-47　创建的草绘修饰特征

6. 在侧面创建投影的草绘修饰特征

Step 01 在菜单栏中选择“插入” > “修饰” > “草绘”命令。

Step 02 在菜单管理器的“选项”菜单中选择“投影截面” > “无剖面线” > “完成”选项。

Step 03 弹出图 9-48 所示的“特征参考”菜单，选择图 9-49 所示的曲面，然后在“特征参考”菜单中选择“完成参考”选项。

图9-48　“特征参考”菜单

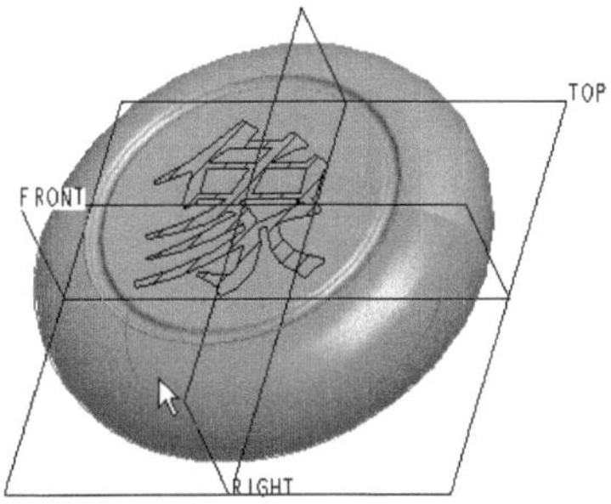

图9-49　选择曲面

Step 04 菜单管理器的菜单如图 9-50 所示，在“设置平面”菜单中选择“产生基准”选项，然后在图 9-51 所示的“基准平面”菜单中选择“偏移”选项。

Step 05 在模型中选择 FRONT 基准平面，接着在菜单管理器出现的“偏移”菜单中选择“输入值”选项，如图 9-52 所示。

图9-50　菜单管理器

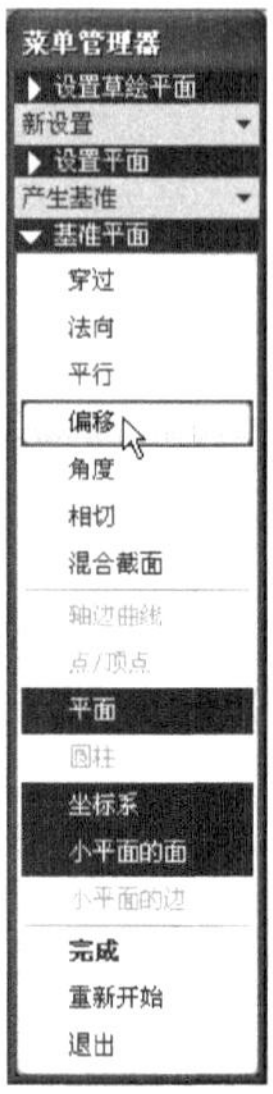

图9-51　菜单管理器

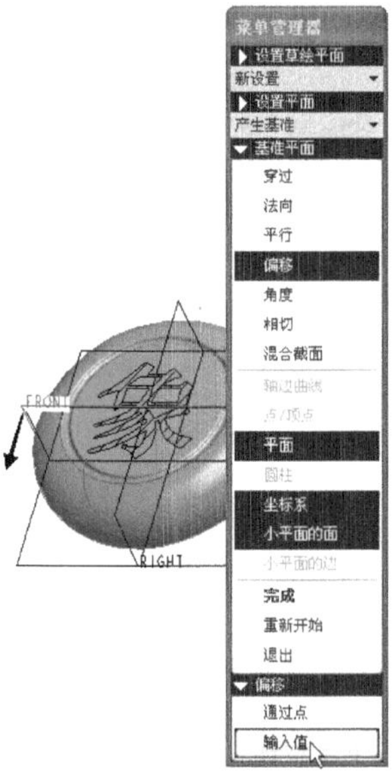

图9-52　定义偏距

Step 06 在图 9-53 所示的框中输入“60”，单击“接受”按钮☑。

图9-53　输入偏距值

Step 07 在菜单管理器的“基准平面”菜单中选择“完成”选项。

Step 08 在图 9-54 所示的“方向”菜单中，选择“确定”选项。

Step 09 在如图 9-55 所示的“草绘视图”菜单中，选择“缺省”选项。

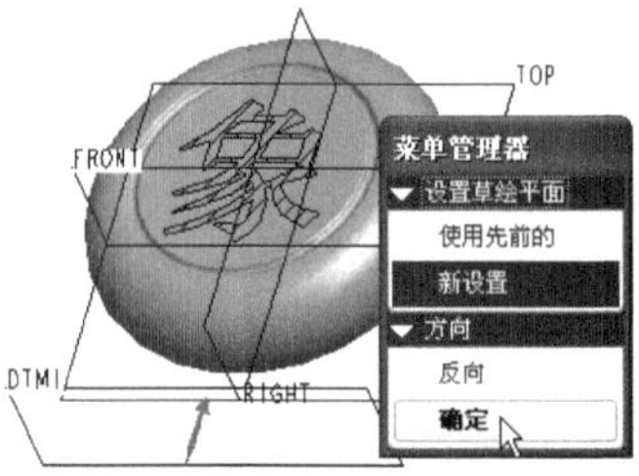

图9-54　定义方向

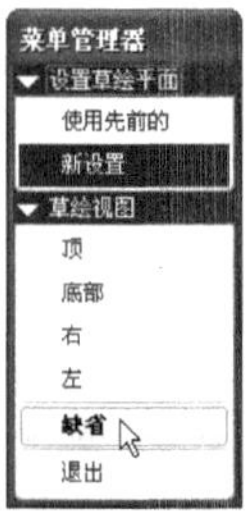

图9-55　定义草绘视图

Step 10 绘制图 9-56 所示的文本。

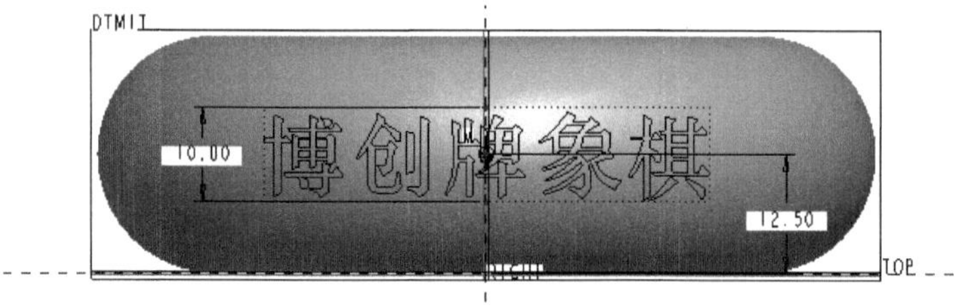

图9-56　草绘文本

Step 11 单击“完成”按钮✔完成草绘并退出草绘模式，从而完成此草绘修饰特征的创建。完成后的象棋棋子模型如图 9-57 所示。

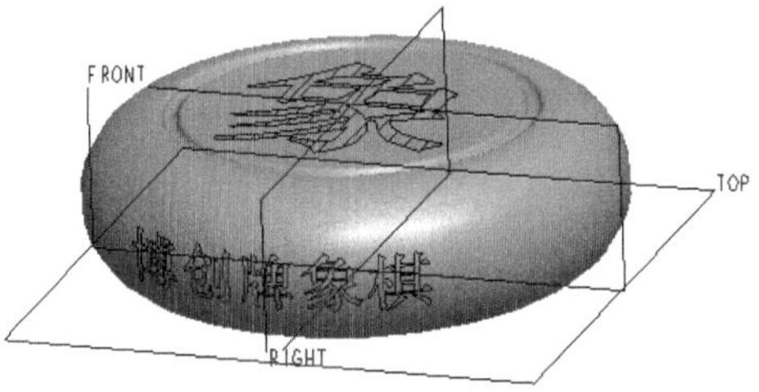

图9-57　完成草绘修饰特征的创建

9.5　思考与上机练习

1. 简答题

（1）修饰特征主要用在什么场合？

（2）简述在规则截面上创建草绘修饰特征的一般方法和步骤，可以举例进行说明。

（3）简述创建螺纹修饰特征的一般方法和步骤，可以举例进行说明。

2. 上机练习题

（1）创建图 9-58 所示的三维模型，并在其曲面上创建草绘修饰特征。

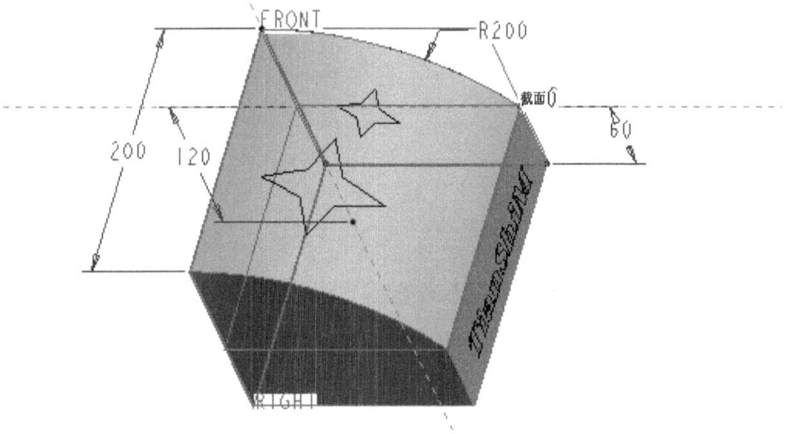

图9-58　上机练习

知识要点提示

先使用拉伸工具创建实体模型，然后使用本章介绍的知识来创建草绘修饰特征。

（2）参照本章实战综合范例 2 创建表示“帅”的象棋子。

（3）在图 9-59 所示的“插入”>“修饰”级联菜单中还有“指定区域”命令、“凹槽”命令和“ECAD 区域”命令，请查看 Pro/ENGINEER 帮助文件了解这 3 个命令的功能及其应用。

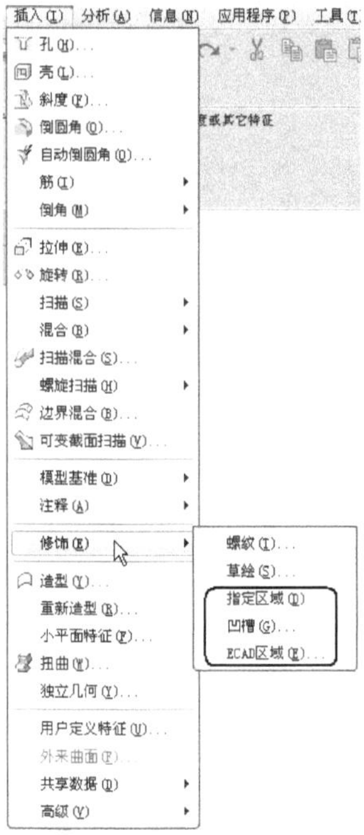

图9-59 “插入”>“修饰”级联菜单

第10章 装配设计

本章导读

零件设计完成后，通常还需要将这些零件按照一定的配合关系装配起来，从而组成一个满足设计要求的三维产品模型。Pro/ENGINEER 软件基础包提供了专门用于装配设计的组件模块。本章将对 Pro/ENGINEER Wildfire 5.0 的组件模式的基本设计功能进行详细的介绍，主要内容包括：新建组件文件，约束装配，连接装配，装配相同零件和建立三维爆炸视图。

学习目标

- 掌握新建组件文件的方法步骤
- 理解约束装配的主要类型
- 了解连接装配
- 掌握装配相同零件的典型方法
- 掌握移动元件的方法

10.1 新建组件文件

新建一个组件文件的步骤如下。

（1）单击工具栏“创建新对象”按钮 ，打开“新建”对话框。

（2）在“新建”对话框的“类型”选项组中单击“组件”单选按钮，并在“子类型”选项组中单击“设计”单选按钮，输入文件名称，取消选中“使用缺省模板”复选框以不使用默认模板，如图 10-1 所示。

（3）单击“新建”对话框中的“确定”按钮，打开“新文件选项”对话框。

（4）在“模板”选项组中选择“mmns_asm_design”，如图 10-2 所示，单击“确定”按钮，进入组件模式。

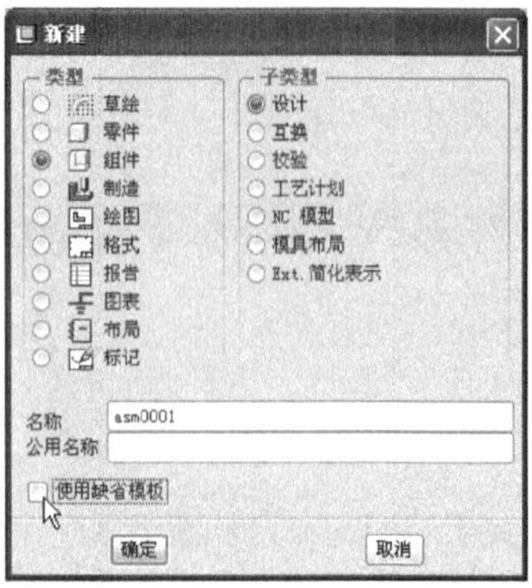

图10-1 “新建”对话框

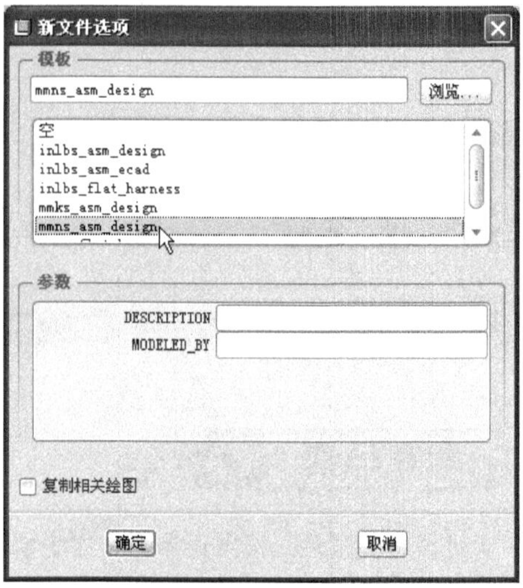

图10-2 “新文件选项”对话框

在新建的组件文件中，若模型树没有显示出基准平面、基准坐标系等，如图 10-3 所示，可以通过树过滤器来设置显示特征。设置在模型树中显示特征的步骤如下。

（1）在导航区模型树的上方，单击“设置”按钮，弹出如图 10-4 所示的“设置”下拉菜单。

图10-3 在模型树上没有显示特征

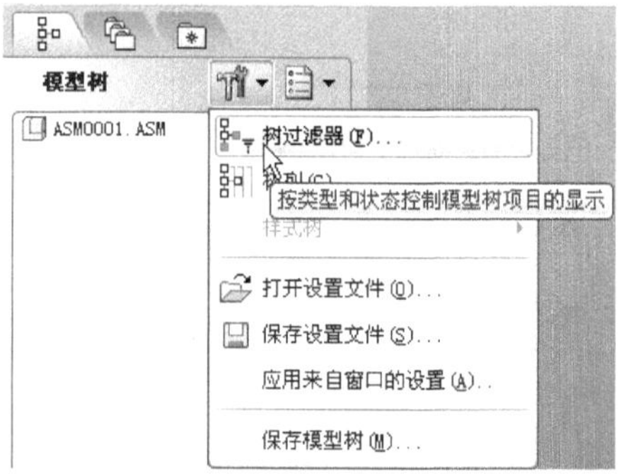

图10-4 单击“设置”按钮

（2）选择“树过滤器”选项，打开“模型树项目”对话框。

（3）在“模型树项目”对话框的“显示”选项组中，勾选“特征”复选框，如图 10-5 所示。

（4）在“模型树项目”对话框中单击“应用”按钮，接着单击“关闭”按钮关闭对话框。此时，模型树如图 10-6 所示。

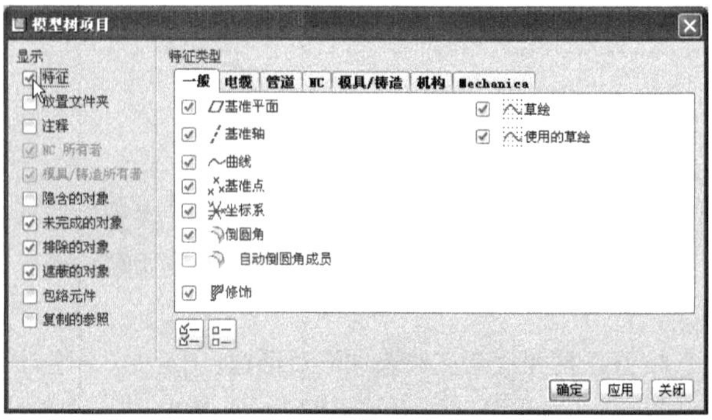

图10-5 “模型树项目”对话框

图10-6 在模型树中显示特征

10.2　约束装配

约束装配的主要类型有配对（匹配）、对齐、插入、坐标系、相切、直线上的点、曲面上的点、曲面上的边、固定和缺省等，如图 10-7 所示。

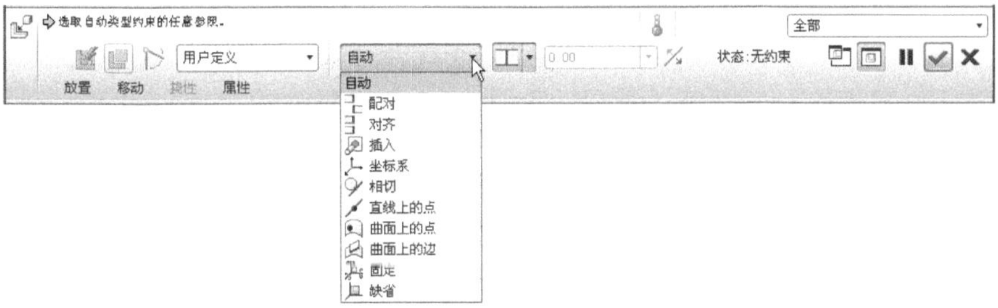

图10-7　主要约束类型选项

10.2.1　配对与对齐

先介绍配对（匹配）与对齐两种约束，图 10-8 所示的两个零件，假设相配合的参照面为面 A 和面 B。

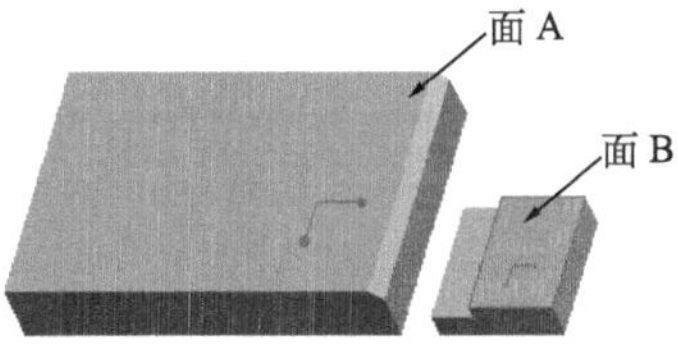

图10-8　选择参照面

当选择配对约束类型时，可得到图 10-9 所示的装配效果；当选择对齐约束类型时，可得到图 10-10 所示的装配效果。

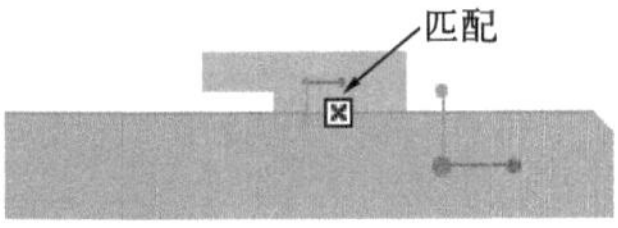

图10-9　配对

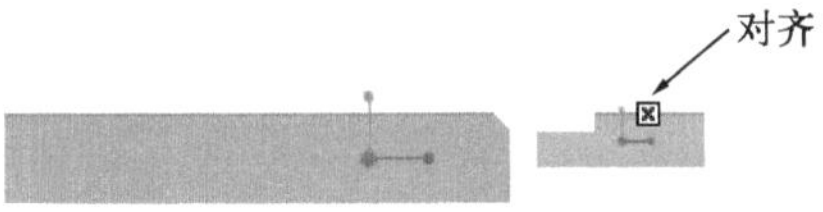

图10-10　对齐

经验

可以根据设计要求，在采用这两种约束关系进行装配的零件之间设置偏移类型（重合、定向、偏距），需要时指定相关的偏移距离。

10.2.2　插入

常采用插入约束来定义两圆柱曲面（包括内圆孔曲面和外圆柱曲面）的中心轴同轴，如图 10-11 所示。

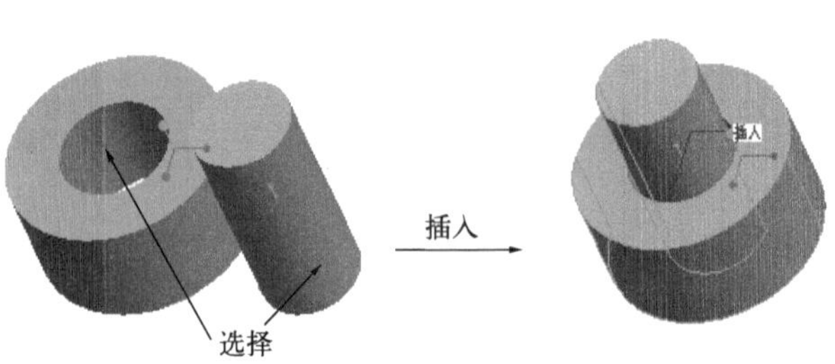

图10-11　插入

10.2.3 相切

选择相配合的两个参照曲面，使该两个曲面保持相切的约束状态，如图 10-12 所示。

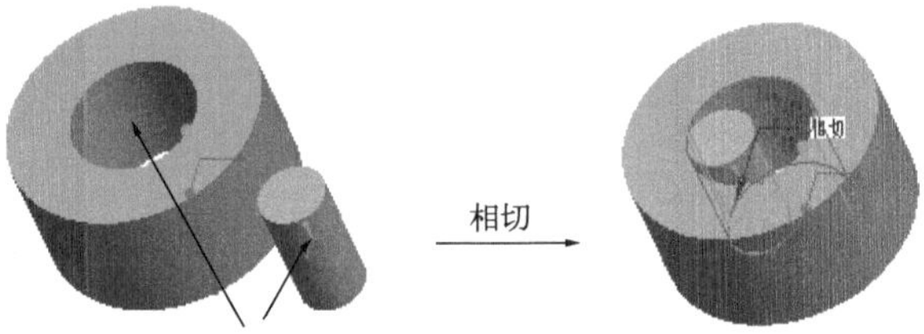

图10-12　相切

10.2.4 坐标系

选择坐标系约束类型时，需要分别选择两个对象的坐标系作为约束参照，如图 10-13 所示。

图10-13　坐标系

10.2.5 缺省

当向组件中插入第一个零部件时，通常选择缺省约束类型来装配该零部件。“缺省”约束将元件的默认坐标系与组件的默认坐标系对齐。

10.2.6 其他约束类型

除了上述常用约束类型（条件）之外，Pro/ENGINEER 还提供了其他约束类型，如“线上点”、“曲面上的点”、“曲面上的边”、“固定”和“自动”。下面简单地介绍这些约束类型。

直线上的点：用于控制边、轴或基准曲线与点之间的接触。

曲面上的点：用于控制曲面与点之间的接触。

曲面上的边：用于约束控制曲面与平面边界之间的接触。

固定：用来固定被移动或封装的元件的当前位置。

自动：Pro/ENGINEER 具备自动判断约束条件的功能，通常默认的约束类型为“自动”，此时，当用户选择好要搭配装配的参考点、线、面等，系统会根据所选参照自动选择一个合适的约束类型（条件），并引导用户进行偏移量的设置。

10.3　连接装配

对于具有一定自由度的零部件，可以采用连接装配的方式，而连接装配的类型主要有“刚性”、“销钉”、“滑动杆”、“圆柱”、“平面”、“球”、“焊缝”、“轴承”、“一般”、“6DOF”、“槽”。所述连接装配可以理解为一个具有自由度的使用预定义约束的约束集。例如，当选择的连接装配类型是销钉时，需要分别定义一组轴对齐约束和一组平移约束。

注意

连接装配可以看作是可运动的装配，它是装配体运动仿真分析的一个重要的前提条件。

单击“将元件添加到组件”按钮，或者在菜单栏中选择“插入”>“元件”>“装配”命令，通过“打开”对话框打开要装配进组件的零部件，此时出现元件放置操控板，可以从图 10-14 所示的列表框中选择所需的连接装配类型选项，然后分别定义相应的约束集即可。

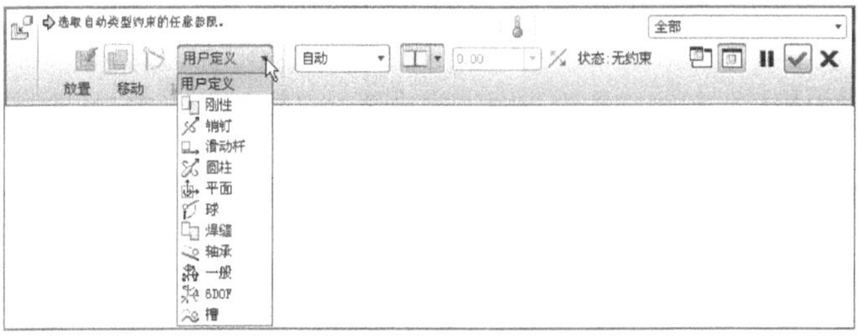

图10-14　选择连接装配类型选项

10.4　装配相同零件

对于一些相同零件的装配，若按照常规的方法逐个装配，则会耗费大量的设计时间，而且重复操作容易令人产生烦躁的心情。在这种情况下，可以利用系统提供的“重复”功能、阵列功能或者创建镜像零件功能，来达到快速装配相同零件的效果。其中，“重复”功能较为常用。

下面介绍重复元件和创建镜像零件这两种方法。

10.4.1　重复元件

使用“重复”功能的方法简述如下。

（1）选择装配体中的源零件。

（2）在菜单栏中选择“编辑”>“重复”命令，系统弹出图 10-15 所示的“重复元件”对话框。

（3）在“可变组件参照”选项组中选择允许变化的参照类型，然后在“放置元件”选项组中单击“添加”按钮。

图10-15 “重复元件”对话框

（4）在组件中选择有效的参照，即可装配一个相同零件。

（5）继续在组件中选择有效的参照，重复装配零件。

（6）单击“重复元件”对话框上的“确认”按钮，完成装配。

下面介绍一个执行重复元件操作的实例。

（1）单击工具栏“创建新对象”按钮，新建一个名为“bcproe_10_a”的组件文件，该组件文件采用“mmns_asm_design”模板。

（2）单击“装配（将元件添加到组件）”按钮，弹出“打开”对话框，选择本书配套的素材“/ch10/10-4/bcproe_10_4_1a.prt”文件，在“打开”对话框中单击“打开”按钮。

（3）在元件放置操控板的约束类型选项列表框中选择“缺省”选项，如图 10-16 所示。

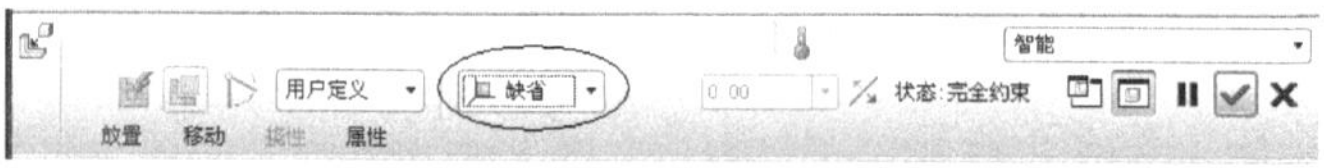

图10-16 选择“缺省”约束类型选项

（4）单击“完成”按钮，在默认位置放置“bcproe_10_4_1a”零件，如图 10-17 所示。

（5）单击“装配（将元件添加到组件）”按钮，弹出“打开”对话框，选择本书配套的素材“/ch10/10-4/bcproe_10_4_1b.prt”文件，在“打开”对话框中单击“打开”按钮。

（6）在元件放置操控板的约束类型选项列表框中选择“对齐”选项，然后在图形窗口中选择图 10-18 所示的一对特征轴。

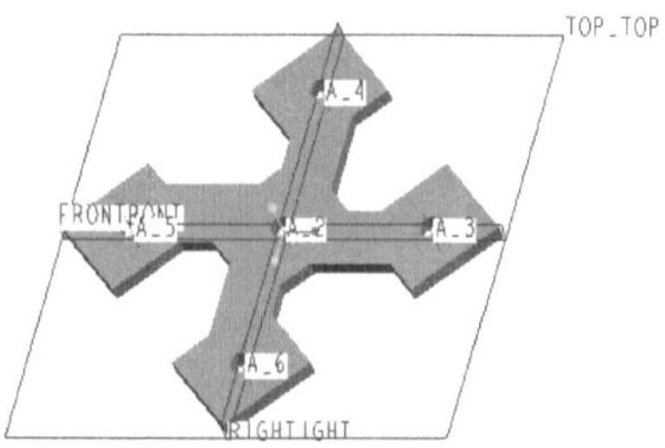

图10-17 “缺省”约束放置

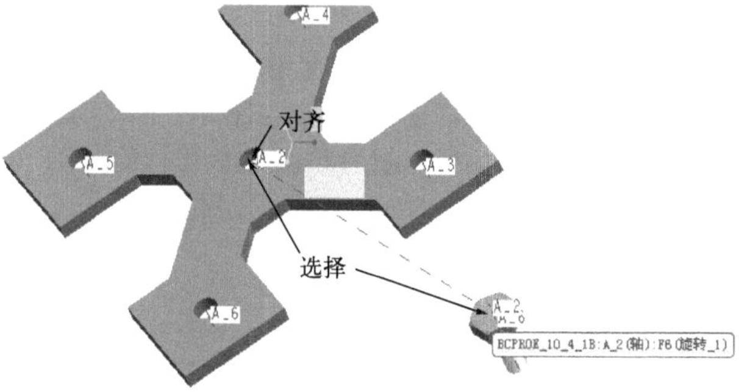

图10-18 选择特征轴

（7）在元件放置操控板单击“放置”标签，打开“放置”滑出面板，在“集框”中单击“新建约束”命令。

（8）在“放置”滑出面板的“约束类型”下拉列表框中，选择“配对”选项，将“偏移”类型设置为“重合”，然后在图形窗口中分别选择图10-19所示的两处配对面。

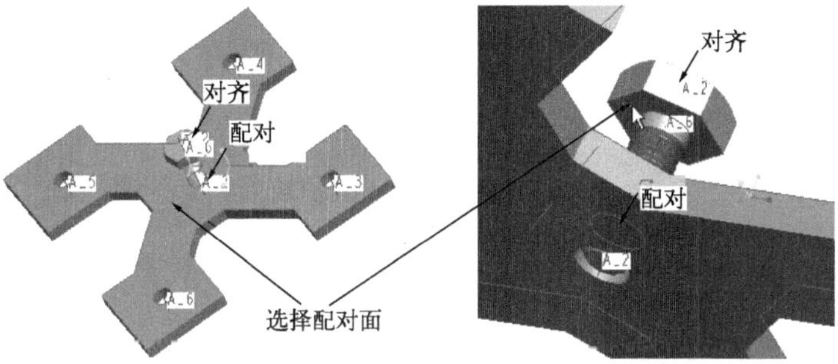

图10-19　选择配对（匹配）面

经验

在元件放置操控板中提供了实用的“指定约束时在组件窗口中显示元件”按钮和“指定约束时在单独的窗口中显示元件”按钮，在实际操作中用户要灵活在这两个按钮之间切换，以便于选择元件的所需参照。

（9）在元件放置操控板中会提示“状态：完全约束”，如图10-20所示。在元件放置操控板中单击“完成”按钮。

（10）选中刚装配的“bcproe_10_4_1b.prt”零件。

（11）在菜单栏中选择“编辑”>“重复”命令，打开“重复元件”对话框。

（12）在“可变组件参照”选项组中选择“对齐”约束行，如图10-21所示，然后在“放置元件”选项组下单击“添加”按钮。

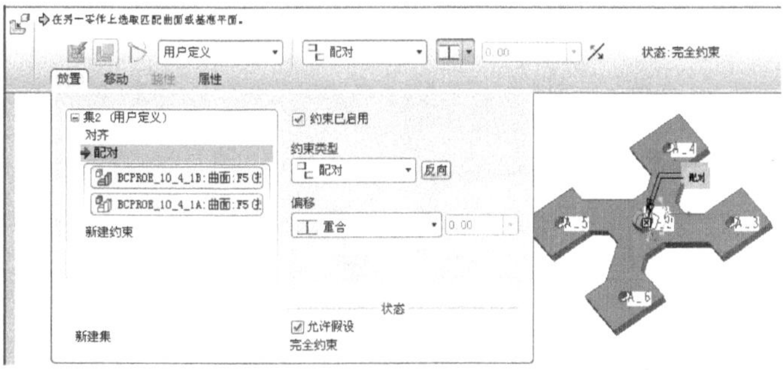

图10-20　定义约束

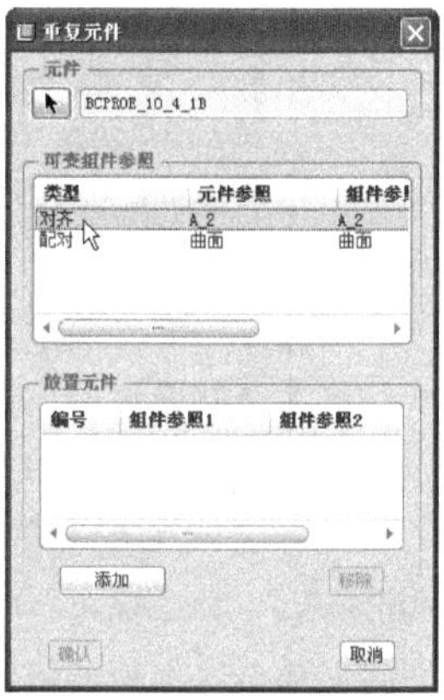

图10-21　选定可变组件参照

（13）在已有组件中分别单击其他圆孔的特征轴，如图10-22所示。

（14）单击“重复元件”对话框的“确认”按钮，完成重复元件操作，结果如图10-23所示。

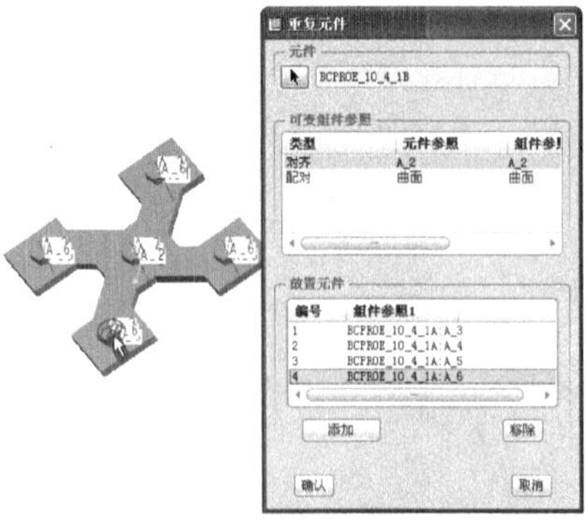

图10-22　重复元件

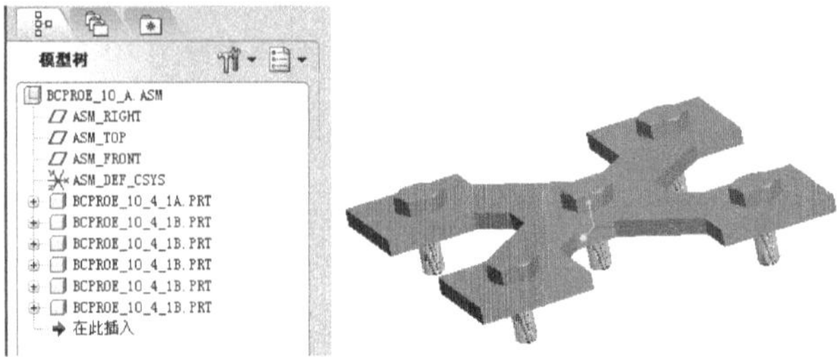

图10-23　重复元件结果

10.4.2 创建镜像零件

创建镜像零件的步骤如下。

（1）单击“在组件模式下创建元件”按钮，打开“元件创建”对话框。

（2）在“类型”选项组中单击“零件”单选按钮，在“子类型”选项组中单击“镜像”单选按钮，如图 10-24 所示，并在“名称”文本框中指定元件名称，然后单击“确定”按钮。

（3）系统弹出如图 10-25 所示的“镜像零件”对话框，从中指定镜像类型选项和从属关系控制选项。

图10-24　“元件创建”对话框

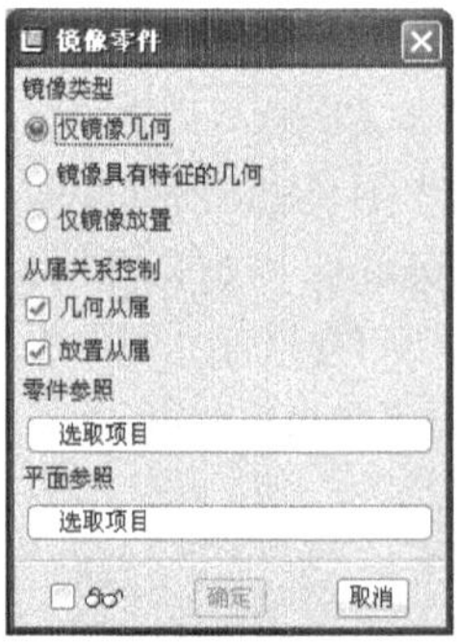

图10-25　“镜像零件”对话框

（4）选择零件参照。

（5）选择平面参照定义镜像平面。

（6）在“镜像零件”对话框中单击“确定”按钮。

镜像零件的实例操作步骤如下。

（1）打开本书配套的素材“/ch10/10-4/bcproe_10_4_2.asm”文件，该文件中的组件模型如图 10-26 所示。

（2）单击“在组件模式下创建元件”按钮，弹出“元件创建”对话框。

（3）在“类型”选项组中单击“零件”单选按钮，在“子类型”选项组中单击“镜像”单选按钮，输入元件名为“bcproe_10_4_2c”，单击“确定”按钮。

（4）系统弹出“镜像零件”对话框。在“镜像类型”下单击“仅镜像几何”单选按钮，在“从属关系控制”下勾选“几何从属”复选框和“放置从属”复选框。

（5）选择“bcproe_10_4_2b”零件（螺栓）作为零件参照。

（6）选择 ASM_RIGHT 基准平面作为镜像平面参照。

（7）在“镜像零件”对话框中单击“确定”按钮，完成的组件如图 10-27 所示。

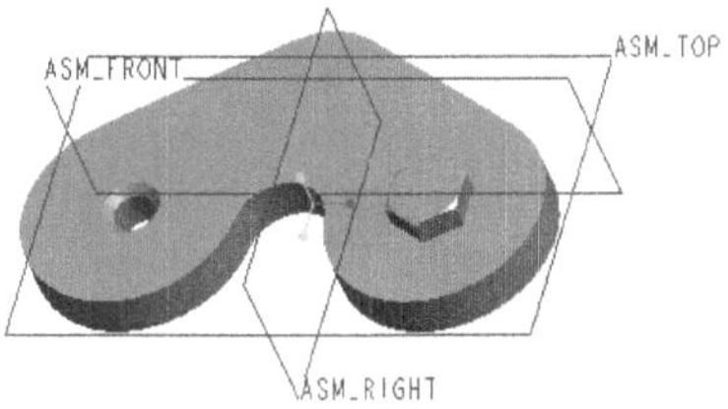

图10-26 原始组件素材

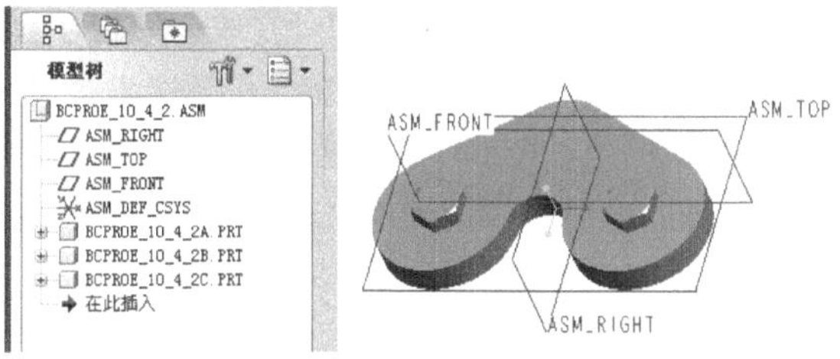

图10-27 镜像零件效果

10.5 建立爆炸视图

通常，将装配好的组件按照一定的方式拆散而形成的放置视图，叫做爆炸视图（也称分解视图）。

在组件模式下，建立爆炸视图的典型方法如下。

（1）选择“视图”>“分解”>“分解视图”命令，此时得到的是由系统自动创建的爆炸视图，该爆炸视图往往显得零乱，需要调整相关零部件的位置。

（2）选择“视图”>“分解”>“编辑位置”命令，打开图 10-28 所示的“分解位置”操控板。

（3）在操控板中单击“平移”按钮、“旋转”按钮或“视图平面（沿视图平面移动）”按钮。

（4）选取一个或多个要分解的元件。如果上步骤单击“平移”按钮以选择平移作为运动类型，那么将出现带有拖动控制滑块的坐标系，如图 10-29 所示，接着需要在此坐标系中选择一个轴以定义平移轴；如果上步骤单击“旋转”按钮或“视图平面（沿视图平面移动）”按钮，将出现拖动控制滑块。

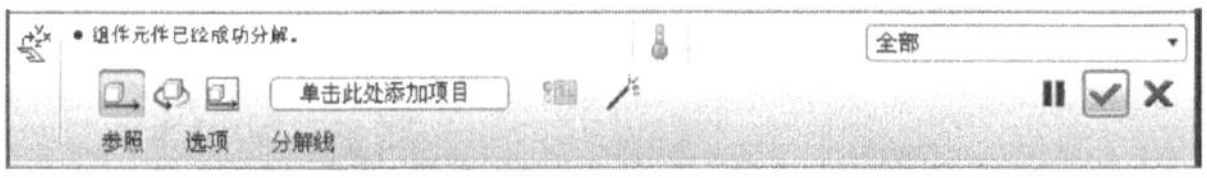

图10-28 “分解位置”操控板

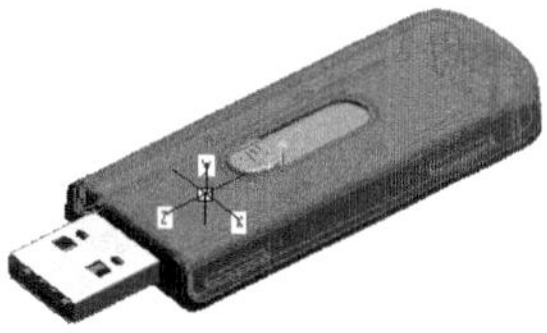

图10-29 平移时将出现带有拖动控制滑块的坐标系

（5）如果要激活“移动参照”收集器，那么可以在操控板中勾选“移动参照”收集器的复选框，或者在“参照”滑出面板中单击“移动参照”收集器的框，如图 10-30 所示。

（6）如果要设置运动选项，则打开“选项”滑出面板，如图 10-31 所示，在其中进行相关操作。

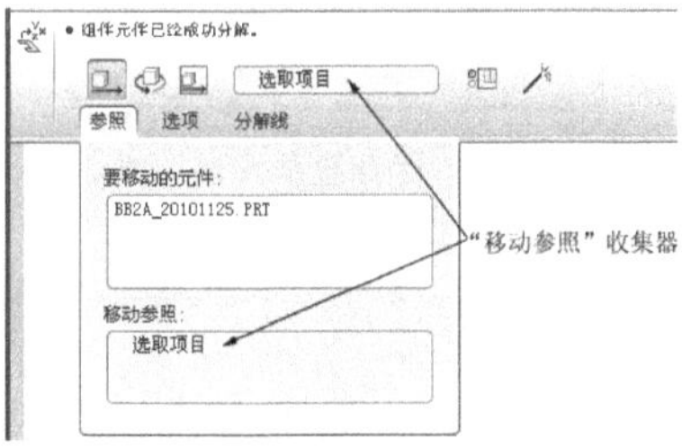

图10-30 激活“移动参照”收集器

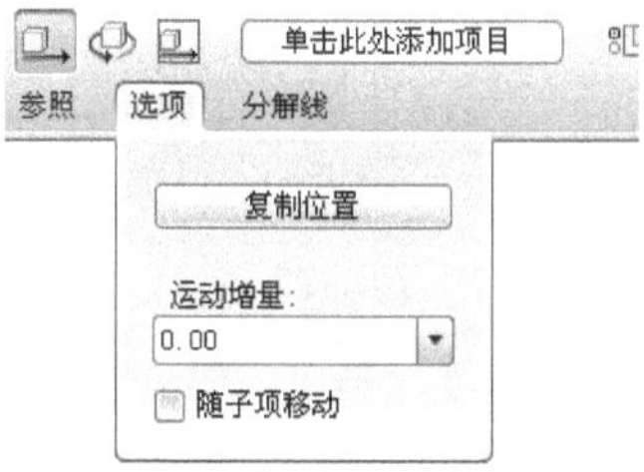

图10-31 “选项”滑出面板

（7）将元件或元件组拖动到所需位置。

（8）对每个分解元件重复步骤 4 ～步骤 7。

（9）单击“完成”按钮，完成分解视图操作。图 10-32 所示为某 U 盘电子产品的参考分解视图。

要注意的是，在“分解位置”操控板中还提供了两个实用的按钮，按钮用于切换选定元件的分解状态，而按钮创建修饰偏移线以说明分解元件的运动。

如果要取消分解视图，可以在菜单栏中选择“视图”>“分解”>“取消分解视图”命令。

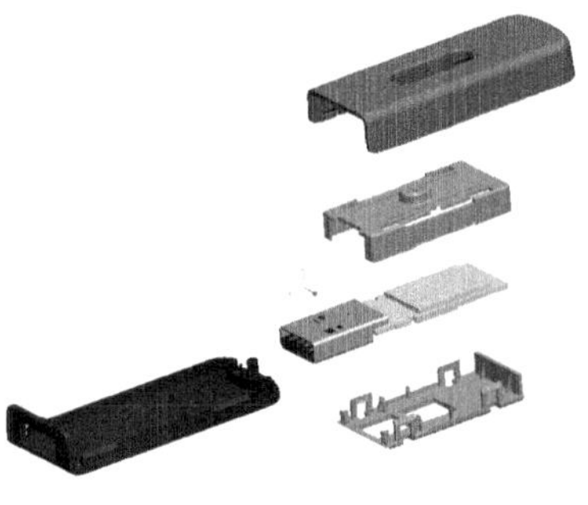

图10-32　某U盘电子产品的参考分解视图

也可以通过使用“视图管理器”按钮来建立爆炸视图并将其视图状态保存起来，以便以后直接调用。单击“视图管理器”按钮，打开“视图管理器”对话框，如图 10-33 所示，接着切换到“分解”选项卡，单击“新建”按钮可以新建一个命名的分解视图，接着单击属性>>按钮，则“分解”选项卡中的选项内容变为如图 10-34 所示，然后单击“分解视图”按钮来创建分解视图，单击“编辑位置”按钮可打开“分解位置”操控板来定义选定元件的分解位置，完成这些操作获得所需要的分解视图后，单击<<...按钮，此时在“分解”选项卡中单击“编辑”按钮并从弹出的下拉菜单中选择“保存”命令，如图 10-35 所示，系统弹出图 10-36 所示的“保存显示元素”对话框，单击“确定”按钮完成此命名分解视图的保存。

图10-33　“视图管理器”对话框

图10-34　定义分解视图属性

图10-35　选择“保存”命令

图10-36　“保存显示元素”对话框

10.6　移动元件

移动元件的方法较多，本节主要介绍以放置为目的来移动元件的几种典型方法。

10.6.1 使用键盘快捷方式移动元件

（1）在右工具箱中单击“装配（将元件添加到组件）”按钮，或者在菜单栏中选择“插入”>“元件”>“装配”命令，系统弹出“打开”对话框。

（2）通过“打开”对话框查找并选取要放置的元件，然后单击“打开”按钮，此时出现元件放置操控板。

（3）使用以下任意一种鼠标和组合键来移动元件。

①按【Ctrl+Alt】+鼠标左键并移动指针以拖动元件。

②按【Ctrl+Alt】+鼠标中键并移动指针以旋转元件。

③按【Ctrl+Alt】+鼠标右键并移动指针以平移元件。

④按【Ctrl+Shift】并单击鼠标中键，或单击按钮，执行定向模式来移动元件。

10.6.2 使用“移动”面板来移动元件

在元件放置操控板中打开图 10-37 所示的“移动”滑出面板，利用该面板可以很方便地调整组件中放置的元件的位置。

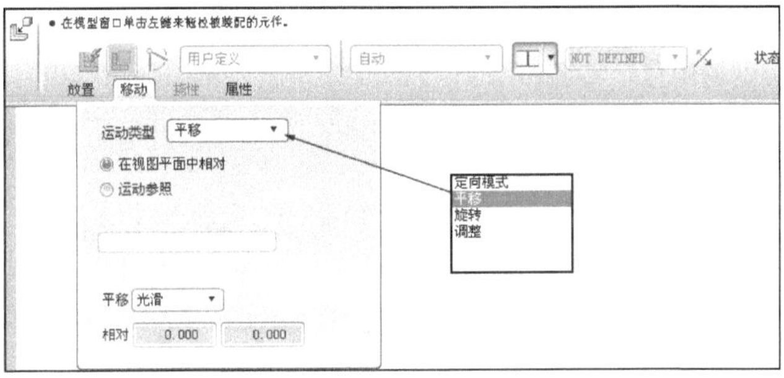

图10-37 元件放置操控板的“移动”面板

打开元件放置操控板的“移动”滑出面板后，可以从该面板的“运动类型”列表框中根据需要来选择“定向模式”、“平移”、“旋转”和“调整”这 4 个选项之一，接着可以单击“在视图平面中相对”单选按钮，以相对于视图平面移动元件；或者单击“运动参照”单选按钮，以相对于元件或参照移动元件，此时激活“运动参照”收集器，结合鼠标操作即可实现元件的移动。

10.7 实战综合案例——机械滚轮装置装配

学习目的

通过此案例练习，掌握装配设计的典型方法。

重点难点

- 设置在组件模型树中显示特征
- 以约束装配和连接装配方式装配零部件
- 全局干涉检查

本章实战综合范例为某机械滚轮装置的装配设计，装配完成的装置效果如图 10-38 所示。

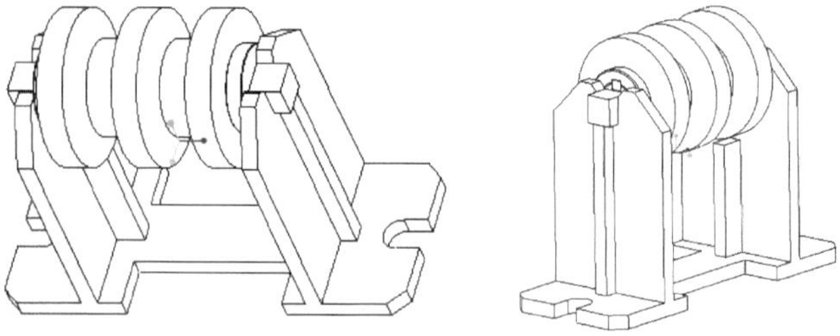

图10-38　完成的机械滚轮装置

操作步骤

1. **新建组件设计文件**

Step 01 在工具栏中单击“新建”按钮，弹出“新建”对话框。

Step 02 在“类型”选项组中单击“组件”单选按钮，在“子类型”选项组中单击“设计”单选按钮，在“名称”文本框中输入“BCPROE_10_FL”。

Step 03 取消选中“使用缺省模板”复选框。

Step 04 在“新建”文本框中单击“确定”按钮，弹出“新文件选项”对话框。

Step 05 从“模板”列表框中选择“mmns_asm_design”，单击“确定”按钮，从而进入组件设计模式。

2. **设置在组件模型树中显示特征**

Step 01 在导航区的模型树上方单击“设置”按钮，并从打开的下拉菜单中选择“树过滤器”命令，弹出“模型树项目”对话框。

Step 02 在“模型树项目”对话框的“显示”下，增加勾选“特征”复选框和“放置文件夹”复选框，如图 10-39 所示。

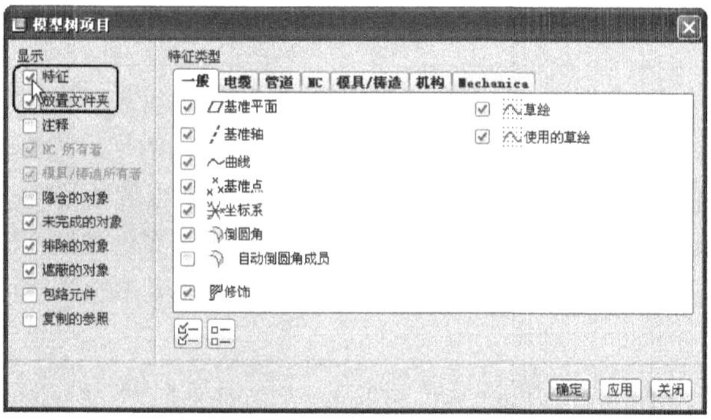

图10-39　“模型树项目”对话框

Step 03 在“模型树项目”对话框中单击“确定”按钮，从而使得在模型树中也显示零件特征等。

3. **以默认的方式装配轴**

Step 01 在右工具箱中单击“装配（将元件添加到组件）”按钮，弹出“打开”对话框。

Step 02 选择本书配套的素材“/ch10/bcproe_10_fl/a2.prt”轴零件，在“打开”对话框中单击“打开”按钮。

Step 03 在元件放置操控板的“约束类型选项”列表框中选择“缺省”选项，如图 10-40 所示。

Step 04 在元件放置操控板中单击“完成”按钮，完成装配的第一个零件，如图 10-41 所示。

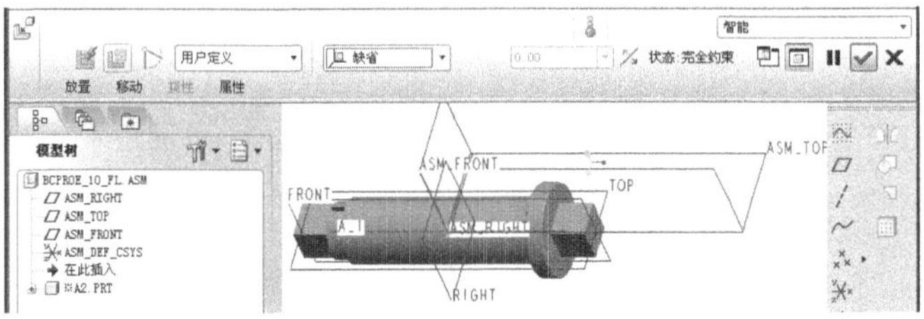
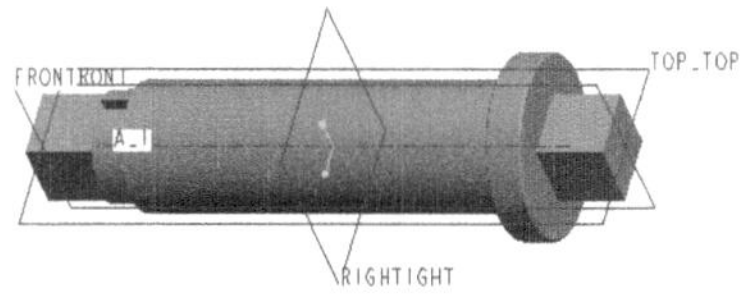

图10-40　以“缺省”方式装配第一个零件　　　图10-41　在组件中装配好第一个零件

4. 以“销钉”的方式装配滚轮

Step 01 在右工具箱中单击“装配（将元件添加到组件）”按钮，弹出“打开”对话框。

Step 02 选择本书配套的素材“/ch10/bcproe_10_fl/a4.prt”滚轮零件，在“打开”对话框中单击“打开”按钮，打开元件放置操控板。

Step 03 在元件放置操控板的“预定义约束集”下拉列表框中选择“销钉”选项，如图 10-42 所示，

图10-42　选择“销钉”选项

Step 04 打开“放置”滑出面板，此时需要定义“轴对齐”参照，接着在组件的轴零件中选择特征轴 A_1，并在滚轮零件中选择旋转特征轴 A_1，定义轴对齐后如图 10-43 所示，系统自动切换到定义“平移”参照状态。

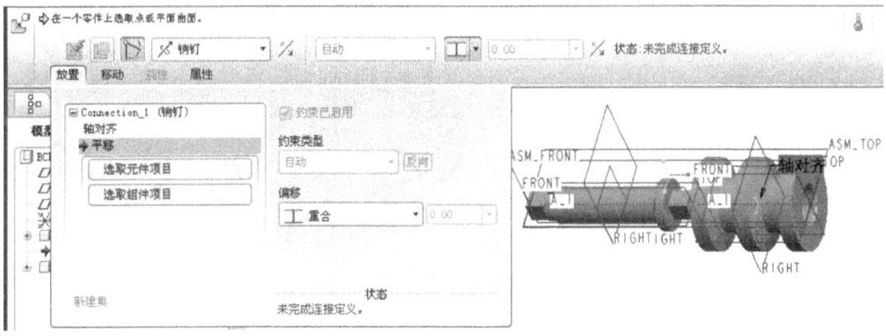

图10-43　定义轴对齐参照

Step 05 定义“平移”参照，在图 10-44(a) 所示组件的轴零件中的实体环面，翻转模型视角视图，在滚轮零件中选择要配合的端面，如图 10-44(b) 所示。

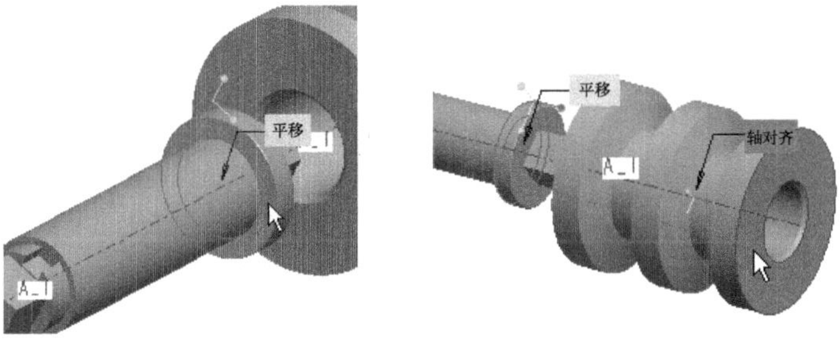

（a）在组件中选择平移参照　　　（b）在滚轮零件中选择平移参照

图10-44　定义“平移”参照组

Step 06 在“放置”滑出面板的“偏移”下拉列表框中选择“偏移”，并设置偏移距离为“1.00”，如图 10-45 所示。注意判断默认的偏移方向。

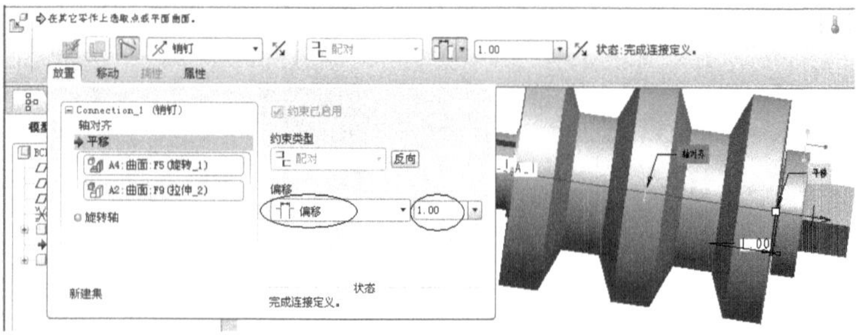

图10-45　在“放置”滑出面板中定义平移的偏移参数

Step 07 在元件放置操控板中会显示“状态：完成连接定义”的提示信息，单击“完成”按钮，完成该零件的装配，装配效果如图 10-46 所示（图中隐藏了各元件的基准平面）。

5. **以约束装配的方式装配挡圈零件**

Step 01 在右工具箱中单击“装配（将元件添加到组件）”按钮，弹出“打开”对话框。

Step 02 选择本书配套的素材“/ch10/bcproe_10_fl/a3.prt”挡圈零件，在“打开”对话框中单击“打开”按钮，打开元件放置操控板。

Step 03 在“约束类型”下拉列表框中选择“对齐”约束类型选项，偏移类型选项为（重合），分别在组件中和在挡圈零件中选择要对齐的参照面，如图 10-47 所示。

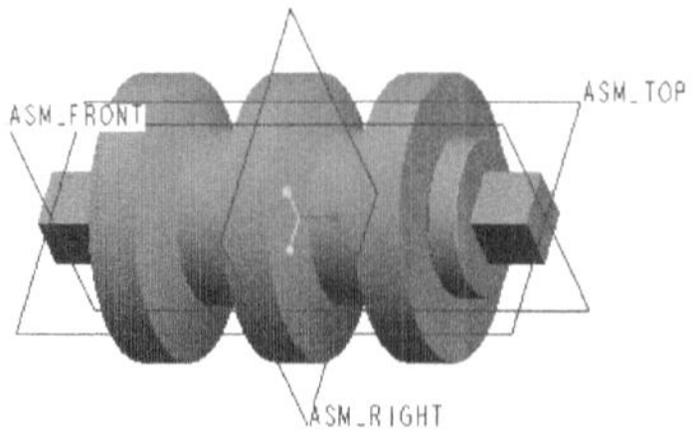

图10-46　在组件中以“销钉”连接方式装配好滚轮零件

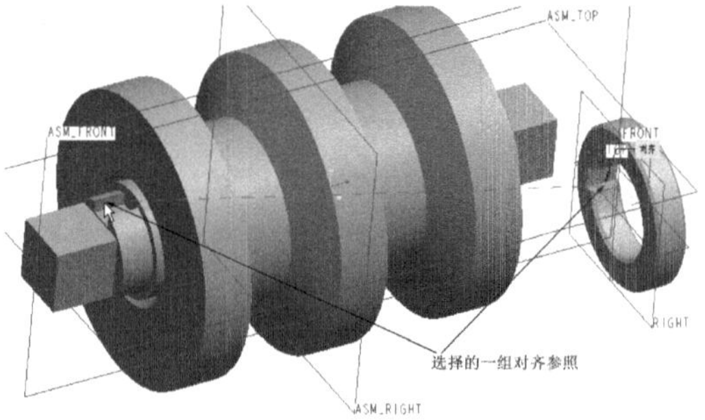

图10-47　定义对齐参照

Step 04 打开“放置”滑出面板，单击“新建约束”选项，设置此新约束的类型选项为“配对”，“偏移”类型选项为（重合），指定图 10-48 所示的一组配对参照。

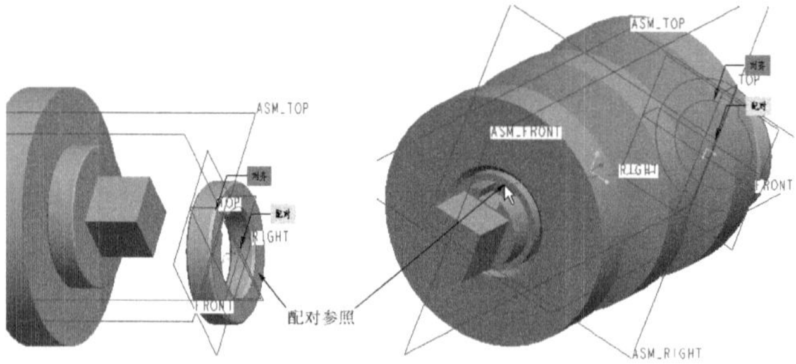

图10-48　定义配对参照

Step 05 在“放置”滑出面板中单击“新建约束”选项，设置此新约束的类型选项为“插入”，接着在组件的轴零件中单击键槽位置处的圆柱曲面，并单击挡圈零件的内圆柱曲面。

Step 06 单击“完成”按钮，装配结果如图 10-49 所示。

6. **在组件模式下创建键零件**

Step 01 在右工具箱中单击“在组件中新建元件”按钮，弹出“元件创建”对话框。

Step 02 在“类型”选项组中单击“零件”单选按钮，在“子类型”选项组中单击“实体”单选按钮，在“名称”文本框中输入“a5-x”，如图 10-50 所示，然后单击“确定”按钮。

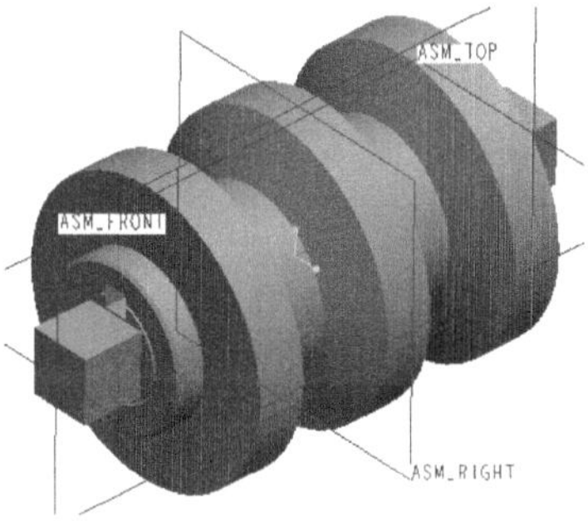

图10-49　装配好挡圈零件

图10-50　“元件创建”对话框

Step 03 系统弹出“创建选项”对话框，设置图 10-51 所示的创建方法选项，然后单击“确定”按钮。

Step 04 在元件放置操控板中，设置约束类型选项为“缺省”，单击“完成”按钮。

Step 05 在导航区的组件模型树中选择“A5-X.PRT”元件节点，右键单击鼠标，弹出一个快捷菜单，如图 10-52 所示，从中选择“激活”命令，从而将该新元件激活，此时在组件模型树中该元件节点图标变为“”。

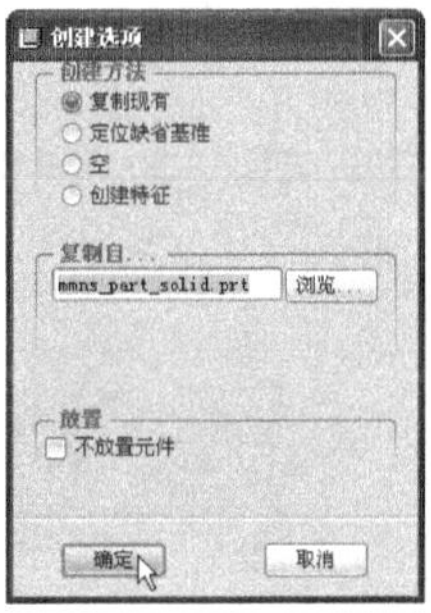

图10-51　设置创建选项

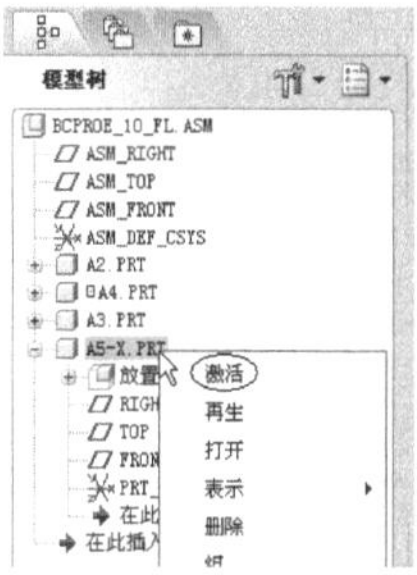

图10-52　激活元件

Step 06 在右工具箱中单击“拉伸”按钮，打开拉伸工具操控板，接着从“放置”滑出面板中单击“定义”按钮，弹出“草绘”对话框。在组件中轴零件的一个端面处单击以指定草绘平面，如图 10-53 所示，单击“草绘”按钮，进入草绘模式。

指定绘图参照，并绘制图 10-54 所示的拉伸截面，单击“完成”按钮，完成草绘。

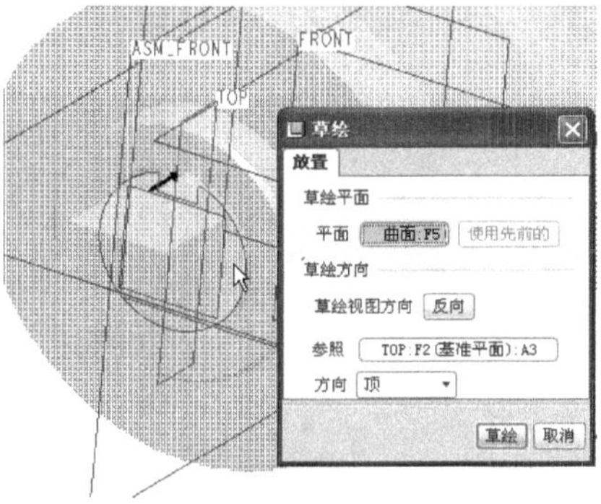

图10-53　指定草绘平面

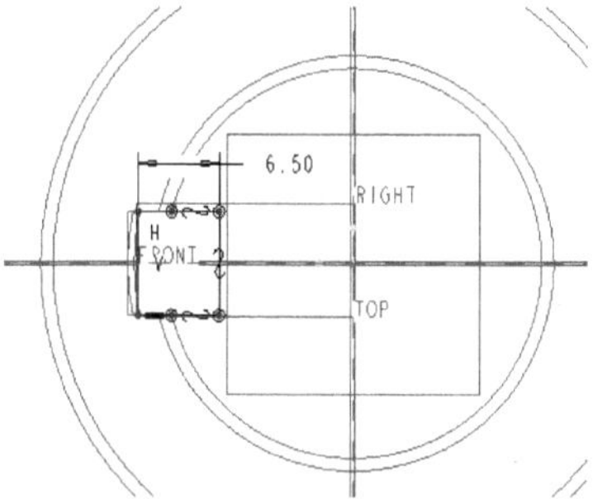

图10-54　草绘拉伸截面

在拉伸工具操控板的“深度”选项下拉列表框中选择（到选定项），在组件中单击图 10-55 所示的鼠标指针所指的当前端面，单击“完成”按钮，创建的拉伸实体特征如图 10-56 所示，该拉伸实体特征构成了键零件。

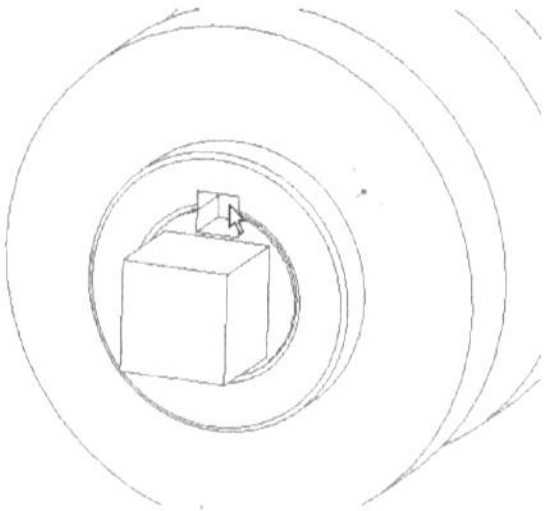

图10-55　选择要拉伸到的参照面

图10-56　完成的键零件

7. **装配底座架**

Step01 在组件模型树中，鼠标右键单击顶级组件名称“BCPROE_10_FL.ASM”，接着从弹出的快捷菜单中选择“激活”命令，如图 10-57 所示。

Step02 在右工具箱中单击“装配（将元件添加到组件）”按钮，弹出“打开”对话框。

Step03 选择本书配套的素材“/ch10/bcproe_10_fl/a1.prt”底座架零件，在“打开”对话框中单击“打开”按钮，出现元件放置操控板。

Step04 在元件放置操控板中单击选中“指定约束时在单独的窗口中显示元件”按钮，可在一个单独的窗口中显示元件，如图 10-58 所示。可同时选中“指定约束时在组件窗口中显示元件”按钮。

图10-57　激活顶级组件

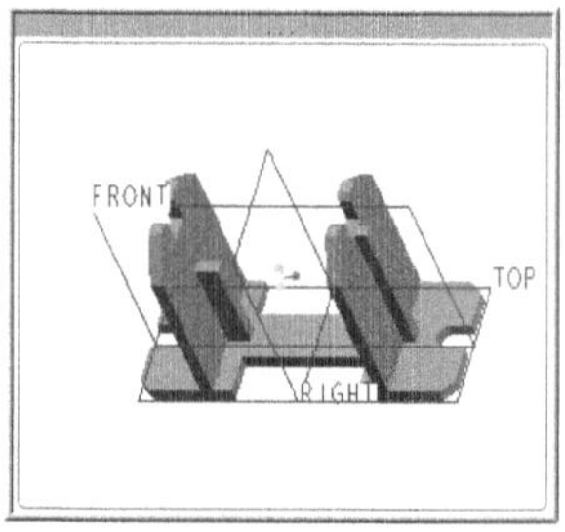

图10-58　在单独的窗口中显示元件

Step05 指定一组配对参照，如图 10-59 所示，该配对约束的偏移类型为“重合”。

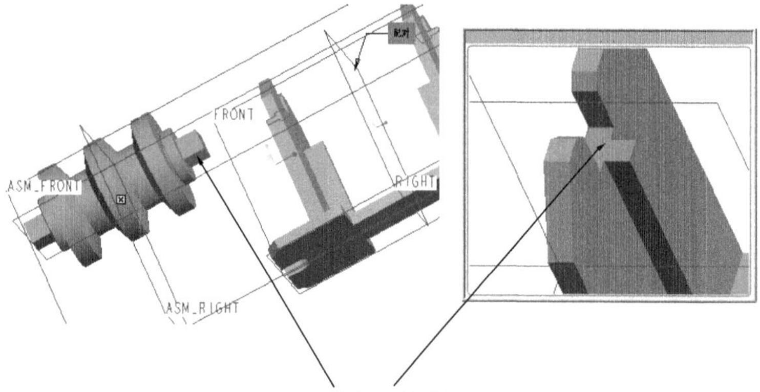

指定配对参照

图10-59　指定一组配对参照

Step06 指定一组对齐参照，在组件中选择 ASM_FRONT 基准平面，在底座架零件中选择 FRONT 基准平面，该对齐约束的偏移类型也为“重合”。

Step 07 指定另一组配对参照，如图 10-60 所示，该配对约束的偏移类型为“重合”。

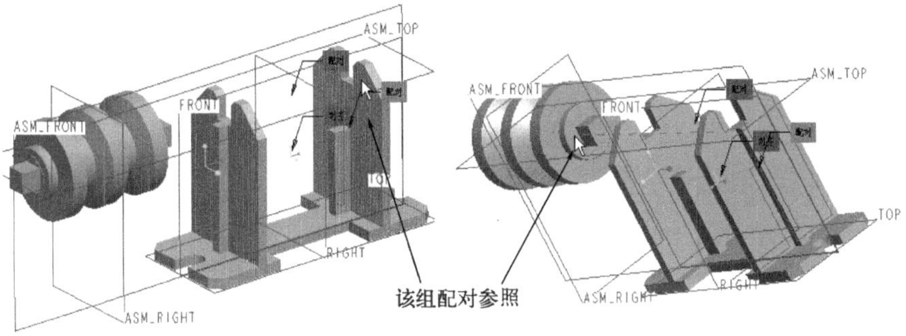

图10-60　指定另一组配对参照

Step 08 在元件放置操控板中单击“完成”按钮，完成装配的效果如图 10-61 所示。

8．**干涉检查**

Step 01 在菜单栏中选择“分析”>“模型”>“全局干涉”命令，打开图 10-62 所示的“全局干涉”对话框。

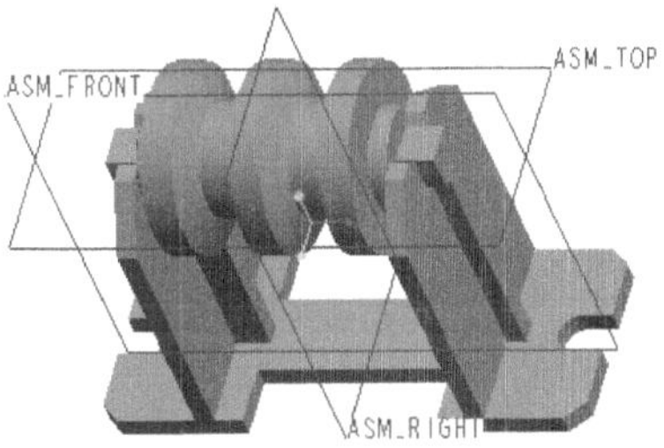

图10-61　完成装配

图10-62　“全局干涉”对话框

Step 02 在“全局干涉”对话框中单击“计算当前分析以供预览”按钮，结果显示没有干涉零件。

Step 03 关闭“全局干涉”对话框。

案例总结

在该实战综合范例中，应用到约束装配和连接装配，并介绍如何在零件模式下新建元件，最后还介绍如何进行全局干涉检查。通过此案例练习，可以基本掌握装配设计的一种常用方法，并扩展了设计思路，为今后进行产品设计和机械设备设计打下扎实基础。

10.8　思考与上机练习

1．**简答题**

（1）如何通过树过滤器来设置模型树的显示项目？

（2）简述匹配约束与对齐约束有什么不同，并举例进行对比。

（3）什么是连接装配？在什么情况下应用到连接装配？

（4）装配相同零件主要有哪几种方法？简述各种方法的一般操作步骤。

（5）如何在组件模式下创建新元件？

2. **上机练习题**

（1）以本章实战综合范例完成的组件为例，创建它的爆炸视图，效果如图 10-63 所示。

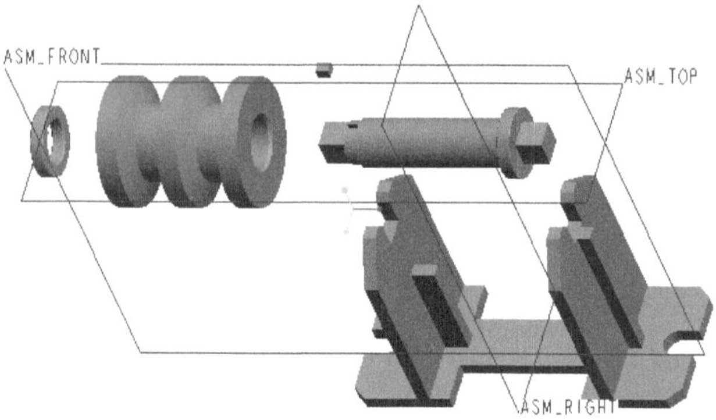

图10-63　创建爆炸视图

知识要点提示

可以使用“视图管理器”按钮，利用打开的对话框来创建所需的爆炸视图。

（2）参照本章综合范例，自行为一个机械滚轮装置分别设计其中各个零件，然后将这些零件装配起来。

知识要点提示

可以应用本章介绍的约束装配功能。

第11章 创建工程图

本章导读

在这一章里，将介绍如何利用建立的三维模型来创建工程图。本章介绍的主要知识包括：建立工程图文件，设置绘图选项的一般方法，建立一般视图，建立投影视图，建立剖视图，显示模型注释，手动标注尺寸，尺寸公差，插入几何公差和工程图的其他常用操作。

学习目标

- 了解设置绘图选项的一般方法
- 掌握建立一般视图、投影视图、剖视图的方法
- 掌握显示模型注释、手动标注尺寸、标注尺寸公差和几何公差
- 理解和掌握工程图的其他常用操作

11.1 建立工程图文件

建立工程图（绘图）文件的步骤如下。

（1）单击工具栏“创建”按钮，打开“新建”对话框。

（2）在“类型”选项组中选择“绘图”单选按钮，在“名称”文本框中输入新文件名或接受默认的文件名，取消选中“使用缺省模板”复选框以取消使用缺省模板，如图 11-1 所示。

（3）单击“新建”对话框的“确定”按钮，打开如图 11-2 所示的“新建绘图”对话框。

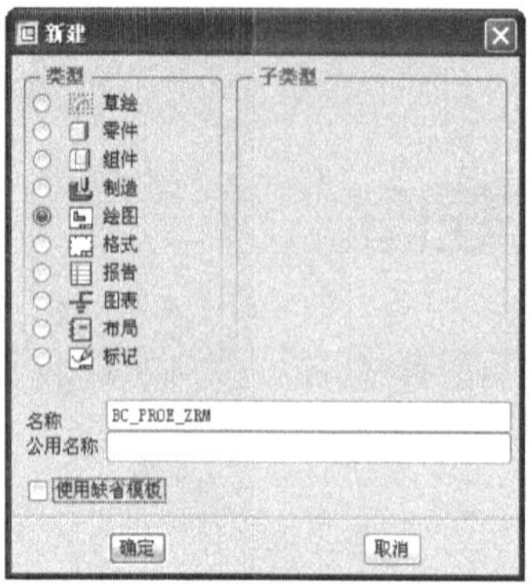

图11-1　新建绘图文件

图11-2　“新建绘图”对话框

（4）在“缺省模型”选项组中单击“浏览”按钮，选择要为其建立二维工程图的模型文件。如果之前已经打开一个有效的模型文件，那么系统会自动将该活动模型指定为默认模型。

（5）在“指定模板”选项组中，单击选择“使用模板”、“格式为空”和“空”3 个单选按钮中的一个。

① 当单击“空”单选按钮时，可以在“方向”选项组中单击“纵向”按钮、“横向”按钮或“可变”按钮来指定模板图纸的方向，接着在“大小”选项组中指定图纸的大小尺寸。

② 当单击“使用模板”单选按钮时，如图 11-3 所示，可在“模板”选项组中选择需要的模板，如选择“a3_drawing”。

③ 当单击“格式为空”单选按钮时，如图 11-4 所示，可在“格式”选项组中，通过单击“浏览”按钮来选择格式文件（*.frm）。

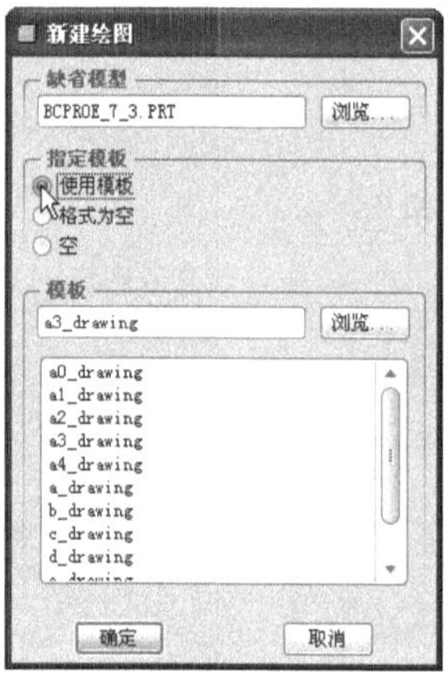

图11-3　使用模板

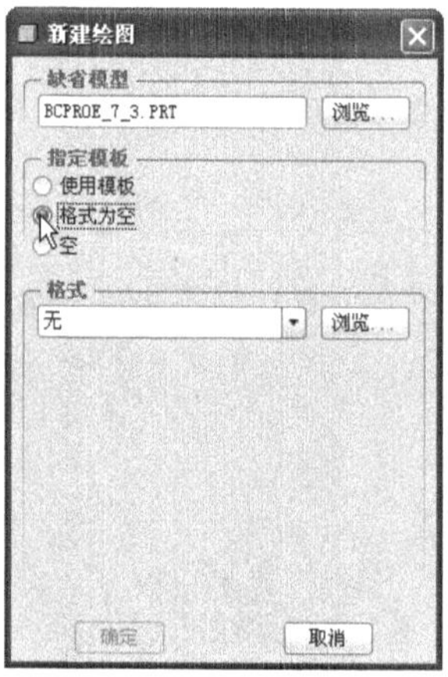

图11-4　选择“格式为空”

（6）单击“新建绘图”对话框的“确定”按钮，进入工程图设计的工作界面。

如果在“新制图”对话框的“指定模板”选项组中单击选择“使用模板”单选按钮，并从“模板”选项组中选择“a4_drawing”，系统将自动将预定义的三视图插入到新建的工程图中，如图 11-5 所示。

工程图设计的工作界面与其他模块的工作窗口十分相似，区别在于菜单栏、工具栏等组成项的内容有所增减。注意在图形窗口的左下角有一行小字，显示了当前工程图的绘制比例（绘图刻度）、模型类型、名称、尺寸。若要修改绘图刻度，可以双击“比例：*****”的字样，然后在弹出图 11-6 所示的文本框中输入新的比例值，单击“接受”按钮☑。

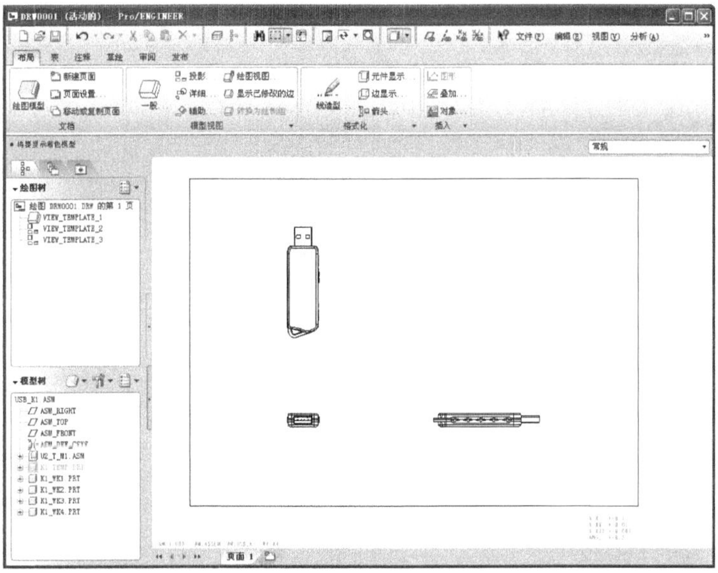

图11-5 工程图的工作界面

图11-6 输入比例值

注意

应该要注意在工程图模式下绘图窗口左下角的如下小字代表的含义。

① 比例：当前的显示比例。

② 类型：当前建立工程图模型的类型，如零件(PRT)、组件(ASM)。

③ 名称：模型的文件名称。

④ 尺寸：图纸的尺寸，如A4、A3、A2和A1等。

11.2 设置绘图选项的一般方法

Pro/ENGINEER 提供了许多绘图选项，这些绘图选项可以供用户根据实际约定（如相关的制图标准）或操作习惯来进行设置。

譬如，对于视图配置的要求，不同的用户可能会不一样。众所周知，国际上有些国家要求工程图样采用第一角画法，有些国家则要求采用第三角画法。我国国家标准规定采用第一角画法，当工作需要时，如在合同或协议约定下可采用第三角画法。在 Pro/ENGINEER Wildfire 5.0 中，用户可以通过设置绘图选项的方式设置以哪种视图配置来创建符合要求的工程图样。例如，设置采用第一角画法，具体的设置方法及步骤如下。

（1）在一个新建或打开的工程图文件中，从“文件”菜单中选择“绘图选项”命令，打开“选项”对话框。

（2）在“选项”对话框中，查找到“projection_type”选项，或者直接在“选项”文本框中输入“projection_type”，如图 11-7 所示。

图11-7　“选项”对话框

（3）在“值”框中选择“first_angle”，如图 11-8 所示。

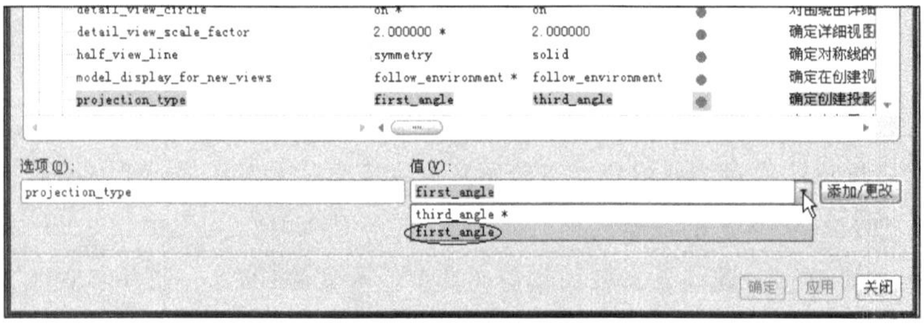

图11-8　选择选项值

（4）单击“添加 / 更改”按钮，接着单击“应用”按钮，

（5）单击“关闭”按钮，关闭“选项”对话框。

（6）在菜单管理器的“文件属性”菜单中选择“完成 / 返回”命令。

提　示

执行“projection_type”选项的上述设置后，接下去制作的工程图便符合第一角投影法。

如果要设置公差标准，则可以在菜单栏中选择“文件”>“公差标准”命令，则打开如图 11-9 所示的菜单管理器，上面提供“公差设置”菜单，从中可进行相关公差设置。

11.3　建立一般视图

在功能区“布局”选项卡的“模型视图”面板中单击“一般视图”按钮，如图 11-10 所示，可以在绘图区域的指定位置处建立一般视图。

图11-9 菜单管理器

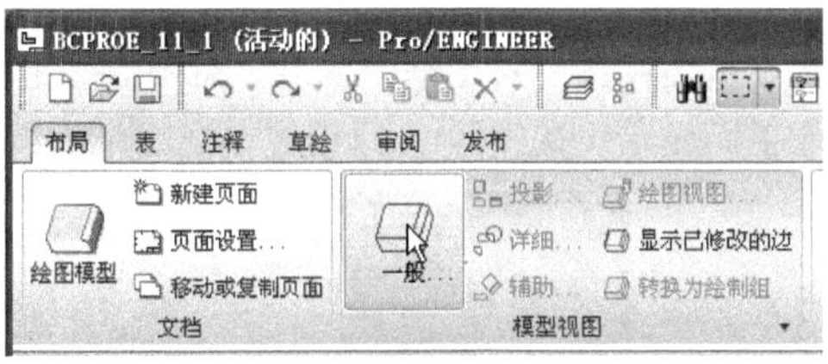

图11-10 绘图视图的菜单命令

例如，插入本书配套素材“/ch11/bcproe_11_1.prt”零件的一般视图，插入的一般视图指定为TOP视角，具体的方法如下。

（1）单击工具栏“创建”按钮，新建一个名为“bcproe_11_1”的绘图文件，不使用默认的模板，而在“新建绘图”对话框中，选择缺省模型为“bcproe_11_1.prt”，在“指定模板”选项组中单击选择“空”单选按钮，指定采用横向的A4图纸。

（2）确保将绘图选项“projection_type”的值设置为“first_angle”。

（3）单击“一般视图”按钮，在欲放置一般视图的地方单击，显示零件的默认方向的视图和“绘图视图”对话框，如图11-11所示。

（4）在“视图类型”类别选项卡中，在“模型视图名”列表框中选择“TOP”，单击“应用”按钮，如图11-12所示。

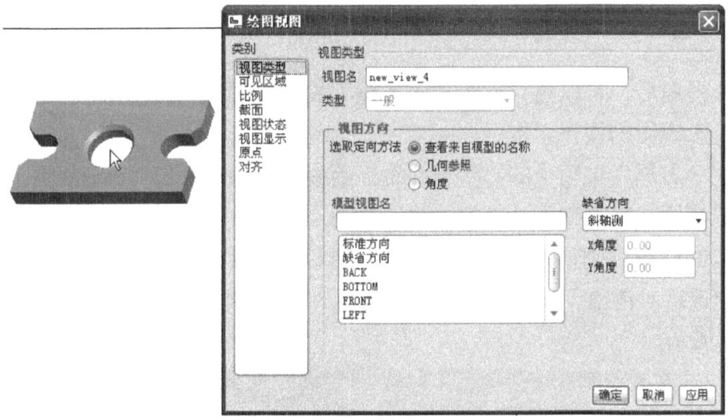

图11-11 显示零件视图和“绘图视图”对话框

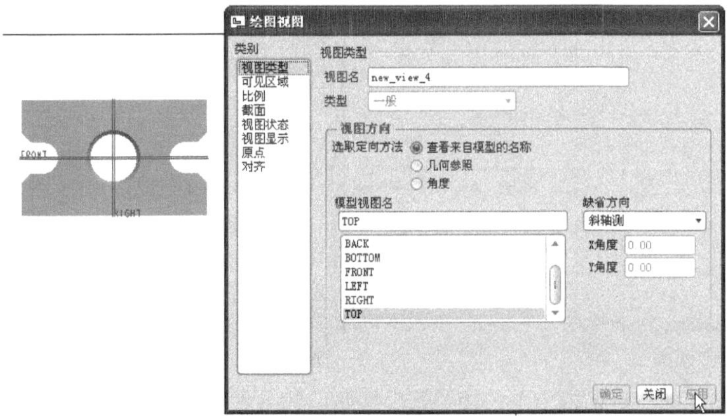

图11-12 指定模型视图名

（5）在“类别”列表框中选择“视图显示”选项，进入“视图显示”类别选项卡。从“显示样式”列表框中选择“消隐”选项，其他保持默认，单击“应用”按钮，如图 11-13 所示。

（6）在“绘图视图”对话框中单击“关闭”按钮，建立的一般视图如图 11-14 所示。可以取消选中“基准平面显示”按钮，以设置在视图中不显示基准平面。

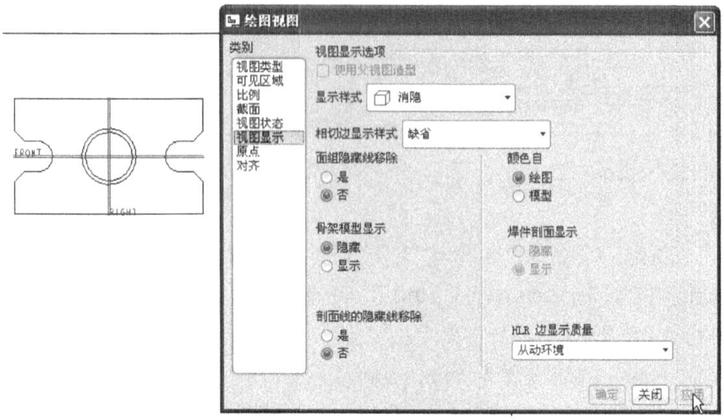

图11-13　设置视图显示

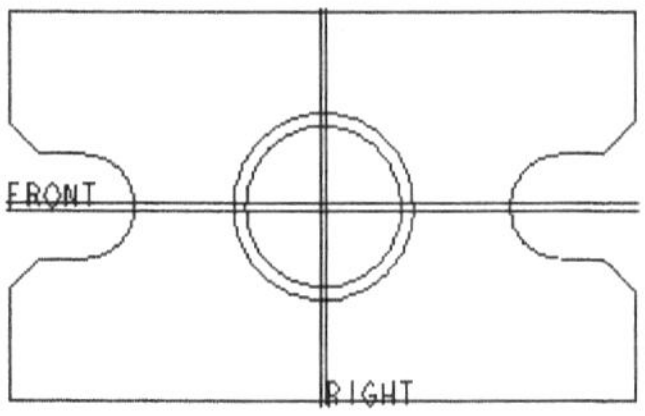

图11-14　建立的一般视图

11.4　建立投影视图

建立完成一般视图后，可以建立投影视图。建立投影视图的工具按钮为“投影”按钮。

下面是建立投影视图的操作示例。

（1）在功能区“布局”选项卡的“模型视图”面板中单击“投影”按钮。

（2）移动鼠标指针在一般视图的下方单击，如图 11-15 所示。

（3）双击插入的投影视图，弹出“绘图视图”对话框，打开“视图显示”类别选项卡，从“显示样式”列表框中选择“消隐”选项，从“相切边显示样式”列表框中选择“无”选项，单击“应用”按钮，如图 11-16 所示。

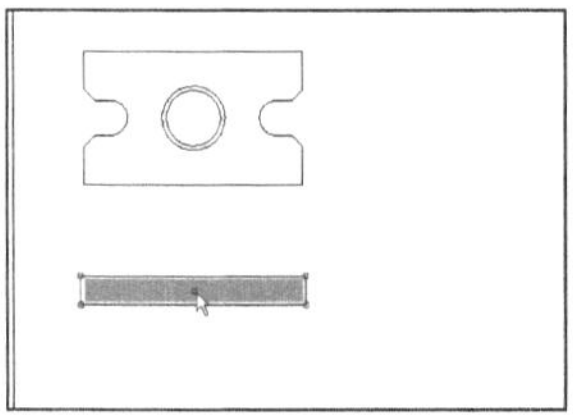

图11-15　插入投影视图

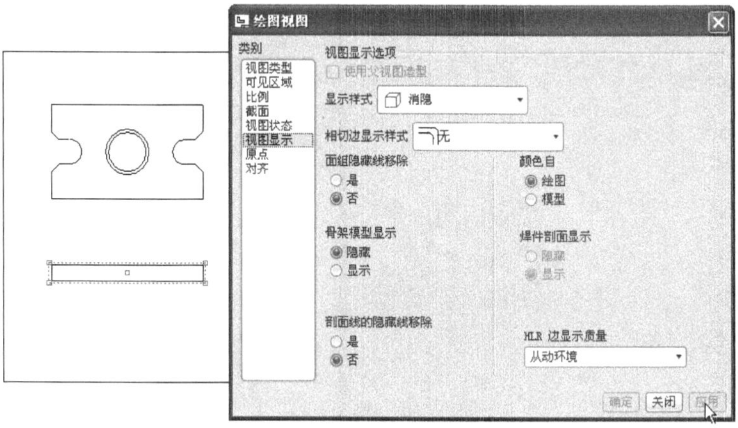

图11-16　设置视图显示

（4）在“绘图视图”对话框中单击“关闭”按钮，效果如图 11-17 所示。

（5）使用同样的方法在一般视图的右侧建立一个投影视图，如图 11-18 所示。注意在单击“投影”

按钮之前，先选择一般视图。

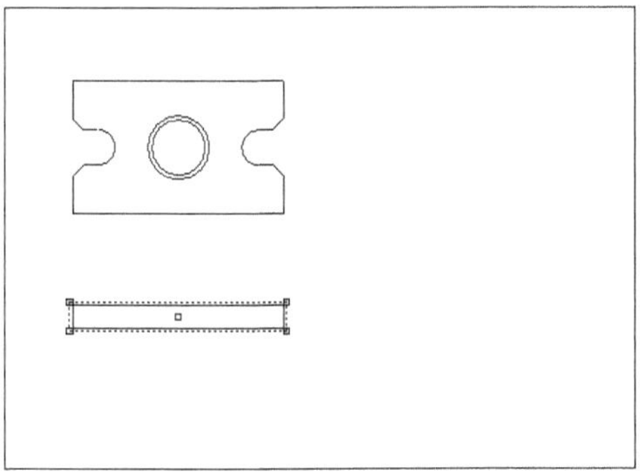
图11-17 设置消隐显示

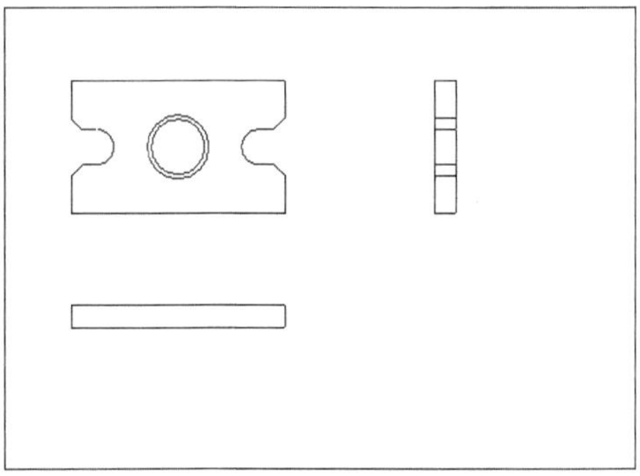
图11-18 建立右侧的视图

11.5 建立剖视图

剖视图主要用来表达零件的内部结构，剖视图可以是全视图、半视图或局部视图。剖视图的建立可通过“绘图视图”对话框的“剖面”类别选项卡来进行。

下面通过操作实例介绍剖视图的建立方法。

（1）双击前小节建立的第一个投影视图，打开“绘图视图”对话框。

（2）在“类别”列表框中选择“截面”选项，打开“截面”类别选项卡，如图 11-19 所示。

（3）单击“2D 剖面”单选按钮，单击“将横截面添加到视图”按钮，以创建新的剖截面，此时弹出“剖截面创建”菜单，如图 11-20 所示。

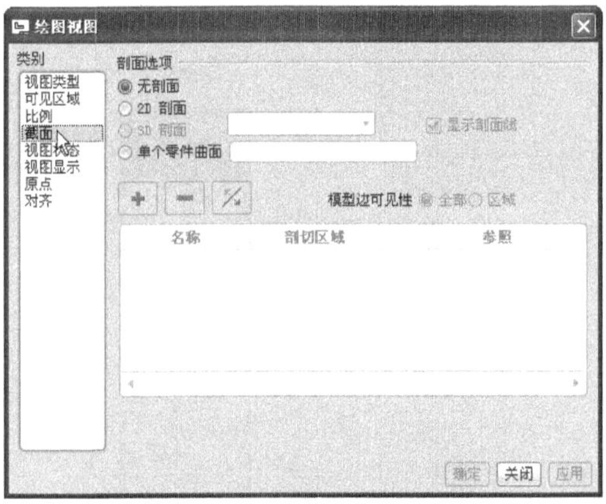

图11-19 “截面”类别选项卡

图11-20 “剖截面创建”菜单

（4）选择“平面”>“单一”>“完成”选项。

（5）在图 11-21 所示的框中输入剖截面的名称为“A”，单击“接受”按钮。

图11-21 输入剖截面的名称

（6）单击选中“基准平面显示”按钮并更新，接着在第一个视图中单击 FRONT 基准平面。

技巧

有时，在相关视图中不容易选择到所需要的基准平面，在这种情况下可以在层树上或模型树中寻找并选择所需的基准平面。

（7）当前有效的剖截面，系统用“ ✓ ”来表示，如图 11-22 所示，在“剖切区域”列表框中选择“完全”选项，以创建全剖视图。

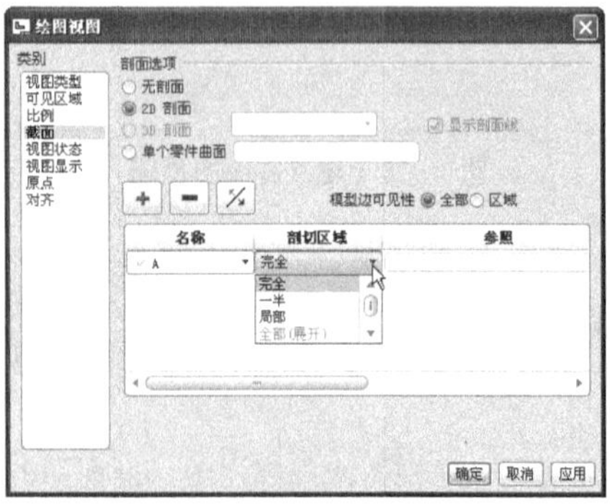

图11-22　定义有效的剖截面

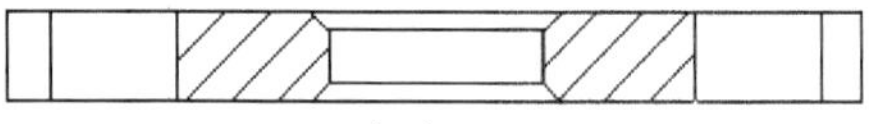

图11-23　建立剖视图

（8）单击“应用”按钮，并取消选中“基准平面显示”按钮。

（9）单击“关闭”按钮，完成将投影视图修改为以全剖视图的形式来表示，如图 11-23 所示。

可以修改剖面线的特性，例如，修改该剖面 A-A 中的剖面线，将其间距设置为“3.5”，角度为“135°”，具体的方法和步骤如下。

（1）选择要修改的剖面线，然后双击剖面线，打开图 11-24 所示的“修改剖面线”菜单。

（2）选择“间距”选项，此时菜单管理器的菜单如图 11-25 所示，在“修改模式”菜单中选择“整体”>“值”选项。

图11-24　“修改剖面线”菜单

图11-25　出现“修改模式”菜单

（3）在图 11-26 所示的框中输入间距值为“3.5”，单击“接受”按钮。

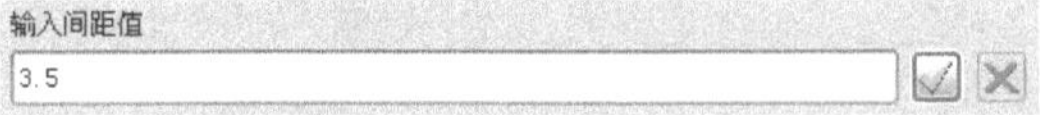

图11-26　输入间距值

（4）在“修改剖面线”菜单中选择“角度”选项，然后在出现的“修改模式”菜单中选择“整体”>“135”选项。

（5）在“修改剖面线”菜单中选择“完成”选项。

完成修改剖面线的效果，如图 11-27 所示。

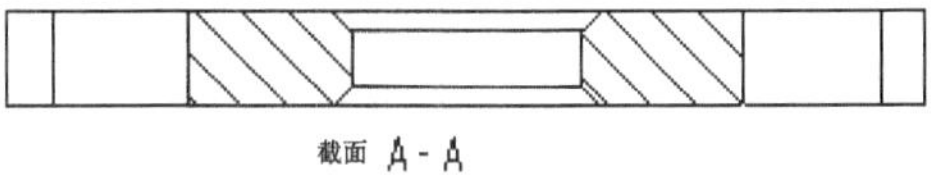

图11-27　修改后的剖面线

11.6　显示模型注释

在功能区中切换到“注释”选项卡，在“插入”面板中单击“显示模型注释”按钮，可以显示从三维模型传递到工程图的注释，包括特征尺寸及其他一些指定的项目。

单击“显示模型注释”按钮，打开图 11-28 所示的“显示模型注释”对话框，该对话框从左到右的注释类型选项卡分别为（列出模型尺寸）、（列出几何公差）、（列出注解）、（列出表面光洁度）、（列出符号）和（列出基准）。通过该对话框，可以设置显示或者拭除某类型项目。

下面的操作示例为具体的使用方法。

（1）在功能区“注释”选项卡的“插入”面板中，单击“显示模型注释”按钮，弹出“显示模型注释”对话框。

（2）在（列出模型尺寸）注释类型选项卡的“类型”下拉列表框中选择“全部”，接着在模型树中单击零件名称，如图 11-29 所示，此时在对话框中列出所选零件的全部特征尺寸选项以供用户设置其显示状态（或不显示状态）。

图11-28　“显示/模型注释”对话框

图11-29　选择显示类型

（3）在（列出模型尺寸）注释类型选项卡中单击“选择全部”按钮，接着单击“应用”按钮，完成显示来自 3D 模型的全部尺寸，如图 11-30 所示。

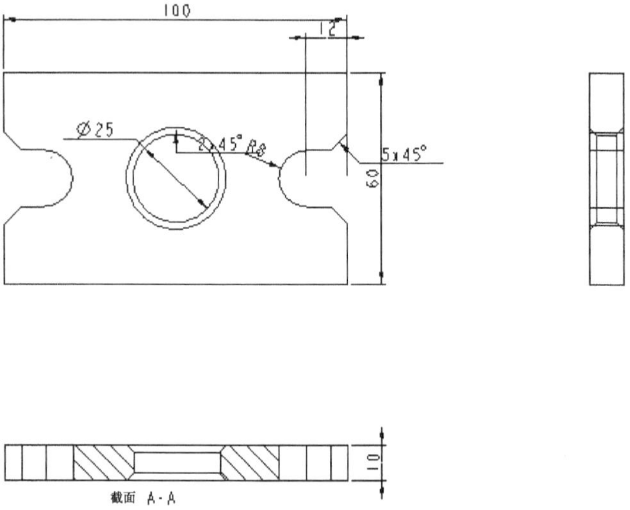

图11-30　自动显示模型尺寸

（4）在“显示模型注释”对话框中切换到（列出基准）注释类型选项卡，单击“选择全部”按钮，设置要显示全部的轴线，如图 11-31 所示，然后单击“应用”按钮。

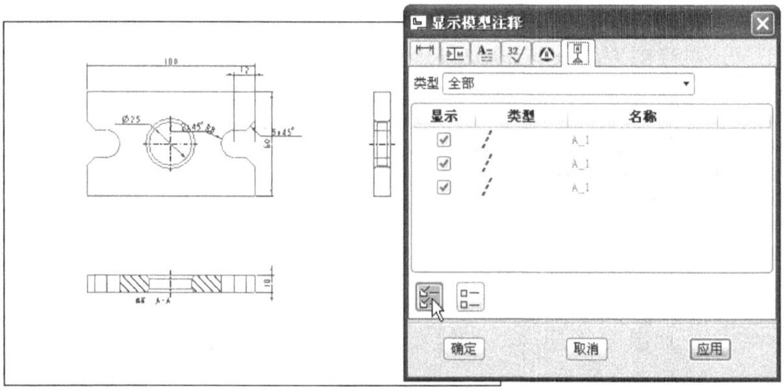

图11-31　设置要显示的轴线

（5）在“显示模型注释”对话框中单击“关闭”按钮，以关闭此对话框。

（6）选择剖视图下的“剖面 A-A”并单击鼠标右键，打开如图 11-32 所示的快捷菜单，从该快捷菜单中选择“拭除”命令。

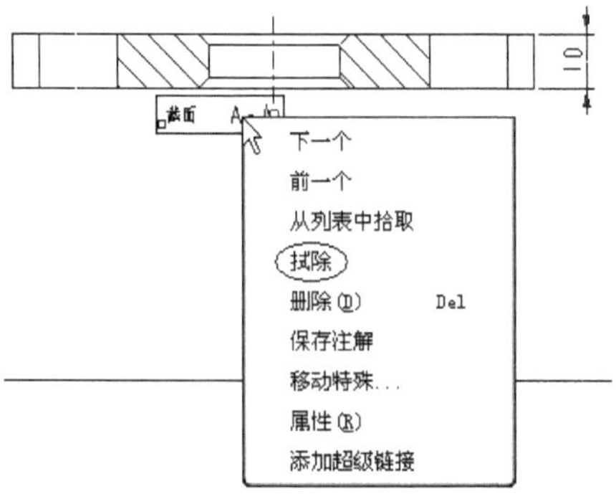

图11-32　“拭除”命令

（7）将一些尺寸移动到更适合表达的视图中去。例如，选择一个倒角尺寸，单击鼠标右键，弹出一个快捷菜单，如图 11-33 所示，从中选择“将项目移动到视图”命令，接着选择下方的剖视图作为要移动到的视图，则此倒角尺寸移到剖视图中来显示，如图 11-34 所示。

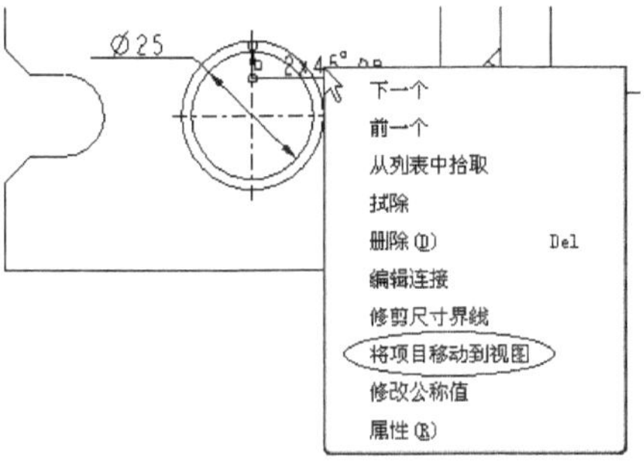

图11-33　将尺寸移动到另一视图

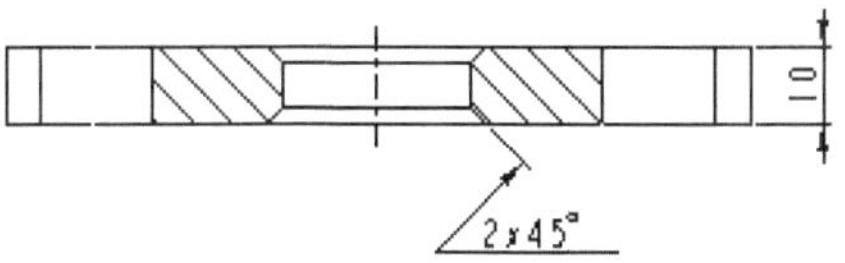

图11-34　尺寸移动结果

使用同样的方法，将数值为“60”的尺寸移动到另一个投影视图中显示，结果如图 11-35 所示。

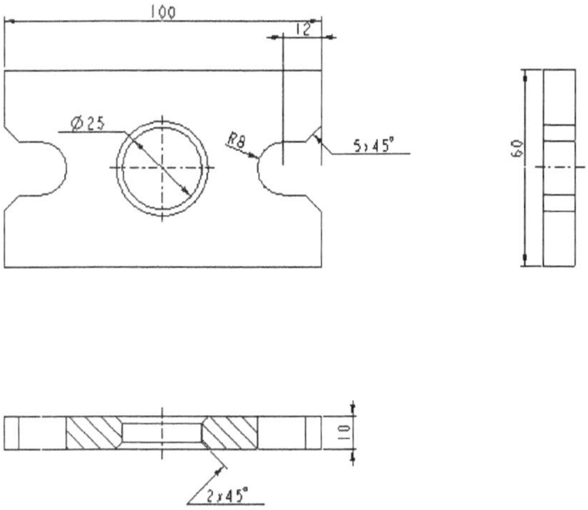

图11-35　将尺寸移动到指定视图的结果

（8）使用鼠标左键将各尺寸拖动以调整尺寸的位置，从而获得较为整洁、美观的图面，如图 11-36 所示，并且可以适当地拖长中心线。

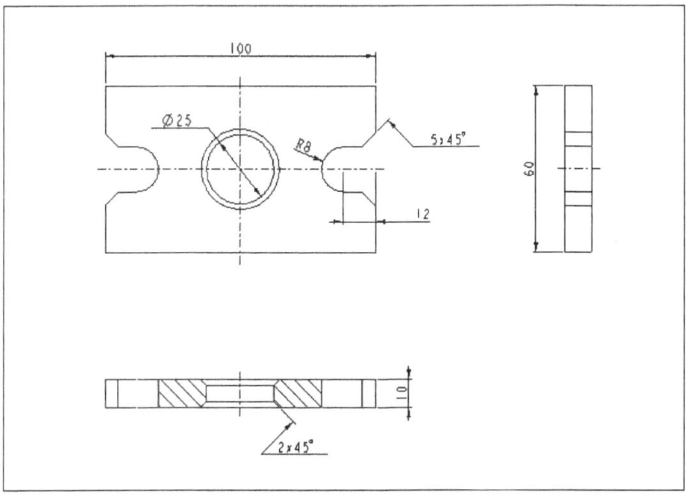

图11-36　调整尺寸位置

11.7 手动标注尺寸（使用新参照创建尺寸）

有时候由系统自动显示的尺寸并不是需要的尺寸，此时可以采用手动标注的方式来获得需要的尺寸。手动标注尺寸的方法如下。

（1）在功能区“注释”选项卡的“插入”面板中单击“使用新参照创建标准尺寸”按钮⟼，打开图 11-37 所示的菜单管理器。

（2）在菜单管理器上指定尺寸的依附类型，默认的依附类型选项为“图元上”。

（3）在绘图中选择对象进行尺寸标注，单击鼠标中键确定尺寸的放置位置。

（4）在“依附类型”菜单中选择“返回”选项。

例如，在菜单管理的“依附类型”菜单中，选择“图元上”选项，然后在图 11-38 所示的一般视图中，单击大圆弧，移动鼠标指针至欲放置尺寸的位置，单击鼠标中键，完成标注该圆弧形轮廓线的半径尺寸。

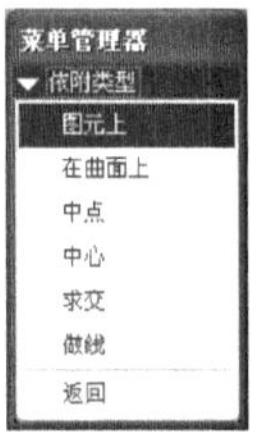

图11-37　菜单管理器

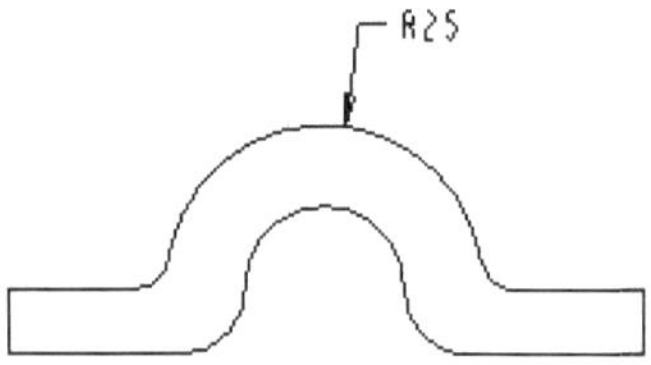

图11-38　手动标注尺寸

另外，在功能区“注释”选项卡的“插入”面板中还提供了其他一些标注工具，如图 11-39 所示，以创建其他特定类型的尺寸。

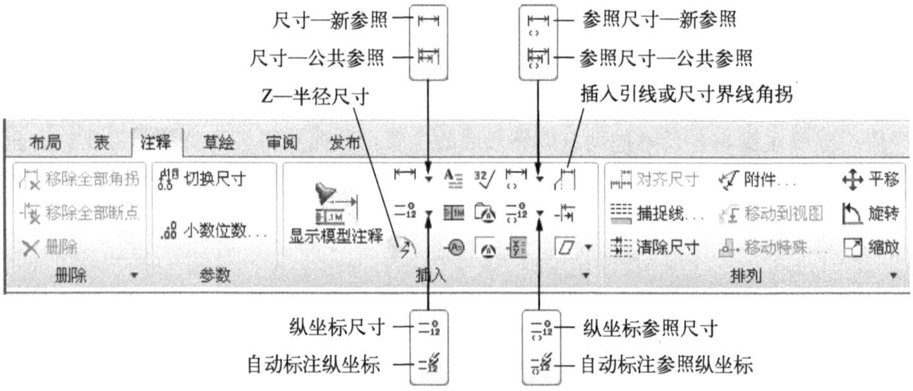

图11-39　其他标注工具

11.8 尺寸公差

对于工程图的一些关键尺寸，通常需要添加尺寸公差。

注意

要标注尺寸公差，首先需要掌握绘图选项“tol_display”，该绘图选项有2个选项值，缺省时为“no”，当将其值设置为“yes”，则允许利用尺寸属性来设置显示出相应的尺寸公差。

设置修改绘图选项值的具体方法如下。

（1）在菜单栏中选择“文件”>“绘图选项”命令，打开“选项”对话框。

（2）在“选项”对话框的“选项”文本框中输入“tol_display”，将其值设置为“yes”，如图11-40所示，单击“添加 / 更改”按钮。

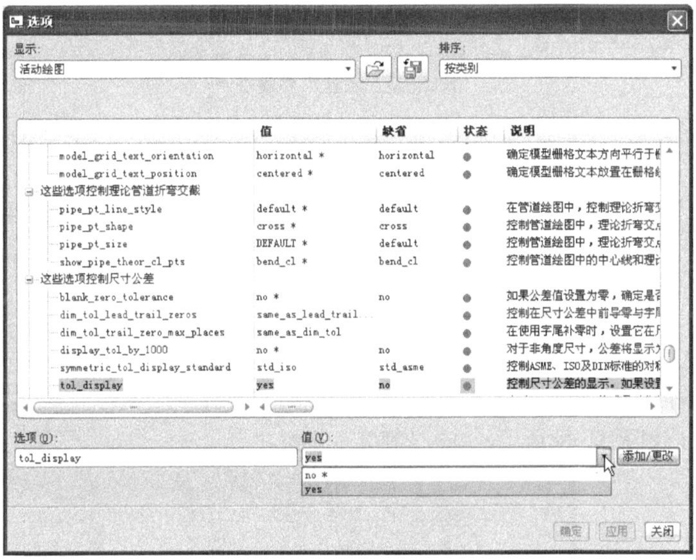

图11-40 “选项”对话框

（3）单击“应用”按钮，接着单击“关闭”按钮以关闭“选项”对话框。

（4）选择要设置公差的尺寸，如图11-41所示，接着单击鼠标右键，如图11-42所示，并从弹出的快捷菜单中选择“属性”命令，弹出“尺寸属性”对话框。

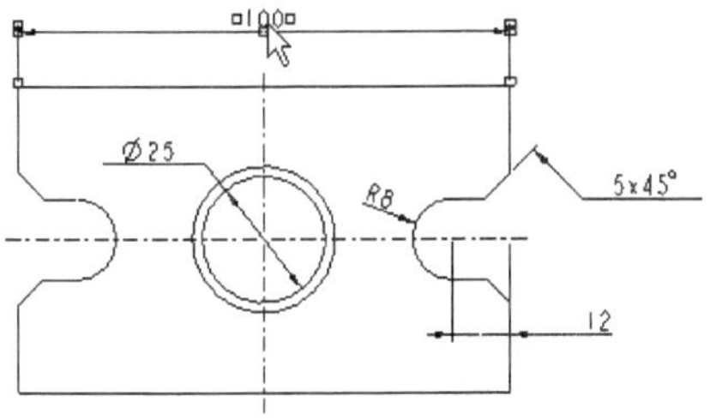

图11-41 选择要设置公差的尺寸

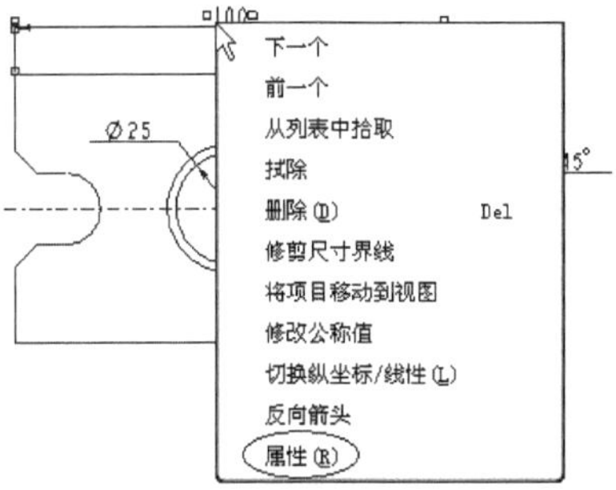

图11-42 快捷菜单中选择“属性”命令

（5）在“属性”选项卡的“值和显示”选项组中，设置小数位数为“2”；在“公差”选项组的“公差模式”下拉列表框中选择“＋－对称”选项，在“公差”文本框中输入“0.50”，如图 11-43 所示。

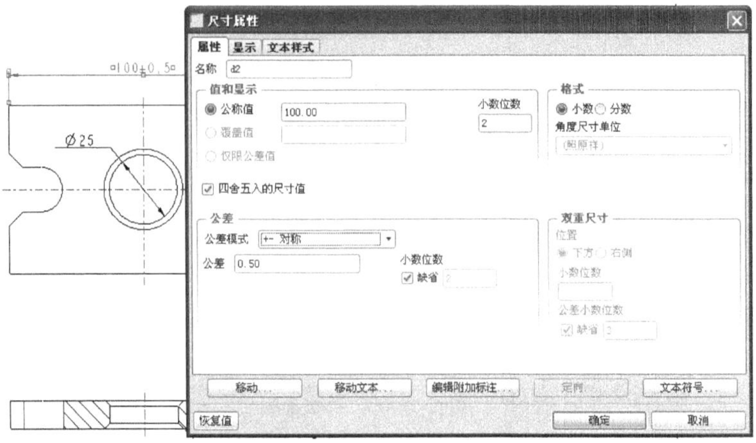

图11-43　设置尺寸属性

提　示

在“公差”选项组的“公差模式”下拉列表框中提供的公差模式选项有“公称”、“限制”、“加－减”、“+ －对称”和“+ －对称（上标）”。默认的公差模式选项为“公称”，即默认时只显示尺寸公称值。

此时，单击“尺寸属性”对话框的“确定”按钮。

（6）使用同样的方法，将另一个尺寸的公差模式选项设置为“加－减”，上公差设置为“+0.10”，下公差为“-0.15”，如图 11-44 所示，单击“确定”按钮。

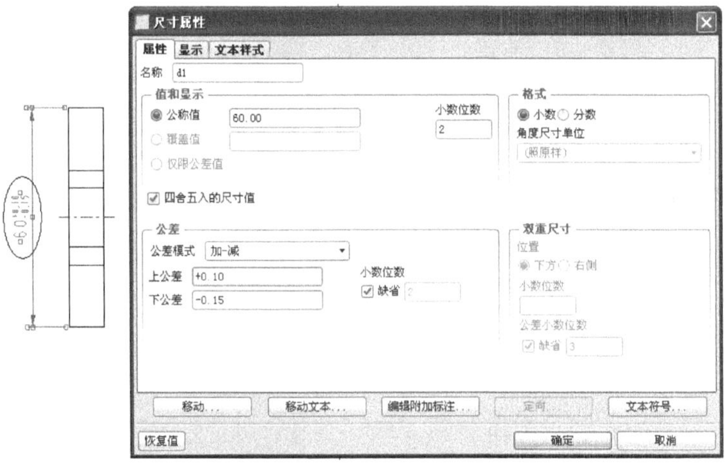

图11-44　设置公差模式的尺寸显示效果

（7）为选定尺寸添加前缀。选择要编辑的尺寸，如选择倒角尺寸“5×45°”，单击鼠标右键，弹出一个快捷菜单，从中选择“属性”命令，弹出“尺寸属性”对话框，在“前缀”文本框中输入“4 －”，如图 11-45 所示，然后单击“确定”按钮。

此时，完成的工程图如图 11-46 所示。

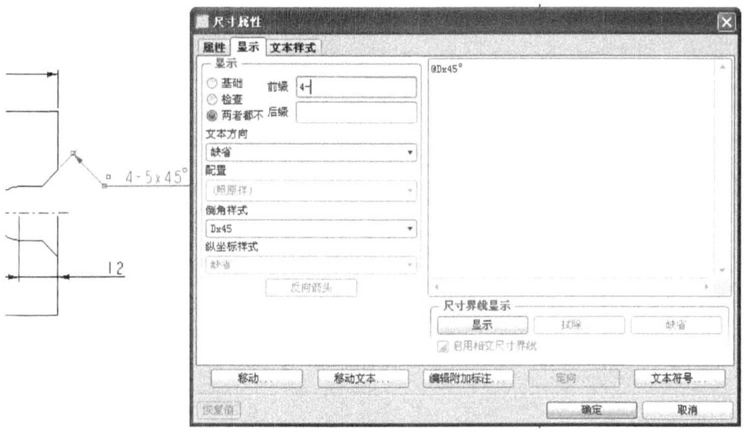

图11-45　为选定尺寸添加前缀

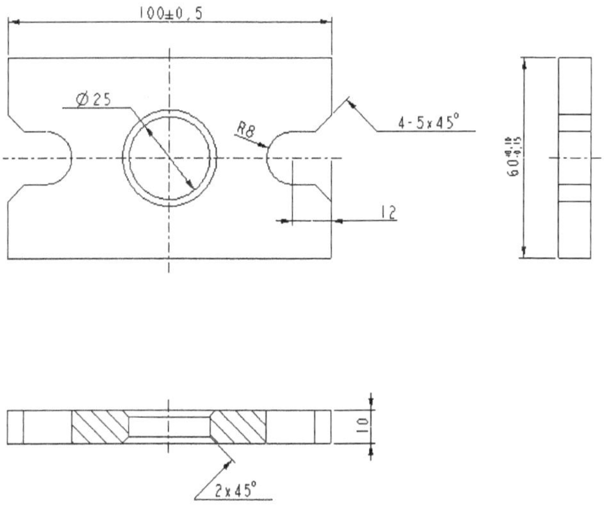

图11-46　设置完成尺寸公差等的工程图效果

11.9　插入几何公差

插入几何公差的方法很简单，典型方法简述如下。

（1）在功能区“注释”选项卡的“插入”面板中单击“几何公差”按钮，打开图11-47所示的“几何公差”对话框。

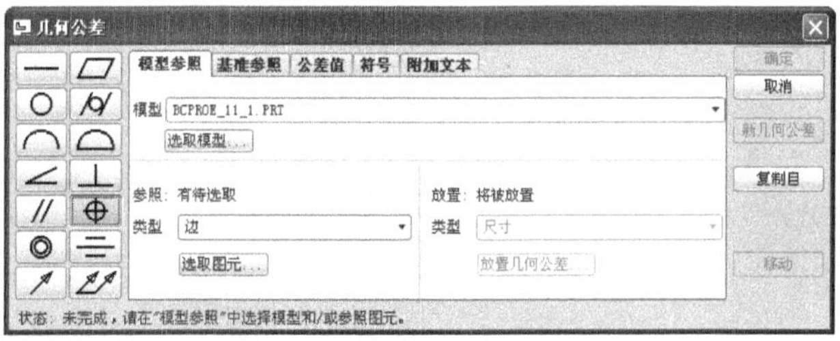

图11-47　“几何公差”对话框

（2）在该对话框中指定要插入的几何公差类型。

（3）根据指定的几何公差类型定义相关的参数，并根据提示选择图元。

例如，创建如图 11-48 所示的平面度，具体的操作步骤如下。

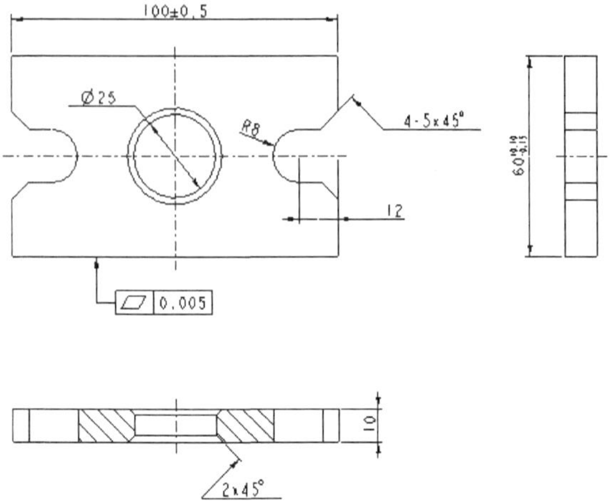

图11-48　插入几何公差示例

（1）在功能区“注释”选项卡的“插入”面板中单击“几何公差”按钮，弹出“几何公差”对话框。

（2）单击对话框中的“平面度”按钮。

（3）在“模型参照”选项卡中，单击“选取图元”按钮，选择标注平面度的参照曲面。

（4）在“类型”下拉列表框中选择“法向引线”选项，如图 11-49 所示。

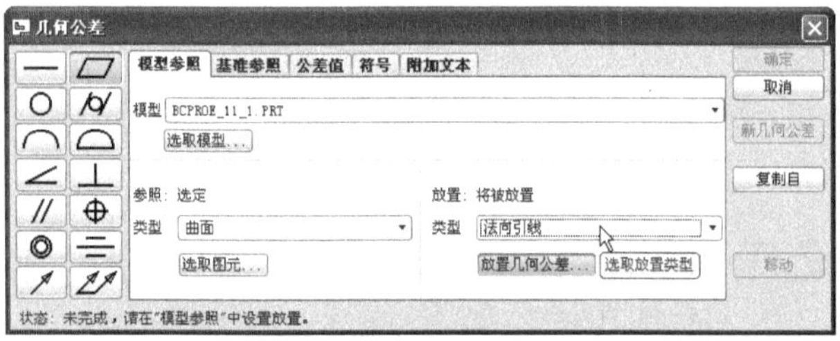

图11-49　设置平面度的模型参照

（5）弹出图 11-50 所示的菜单管理器，保持默认的引线类型选项，直接在绘图中选择箭头引出的位置，然后在菜单管理器的“引线类型”菜单中选择“完成”选项。

（6）在绘图视图的合适位置处单击一点，确定欲放置平面度文本的地方，如图 11-51 所示。

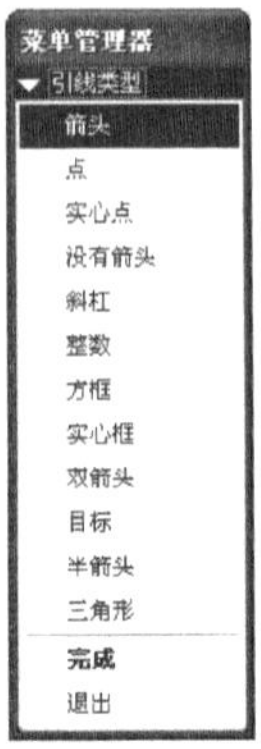

图11-50　菜单管理器

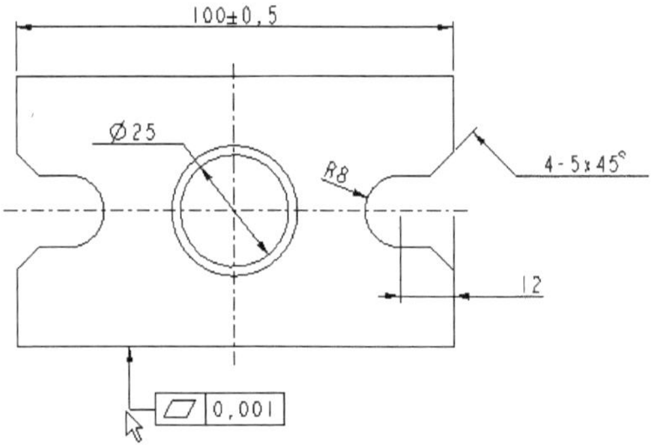

图11-51　放置平面度

（7）在“几何公差”对话框中单击“公差值”标签，进入“公差值”选项卡，设置总公差为“0.005”，如图 11-52 所示。

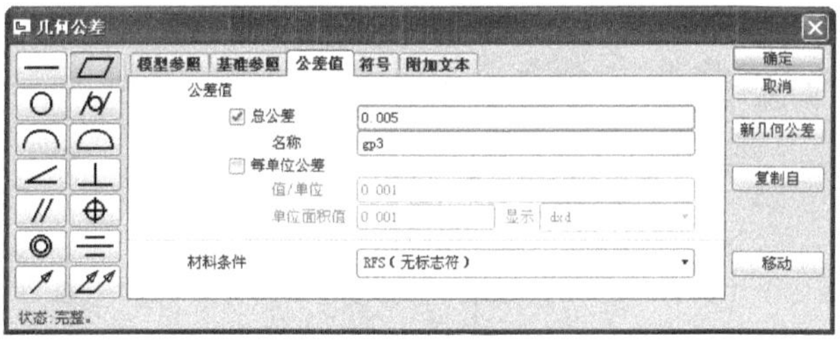

图11-52　设置公差值

（8）单击“确定”按钮，完成该平面度的创建，可以使用鼠标单击并拖动的方式调整该平面度文本的放置位置。

11.10　工程图的其他常用操作

除了前面介绍的常用操作知识之外，还需要对工程图的其他常用操作有所了解并力求掌握，如移动视图，插入辅助视图、详细视图，对齐视图，设置半视图、局部视图等。

下面简单介绍这些常用操作。

11.10.1　移动视图与对齐视图

在进行视图的移动操作之前，需要取消“锁定视图移动”模式。取消“锁定视图移动”模式的方法为在绘图区域中单击鼠标右键并弹出一个快捷菜单，如图 11-53 所示，然后从中选择“✓ 锁定视图移动”命令即可取消其勾选状态。

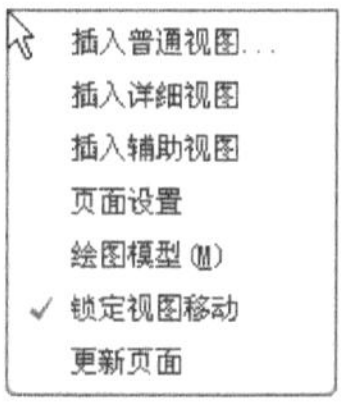

图11-53　锁定视图移动

移动视图的方法很简单，首先选择要移动的视图，然后单击并按住鼠标左键移动，即可移动视图。移动视图后，可以通过鼠标右键快捷菜单来重新启用“锁定视图移动”模式。

要对齐放置不规范的一般视图，需要进入“绘图视图”对话框的“对齐”选项卡，从中设置视图对齐选项和对齐参照。

11.10.2　插入辅助视图、详细视图

在实际工程图设计中，有时会应用到辅助视图和详细视图。下面以一个实例来说明插入辅助视图和详细视图的方法。

（1）单击工具栏“打开”按钮，利用“文件打开”对话框打开本书配套的素材“/ch11/

bcproe_11_2.drw”文件，如图 11-54 所示。

（2）在功能区“布局”选项卡的“模型视图”面板中单击“辅助视图”按钮。

（3）选择参照边，如图 11-55 所示。

（4）移动鼠标指针在参照边的垂直通道方向上选择放置辅助视图的中心点，放置效果如图 11-56 所示。

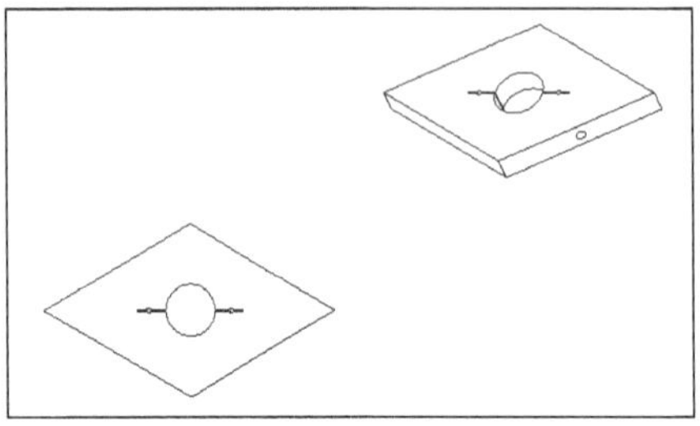

图11-54　素材文件中的视图

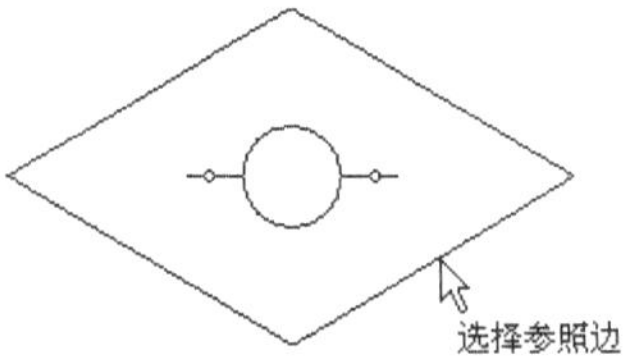

图11-55　选择参照边

（5）双击此新辅助视图，弹出“绘图视图”对话框，进入“视图显示”类别选项卡，从“显示样式”列表框中选择“消隐”选项，从“相切边显示样式”列表框中选择“无”选项，单击“应用”按钮，最后单击“关闭”按钮关闭对话框，视图效果如图 11-57 所示。

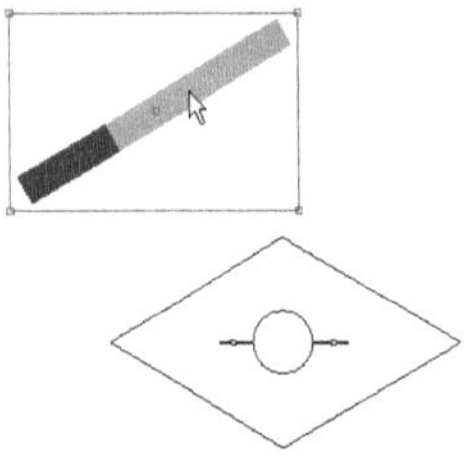

图11-56　放置辅助视图

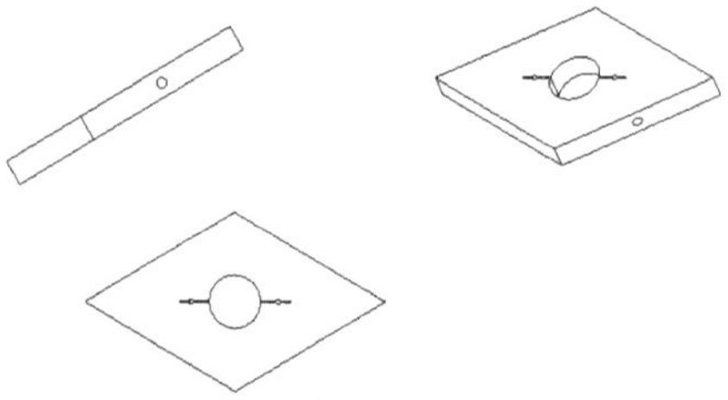

图11-57　完成辅助视图

（6）在功能区“布局”选项卡的“模型视图”面板中单击“详细视图”按钮。

（7）在图 11-58 所示的现有视图上选取要查看细节的中心点。

（8）系统提示草绘样条，直接使用鼠标左键围绕着所选中心点依次单击若干点，从而草绘出环绕中心点的样条线，如图 11-59 所示，单击鼠标中键完成操作。

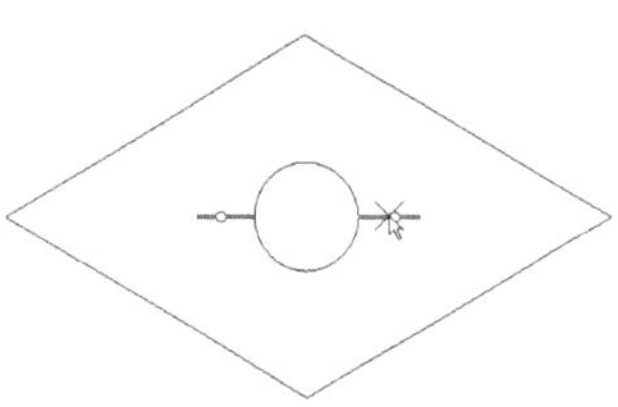

图11-58　单击要查看细节的中心点

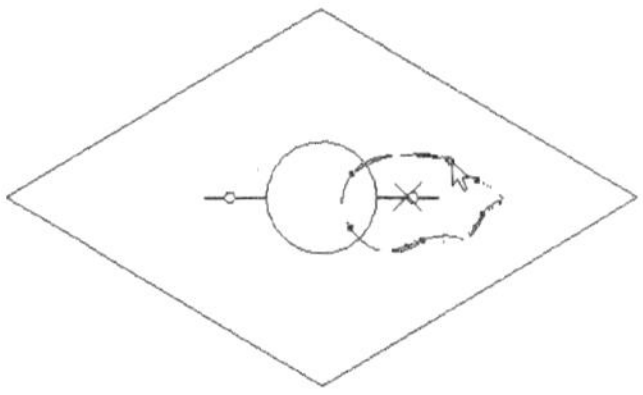

图11-59　草绘样条

注意

这里所述的草绘样条，不需要使用工具栏上的样条曲线工具。

（9）在绘图区域中的合适位置处单击，确定放置详细视图的位置，如图 11-60 所示，注意观察详细视图的默认比例和整个绘图比例。

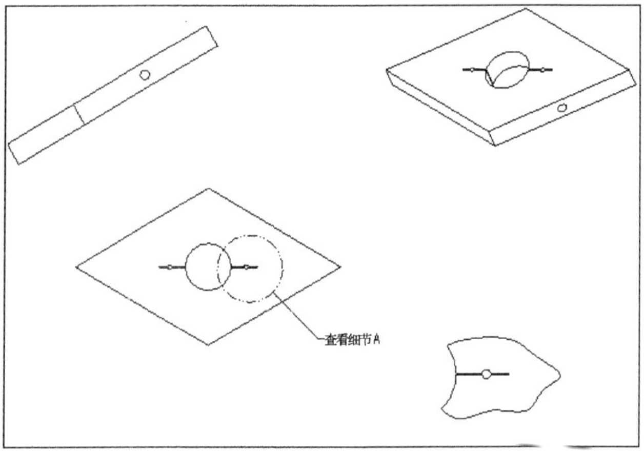

图11-60 插入详细视图

可以修改详细视图的放大比例，方法是在“布局”状态下双击详细视图，打开“绘图视图”对话框，在“类别”列表框中选择“比例”选项，进入“比例”选项卡，将定制比例设置为“1.500”，如图 11-61 所示，然后，单击“应用”按钮，并关闭对话框。

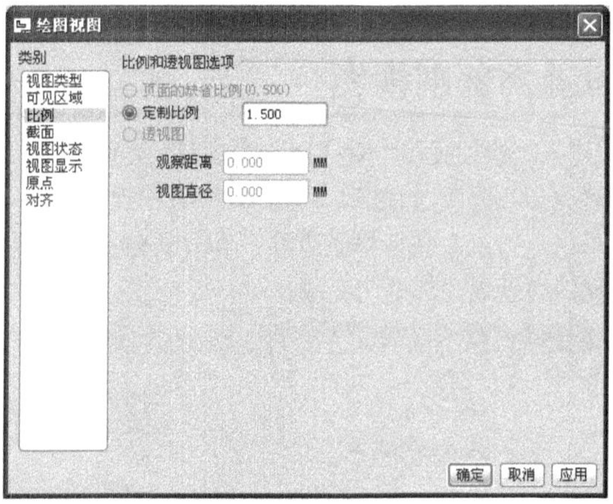

图11-61 定制比例

最后完成的详细视图如图 11-62 所示。

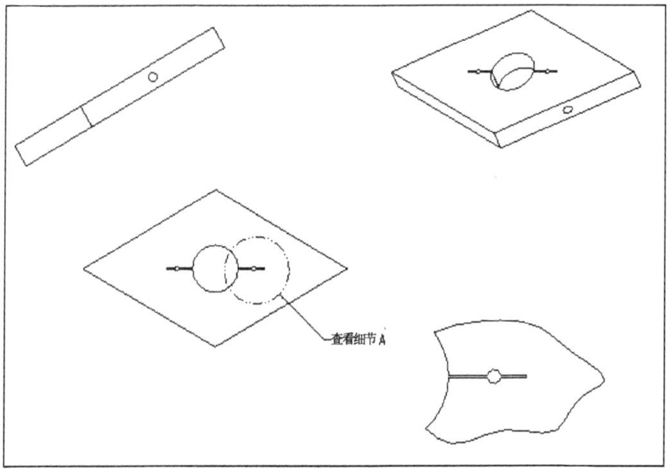

图11-62 完成的视图

11.10.3 设置半视图

设置半视图，需要进入“绘图视图”对话框的“可见区域”选项卡，从“视图可见性”列表框中选择“半视图”选项，如图 11-63 所示，接着选择半视图的参照平面，指定保持侧等。

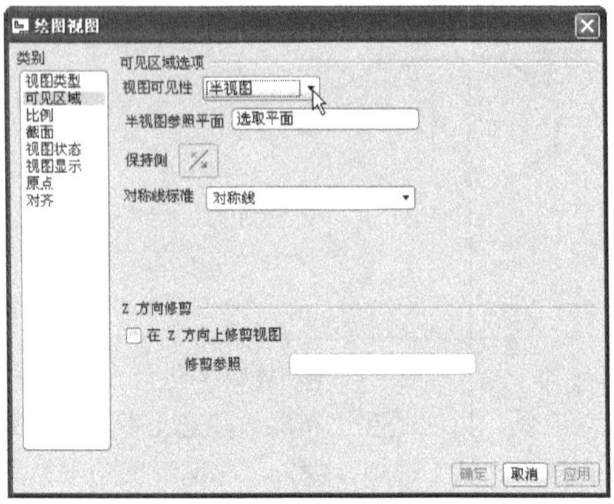

图11-63 设置可见区域

11.10.4 设置局部剖视图

设置局部剖视图,需要进入“绘图视图”对话框的“截面”类别选项卡,在建立有效的剖切面后,从“剖切区域”列表中选择“局部”选项,如图 11-64 所示;接着在视图中选择局部剖面的中心参考点,然后围绕中心参考点依次单击若干点来获得样条边界，单击鼠标中键完成样条，最后单击对话框中的“应用”按钮，便可在视图中设置局部剖切区域。

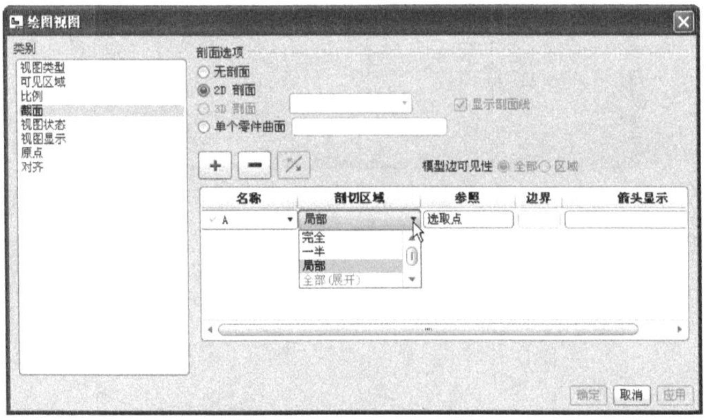

图11-64 设置剖切区域

当然，在“剖切区域”列表中选择“一半”选项，可以建立半剖视图。

11.11 实战综合案例——为某轴套建立工程图

学习目的

本章的实战综合范例为图 11-65 所示的轴套零件建立工程图。

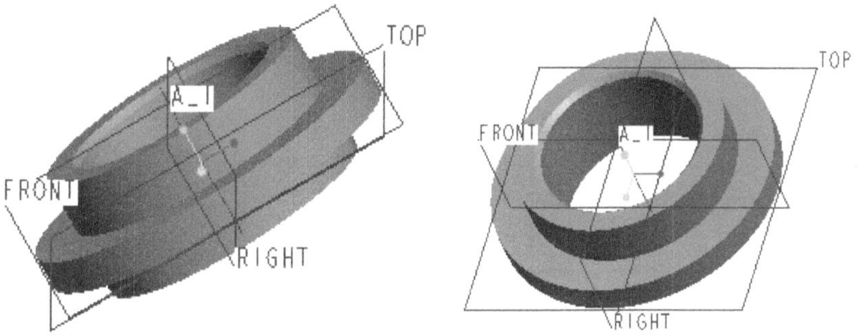

图11-65 轴套零件

重点难点

- 构建轴套的三维模型
- 利用本章介绍知识建立工程图

首先，在零件设计模式下建造该轴套零件的三维实体模型；然后在工程图（绘图）模式下建立其工程图，完成的工程图如图 11-66 所示。

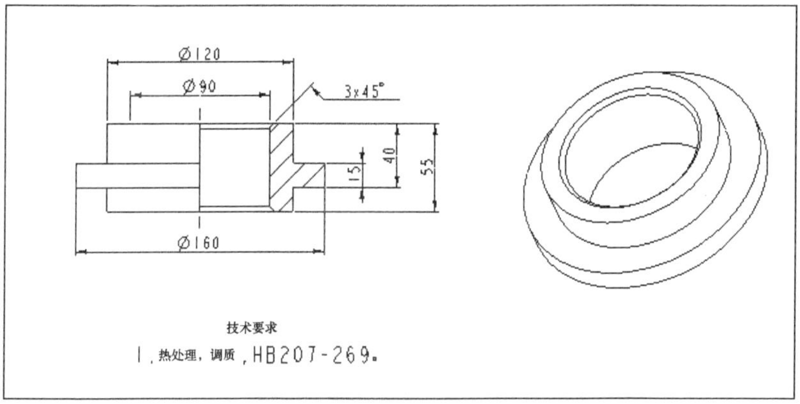

图11-66 建立的工程图

操作步骤

1. 建造轴套的三维模型

Step 01 单击工具栏“创建”按钮，打开“新建”对话框。新建一个名为“bcproe_12_fl”的实体零件文件，不使用默认模板，而使用“mmns_part_solid”公制模板。

Step 02 在右工具箱中单击“旋转工具”按钮，打开旋转工具操控板，并选择要创建的模型类型为（实体）。

Step 03 在旋转工具操控板中单击“放置”选项以打开“放置”滑出面板，接着在“放置”滑出面板中单击“定义”按钮，打开“草绘”对话框。

Step 04 选择 FRONT 基准平面作为草绘平面，默认以 RIGHT 基准平面作为“右”方向参照，单击“草绘”按钮，进入草绘模式。

Step 05 绘制一条几何中心线和旋转剖面，如图 11-67 所示，单击“完成”按钮，完成草绘并退出草绘模式。

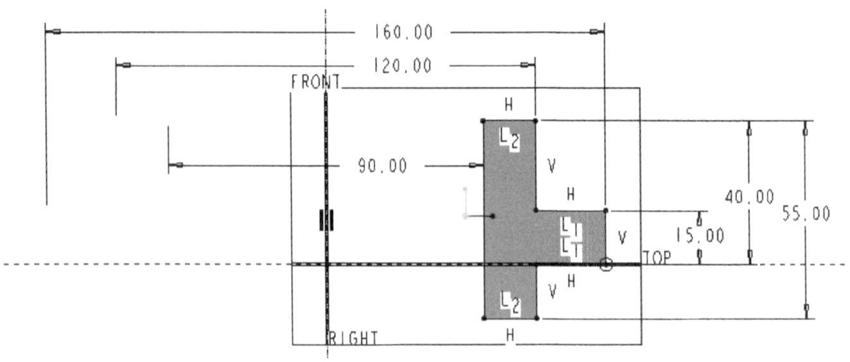

图11-67　草绘

Step 06 保持默认的旋转角度为 360°。

Step 07 单击“完成”按钮☑，创建的旋转体如图 11-68 所示。

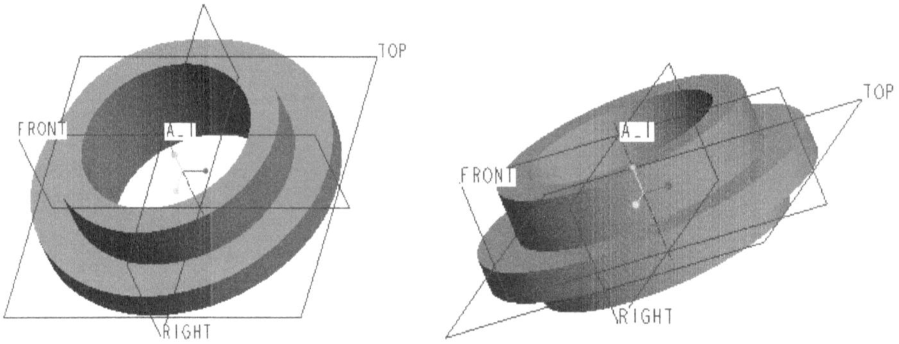

图11-68　创建的旋转体

Step 08 单击“倒角工具”按钮，打开倒角工具操控板。

Step 09 选择边倒角标注形式为“45×D”，在“D”框中输入“3”。

Step 10 按住【Ctrl】键的同时选择图 11-69 所示的两条边链。

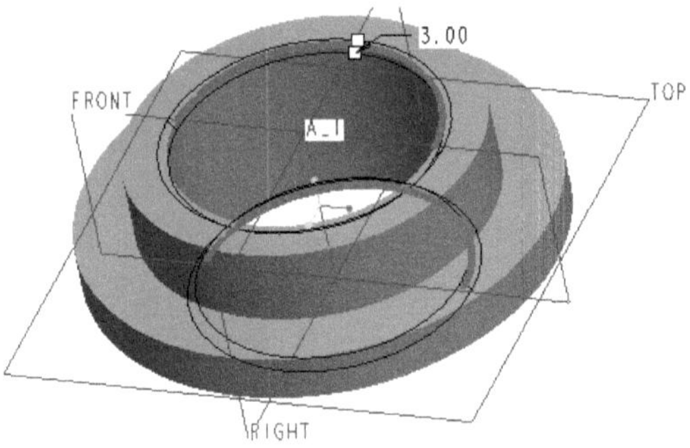

图11-69　选择要倒角的边链

Step 11 单击“完成”按钮☑。

Step 12 保存文件。

2. **建立工程图**

Step 01 单击工具栏“创建”按钮，打开“新建”对话框。在“类型”选项组中单击“绘图”单选按钮，在“名称”文本框中输入文件名为“bcproe_12_fl”，取消选中“使用缺省模板”复选项以取消使用缺省模板，单击“确定”按钮，打开“新制图”对话框。

缺省模型为“BCPROE_12_FL.PRT”，在“指定模板”选项组中单击“空”单选按钮，在“方向”选项组中单击“横向”按钮，在“大小”选项组的“标准大小”下拉列表框中选择“A4”，单击“确定”按钮。

Step 02 在功能区“布局”选项卡的“模型视图”面板中单击“一般视图”按钮，在欲放置一般视图的地方单击，此时在单击位置处出现轴套零件的默认视图，系统并弹出“绘图视图”对话框，如图 11-70 所示。

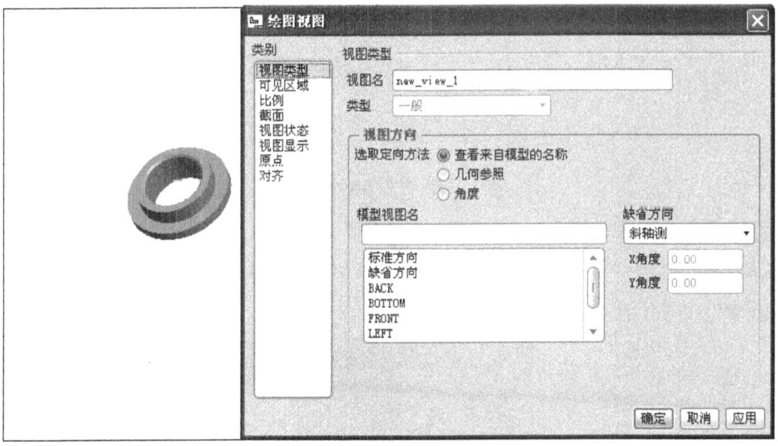

图11-70　插入一般视图

Step 03 在“视图类型”类别选项卡中，在“模型视图名”列表框中选择“FRONT”，单击“应用”按钮。

Step 04 在“类别”列表框中选择“视图显示”选项，进入“视图显示”类别选项卡。从“显示样式”下拉列表框中选择“隐藏”选项，从“相切边显示样式”列表框中选择“无”选项，单击“应用”按钮。

Step 05 进入“比例”类别选项卡，单击“定制比例”单选按钮，输入合适的比例值，如图 11-71 所示，单击对话框中的“应用”按钮。

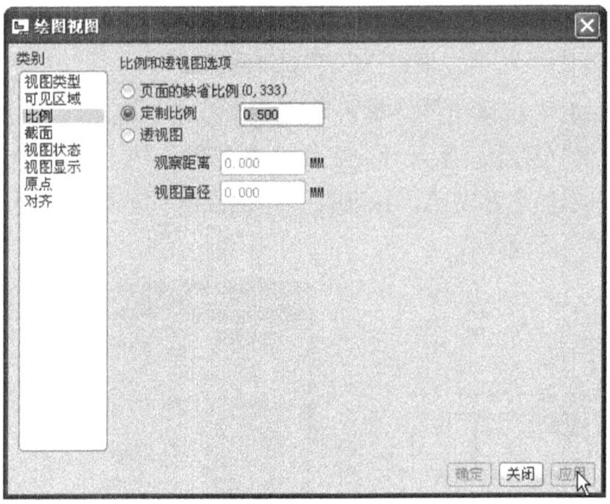

图11-71　定制比例

Step 06 进入“截面”类别选项卡，单击选择“2D 剖面”单选按钮，单击“将横截面添加到视图”按钮，以创建新的剖截面，此时出现“剖截面创建”菜单。

Step 07 在“剖截面创建”菜单中选择“平面”>“单一”>“完成”选项。

Step 08 输入剖截面的名称为“A”，单击“接受”按钮。

Step 09 在位于绘图树下方的模型树中单击 FRONT 基准平面，如图 11-72 所示。

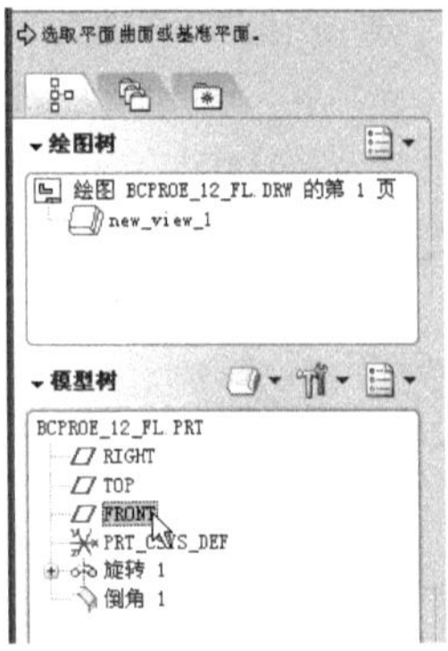

图11-72 选择剖切平面

Step 10 建立了有效的剖截面 A，在“剖切区域”列表框中选择“一半”选项，接着在视图中选择 RIGHT 基准平面，然后单击“绘图视图”对话框中的“应用”按钮，如图 11-73 所示。单击“绘图视图”对话框中的“关闭”按钮。

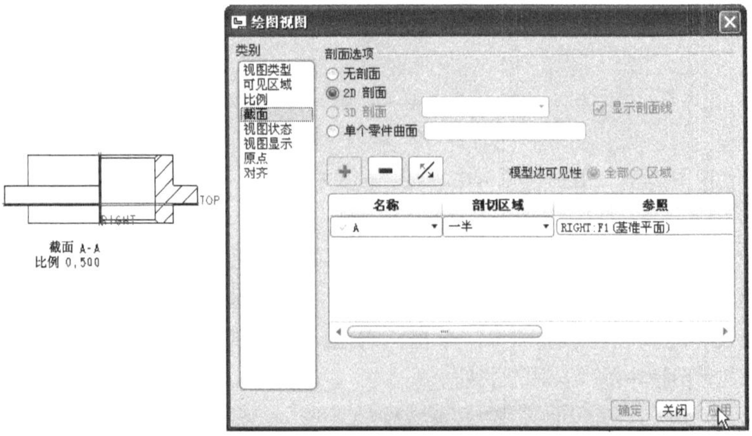

图11-73 建立半剖视图

Step 11 在功能区“注释”选项卡的“插入”面板中单击“显示模型注释”按钮，弹出“显示模型注释”对话框。在（列出模型尺寸）注释类型选项卡中，从“类型”下拉列表框中选择“全部”，接着在模型树中单击零件名称节点，接着在“绘图视图”对话框中单击“选择全部”按钮，如图 11-74 所示，单击“应用”按钮。

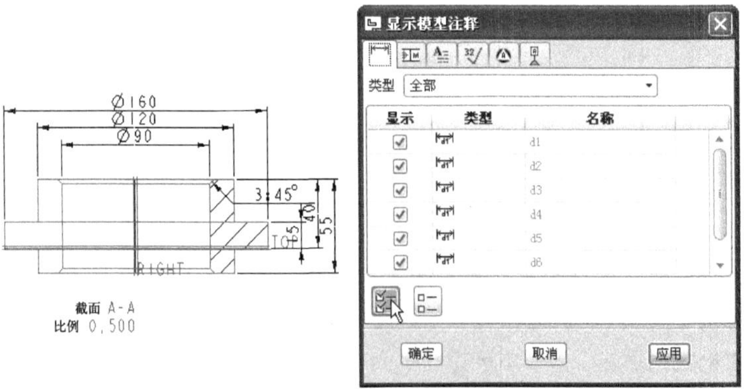

图11-74 设置显示来自3D模型的尺寸

切换到（列出基准）注释类型选项卡，单击“选择全部”按钮，以选中零件中旋转特征的基准轴 A_1，以设置在此绘图视图中显示轴线，单击“应用”按钮。

在“显示模型注释”对话框中单击“关闭”按钮关闭此对话框，此时工程图如图 11-75 所示。

Step 12 取消选中“基准平面开 / 关”按钮，设置不显示基准平面，然后使用鼠标左键通过单击拖动的方式调整视图中的尺寸，如图 11-76 所示。

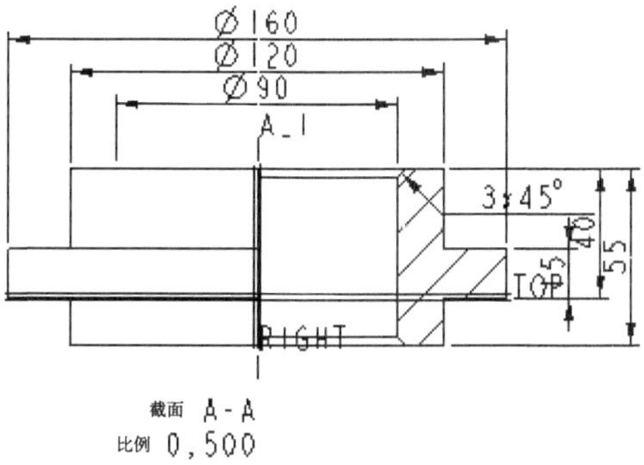

图11-75 显示尺寸和轴线

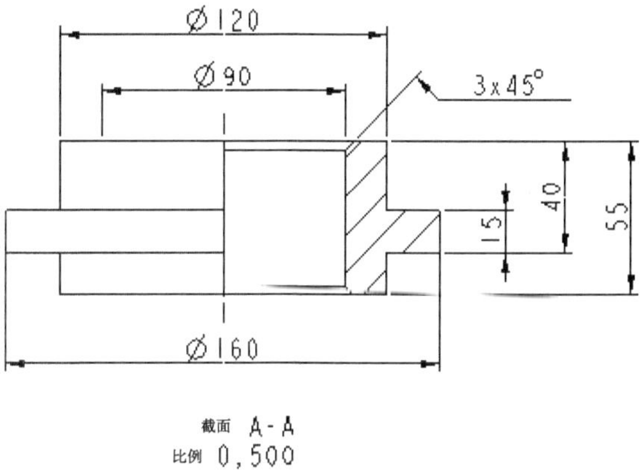

图11-76 调整尺寸位置

Step 13 在图形窗口中选择“截面 A-A 比例 0.500”注释文本，单击鼠标右键，从弹出的快捷菜单中选择“拭除”命令，并可以在图形窗口的左下角双击“比例”标识，将绘图比例设置为“0.500”。

Step 14 在功能区“注释”选项卡的图 11-77 所示的“插入”面板中，单击“注解”按钮，打开图 11-78 所示的菜单管理器。接着保持默认的“无引线”>“输入”>“水平”>“标准”>“缺省”命令，在菜单管理器的“注释类型”菜单中选择“进行注解”选项，弹出图 11-79 所示的“获得点”菜单。

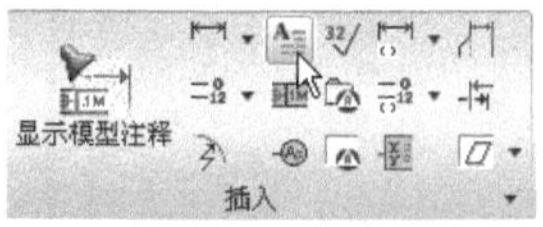

图11-77 单击“注解”按钮

图11-78 菜单管理器

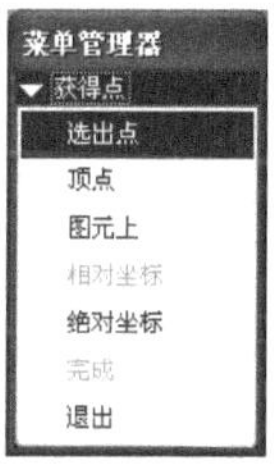

图11-79 “获得点”菜单

Step 15 在视图的下方单击一点作为插入点，在图 11-80 所示的文本框中输入“技术要求”字样，单击“接受”按钮。

图11-80　输入注释

Step 16 在图 11-81 所示的文本框中输入“1. 热处理，调质，HB207–269。”字样，单击“接受”按钮。

图11-81　输入注释

Step 17 直接单击“接受”按钮，接着在菜单管理器中选择“完成 / 返回”选项，此时插入的注释文本如图 11-82 所示。

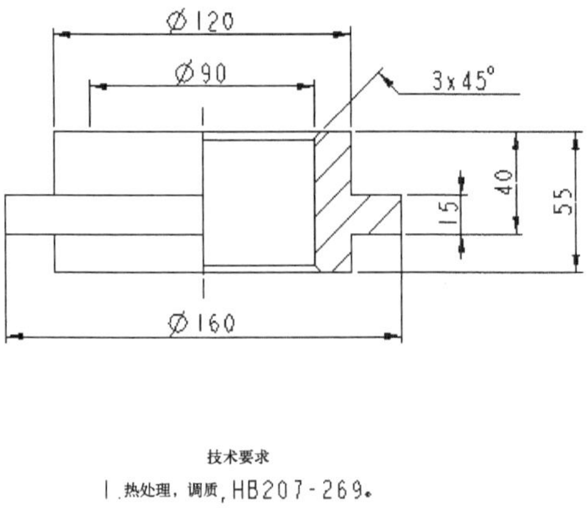

图11-82　插入注释

Step 18 双击刚插入的注释文本，弹出图 11-83 所示的“注解属性”对话框。在“文本”选项卡中，在“技术要求”字样前加若干个空格；接着切换到“文本样式”选项卡，在“字符”选项组中，单击取消选中位于“高度”尺寸框右侧的“缺省”复选框，输入高度值为“5”，如图 11-84 所示，单击“确定”按钮。

图11-83　“注解属性”对话框

图11-84　修改字体高度

Step 19 在功能区切换到“布局”选项卡，在“模型视图”面板中单击“一般视图”按钮，在欲放置一般视图的地方单击，显示零件的默认方向的视图，并弹出“绘图视图”对话框。

Step 20 在“绘图视图”对话框的“视图类型”类别选项卡中，在“模型视图名”列表框中选择“缺省方向”，在“缺省方向”下拉列表框中选择“斜轴测”选项，单击“应用”按钮。

Step 21 在“类别”列表框中选择“视图显示”选项，进入“视图显示”类别选项卡。从“显示样式”下拉列表框中选择“消隐”选项，从“相切边显示样式”列表框中选择“无”选项，单击“应用”按钮。

Step 22 单击“绘图视图”对话框中的“关闭”按钮，初步建立的工程图如图 11-85 所示。

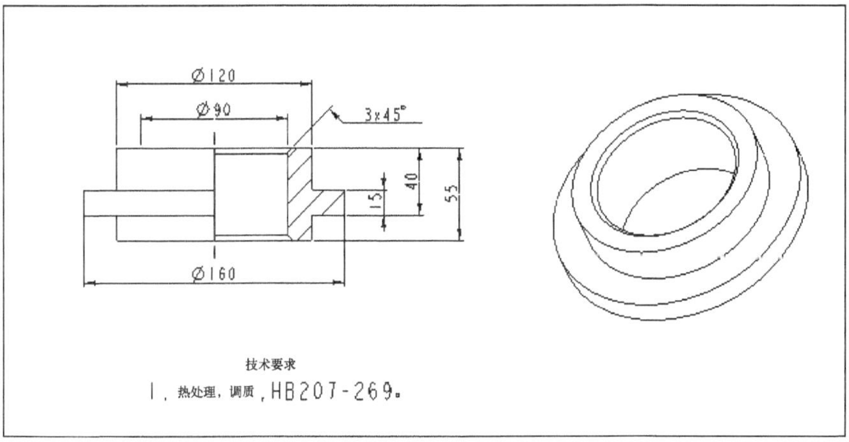

图11-85　初步完成的工程图

案例总结

本综合案例重点介绍为某轴套零件建立工程图，其操作过程分两个环节，即先在零件设计模式下建造该轴套零件的三维实体模型（第一环节），然后在工程图（绘图）模式下建立其工程图（第二环节）。注意掌握创建相关视图的方法和技巧，并注意掌握显示来自三维模型的尺寸等注释信息的方法和技巧。

11.12　思考与上机练习

1．简答题

（1）建立一个纵向的 A3 样式的工程图文件。

（2）简述建立一般视图的方法。

（3）简述建立投影视图的方法。

（4）简述建立全剖视图的方法。

（5）简述如何设置尺寸公差，请举例说明。

（6）简述如何插入几何公差，请举例说明。

（7）如何反向视图中的尺寸箭头？

（8）如何将一个尺寸移动至另一个视图上？

2．上机练习题

（1）建立图 11-86 所示的工程图。

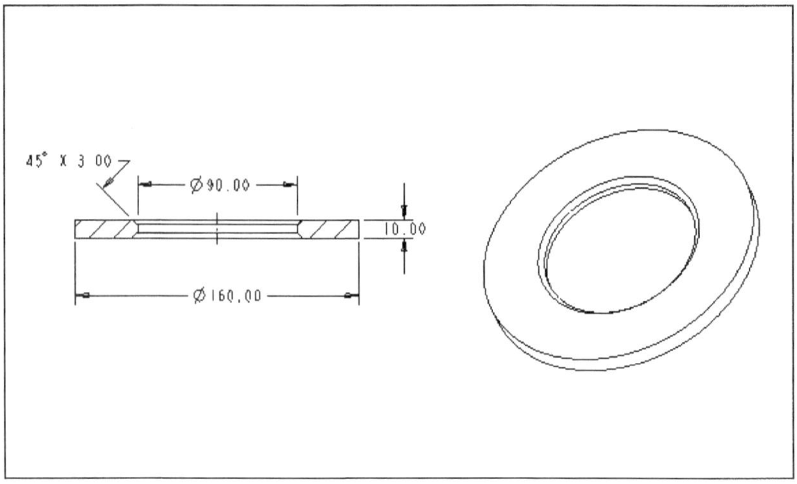

图11-86　上机练习

知识要点提示

先创建其三维实体模型，然后新建工程图文件，利用三维实体模型生成所需的视图，然后显示模型注释和手动标注尺寸。

（2）建立图 11-87 所示的工程视图。

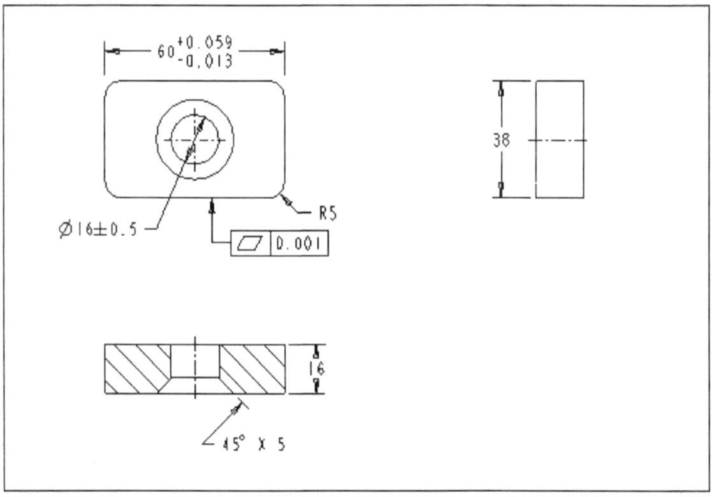

图11-87　上机练习

知识要点提示

先创建其三维实体模型，然后新建工程图文件，利用三维实体模型生成所需的视图，然后显示模型注释和手动标注尺寸，以及标注几何公差和设置尺寸公差。